2020·管理类联考
老吕管综弟子班
MPAcc MAud MLIS

¥ 6980元

购买2020老吕学习包可再领取1000元优惠券
优惠券联系2020老吕学习包群管理员领取

授课体系
Teaching system

1阶 规划与导学

5 小时	课程内容
	✓ 科学规划全年备考攻略 ✓ 了解联考命题思路 ✓ 确定联考学习方法

2阶 基础夯实

40 小时	课程内容
	✓ 一天学会形式逻辑 ✓ 一天学会论证基础 ✓ 写作套路两天通关 ✓ 5天掌握数学基础知识

3阶 强化拔高

92 小时	课程内容
	✓ 数学常见题型通关 ✓ 数学微模考难题答疑 ✓ 逻辑常见题型通关 ✓ 逻辑微模考难题答疑

4阶 母题专训

100 小时	课程内容
	✓ 104类数学母题系统总结 ✓ 40类逻辑母题逐个破解 ✓ 写作强化

5阶 真题串讲

20 小时	课程内容
	✓ 2015~2019年管综真题逐个串讲

6阶 模考估分

13 小时	课程内容
	✓ 2次万人大模考，给出排名 ✓ 3h备考专业讲座，科学择校

7阶 考前冲刺

15 小时	课程内容
	✓ 论说文热门话题预测与万能套路 ✓ 2次考前全真模考讲评

赠送陈正康(英语二)弟子班课程

145 小时	课程内容
	✓ 核心词汇突破，基础知识夯实 ✓ 暑期在线集训，经典真题精讲 ✓ 考前估分模考，冲刺押题

课程优势
Curriculum advantage

课程名称	课程单价 (合计9293元)	老吕学习包 (199元)	老吕弟子班 (6980元)	传统线下班 (18800元)
全程备考攻略	0元	√	√	√
管综基础班	0元	√	√	√
管综提高班	1399元	X	√	X
管综答疑班	799元	X	√	X
暑期母题专训班	4999元	X	√	X
管综真题串讲班	0元	√	√	√
模考估分班	0元	√	√	√
择校指导班	99元	X	√	X
复试通关班	699元	X	√	X
写作押题班	299元	X	√	X
考前模考班	0元	√	√	√
陈正康英语二弟子班	999元	X	√	X

超值赠送
Super value donation

 + 会计专硕、审计专硕复试通关班 价值699元

 + 会计、审计、图书情报硕士择校指导 择校指导

课程咨询

然然姐QQ:2182967841　　大表姐QQ:2829289592
笑笑姐QQ:3357107414　　雯子姐QQ:2628374276
小表妹QQ:2901378023

2020老吕管综备考交流群

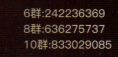

6群:242236369　　7群:829241509
8群:636275737　　9群:262744213
10群:833029085

扫码试听

2020·管理类联考
老吕MBA签约过线班
MBA MPA MEM MTA

签订协议,不过国家线
第二年免费重读

¥ 4980元

管综课程安排
course arrangement

第1阶：考点快速通关班

50h 夯实基础	课程内容
	✓ 从0开始，极速掌握数学、逻辑、写作的基础知识。

第2阶：题型快速破解班

65h 搞定题型	课程内容
	✓ 精讲核心题型，传授解题技巧，快速提高解题正确率。

第3阶：真题串讲班

10h 弄清真题	课程内容
	✓ 串讲近年真题，把握命题脉搏。

第4阶：考前密押

50h 考前密押	课程内容
	✓ 考前密押，只讲精华，制胜一击。

第5阶：临门一脚

5h 考前模考班	课程内容
	✓ 全真模考，查缺补漏，合理安排做题时间，提升考试信心。

配套英语二课程

第1阶：夯实基础
- 30h 基础班
- 课程内容：核心词汇和基础长难句精讲。

第2阶：搞定题型
- 15h 提高班
- 课程内容：英语各题型解题技巧精讲，提高解题的速度和正确率。

第3阶：弄清真题
- 10h 真题班
- 课程内容：串讲近年真题，把握命题脉搏。

第4阶：突破写作
- 5h 写作模板班
- 课程内容：精讲英语作文的写作思路，给出大小作文模板。

第5阶：临门一脚
- 5h 考前模考班
- 课程内容：全真模考，查缺补漏。合理安排做题时间，提升考试信心。

配套提前面试课程

1. 考核标准与自我定位
2. 申请材料写作模型
3. 个人简历提升计划
4. 中文面试
5. 英语面试能力提升

课程咨询

然然姐QQ：2182967841　　雯子姐QQ：2628374276
小表妹QQ：2901378023　　大表姐QQ：2829289592
笑笑姐QQ：3357107414

2020老吕MBA签约过线班
扫码了解

2020老吕管综备考交流群

2020老吕MBA/MPA/MEM备考1群：718940938
2020老吕MBA/MPA/MEM备考2群：864628682
2020老吕MBA/MPA/MEM备考3群：825732929
2020老吕MBA/MPA/MEM备考4群：770906143
2020老吕MBA/MPA/MEM备考5群：540772375
2020老吕MBA/MPA/MEM备考6群：685676661

老吕专硕系列

MBA/MPA/MPAcc

主编 ◎ 吕建刚

管理类联考
老·吕·数·学
——母题800练——
（第5版）

北京理工大学出版社
BEIJING INSTITUTE OF TECHNOLOGY PRESS

版权专有　侵权必究

图书在版编目（CIP）数据

管理类联考·老吕数学母题 800 练/吕建刚主编. —5 版. —北京：北京理工大学出版社，2019.2
ISBN 978 – 7 – 5682 – 6763 – 2

I. ①管… II. ①吕… III. ①高等数学 – 研究生 – 入学考试 – 习题集　IV. ①O13 – 44

中国版本图书馆 CIP 数据核字（2019）第 034128 号

出版发行 / 北京理工大学出版社有限责任公司
社　　址 / 北京市海淀区中关村南大街 5 号
邮　　编 / 100081
电　　话 / （010）68914775（总编室）
　　　　　（010）82562903（教材售后服务热线）
　　　　　（010）68948351（其他图书服务热线）
网　　址 / http：//www.bitpress.com.cn
经　　销 / 全国各地新华书店
印　　刷 / 保定市中画美凯印刷有限公司
开　　本 / 787 毫米 × 1092 毫米　1/16
印　　张 / 23.5　　　　　　　　　　　　　　　　　责任编辑 / 多海鹏
字　　数 / 557 千字　　　　　　　　　　　　　　　文案编辑 / 多海鹏
版　　次 / 2019 年 2 月第 5 版　2019 年 2 月第 1 次印刷　　责任校对 / 周瑞红
定　　价 / 59.80 元　　　　　　　　　　　　　　　责任印制 / 李　洋

图书出现印装质量问题，请拨打售后服务热线，本社负责调换

▶ 我们为什么要研究母题

有同学问我:"老吕,你写书、上课的标准是什么?"我的回答是:简单、粗暴、有效。如何才能简单、粗暴、有效?答案是研究"母题"。

一、"母题"是万题之母

1. "母题"是数学之母

有同学喜欢题海战术,把自己搞得很累,还以为自己很"勤奋",连自己都被自己的"勤奋"感动了。这些同学恰恰忘了"题海无涯,题型有限"。用"母题"搞透题型,任题目千变万化也尽在我掌握之中,所以,老吕说"母题是数学之母"。

比如说"非负性问题"。我们知道,具有非负性的式子有$|a|\geq 0$,$a^2\geq 0$,$\sqrt{a}\geq 0$。如果有$|a|+b^2+\sqrt{c}=0$,可得$a=b=c=0$。我们把这个模型称为非负性问题的"母题"。看下面的例子:

例1 若实数a,b,c满足$|a-3|+\sqrt{3b+5}+(5c-4)^2=0$,则$abc=$ (　　).

(A) -4 (B) $-\dfrac{5}{3}$ (C) $-\dfrac{4}{3}$ (D) $\dfrac{4}{5}$ (E) 3

【解析】根据非负性可知$a-3=0$,$3b+5=0$,$5c-4=0$,所以$a=3$,$b=-\dfrac{5}{3}$,$c=\dfrac{4}{5}$,所以$abc=-4$.

【答案】(A)

这道题目当然很简单,但这个模型是命题的基础,无论题目如何变化,都是在这个模型的基础上衍生出来的。

现在,假定你是命题人,你会如何命题?

$|a|+b^2+\sqrt{c}=0$这个模型中,一共有三个元素:绝对值、平方、根号。

第一个元素:绝对值。我们最常见的解决绝对值问题的思路是"去绝对值",但是,如果绝对值没有了,就不满足"非负性"了,所以,非负性问题中一般不考去绝对值。

第二个元素:平方。我们最容易想到的就是"配方法",命题人当然也是这么想的,所以,他会让你去凑平方。这就出现了第一种变式:"配方型非负性问题"。

例2 实数x,y,z满足条件$|x^2+4xy+5y^2|+\sqrt{z+\dfrac{1}{2}}=-2y-1$,则$(4x-10y)^z=$ (　　).

(A) $\dfrac{\sqrt{6}}{2}$ (B) $-\dfrac{\sqrt{6}}{2}$ (C) $\dfrac{\sqrt{2}}{6}$ (D) $-\dfrac{\sqrt{2}}{6}$ (E) $\dfrac{\sqrt{6}}{6}$

【解析】配方型.

将条件进行化简，有

$$|x^2+4xy+5y^2|+\sqrt{z+\dfrac{1}{2}}=-2y-1,$$

$$|x^2+4xy+4y^2|+\sqrt{z+\dfrac{1}{2}}+y^2+2y+1=0,$$

$$|(x+2y)^2|+\sqrt{z+\dfrac{1}{2}}+(y+1)^2=0,$$

由非负性可得

$$\begin{cases} x+2y=0,\\ z+\dfrac{1}{2}=0,\\ y+1=0,\end{cases}\text{解得}\begin{cases} x=2,\\ y=-1,\\ z=-\dfrac{1}{2},\end{cases}$$

所以 $(4x-10y)^z=(8+10)^{-\frac{1}{2}}=\dfrac{1}{\sqrt{18}}=\dfrac{\sqrt{2}}{6}$.

【答案】(C)

第三个元素：根号。在联考数学中，根号有两种考法：第一，去根号；第二，定义域。但在非负性问题里，去根号不可行，因为你把根号去掉，就不满足"非负性"了，所以，不可能去根号。那么，命题人只能考你根式的定义域了。这就出现了非负性问题的第二个变式："定义域型非负性问题"。

例 3 设 x,y,z 满足 $\sqrt{3x+y-z-2}+\sqrt{2x+y-z}=\sqrt{x+y-2\,002}+\sqrt{2\,002-x-y}$，则 $x+y+z=$ （　　）.

(A) 4 000　　(B) 4 002　　(C) 4 004　　(D) 4 006　　(E) 4 008

【解析】定义域型.

由根号下面的数大于等于 0 可知：

$x+y-2\,002\geqslant 0$ 且 $2\,002-x-y\geqslant 0$，可得：$x+y=2\,002$，　　　　　①

由此可得等式右边的值为零．那么原方程可化为

$$\sqrt{3x+y-z-2}+\sqrt{2x+y-z}=0,$$

由于 $\sqrt{3x+y-z-2}\geqslant 0$，$\sqrt{2x+y-z}\geqslant 0$ 可得

$$3x+y-z-2=0,\qquad ②$$
$$2x+y-z=0.\qquad ③$$

联立①②③式可得 $x=2,y=2\,000,z=2\,004$.

故 $x+y+z=2+2\,000+2\,004=4\,006$.

【答案】(D)

当然，命题人还有一种思路，就是在式子的整体上"做文章"，他们往往把一个具有非负性的式子拆成两个等式，我们只需要逆着命题人的思路，把两个等式相加合并成一个等式，答案自然就出来了。这样就出现了非负性问题的第三个变式："两式型非负性问题"。

例 4 已知实数 a,b,x,y 满足 $y+|\sqrt{x}-\sqrt{2}|=1-a^2$ 和 $|x-2|=y-1-b^2$，则 $3^{x+y}+3^{a+b}=$ （　　）.

(A) 25 (B) 26 (C) 27 (D) 28 (E) 29

【解析】两式型.

两式相加得$|\sqrt{x}-\sqrt{2}|+a^2+|x-2|+b^2=0$,故$x=2$,$a=b=0$,$y=1$,即$3^{x+y}+3^{a+b}=28$.

【答案】(D)

综上,"母题"其实是对命题人命题思路的透析,是对题型及题型变化的大总结。因此老吕要说,"母题"是数学考试之母,掌握了"母题",拿下数学不在话下。

2. "母题"是逻辑万题之母

看个逻辑的例子:

假言命题"A→B"的矛盾命题是"A∧¬B",我们要削弱"A→B",只需要说明"A∧¬B"就行了(即,要削弱"如果有A,那么就有B",只需要说明"A,但没有B")。这就是"假言命题的负命题"模型,即"母题"。这个简单的模型,在2015年真题中就出现了3道!

例5 当企业处于蓬勃上升时期,往往紧张而忙碌,没有时间和精力去设计和修建"琼楼玉宇";当企业所有的重要工作都已经完成,其时间和精力就开始集中在修建办公大楼上。所以,如果一个企业的办公大楼设计得越完美,装饰得越豪华,则该企业离解体的时间就越近;当某个企业的大楼设计和建造趋向完美之际,它的存在就逐渐失去意义。这就是所谓的"办公大楼法则"。

以下哪项如果为真,最能质疑上述观点?

(A) 某企业的办公大楼修建得美轮美奂,入住后该企业的事业蒸蒸日上。
(B) 一个企业如果将时间和精力都耗费在修建办公大楼上,则对其他重要工作就投入不足了。
(C) 建造豪华的办公大楼,往往会加大企业的运营成本,损害其实际利益。
(D) 企业办公大楼越破旧,企业就越有活力和生机。
(E) 建造豪华的办公大楼并不需要企业投入太多的时间和精力。

【解析】题干:企业的办公大楼设计得越完美,装饰得越豪华→企业离解体的时间就越近。

矛盾命题为:装饰得越豪华∧¬企业离解体的时间就越近,显然选(A)。

【答案】(A)

例6 张教授指出,明清时期科举考试分为四级,即院试、乡试、会试、殿试。院试在县府举行,考中者称为"生员";乡试每三年在各省省城举行一次,生员才有资格参加,考中者称为"举人",举人第一名称为"解元";会试于乡试后第二年在京城礼部举行,举人才有资格参加,考中者称为"贡士",贡士第一名称为"会元";殿试在会试当年举行,由皇帝主持,贡士才有资格参加,录取分为三甲,一甲三名、二甲、三甲各若干名,统称为"进士",一甲第一名称为"状元"。

根据张教授的陈述,以下哪项是不可能的?

(A) 未中解元者,不曾中会元。
(B) 中举者,不曾中进士。
(C) 中状元者曾为生员和举人。
(D) 中会元者,不曾中举。
(E) 可有连中三元者(解元、会元、状元)。

【解析】题干:中生员,才能中举人;中举人,才能中贡士;中贡士,才能中进士,即:进士→贡士→举人→生员。

（D）项，会元（贡士）∧¬举人，与题干矛盾，不可能为真。

【答案】（D）

例7 有人认为，任何一个机构都包括不同的职位等级或层级，每个人都隶属于其中的一个层级。如果某人在原来的级别岗位上干得出色，就会被提拔。而被提拔者得到重用后却碌碌无为，这会造成机构效率低下，人浮于事。

以下哪项如果为真，最能质疑上述观点？

（A）不同岗位的工作方式是不同的，对新岗位要有一个适应过程。

（B）部门经理王先生业绩出众，被提拔为公司总经理后工作依然出色。

（C）个人晋升常常在一定程度上影响所在机构的发展。

（D）李明的体育运动成绩并不理想，但他进入管理层后却干得得心应手。

（E）王副教授教学科研能力都很强，而晋升为正教授后却表现平平。

【解析】 题干：出色→被提拔→碌碌无为。

（B）项，被提拔∧¬碌碌无为，与题干矛盾，削弱题干。

【答案】（B）

综上，你做逻辑题凭感觉，但命题人命题有套路，这个套路就是母题！掌握了"母题"，逻辑自然能得高分！

3. "母题"是论证有效性分析之母

论证有效性分析，看起来谬误很多，其实就是七大类型、十余个种类反复出现，比如"以偏概全""不当类比""非黑即白""不当推断""偷换概念"，等等。每一类都是一个套路、一种"母题"。

我们来看一下"不当类比"的模型：

类比是根据两个或两类相关对象具有某些相似或相同的属性，从而推理它们在另外的属性上也相同或者相似。只要说明类比对象之间有本质差异，就可以说明类比不当。其论证有效性分析的写作公式为：

材料论述由_____推出_____，有不当类比的嫌疑。二者虽然具有一定的相似性，但是因为二者的_____不同，_____不同，所以，由_____并不必然推出_____的状况，其结论不足为信。

例8 猴群中存在着权威，而权威对于新鲜事物的态度直接影响群体接受新鲜事物的进程。市场营销也是如此，如果希望推动人们接受某种新商品，应当首先影响引领时尚的文体明星。如果位于时尚高端的消费者对于某种新商品不接受，该商品一定会遭遇失败。

【参考范文】

材料从猴群实验类比到市场营销，未必妥当。首先，猴王对猴子的影响模式与文体明星对普通消费者的影响模式并不相同。其次，猴群的需求和消费者的需求也不相同。猴子对糖果的需求是相当简单的，可能仅仅是口味；而消费者对商品的需求则是复杂的，除了时尚外，还有诸如功能、价格、质量、包装、外观等诸多因素。因此，材料犯了不当类比的逻辑错误。

可见，论证有效性分析看起来考的是写作，实际上考的就是解题套路，即母题。把这些套路套用到各篇文章中即可拿到高分！

4. "母题"是论说文之母

可能有同学看了"母题是论说文之母"这句话，会感到吃惊——什么？论说文也有母题？老吕很负责地告诉你，"是的"！

既然我们叫管理类联考，论说文怎么也得和"管理"沾点边吧？管理考什么？价值观、方法论。

什么是价值观？2015 年的仁和富，其实就是价值观。就是看看未来的管理者们，你们对财富的想法是什么。你以后成了企业家，也要记得以义取利，别成为见利忘义之人。

什么是方法论？2011 年的"拔尖人才与冒尖人才"、2013 年的"波音与麦道的合作与竞争"、2014 年的"孔雀的选择"、2017 年的"新产品和旧产品的选择"，都是方法论，就是看你有没有基本的管理思想和管理方法。

可见，管理类联考的论说文，有相对清晰的命题方向，有相对常见的考试主题。这些主题，老吕称之为"论说文母题"。

管理类联考要求你在 1 小时内写完两篇作文，分给论说文的时间最多也就 30 到 35 分钟。在这么短的时间内，完成审题、立意、写作还是很有难度的。所以，真正把文章写到一类卷的学生，并不是在考场上临场发挥得有多优秀，而是在考前做了足够的功课，把论说文的常见命题方向都做了准备，甚至提前写好了范文！考场上，他们是对自己平时文章的改写，而不是从零开始新写一篇文章。

综上所述，《老吕数学母题 800 练》和《老吕逻辑母题 800 练》这两本书，值得你反复研读。

二、老吕系列图书和课程体系

阶段	时间	备考用书	配套课程
零基础阶段	4 月前	《管理类联考·老吕数学要点精编》（零基础篇） 《管理类、经济类联考·老吕逻辑要点精编》（零基础篇） 《管理类、经济类联考·老吕写作要点精编》（零基础篇）	零基础班
提高阶段	5—6 月	《管理类联考·老吕数学要点精编》（提高篇） 《管理类、经济类联考·老吕逻辑要点精编》（提高篇） 《管理类、经济类联考·老吕写作要点精编》（提高篇）	提高班
暑假阶段	7—8 月	《管理类联考·老吕数学母题 800 练》 《管理类、经济类联考·老吕逻辑母题 800 练》 《管理类、经济类联考·老吕写作要点精编》	暑假母题直播集训营
真题阶段	9—10 月	第 1 遍模考： 《管理类联考·老吕综合真题超精解》（试卷版）	近年真题串讲班
		第 2 遍总结： 真题分类密训内部讲义	真题分类密训班

续表

阶段	时间	备考用书	配套课程
冲刺阶段	11月	《管理类联考·老吕综合冲刺20套卷》	押题密训班
		写作母题内部讲义	写作特训营
模考阶段	12月	《管理类联考·老吕综合密押6套卷》	冲刺模考班
说明：1. 在校考生建议所有书刷2～3遍。 2. 在职考生可根据自己的备考情况，适当减少部分图书和课程的学习。			

三、在线答疑互动

老吕已开通多种方式与各位同学互动。希望与老吕沟通的同学，可以选择以下联系方式：

微博：老吕考研吕建刚

MPAcc/MAud/MLIS 备考微信公众号：老吕考研

MBA/MPA/MEM 备考微信公众号：老吕教你考 MBA

微信：laolvmpacc　laolvmba2018

2020MBA/MPA/MPAcc 老吕备考 QQ 群：421671538，242236369，829241509，636275737，262744213，833029085

  冰心先生有一首小诗《成功的花》，是这样写的："成功的花儿，人们只惊羡她现时的明艳！然而当初她的芽儿，浸透了奋斗的泪泉，洒遍了牺牲的血雨。"现在，让我们开始努力，让我们一起努力，让我们一直努力！

  祝你金榜题名！

吕建刚

目录

管理类联考数学题型说明 ··· 1

第一章 算术 ·· 5

本章题型网 ·· 5

第一节 | 实数 ·· 7

题型 1　整除问题 ··· 7
题型 2　带余除法问题 ··· 10
题型 3　奇数与偶数问题 ······································ 13
题型 4　质数与合数问题 ······································ 14
题型 5　约数与倍数问题 ······································ 16
题型 6　整数不定方程问题 ··································· 18
题型 7　无理数的整数与小数部分 ·························· 21
题型 8　有理数与无理数的运算 ···························· 23
题型 9　实数的运算技巧问题 ······························· 25
题型 10　其他实数问题 ······································· 30

第二节 | 比和比例 ··· 32

题型 11　等比定理与合比定理的应用 ····················· 32
题型 12　其他比例问题 ······································· 35

第三节 | 绝对值 ·· 37

题型 13　非负性问题 ·· 37
题型 14　自比性问题 ·· 40
题型 15　绝对值的最值问题 ································· 43
题型 16　求解绝对值方程和不等式 ························ 48
题型 17　证明绝对值等式或不等式 ························ 50

题型 18　定整问题 ·· 52
题型 19　含绝对值的式子求值 ·································· 53

第四节 | 平均值和方差 ·· 55
题型 20　平均值和方差的定义 ·································· 55
题型 21　均值不等式 ·· 58

微模考一　算术 ·· 61

微模考一　答案详解 ··· 64

第二章　整式与分式 ··· 68

本章题型网 ·· 68

第一节 | 整式 ·· 69
题型 22　因式分解问题 ·· 69
题型 23　双十字相乘法 ·· 71
题型 24　求展开式的系数 ··· 75
题型 25　代数式的最值问题 ····································· 77
题型 26　三角形的形状判断问题 ······························· 79
题型 27　整式除法与余式定理 ·································· 80
题型 28　其他整式化简求值问题 ······························· 84

第二节 | 分式 ·· 86
题型 29　齐次分式求值 ·· 86
题型 30　已知 $x+\dfrac{1}{x}=a$ 或者 $x^2+ax+1=0$，
　　　　　　求代数式的值 ·· 88
题型 31　关于 $\dfrac{1}{a}+\dfrac{1}{b}+\dfrac{1}{c}=0$ 的问题 ················ 90
题型 32　其他分式的化简求值问题 ···························· 92

微模考二　整式与分式 ·· 96

微模考二　答案详解 ··· 99

第三章　函数、方程、不等式 ······································ 104

本章题型网 ··· 104

第一节 | 简单方程与不等式 ······································· 105
题型 33　简单方程（组）和不等式（组） ············· 105

题型 34　不等式的性质 ··· 107

第二节｜一元二次函数、方程、不等式 ················· 108
　　　题型 35　一元二次函数、方程和不等式的基本题型 ······ 108
　　　题型 36　根的判别式问题 ··· 111
　　　题型 37　韦达定理问题 ··· 115
　　　题型 38　一元二次函数的最值 ··································· 119
　　　题型 39　根的分布问题 ··· 121
　　　题型 40　一元二次不等式的恒成立问题 ···················· 126

第三节｜特殊函数、方程、不等式 ······························· 129
　　　题型 41　指数与对数 ··· 129
　　　题型 42　分式方程及其增根 ······································· 132
　　　题型 43　穿线法解分式、高次不等式 ······················· 135
　　　题型 44　根式方程和根式不等式 ······························· 137

微模考三　函数、方程、不等式 ······································· 140

微模考三　答案详解 ·· 143

第四章　数列 ·· 148

本章题型网 ·· 148

第一节｜等差数列 ·· 149
　　　题型 45　等差数列基本问题 ······································· 149
　　　题型 46　连续等长片段和 ··· 152
　　　题型 47　奇数项、偶数项的关系 ······························· 153
　　　题型 48　两等差数列相同的奇数项和之比 ·············· 155
　　　题型 49　等差数列前 n 项和的最值 ························· 156

第二节｜等比数列 ·· 159
　　　题型 50　等比数列基本问题 ······································· 159
　　　题型 51　无穷等比数列 ··· 161
　　　题型 52　连续等长片段和 ··· 163

第三节｜数列综合题 ··· 164
　　　题型 53　等差数列和等比数列的判定 ······················· 164
　　　题型 54　等差与等比数列综合题 ······························· 167
　　　题型 55　数列与函数、方程的综合题 ······················· 172
　　　题型 56　递推公式问题 ··· 175

微模考四　数列 …… 180

微模考四　答案详解 …… 183

第五章　应用题 …… 187

本章题型网 …… 187

题型 57　简单算术问题 …… 188

题型 58　平均值问题 …… 189

题型 59　工程问题 …… 192

题型 60　行程问题 …… 196

题型 61　简单比例问题 …… 201

题型 62　利润问题 …… 204

题型 63　增长率问题 …… 206

题型 64　溶液问题 …… 208

题型 65　集合问题 …… 210

题型 66　最值问题 …… 211

题型 67　线性规划问题 …… 216

题型 68　阶梯价格问题 …… 219

微模考五　应用题 …… 221

微模考五　答案详解 …… 224

第六章　几何 …… 229

本章题型网 …… 229

第一节｜平面几何 …… 230

题型 69　与三角形有关的问题 …… 230

题型 70　阴影部分面积 …… 234

第二节｜立体几何 …… 238

题型 71　立体几何基本问题 …… 238

题型 72　几何体的"接"与"切" …… 242

第三节｜解析几何 …… 244

题型 73　点与点的关系 …… 244

题型 74　点与直线的位置关系 …… 245

题型 75　直线与直线的位置关系 …… 248

题型 76　点、直线与圆的位置关系 ······················ 251

题型 77　圆与圆的位置关系 ···························· 254

题型 78　图像的判断 ·································· 256

题型 79　过定点与曲线系 ······························ 259

题型 80　面积问题 ···································· 261

题型 81　对称问题 ···································· 263

题型 82　最值问题 ···································· 266

微模考六　几何 ······································ 271

微模考六　答案详解 ·································· 274

第七章　数据分析 ······································ 279

本章题型网 ·· 279

第一节｜图表分析 ···································· 280

题型 83　数据的图表分析 ······························ 280

第二节｜排列组合 ···································· 283

题型 84　加法原理、乘法原理 ·························· 283

题型 85　排队问题 ···································· 284

题型 86　看电影问题 ·································· 288

题型 87　数字问题 ···································· 290

题型 88　万能元素问题 ································ 293

题型 89　简单组合问题 ································ 294

题型 90　不同元素的分组与分配 ························ 296

题型 91　相同元素的分配问题 ·························· 299

题型 92　相同元素的排列问题 ·························· 300

题型 93　涂色问题 ···································· 301

题型 94　不能对号入座问题 ···························· 304

题型 95　成双成对问题 ································ 305

题型 96　求系数问题与二项式定理 ······················ 306

第三节｜概率 ·· 308

题型 97　古典概型 ···································· 308

题型 98　古典概型之色子问题 ·························· 310

题型 99　古典概型之几何体涂漆问题 ···················· 312

题型 100　数字之和问题 ······························· 313

题型 101　袋中取球问题 ······························· 315

题型 102　独立事件的概率 ·················· 317

题型 103　伯努利概型 ······················ 319

题型 104　闯关和比赛问题 ·················· 320

微模考七　数据分析 ························ 323

微模考七　答案详解 ························ 326

管理类联考数学题型说明

一、题型与分值

管理类联考中，数学分为两种题型，即问题求解和条件充分性判断，均为选择题。其中，问题求解题 15 道，每道题 3 分，共 45 分；条件充分性判断题有 10 道，每题 3 分，共 30 分。

二、条件充分性判断

1. 充分性定义

对于两个命题 A 和 B，若有 A⇒B，则称 A 为 B 的充分条件。

2. 充分性判断题的题干结构

题干先给出结论，再给出两个条件，要求判断根据给定的条件是否足以推出题干中的结论。

例：方程 $f(x)=1$ 有且仅有一个实根． （结论）

(1) $f(x)=|x-1|$； （条件 1）

(2) $f(x)=|x-1|+1$． （条件 2）

3. 充分性判断题的选项设置

如果条件（1）能推出结论，就称条件（1）是充分的；同理，如果条件（2）能推出结论，就称条件（2）是充分的。在两个条件单独都不充分的情况下，要考虑二者联立起来是否充分，然后按照以下选项设置做出选择。

(A) 条件（1）充分，条件（2）不充分．

(B) 条件（2）充分，条件（1）不充分．

(C) 条件（1）和条件（2）单独都不充分，但条件（1）和条件（2）联合起来充分．

(D) 条件（1）充分，条件（2）也充分．

(E) 条件（1）和条件（2）单独都不充分，条件（1）和条件（2）联合起来也不充分．

【注意】以上选项设置适用于全书的条件充分性判断题，后面不再重复说明．

【典型例题】

例 1 方程 $f(x)=1$ 有且仅有一个实根．

(1) $f(x)=|x-1|$；

(2) $f(x)=|x-1|+1$．

【解析】由条件（1）得

$$|x-1|=1 \Rightarrow x-1=\pm 1 \Rightarrow x_1=2, x_2=0,$$

所以条件（1）不充分．

由条件（2）得

$$|x-1|+1=1 \Rightarrow x-1=0 \Rightarrow x=1,$$

所以条件（2）充分.

【答案】（B）

例 2 $x=3$.

(1) x 是自然数；

(2) $4>x>1$.

【解析】条件（1）不能推出 $x=3$ 这一结论，即条件（1）不充分.

条件（2）也不能推出 $x=3$ 这一结论，即条件（2）也不充分.

联立两个条件，可得 $x=2$ 或 3，也不能推出 $x=3$ 这一结论，所以条件（1）和条件（2）联合起来也不充分.

【答案】（E）

例 3 x 是整数，则 $x=3$.

(1) $x<4$；

(2) $x>2$.

【解析】条件（1）和（2）单独显然不充分，联立两个条件得 $2<x<4$.

仅由这两个条件当然不能得到题干的结论 $x=3$.

但要注意，题干还给了另外一个条件，即 x 是整数.

结合这个条件，可知，两个条件联立起来充分，选（C）.

【答案】（C）

例 4 $x^2-5x+6\geqslant 0$.

(1) $x\leqslant 2$；

(2) $x\geqslant 3$.

【解析】由 $x^2-5x+6\geqslant 0$，可得 $x\leqslant 2$ 或 $x\geqslant 3$.

条件（1）：可以推出结论，充分.

条件（2）：可以推出结论，充分.

两个条件都充分，选（D）.

【注意】在此题中我们求解了不等式 $x^2-5x+6\geqslant 0$，即对不等式进行了等价变形，得到了一个结论，然后再看条件（1）和条件（2）能不能推出这个结论．切记不是由这个不等式的解去推出条件（1）和条件（2）.

【答案】（D）

例 5 $(x-2)(x-3)\neq 0$.

(1) $x\neq 2$；

(2) $x\neq 3$.

【解析】条件（1）：不充分，因为在 $x\neq 2$ 的条件下，如果 $x=3$，可以使 $(x-2)(x-3)=0$.

条件（2）：不充分，因为在 $x\neq 3$ 的条件下，如果 $x=2$，可以使 $(x-2)(x-3)=0$.

所以，必须联立两个条件，才能保证 $(x-2)(x-3)\neq 0$.

【答案】（C）

例6 $(a-b) \cdot |c| \geqslant |a-b| \cdot c$.

(1) $a-b > 0$;

(2) $c > 0$.

【解析】此题有些同学会这么想：

由条件（1），可知 $(a-b) = |a-b| > 0$.

由条件（2），可知 $|c| = c > 0$.

故有
$$(a-b) \cdot |c| = |a-b| \cdot c,$$

能推出 $(a-b) \cdot |c| \geqslant |a-b| \cdot c$，所以联立起来成立，选（C）.

条件（1）和（2）联立起来确实能推出结论，但问题在于：

由条件（1），可知 $(a-b) = |a-b| > 0$，

则 $(a-b) \cdot |c| \geqslant |a-b| \cdot c$，可化为 $|c| \geqslant c$，此式是恒成立的.

也就是说，仅由条件（1）就已经可以推出结论了，并不需要联立. 因此，本题选（A）.

各位同学一定要谨记，将两个选项联立的前提是条件（1）和条件（2）单独都不充分.

【答案】（A）

第一章 算术

本章题型网

(一)实数
- 1. 整除问题 → 特殊值法、设 k 法
- 2. 带余除法 → 特殊值法、设 k 法、同余问题
- 3. 奇数与偶数 → 奇数与偶数的四则运算规律
- 4. 质数与合数 →
  - (1) 穷举法：2, 3, 5, 7, 11, 13, 17, 19
  - (2) 分解质因数法
- 5. 约数与倍数 →
  - (1) 分解质因数法
  - (2) $(a, b) \cdot [a, b] = ab$
  - (3) 设未知数法
- 6. 解不定方程 →
  - (1) 穷举法
  - (2) 分解因数法
  - (3) $ab \pm n(a+b) = (a \pm n)(b \pm n) - n^2$
  - (4) $ax + by = c \Rightarrow x = \dfrac{c - by}{a}$
- 7. 整数部分与小数部分 → 先求整数部分，可得小数部分
- 8. 有理数与无理数的运算 →
  - (1) 形如 $a + b\lambda = 0$ 的问题
  - (2) 有理数与无理数的运算规律
- 9. 实数的运算技巧 →
  - (1) 多个分数求和
  - (2) 多个括号乘积
  - (3) 多个无理分数相加减
  - (4) 多个相同数字求和
  - (5) 换元法
  - (6) 错位相减法
  - (7) 公式法
- 10. 其他实数问题 →
  - (1) 循环小数化分数
  - (2) 比较实数的大小

（二）比与比例

1. 等比、合比定理
- (1) $\dfrac{a}{b}=\dfrac{c}{d}=\dfrac{e}{f}=\dfrac{a+c+e}{b+d+f}$，注意分母之和 $\neq 0$
- (2) $\dfrac{a}{b}=\dfrac{c}{d} \Leftrightarrow \dfrac{a+b}{b}=\dfrac{c+d}{d}$，等式左右同 $+1$
- (3) $\dfrac{a}{b}=\dfrac{c}{d} \Leftrightarrow \dfrac{a-b}{b}=\dfrac{c-d}{d}$，等式左右同 -1

2. 其他比例问题
- (1) 连比问题
- (2) 两两之比问题
- (3) 正比例：$y=kx\ (k\neq 0)$
- (4) 反比例：$y=\dfrac{k}{x}\ (k\neq 0)$

（三）绝对值

1. 非负性
- (1) 基本型 → $|a|+\sqrt{b}+c^2=0$
- (2) 配方型 → 配方即可求解
- (3) 两式型 → 两式相加减即可求解
- (4) 定义域型 → 计算定义域即可求解

2. 自比性
- (1) $\dfrac{|a|}{a}=\dfrac{a}{|a|}=\begin{cases}1,&a>0,\\-1,&a<0\end{cases}$
- (2) 重点是判断符号 → $abc,\ a+b+c$

3. 最值
- (1) $y=|x-a|+|x-b|$
- (2) $y=|x-a|-|x-b|$
- (3) $y=|x-a|+|x-b|+|x-c|$
- (4) $y=|x-a|+m|x-b|-n|x-c|$

4. 解方程和不等式
- (1) 选项代入法
- (2) 平方法去绝对值
- (3) 分类讨论法去绝对值
- (4) 图像法

5. 证明绝对值等式或不等式
- (1) 特殊值法
- (2) 几何意义
- (3) 分组讨论法
- (4) 平方法
- (5) 图像法

6. 定整问题 → 常用特殊值法，不要漏根

7. 含绝对值的式子求值

$$(四)均值与方差 \begin{cases} 1.\ 定义 \begin{cases} (1)\ \bar{x} = \dfrac{x_1+x_2+x_3+\cdots+x_n}{n} \\ (2)\ G = \sqrt[n]{x_1 \cdot x_2 \cdot x_3 \cdot \cdots \cdot x_n},\ x_i > 0 \\ (3)\ S^2 = \dfrac{1}{n}[(x_1-\bar{x})^2+(x_2-\bar{x})^2+\cdots+(x_n-\bar{x})^2] \\ \qquad\ = \dfrac{1}{n}[(x_1{}^2+x_2{}^2+\cdots+x_n{}^2)-n\bar{x}^2] \\ (4)\ S = \sqrt{S^2} \end{cases} \\ 2.\ 均值不等式 \begin{cases} (1)\ 求最值 \\ (2)\ 证明不等式 \end{cases} \end{cases}$$

第一节 实数

题型 1 整除问题

母题精讲

母题 1 （条件充分性判断）$\dfrac{3a}{26}$ 是整数.

(1) a 是一个整数，且 $\dfrac{6a}{8}$ 也是一个整数；

(2) a 是一个整数，且 $\dfrac{5a}{13}$ 也是一个整数.

本题为条件充分性判断题型，这种题型的特点是：

题干先给出一个结论：$\dfrac{3a}{26}$ 是整数.

再给出两个条件：(1) a 是一个整数，且 $\dfrac{6a}{8}$ 也是一个整数；

(2) a 是一个整数，且 $\dfrac{5a}{13}$ 也是一个整数.

解题思路：条件(1)能充分地推出结论吗？条件(2)能充分地推出结论吗？如果两个都不充分的话，两个条件联立能充分地推出结论吗？

选项设置：

(A) 条件(1)充分，但条件(2)不充分.

(B) 条件(2)充分，但条件(1)不充分.

(C) 条件(1)和条件(2)单独都不充分，但条件(1)和条件(2)联合起来充分.

(D) 条件(1)充分，条件(2)也充分.

(E) 条件(1)和条件(2)单独都不充分，条件(1)和条件(2)联合起来也不充分.

【注意】后面的例题不再单独注明条件充分性判断题，出现条件(1)、(2)的就是这种题型，选项设置均同此题，选项设置需各位同学记忆.

【解析】条件(1)：令 $a=4$，显然不充分．

条件(2)：令 $a=13$，显然不充分．

联立两个条件：

由条件(1)得 $\dfrac{6a}{8}=\dfrac{3a}{4}$，可知，$a$ 能被 4 整除；由条件(2)可知，a 能被 13 整除．

故 a 可被 $4\times 13=52$ 整除，故 $\dfrac{3a}{26}$ 是整数，两个条件联立起来充分．

【答案】(C)

老吕施法

整除问题，常用以下解题方法：

(1)特殊值法．

与整除有关的条件充分性判断问题，首选特殊值法．

(2)设 k 法．

经典方法为设 k 法：a 被 b 整除，可设 $\dfrac{a}{b}=k$，整理，得 $a=bk\ (k\in\mathbf{Z})$．

(3)因式分解法．

(4)拆项法．

与整除有关的问题，常用拆项法．

例如：$\dfrac{2m+3}{m+1}$ 为整数，如果直接设 $\dfrac{2m+3}{m+1}=k$，整理，得 $m=\dfrac{k-3}{2-k}$，此式很复杂，不容易进行下一步的分析；所以，常用拆项法，令 $\dfrac{2m+3}{m+1}=\dfrac{2m+2}{m+1}+\dfrac{1}{m+1}=2+\dfrac{1}{m+1}$，此时，只需要令 $\dfrac{1}{m+1}=k$，即 $m=\dfrac{1}{k}-1$，再进行下一步分析就简单很多．

习题精练

1. $\dfrac{n+14}{15}$ 是整数．

   (1) n 是整数，$\dfrac{n+2}{3}$ 是整数；

   (2) n 是整数，$\dfrac{n+4}{5}$ 是整数．

2. m 是一个整数．

   (1) 若 $m=\dfrac{p}{q}$，其中 p 与 q 为非零整数，且 $\log_2 3m$ 是一个整数；

   (2) 若 $m=\dfrac{p}{q}$，其中 p 与 q 为非零整数，且 $\dfrac{2m-4}{m+1}$ 是一个整数．

3. $3a(2a+1)+b(1-7a-3b)$ 是 10 的倍数．

   (1) a，b 都是整数，$3a+b$ 是 5 的倍数；

   (2) a，b 都是整数，$2a-3b+1$ 为偶数．

4. 三个数的和为252，这三个数分别能被6，7，8整除，而且商相同，则最大的数与最小的数相差（　　）.
   (A)18　　　　(B)20　　　　(C)22　　　　(D)24　　　　(E)26

5. 能确定 $\dfrac{n}{4}$ 是整数.

   (1) $m=\sqrt{5}-2$，$m+\dfrac{1}{m}$ 的整数部分是 n；

   (2) m，n 为质数，且 $n+12m$ 是偶数.

6. a^2-b^2 能够被4整除.

   (1) $a=2n+2$，$b=2n(n\in \mathbf{Z})$；　　　　(2) $a=2n+4$，$b=2n+2(n\in \mathbf{Z})$.

习 题 详 解

1. (C)

【解析】特殊值法、拆项法.

条件(1)：令 $n=4$，显然不充分.

条件(2)：令 $n=6$，显然不充分.

联立两个条件：

$\dfrac{n+2}{3}=\dfrac{n-1+3}{3}=\dfrac{n-1}{3}+1$ 为整数，故 $n-1$ 必能被3整除；

$\dfrac{n+4}{5}=\dfrac{n-1+5}{5}=\dfrac{n-1}{5}+1$ 为整数，故 $n-1$ 必能被5整除.

又因为3与5互质，故 $n-1$ 能被15整除，则 $\dfrac{n+14}{15}=\dfrac{n-1+15}{15}=\dfrac{n-1}{15}+1$ 必为整数，故两个条件联合起来充分.

2. (E)

【解析】条件(1)：令 $\log_2 3m=k$，得 $3m=2^k$，$m=\dfrac{2^k}{3}$，不充分；

条件(2)：令 $\dfrac{2m+4}{m+1}=k$，即 $\dfrac{2m+2+2}{m+1}=k$，即 $2+\dfrac{2}{m+1}=k$，得 $m=\dfrac{2}{k-2}-1$，不充分；两个条件联立也不充分.

【快速得分法】特殊值法.

条件(1)：令 $m=\dfrac{1}{3}$，可迅速排除；条件(2)：令 $m=-\dfrac{1}{2}$，可迅速排除.

3. (C)

【解析】因式分解法.

$$3a(2a+1)+b(1-7a-3b)=3a+b+(3a+b)(2a-3b)=(3a+b)(2a-3b+1).$$

条件(1)和条件(2)显然单独都不充分，联立起来充分，选(C).

4. (D)

【解析】设商为 k，则这三个数为 $6k$，$7k$，$8k$，由三个数的和为252，可得 $6k+7k+8k=252$，解得 $k=12$. 故 $8k-6k=2k=24$.

5. (A)

【解析】无理数的整数部分＋整除问题.

条件(1)：$m+\dfrac{1}{m}=\sqrt{5}-2+\dfrac{1}{\sqrt{5}-2}=\sqrt{5}-2+\dfrac{\sqrt{5}+2}{(\sqrt{5}-2)(\sqrt{5}+2)}=2\sqrt{5}$，

$4=\sqrt{16}<2\sqrt{5}<\sqrt{25}=5$，故 $m+\dfrac{1}{m}$ 的整数部分为 4，即 $n=4$，$\dfrac{n}{4}$ 是整数，所以条件(1)充分.

条件(2)：$12m$ 是偶数，又因为 $n+12m$ 是偶数，故 n 为偶数，又因为 n 为质数，所以 $n=2$，$\dfrac{n}{4}=\dfrac{1}{2}$ 不是整数，所以条件(2)不充分.

6. (D)

【解析】条件(1)：$a^2-b^2=(a+b)(a-b)=(4n+2)\times 2=4(2n+1)$，充分.

条件(2)：$a^2-b^2=(a+b)(a-b)=(4n+6)\times 2=4(2n+3)$，充分.

题型 2 带余除法问题

母题精讲

母题 2 若 x 和 y 是整数，则 $xy+1$ 能被 3 整除.
(1) 当 x 被 3 除时，余数为 1；
(2) 当 y 被 9 除时，余数为 8.

【解析】设 k 法.

条件(1)：令 $x=1$，则 $xy+1=y+1$，能否被 3 整除与 y 的值有关，不充分.

条件(2)：同理可知，不充分.

联立条件(1)、(2)：由条件(1)可设 $x=3m+1$，由条件(2)可设 $y=9n+8$，则
$$xy+1=(3m+1)(9n+8)+1=27mn+24m+9n+9=3\times(9mn+8m+3n+3).$$
可被 3 整除，故联立两个条件充分.

【快速得分法】特殊值法.

令 $x=1$，$y=8$，可得 $xy+1=9$ 能被 3 整除，猜测选(C).

【易错点】有同学误用设 k 法.

由条件(1)设 $x=3k+1$，由条件(2)设 $y=9k+8$，误把两个未知数当作一个未知数，应设 k_1，k_2.

【答案】(C)

老吕施法

带余除法问题常用以下方法：
(1) 特殊值法.
带余除法的条件充分性判断问题，首选特殊值法.

(2)设 k 法.

若 a 被 b 除余 r，可设 $a=bk+r$ $(k\in \mathbf{Z})$.

若 a 被 b 除余 r，则 $a-r$ 能被 b 整除.

(3)同余问题.

所谓同余问题，就是给出"一个数除以几个不同的数"的余数，反求这个数，称作同余问题.

下面以 4，5，6 为例，它们的最小公倍数是 60.

①余同取余.

用一个数除以几个不同的数，得到的余数相同，此时反求这个数，可以选除数的最小公倍数，加上这个相同的余数，称为"余同取余".

例："一个数除以 4 余 1，除以 5 余 1，除以 6 余 1"，因为余数都是 1，所以取 $+1$，表示为 $60n+1$.

②和同加和.

用一个数除以几个不同的数，如果每个除数与相应余数的和都相同，此时反求这个数，可以选除数的最小公倍数，加上这个相同的和数，称为"和同加和".

例："一个数除以 4 余 3，除以 5 余 2，除以 6 余 1"，因为 $4+3=5+2=6+1=7$，所以取 $+7$，表示为 $60n+7$.

③差同减差.

用一个数除以几个不同的数，如果每个除数与相应余数的差都相同，此时反求这个数，可以选除数的最小公倍数，减去这个相同的差数，称为"差同减差".

例："一个数除以 4 余 1，除以 5 余 2，除以 6 余 3"，因为 $4-1=5-2=6-3=3$，所以取 -3，表示为 $60n-3$.

(4)不同余问题.

若一个数除以两个数的余数无规律，则将其中一个除数拆分成另外一个除数加上一个数的形式，再利用商和余数分别相等列方程求解.

习题精练

1. 正整数 n 的 8 倍与 5 倍之和，除以 10 的余数为 9，则 n 的个位数字为(　　).

   (A)2　　　　(B)3　　　　(C)5　　　　(D)7　　　　(E)9

2. 某人手中握有一把玉米粒，若 3 粒一组取出，余 1 粒；若 5 粒一组取出，也余 1 粒；若 6 粒一组取出，也余 1 粒，则这把玉米粒最少有(　　)粒.

   (A)28　　　　(B)39　　　　(C)51　　　　(D)91　　　　(E)31

3. 自然数 n 的各位数字的积是 6.

   (1) n 是被 5 除余 3 且被 7 除余 2 的最小自然数；

   (2) n 是形如 2^{4m} $(m\in \mathbf{Z}^+)$ 的最小正整数.

4. 有一个四位数，它被 121 除余 2，被 122 除余 109，则此数字的各位数字之和为(　　).

   (A)12　　　　(B)13　　　　(C)14　　　　(D)16　　　　(E)17

5. 一个盒子装有 m ($m\leqslant 100$) 个小球，每次按照 2 个、3 个、4 个的顺序取出，最终盒内都只剩下 1 个小球，如果每次取出 11 个，则余 4 个，则 m 的各数位上的数字之和为(　　).
   (A) 9　　　(B) 10　　　(C) 11　　　(D) 12　　　(E) 13

习 题 详 解

1. (B)

【解析】 $8n+5n=13n$，$13n$ 被 10 除余 9，个位数字为 9，故 n 的个位数字为 3.

2. (E)

【解析】 同余问题.

设共有 x 粒玉米粒，则 $x-1$ 能被 3，5，6 整除，求玉米粒最少有多少，则 $x-1$ 是 3，5，6 的最小公倍数 30，故最少有 31 粒.

3. (D)

【解析】方法一：条件(1)：设 $n=5k_1+3$，$n=7k_2+2$ (k_1，$k_2 \in \mathbf{Z}$)，则有 $5k_1+3=7k_2+2$，得 $k_2=\dfrac{5k_1+1}{7}$.

穷举可知，当 $k_1=4$，$k_2=3$ 时，$n_{\min}=23$，故 n 的各位数字的积为 $2\times 3=6$，条件(1)充分.

条件(2)：$n_{\min}=2^4=16$，故 y 的各位数字的积为 $1\times 6=6$，条件(2)充分.

方法二：条件(1)：$n=5k_1+3=7k_2+2=5k_2+2k_2+5-3=5(k_2+1)+2k_2-3$，因为 n 被 5 除的商和余数均应为定值，故有

$$\begin{cases} k_1=k_2+1, \\ 3=2k_2-3 \end{cases} \Rightarrow k_1=4, k_2=3.$$

故 $n=5k_1+3=5\times 4+3=23$，故 n 的各位数字的积为 $2\times 3=6$，条件(1)充分.

条件(2)：同方法一.

4. (E)

【解析】设这个四位数为 x，则有

$$\begin{cases} x=121k_1+2, \\ x=122k_2+109, \end{cases}$$

由第二个式子，可得 $x=(121+1)k_2+121-12=121(k_2+1)+k_2-12$，结合第一个式子，可知

$$\begin{cases} k_2-12=2, \\ k_2+1=k_1, \end{cases} \text{故} \begin{cases} k_2=14, \\ k_1=15. \end{cases}$$

则 $x=121\times 15+2=1\,817$，故各位数字之和为 $1+8+1+7=17$.

5. (B)

【解析】同余问题、不同余问题.

由"每次 2 个、3 个、4 个的取出，最终盒内都只剩下 1 个小球"知 $m-1$ 能被 2，3，4 的最小公倍数 12 整除. 设 $m=12k_1+1$，又由"每次取出 11 个，则余 4 个"，设 $m=11k_2+4$，故 $m=12k_1+1=11k_1+k_1+1=11k_2+4$，故有 $k_1+1=4$，$k_1=3$，故 $m=12k_1+1=37$，则 m 的各数位上的数字之和为 10.

题型 3 奇数与偶数问题

母题精讲

母题 3 x 一定是偶数.

(1) $x = n^2 + 3n + 2 (n \in \mathbf{Z})$;

(2) $x = n^2 + 4n - 5 (n \in \mathbf{Z})$.

【解析】条件(1)：$x = n^2 + 3n + 2 = (n+1)(n+2)$，相邻的两整数的乘积一定为偶数，充分.

条件(2)：$x = n^2 + 4n - 5 = (n-1)(n+5)$，相差为 6 的两整数同奇或同偶，乘积未必为偶数，不充分.

【答案】(A)

老吕施法

奇数、偶数问题常用以下方法：

(1) 设偶数为 $2n$ ($n \in \mathbf{Z}$)，奇数为 $2n+1$ ($n \in \mathbf{Z}$).

(2) 奇数与偶数的四则运算规律，即

奇数+奇数=偶数，奇数+偶数=奇数，奇数×奇数=奇数，奇数×偶数=偶数.

(3) 特殊值法.

习题精练

1. 设 a 为正奇数，则 $a^2 - 1$ 必是( ).

   (A) 5 的倍数 (B) 6 的倍数 (C) 8 的倍数

   (D) 9 的倍数 (E) 7 的倍数

2. m 为偶数.

   (1) 设 n 为整数，$m = n^2 + n$；

   (2) 在 $1, 2, 3, 4, \cdots, 90$ 这些自然数中的相邻两数之间任意添加一个加号或减号，运算结果为 m.

3. m 一定是偶数.

   (1) 已知 a, b, c 都是整数，$m = 3a(2b+c) + a(2-8b-c)$；

   (2) m 为连续的三个自然数之和.

4. 若 x, y, z 都是整数，则 $x^2 - y^2 - z^2 - 2yz$ 为奇数.

   (1) xyz 是奇数； (2) $x + y + z$ 是奇数.

习题详解

1. (C)

【解析】设 $a = 2n+1$ (n 是非负整数)，则 $a^2 - 1 = (2n+1)^2 - 1 = 4n^2 + 4n = 4n(n+1)$. 因为 n 是整数，所以 n 与 $n+1$ 之中至少有一个是偶数，即 2 的倍数. 故 $4n(n+1)$ 必是 8 的倍数.

【快速得分法】特殊值法.

令 $a = 3$，则 $a^2 - 1 = 8$，故选 (C).

2. (A)

【解析】条件(1)：$m=n^2+n=n(n+1)$，相邻两个数必为一奇一偶，且相乘必为偶数，充分．

条件(2)：$1,2,3,4,\cdots,90$ 中有 45 个奇数进行加减运算，运算结果必为奇数，再与 45 个偶数做加减运算，运算结果必为奇数，不充分．

3. (A)

【解析】条件(1)：$m=3a(2b+c)+a(2-8b-c)=6ab+3ac+2a-8ab-ac=2ac-2ab+2a$，在 a,b,c 都是整数时，上式显然能被 2 整除，即 m 是偶数．条件(1)充分．

条件(2)：连续的三个自然数，有可能是两奇一偶或者两偶一奇，若是两偶一奇，则 m 为奇数，故条件(2)不充分．

4. (D)

【解析】$x^2-y^2-z^2-2yz=x^2-(y+z)^2=(x+y+z)(x-y-z)$．

条件(1)：xyz 是奇数，可知 x,y,z 都是奇数．

故 $x+y+z$ 是奇数，$x-y-z$ 也是奇数，

所以两者乘积也是奇数，故条件(1)充分．

条件(2)：$x+y+z$ 是奇数，可知 $x-y-z$ 也是奇数，

所以，两者乘积也是奇数，故条件(2)也充分．

【答案】(D)

题型 4 质数与合数问题

母题精讲

母题 4 在 20 以内的质数中，两个质数之和还是质数的共有（ ）种．

(A) 2　　　(B) 3　　　(C) 4　　　(D) 5　　　(E) 6

【解析】20 以内的质数为 $2,3,5,7,11,13,17,19$；

大于 2 的质数一定为奇数，偶数＋奇数＝奇数，故这两个质数中有一个为偶数 2，另外一个可能为 $3,5,11,17$．所以共有 4 种情况．

【答案】(C)

老吕施法

质数问题常用以下方法：

(1) **穷举法**

最常用方法，把质数从小到大依次代入试验即可．30 以内的质数要熟练记忆：$2,3,5,7,11,13,17,19,23,29$．

(2) **分解质因数法**

遇到和质数有关的乘法、整除、带余除法等问题时，常用分解质因数法．

(3) **特殊数字突破法**

①数字 2 突破法：所有质数中只有一个质数为偶数，即 2，故常通过分析奇偶性判断有没有数字 2．

②数字 5 突破法：若几个整数的乘积个位数字为 0 或 5，则这几个整数中必有数字 5．

习题精练

1. 已知 3 个质数的倒数和为 $\dfrac{161}{186}$，则这三个质数的和为（　　）.
   (A) 34　　(B) 35　　(C) 36　　(D) 38　　(E) 42

2. 设 m，n 都是自然数，则 $m=2$.
   (1) $n\neq 2$，$m+n$ 为奇数；　　(2) m，n 均为质数.

3. 在不大于 20 的正整数中，既是奇数又是合数的算术平均值为（　　）.
   (A) 16　　(B) 14　　(C) 8　　(D) 10　　(E) 12

4. $|m-n|=15$.
   (1) 质数 m，n 满足 $5m+7n=129$；
   (2) 设 m 和 n 为大于 0 的整数，m 和 n 的最大公约数为 15，且 $3m+2n=180$.

5. 三个质数 a，b，c 的乘积是这三个数和的 5 倍，则 $\dfrac{a+b+c}{3}=$（　　）.
   (A) 1　　(B) $\dfrac{5}{3}$　　(C) 3　　(D) $\dfrac{10}{3}$　　(E) $\dfrac{14}{3}$

6. 已知 x 为正整数，且 $6x^2-19x-7$ 的值为质数，则这个质数为（　　）.
   (A) 2　　(B) 7　　(C) 11　　(D) 13　　(E) 17

7. 三个质数 a，b，c 满足条件 $ab+ac+bc+abc=127$，则 $(a+b)(a+c)(b+c)$ 的值为（　　）.
   (A) 910　　(B) 1 056　　(C) 772　　(D) 840　　(E) 693

习题详解

1. (C)

   【解析】 分解质因数法.

   设这三个数分别为 a，b，c，则有
   $$\dfrac{1}{a}+\dfrac{1}{b}+\dfrac{1}{c}=\dfrac{bc+ac+ab}{abc}=\dfrac{161}{186}, \qquad ①$$

   将 186 分解质因数，可知 $186=2\times 3\times 31$，故这三个数可能为 2，3，31. 代入①式验证成立，故有 $a+b+c=36$.

2. (C)

   【解析】 取特殊值，显然两个条件单独都不充分，考虑联立.

   由条件(1)，$m+n$ 为奇数，则 m，n 必为一奇一偶.

   又由条件(2)，m，n 均为质数，则两数必有一个为偶质数 2，又由 $n\neq 2$，故 $m=2$.

   所以两个条件联合起来充分.

3. (E)

   【解析】 质数与合数问题. 在不大于 20 的正整数中，既是奇数又是合数的只有 9 和 15，所以算术平均值为 $\dfrac{9+15}{2}=12$.

4. (B)

   【解析】 奇偶分析法.

条件(1)：由奇偶性可得 $5m$，$7n$ 必为一奇一偶．

①若 m 为偶数，则 $m=2$，$n=17$，可推出题干；

②若 n 为偶数，则 $m=23$，$n=2$，无法推出题干．

故条件(1)不充分．

条件(2)：由题干可设 $m=15k$，$n=15t$，且 k，t 互质，

则有 $3k+2t=12$，显然 k 为偶数，仅有一组整数解 $k=2$，$t=3$．

故 $|m-n|=|30-45|=15$，条件(2)充分．

5. (E)

【解析】特殊数字 5 突破法．

由题干，得 $abc=5(a+b+c)$．由于 a，b，c 都是质数，所以 a，b，c 中一定有一个数为 5．假设 $a=5$，则有 $5bc=5(5+b+c)$，化简有 $(b-1)(c-1)=6$．因此 $b-1$ 和 $c-1$ 的值为 2，3 或者 1，6．若 $b-1=2$，$c-1=3$，解得 $b=3$，$c=4$，不符合题意．若 $b-1=1$，$c-1=6$，解得 $b=2$，$c=7$，符合题意．因此三个质数的值为 2，5，7．所以 $\frac{a+b+c}{3}=\frac{2+5+7}{3}=\frac{14}{3}$．

6. (D)

【解析】质数的定义．

由于 $6x^2-19x-7=(3x+1)(2x-7)$，故 $3x+1$ 和 $2x-7$ 的值必有一个为 1，另一个为质数．又已知 x 为正整数，则 $2x-7=1$，解得 $x=4$．所以 $6x^2-19x-7=13$．

7. (A)

【解析】奇偶分析法+穷举法．

若质数 a，b，c 均为奇数，则 $ab+ac+bc+abc$ 为偶数，与题干矛盾，故三个质数中必有偶质数 2，可假设 $a=2$，则有 $2b+2c+3bc=127$．

然后穷举不难得出另外两个质数为 3 和 11．

因此 $(a+b)(a+c)(b+c)=5\times13\times14=910$．

题型 5 约数与倍数问题

母题精讲

母题 5 某种同样的商品装成一箱，每个商品的重量都超过 1 千克，并且是 1 千克的整数倍，去掉箱子重量后净重 210 千克，拿出若干个商品后，净重 183 千克，则每个商品的重量为（　　）千克．

(A) 1　　(B) 2　　(C) 3　　(D) 4　　(E) 5

【解析】公约数问题．

由题意可知，商品重量必为 210 和 183 的公约数．

210 和 183 的公约数为 1 和 3．又因为重量大于 1 千克，所以每个商品的重量只能是 3 千克．

【答案】(C)

老吕施法

约数与倍数问题，需要掌握以下技巧：

(1)分解质因数法求公约数和公倍数．

(2)若已知两个数的最大公约数为 k，可设这两个数分别为 ak，bk，则最小公倍数为 abk，这两个数的乘积为 abk^2．

(3)两个正整数的乘积等于这两个数的最大公约数与最小公倍数的积，即
$$ab=(a,b)[a,b].$$

习题精练

1. 若 n 是一个大于 2 的正整数，则 n^3-n 一定有约数(　　)．
   (A)7　　(B)6　　(C)8　　(D)4　　(E)5

2. 两个正整数的最大公约数是 6，最小公倍数是 72，则这两个数的和为(　　)．
   (A)42　　(B)48　　(C)78　　(D)42 或 78　　(E)48 或 78

3. 已知两数之和是 40，它们的最大公约数与最小公倍数之和是 56，则这两个数的几何平均值为(　　)．
   (A)$8\sqrt{6}$　　(B)$8\sqrt{3}$　　(C)$6\sqrt{6}$　　(D)$4\sqrt{2}$　　(E)8

4. 有 5 个最简正分数的和为 1，其中的三个是 $\frac{1}{3}$，$\frac{1}{7}$，$\frac{1}{9}$，其余两个分数的分母为两位整数，且这两个分母的最大公约数是 21，则这两个分数的积的所有不同值的个数为(　　)．
   (A)2 个　　(B)3 个　　(C)4 个　　(D)5 个　　(E)无数个

5. 有两个不为 1 的自然数 a,b，已知两数之和是 31，两数之积是 750 的约数，则 $|a-b|=$(　　)．
   (A)13　　(B)19　　(C)20　　(D)23　　(E)25

6. 某小区绿化部门计划植树改善小区环境，原来计划每隔 15 米种一棵树，现在改为每隔 10 米种一棵树，则需要多挖 40 个坑．
   (1)在周长为 1 200 米的圆形公园外侧种一圈树；
   (2)在长为 1 200 米的马路的一侧种一排树，两端都要种上．

习题详解

1. (B)

   【解析】$n^3-n=(n-1)n(n+1)$（连续 n 个自然数相乘一定可以被 $n!$ 整除），故 3 个连续的自然数相乘，一定可以被 6 整除．

2. (D)

   【解析】设这两个数为 a,b，则有
   $$ab=(a,b)[a,b]=6\times 72=6\times 6\times 3\times 4.$$
   故 $a=6$，$b=72$ 或 $a=18$，$b=24$．
   故 $a+b=78$ 或 42．

3. (A)

【解析】设 $x=ak$，$y=bk$（令 $a<b$，k 为最大公约数），故最小公倍数为 abk，由题意得
$$\begin{cases} ak+bk=40, \\ k+abk=56, \end{cases} 即 \begin{cases} k(a+b)=40, \\ k(1+ab)=56. \end{cases}$$

所以 k 为 40 和 56 的公约数，$k=1$，2，4，8，k 取最大值 8，则
$$\begin{cases} a+b=5, \\ 1+ab=7, \end{cases} \Rightarrow \begin{cases} a=2, \\ b=3. \end{cases}$$

故 $x=16$，$y=24$. 所以 $\sqrt{xy}=\sqrt{16\times 24}=8\sqrt{6}$.

4. (C)

【解析】因为 $1-\dfrac{1}{3}-\dfrac{1}{7}-\dfrac{1}{9}=\dfrac{26}{63}$，所以其余两个分数之和为 $\dfrac{26}{63}$. 由于这两个分数的分母都是两位数，最大公约数是 21，且为最简分数，故分母只可能是 21 和 63.

设这两个分数为 $\dfrac{m}{21}$ 和 $\dfrac{n}{63}$（m，n 是正整数），则 $\dfrac{m}{21}+\dfrac{n}{63}=\dfrac{26}{63}$，可得 $3m+n=26$.

由于 $1\leqslant 3m\leqslant 25$，所以 $1\leqslant m\leqslant 8$ 且 m 不能是 3 或 7 的倍数，故 m 只能是 1，2，4，5，8.
因为 n 不能是 3，7 或 9 的倍数，故只有 $m=1$，$n=23$；$m=2$，$n=20$；$m=5$，$n=11$；$m=8$，$n=2$ 四组解.

5. (B)

【解析】约数与倍数问题.
由题意可知，$a+b=31$，$n(a\times b)=750$，
将 750 分解质因数可得 $750=2\times 3\times 5\times 5\times 5$.
又 $a+b=31$，可得 $750=2\times 3\times 5\times 5\times 5=5\times(25\times 6)$.
所以 $|a-b|=19$.

6. (D)

【解析】条件(1)：圆形中，挖坑的数量＝间隔的数量.
原来需要挖坑 $1\,200\div 15=80$（个），
现在需要挖坑 $1\,200\div 10=120$（个）.
所以需要多挖 $120-80=40$（个），故条件(1)充分.
条件(2)：直线型中，两端都种树，挖坑的数量＝间隔的数量＋1.
原来需要挖坑 $1\,200\div 15+1=81$（个），
现在需要挖坑 $1\,200\div 10+1=121$（个）.
所以需要多挖 $121-81=40$（个），故条件(2)充分.

题型 6　整数不定方程问题

母题精讲

母题 6.1　一次考试有 20 道题，做对一题得 8 分，做错一题扣 5 分，不做不计分. 某同学共得 13 分，则该同学没做的题数是(　　)道.

(A)4　　　(B)6　　　(C)7　　　(D)8　　　(E)9

【解析】设该同学做对的题目数为 x 道，做错的题目数为 y 道，则没做的题目数为 $20-x-y$ 道，根据题意可得
$$8x-5y=13,$$
即
$$y=\frac{8x-13}{5},$$
穷举法可知 $x=6$, $y=7$. 故 $20-x-y=7$.

所以该同学没做的题数是 7 道.

【答案】(C)

母题 6.2　一个整数 x，加 6 之后是一个完全平方数，减 5 之后也是一个完全平方数，则 x 的各数位上的数字之和为(　　).

(A)3　　　(B)4　　　(C)5　　　(D)6　　　(E)7

【解析】分解因数法，由题意知
$$\begin{cases} x+6=m^2, \\ x-5=n^2, \end{cases}$$
两式相减，得
$$11=m^2-n^2=(m+n)(m-n)=11\times 1,$$
故有 $\begin{cases} m+n=11, \\ m-n=1, \end{cases}$ 解得 $\begin{cases} m=6, \\ n=5. \end{cases}$

故 $x=m^2-6=30$.

所以 x 的各数位上的数字之和为 3.

【快速得分法】穷举法，由题干知两个完全平方数的差为 11，从最小的完全平方数开始穷举，易知这两个完全平方数为 25，36，可知 $x=30$.

【答案】(A)

老吕施法

一个方程里面有多个未知数，若已知未知数的解为整数，则有以下两类解法：

(1)穷举法(如母题 6.1).

①在穷举时，常用特征判断法、奇偶分析法减小讨论的范围；

②若 $ax+by=c$，整理，得 $x=\dfrac{c-by}{a}$，然后再用穷举法讨论.

(2)分解因数法(如母题 6.2).

①分解为两式的积等于某整数的形式.

如：若已知 a，b 为自然数，又有 $ab=7$. 因为 $7=1\times 7$，故 $a=1$，$b=7$ 或 $a=7$，$b=1$.

②分解因数法常用以下公式：
$$ab\pm n(a+b)=(a\pm n)(b\pm n)-n^2;$$
若 $ab\pm n(a+b)=0$，则有 $(a\pm n)(b\pm n)=n^2$.

习题精练

1. 小明买了三种水果共 30 千克,共用去 80 元. 其中苹果每千克 4 元,橘子每千克 3 元,梨每千克 2 元. 已知小明买的三种水果的重量均为整数,则他买橘子的重量为( ).
   (A)奇数　　　(B)偶数　　　(C)质数　　　(D)合数　　　(E)不确定

2. 某次数学竞赛准备 22 支铅笔作为奖品发给获得一、二、三等奖的学生. 原计划一等奖每人发 6 支,二等奖每人发 3 支,三等奖每人发 2 支. 后又改为一等奖每人发 9 支,二等奖每人发 4 支,三等奖每人发 1 支. 则得一等奖的学生有( )人.
   (A)1　　　(B)2　　　(C)3　　　(D)4　　　(E)5

3. a 和 b 的算术平均值是 8.
   (1) a,b 为不相等的自然数,且 $\frac{1}{a}$ 和 $\frac{1}{b}$ 的算术平均值为 $\frac{1}{6}$;
   (2) a,b 为自然数,且 $\frac{1}{a}$ 和 $\frac{1}{b}$ 的算术平均值为 $\frac{1}{6}$.

4. 已知 a_1,a_2,a_3,a_4,a_5 是满足条件 $a_1+a_2+a_3+a_4+a_5=-7$ 的不同整数,b 是关于 x 的一元五次方程 $(x-a_1)(x-a_2)(x-a_3)(x-a_4)(x-a_5)=1773$ 的整数根,则 b 的值为( ).
   (A)15　　　(B)17　　　(C)25　　　(D)36　　　(E)38

5. 实数 x 的值为 8 或 3.
   (1) 某车间原计划 30 天生产零件 165 个,前 8 天共生产 44 个,从第 9 天起每天至少生产 x 个零件,才能提前 5 天超额完成任务;
   (2) 小王的哥哥的年龄是 20 岁,小王的年龄的 2 倍加上他弟弟的年龄的 5 倍等于 97,小王比他弟弟大 x 岁.

6. 某校有女生宿舍的房间数为 6.
   (1) 若每间房住 4 人,则还剩 20 人未住下;
   (2) 若每间房住 8 人,则仅有一间未住满.

习题详解

1. (B)

【解析】设苹果买了 x 千克,橘子买了 y 千克,则梨买了 $30-x-y$ 千克. 根据题意,得
$$4x+3y+2\times(30-x-y)=80,$$
解得 $y=20-2x$,故橘子的重量 y 为偶数.

2. (A)

【解析】设一等奖有 x 人,二等奖有 y 人,三等奖有 z 人. 则
$$\begin{cases}6x+3y+2z=22,\\9x+4y+z=22\end{cases}\Rightarrow 12x+5y=22\Rightarrow y=\frac{22-12x}{5},$$
由穷举法,得 $x=1$,$y=2$,$z=5$.
所以得一等奖的学生有 1 人.

3. (A)

【解析】分解因数法.

条件(1)：由题意知，$\frac{1}{a}+\frac{1}{b}=\frac{1}{3}$，即 $\frac{a+b}{ab}=\frac{1}{3}$，整理得 $ab-3(a+b)=0$，即

$$(a-3)(b-3)=9=3\times3=9\times1(分解因数法)，$$

故 $\begin{cases}a-3=3,\\b-3=3,\end{cases}$ 或 $\begin{cases}a-3=9,\\b-3=1,\end{cases}$ 解得 $\begin{cases}a=6,\\b=6,\end{cases}$ (舍去)或 $\begin{cases}a=12,\\b=4,\end{cases}$

则 a 和 b 的算术平均值为 $\frac{4+12}{2}=8$，条件(1)充分．

条件(2)：令 $a=b=6$，显然不充分．

4. (E)

【解析】 分解因数法．

由 $(x-a_1)(x-a_2)(x-a_3)(x-a_4)(x-a_5)=1\,773=1\times(-1)\times3\times(-3)\times197$，得 $x-a_1=1$，$x-a_2=-1$，$x-a_3=3$，$x-a_4=-3$，$x-a_5=197$，所以

$$(x-a_1)+(x-a_2)+(x-a_3)+(x-a_4)+(x-a_5)$$
$$=5x-(a_1+a_2+a_3+a_4+a_5)$$
$$=1-1+3-3+197=197.$$

因此 $5x+7=197$，$x=38$，故 b 的值为 38．

5. (D)

【解析】 条件(1)：提前 5 天完成，则一共工作了 25 天，由题意知 $44+(25-8)x\geq165$，解得 $x\geq7.1$，因为 x 只能取整数，故 $x=8$，条件(1)充分．

条件(2)：设小王的年龄为 a，他弟弟的年龄为 b，根据题意知 $2a+5b=97$，得 $a=\frac{97-5b}{2}\leq20$．

穷举可知 $a=16$，$b=13$，故 $x=16-13=3$，条件(2)充分．

6. (C)

【解析】 两个条件单独显然不充分，故考虑联合．

设女生宿舍的房间数为 $x(x\in\mathbf{Z}^+)$，则女生的人数为 $4x+20$．

若每间住 8 人，则仅有一间未住满，则

$$8(x-1)<4x+20<8x，$$

解得 $5<x<7$，所以 $x=6$，即联合充分．

题型 7 无理数的整数与小数部分

母题精讲

母题 7 $a=\sqrt{6+4\sqrt{2}}$ 的小数部分是 b，则 $\frac{a}{b}=(\quad)$．

(A)$4+2\sqrt{2}$　　(B)$4-2\sqrt{2}$　　(C)$3+3\sqrt{2}$　　(D)$4-3\sqrt{2}$　　(E)$4+3\sqrt{2}$

【解析】 无理数的整数与小数部分．

由题干，$a=\sqrt{6+4\sqrt{2}}=\sqrt{(2+\sqrt{2})^2}=2+\sqrt{2}$，则 $b=a-3=\sqrt{2}-1$．

故 $\frac{a}{b}=\frac{2+\sqrt{2}}{\sqrt{2}-1}=4+3\sqrt{2}$．

【答案】(E)

老吕施法

(1)一个数的整数部分,是不大于这个数的最大整数;小数部分是原数减去整数部分.

例如:2.5 的整数部分是 2,小数部分是 0.5;

$\sqrt{5}$ 的整数部分是 2,小数部分是 $\sqrt{5}-2$;

-2.2 的整数部分是 -3,小数部分是 0.8;

$-\sqrt{5}$ 的整数部分是 -3,小数部分是 $-\sqrt{5}-(-3)=3-\sqrt{5}$.

(2)求解无理数的整数部分与小数部分问题,步骤如下:

①估算此无理数的值.

②求得整数部分.

③小数部分=原数-整数部分.

习题精练

1. 已知实数 $2+\sqrt{3}$ 的整数部分为 x,小数部分为 y,则 $\dfrac{x+2y}{x-2y}=$(   ).

(A) $\dfrac{17+12\sqrt{3}}{13}$ (B) $\dfrac{17+12\sqrt{3}}{12}$ (C) $\dfrac{17+9\sqrt{3}}{13}$ (D) $\dfrac{17+6\sqrt{3}}{13}$ (E) $\dfrac{17+\sqrt{3}}{13}$

2. 设 $x=\dfrac{1}{\sqrt{2}-1}$,a 是 x 的小数部分,b 是 $-x$ 的小数部分,则 $a^3+b^3+3ab=$(   ).

(A) 0   (B) 1   (C) 2   (D) 3   (E) 4

3. 设 $\dfrac{\sqrt{5}+1}{\sqrt{5}-1}$ 的整数部分为 a,小数部分为 b,则 $a^2+\dfrac{1}{2}ab+b^2=$(   ).

(A) 0   (B) 1   (C) $\sqrt{5}$ (D) 3   (E) 5

习题详解

1. (A)

【解析】 因为 $1<\sqrt{3}<2$,故 $3<2+\sqrt{3}<4$,得 $x=3$,$y=2+\sqrt{3}-3=\sqrt{3}-1$. 所以

$$\dfrac{x+2y}{x-2y}=\dfrac{3+2(\sqrt{3}-1)}{3-2(\sqrt{3}-1)}=\dfrac{1+2\sqrt{3}}{5-2\sqrt{3}}=\dfrac{(1+2\sqrt{3})\times(5+2\sqrt{3})}{(5-2\sqrt{3})\times(5+2\sqrt{3})}=\dfrac{17+12\sqrt{3}}{13}.$$

2. (B)

【解析】 因为 $x=\dfrac{1}{\sqrt{2}-1}=\sqrt{2}+1\approx 2.414$,故 $a=x-2=\sqrt{2}-1$.

$-x=-\sqrt{2}-1\approx -2.414$,所以 $b=(-\sqrt{2}-1)-(-3)=2-\sqrt{2}$. 所以 $a+b=1$. 则

$$a^3+b^3+3ab=(a+b)(a^2-ab+b^2)+3ab=a^2+2ab+b^2=(a+b)^2=1.$$

3. (E)

【解析】 分母有理化,即 $\dfrac{\sqrt{5}+1}{\sqrt{5}-1}=\dfrac{3+\sqrt{5}}{2}\approx 2.618$. 故 $a=2$,$b=\dfrac{\sqrt{5}+3}{2}-2=\dfrac{\sqrt{5}-1}{2}$,故

$$a^2+\frac{1}{2}ab+b^2=2^2+\frac{1}{2}\times 2\times\frac{\sqrt{5}-1}{2}+\left(\frac{\sqrt{5}-1}{2}\right)^2=5.$$

题型 8　有理数与无理数的运算

母题精讲

母题 8 若 $(1+\sqrt{3})^4+2\sqrt{3}+1=a+b\sqrt{3}$，$a,b$ 均为有理数，则 $2a-3b=(\quad)$.

(A) 4　　(B) 8　　(C) 9　　(D) 12　　(E) 25

【解析】 $(1+\sqrt{3})^4+2\sqrt{3}+1=(4+2\sqrt{3})^2+2\sqrt{3}+1=29+18\sqrt{3}$，

因此 $a=29$，$b=18$.

所以 $2a-3b=2\times 29-3\times 18=58-54=4$.

【答案】(A)

老吕施法

(1) 已知 a,b 为有理数，λ 为无理数，若有 $a+b\lambda=0$，则有 $a=b=0$.
所以，形如 $a+b\lambda=0$ 的问题，将有理部分和无理部分分别合并同类项，即可求解.
(2) 有理数的加、减、乘、除四则运算仍为有理数.
有理数＋无理数＝无理数；无理数＋无理数＝有理数或无理数；
有理数×无理数＝0 或无理数；无理数×无理数＝有理数或无理数.
(3) 分母有理化.
①将根号下面的式子凑成完全平方式，可以去根号.
②$(\sqrt{n+k}+\sqrt{n})(\sqrt{n+k}-\sqrt{n})=k$.
③无理数的化简求值.

习题精练

1. 设 x,y 是有理数，且 $(x-\sqrt{2}y)^2=6-4\sqrt{2}$，则 $x^2+y^2=(\quad)$.

   (A) 2　　(B) 3　　(C) 4　　(D) 5　　(E) 6

2. 已知 a,b,c 为有理数，有 $a=b=c=0$.

   (1) $a+b\sqrt[3]{2}+c\sqrt[3]{4}=0$；　　(2) $a+b\sqrt[3]{8}+c\sqrt[3]{16}=0$.

3. 已知 a 为无理数，$(a-1)(a+2)$ 为有理数，则下列说法正确的是($\quad$).

   (A) a^2 为有理数　　(B) $(a+1)(a+2)$ 为无理数　　(C) $(a-5)^2$ 为有理数
   (D) $(a+5)^2$ 为有理数　　(E) 以上选项均不正确

4. 设 a 是一个无理数，且 a,b 满足 $ab+a-b=1$，则 $b=(\quad)$.

   (A) 0　　(B) 1　　(C) -1　　(D) ± 1　　(E) 1 或 0

5. 已知 m,n 是有理数，且 $(\sqrt{5}+2)m+(3-2\sqrt{5})n+7=0$，则 $m+n=(\quad)$.

   (A) -4　　(B) -3　　(C) 4　　(D) 1　　(E) 3

6. 已知 a,b 为有理数，若 $\sqrt{9-4\sqrt{5}}=a\sqrt{5}+b$，则 $1998a+1999b=($ $)$.

   (A)0　　　(B)1　　　(C)-1　　　(D)2 000　　　(E)-2000

7. 设整数 a,m,n 满足 $\sqrt{a^2-4\sqrt{2}}=\sqrt{m}-\sqrt{n}$，则 $a+m+n$ 的取值有($\quad$)种.

   (A)0　　　(B)1　　　(C)2　　　(D)3　　　(E)无数

8. $(\sqrt{3}+\sqrt{2})^{1998}(\sqrt{3}-\sqrt{2})^{2000}=($ $)$.

   (A)$5-2\sqrt{6}$　　(B)$5+2\sqrt{6}$　　(C)$\sqrt{3}-\sqrt{2}$　　(D)$5+2\sqrt{3}$　　(E)$5-2\sqrt{3}$

9. 已知 $x=\dfrac{\sqrt{3}-\sqrt{2}}{\sqrt{3}+\sqrt{2}}$，$y=\dfrac{\sqrt{3}+\sqrt{2}}{\sqrt{3}-\sqrt{2}}$，则 $x^2-xy+y^2=($ $)$.

   (A)1　　　(B)-1　　　(C)$\sqrt{3}-\sqrt{2}$　　　(D)$\sqrt{3}+\sqrt{2}$　　　(E)97

10. a,b 是有理数，若方程 $x^3+ax^2-ax+b=0$ 有一个无理根 $1-\sqrt{3}$，则方程的唯一有理根是($\quad$).

    (A)3　　　(B)2　　　(C)-3　　　(D)-2　　　(E)-1

习题详解

1. (D)

   【解析】因为 $(x-\sqrt{2}y)^2=x^2+2y^2-2\sqrt{2}xy=6-4\sqrt{2}$，所以 $\begin{cases}x^2+2y^2=6,\\2xy=4,\end{cases}$

   解得 $\begin{cases}x^2=4,\\y^2=1\end{cases}$ 或 $\begin{cases}x^2=2,\\y^2=2\end{cases}$（舍掉），故 $x^2+y^2=5$.

2. (A)

   【解析】条件(1)：$a+b\sqrt[3]{2}+c\sqrt[3]{4}=0$ 中，$\sqrt[3]{2}$，$\sqrt[3]{4}$ 是无理数，所以只能 $a=b=c=0$，充分.

   条件(2)：$a+b\sqrt[3]{8}+c\sqrt[3]{16}=a+2b+c\sqrt[3]{16}=0$，得 $a+2b=0$，$c=0$，不能得 $a=b=c=0$，不充分.

3. (B)

   【解析】$(a-1)(a+2)=a^2+a-2$ 为有理数，故 a^2+a 为有理数，故 a^2 为无理数，排除(A)项.

   (B)项中，$(a+1)(a+2)=a^2+3a+2=a^2+a+2a+2$，$a$ 为无理数，则 $2a+2$ 为无理数，又因为 a^2+a 为有理数，故 $(a+1)(a+2)$ 为无理数，(B)项正确.

   同理，可知，(C)，(D)两项均为无理数.

4. (C)

   【解析】$ab+a-b=1\Rightarrow a(b+1)-(b+1)=0\Rightarrow (a-1)(b+1)=0$，因为 a 是一个无理数，故 $a-1$ 也是无理数，故 $b+1=0$，$b=-1$.

5. (B)

   【解析】由 $(\sqrt{5}+2)m+(3-2\sqrt{5})n+7=(m-2n)\sqrt{5}+2m+3n+7=0$，得

   $$\begin{cases}m-2n=0,\\2m+3n+7=0,\end{cases}$$

   解得 $m=-2$，$n=-1$，则 $m+n=-3$.

6. (E)

   【解析】$\sqrt{9-4\sqrt{5}}=\sqrt{(\sqrt{5}-2)^2}=\sqrt{5}-2=a\sqrt{5}+b$，得 $a=1$，$b=-2$.

   故 $1998a+1999b=-2000$.

7. (C)

【解析】根据原方程左边大于等于 0，可知 $m \geqslant n$，两边平方，得 $a^2 - 4\sqrt{2} = m + n - 2\sqrt{mn}$，故有

$$\begin{cases} mn = 8, \\ m + n = a^2, \end{cases} \text{解得} \begin{cases} m = 8, \\ n = 1, \\ a = \pm 3. \end{cases}$$

故 $a + m + n$ 的取值有 2 种．

8. (A)

【解析】利用公式 $(\sqrt{n+1} + \sqrt{n})(\sqrt{n+1} - \sqrt{n}) = 1$ 求解．

$$\begin{aligned}
\text{原式} &= (\sqrt{3} + \sqrt{2})^{1998}(\sqrt{3} - \sqrt{2})^{1998}(\sqrt{3} - \sqrt{2})^2 \\
&= [(\sqrt{3} + \sqrt{2})(\sqrt{3} - \sqrt{2})]^{1998}(\sqrt{3} - \sqrt{2})^2 \\
&= (\sqrt{3} - \sqrt{2})^2 = 5 - 2\sqrt{6}.
\end{aligned}$$

9. (E)

【解析】由题意可得

$$xy = \frac{\sqrt{3} - \sqrt{2}}{\sqrt{3} + \sqrt{2}} \times \frac{\sqrt{3} + \sqrt{2}}{\sqrt{3} - \sqrt{2}} = 1, \quad x + y = \frac{\sqrt{3} - \sqrt{2}}{\sqrt{3} + \sqrt{2}} + \frac{\sqrt{3} + \sqrt{2}}{\sqrt{3} - \sqrt{2}} = (\sqrt{3} - \sqrt{2})^2 + (\sqrt{3} + \sqrt{2})^2 = 10,$$

故 $x^2 - xy + y^2 = (x + y)^2 - 3xy = 10^2 - 3 = 97$．

10. (C)

【解析】因为 $-\sqrt{3}$ 是方程的根，故代入方程，可得 $-3\sqrt{3} + 3a + \sqrt{3}a + b = 0$．

即 $(a - 3)\sqrt{3} + (3a + b) = 0$，解得 $\begin{cases} a = 3, \\ b = -9. \end{cases}$

则方程为 $x^3 + 3x^2 - 3x - 9 = 0 \Rightarrow (x^2 - 3)(x + 3) = 0 \Rightarrow x = -3$．

题型 9　实数的运算技巧问题

母题精讲

母题 9　$\left(\dfrac{1}{2} + \dfrac{1}{6} + \dfrac{1}{12} + \cdots + \dfrac{1}{2009 \times 2010} + \dfrac{1}{2010 \times 2011}\right) \times 2011 = (\quad)$．

(A) 2 007　　(B) 2 008　　(C) 2 009　　(D) 2 010　　(E) 2 011

【解析】裂项相消法．

$$\begin{aligned}
&\left(\dfrac{1}{2} + \dfrac{1}{6} + \dfrac{1}{12} + \cdots + \dfrac{1}{2009 \times 2010} + \dfrac{1}{2010 \times 2011}\right) \times 2011 \\
&= \left(1 - \dfrac{1}{2} + \dfrac{1}{2} - \dfrac{1}{3} + \dfrac{1}{3} - \dfrac{1}{4} + \cdots + \dfrac{1}{2009} - \dfrac{1}{2010} + \dfrac{1}{2010} - \dfrac{1}{2011}\right) \times 2011 \\
&= \dfrac{2011 - 1}{2011} \times 2011 = 2010.
\end{aligned}$$

【答案】(D)

老吕施法

(1) 多个分数求和.

如果题干为多个分数求和，使用裂项相消法，常用公式有：

① $\dfrac{1}{n(n+k)} = \dfrac{1}{k}\left(\dfrac{1}{n} - \dfrac{1}{n+k}\right)$；当 $k=1$ 时，$\dfrac{1}{n(n+1)} = \dfrac{1}{n} - \dfrac{1}{n+1}$.

② $\dfrac{1}{(2n-1)(2n+1)} = \dfrac{1}{2}\left(\dfrac{1}{2n-1} - \dfrac{1}{2n+1}\right)$.

③ $\dfrac{1}{n(n+1)(n+2)} = \dfrac{1}{2}\left[\dfrac{1}{n(n+1)} - \dfrac{1}{(n+1)(n+2)}\right]$.

④ $\dfrac{n-1}{n!} = \dfrac{n}{n!} - \dfrac{1}{n!} = \dfrac{1}{(n-1)!} - \dfrac{1}{n!}$.

⑤ $n \cdot n! = (n+1-1) \cdot n! = (n+1) \cdot n! - n! = (n+1)! - n!$.

(2) 多个括号乘积.

如果题干有多个括号的乘积，则使用分子分母相消法或者凑平方差公式法，常用公式有：

① $1 - \dfrac{1}{n^2} = \left(1 - \dfrac{1}{n}\right)\left(1 + \dfrac{1}{n}\right) = \dfrac{n-1}{n} \cdot \dfrac{n+1}{n}$.

② $(a+b)(a^2+b^2)(a^4+b^4)\cdots = \dfrac{(a-b)(a+b)(a^2+b^2)(a^4+b^4)\cdots}{a-b} = \dfrac{(a^8-b^8)\cdots}{a-b}$.

(3) 多个无理分数相加减.

将每个无理分数分母有理化，再消项即可.

$\dfrac{1}{\sqrt{n+k}+\sqrt{n}} = \dfrac{1}{k}(\sqrt{n+k}-\sqrt{n})$；当 $k=1$ 时，$\dfrac{1}{\sqrt{n+1}+\sqrt{n}} = \sqrt{n+1}-\sqrt{n}$.

(4) n 个相同数字的数相加.

利用 $9+99+999+9\,999+\cdots = 10^1-1+10^2-1+10^3-1+10^4-1+\cdots$ 这一恒等式求解.

(5) 换元法.

如果题干中多次出现某些相同的项，可将这些相同的项换元，设为 t.

(6) 错位相减法.

形如求数列 $\{a_n \cdot b_n\}$ 的前 n 项和，其中 $\{a_n\}$、$\{b_n\}$ 分别是等差数列和等比数列，则使用错位相减法，在 S_n 上乘以 $\{b_n\}$ 的公比 q 得 qS_n，再与 S_n 相减得 $qS_n - S_n$，即可求解.

(7) 公式法.

转化为等差数列、等比数列，利用求和公式求解.

习题精练

1. $\left(\dfrac{1}{1+\sqrt{2}} + \dfrac{1}{\sqrt{2}+\sqrt{3}} + \cdots + \dfrac{1}{\sqrt{1\,998}+\sqrt{1\,999}}\right) \times (1+\sqrt{1\,999}) = (\quad)$.

   (A) $-1\,999$ (B) $-1\,998$ (C) $2\,000$ (D) $1\,999$ (E) $1\,998$

2. $(1+2) \times (1+2^2) \times (1+2^4) \times (1+2^8) \times \cdots \times (1+2^{32}) = (\quad)$.

   (A) $2^{64}-1$ (B) $2^{64}+1$ (C) 2^{64} (D) 1 (E) 以上选项均不正确

3. $\left(1+\dfrac{1}{2}+\cdots+\dfrac{1}{199}\right)\times\left(\dfrac{1}{2}+\dfrac{1}{3}+\cdots+\dfrac{1}{200}\right)-\left(1+\dfrac{1}{2}+\cdots+\dfrac{1}{200}\right)\times\left(\dfrac{1}{2}+\dfrac{1}{3}+\cdots+\dfrac{1}{199}\right)=(\quad)$.

(A)$\dfrac{1}{200}$ (B)$\dfrac{1}{199}$ (C)0 (D)1 (E)-1

4. $8+88+888+\cdots+888\,888\,888=(\quad)$.

(A)$\dfrac{8}{9}\times\dfrac{10\times(10^9-1)}{9}-8$ (B)$\dfrac{8}{9}\times\dfrac{10\times(10^9+1)}{9}-8$ (C)$\dfrac{10\times(10^9-1)}{9}-8$

(D)$\dfrac{8}{9}\times\dfrac{10\times(10^9-1)}{9}+8$ (E)以上选项均不正确

5. $\dfrac{1}{1+2}+\dfrac{1}{1+2+3}+\dfrac{1}{1+2+3+4}+\cdots+\dfrac{1}{1+2+3+\cdots+2\,010}=(\quad)$.

(A)$\dfrac{4\,020}{2\,011}$ (B)$\dfrac{2\,009}{2\,011}$ (C)$\dfrac{4\,019}{2\,011}$ (D)$\dfrac{4\,021}{2\,011}$ (E)$\dfrac{2\,009}{2\,010}$

6. $\dfrac{1}{1\times2}+\dfrac{2}{1\times2\times3}+\dfrac{3}{1\times2\times3\times4}+\cdots+\dfrac{2\,010}{1\times2\times3\times\cdots\times2\,011}=(\quad)$.

(A)$1-\dfrac{1}{2\,010!}$ (B)$1-\dfrac{1}{2\,011!}$ (C)$\dfrac{2\,009}{2\,010!}$ (D)$\dfrac{2\,010}{2\,011!}$ (E)$1-\dfrac{2\,010}{2\,011!}$

7. $1-\dfrac{2}{1\times(1+2)}-\dfrac{3}{(1+2)\times(1+2+3)}-\cdots-\dfrac{10}{(1+2+\cdots+9)\times(1+2+\cdots+10)}=(\quad)$.

(A)$\dfrac{1}{45}$ (B)$\dfrac{1}{55}$ (C)$\dfrac{1}{60}$ (D)$\dfrac{1}{65}$ (E)$\dfrac{1}{75}$

8. $\left(1-\dfrac{1}{4}\right)\times\left(1-\dfrac{1}{9}\right)\times\left(1-\dfrac{1}{16}\right)\times\cdots\times\left(1-\dfrac{1}{99^2}\right)=(\quad)$.

(A)$\dfrac{50}{97}$ (B)$\dfrac{52}{97}$ (C)$\dfrac{48}{98}$ (D)$\dfrac{47}{99}$ (E)$\dfrac{50}{99}$

9. $\dfrac{1\times2\times3+2\times4\times6+4\times8\times12+7\times14\times21}{1\times3\times5+2\times6\times10+4\times12\times20+7\times21\times35}=(\quad)$.

(A)$\dfrac{1}{2}$ (B)$\dfrac{2}{5}$ (C)$\dfrac{3}{5}$ (D)$\dfrac{2}{3}$ (E)$\dfrac{4}{5}$

10. $\dfrac{2\times3}{1\times4}+\dfrac{5\times6}{4\times7}+\dfrac{8\times9}{7\times10}+\dfrac{11\times12}{10\times13}+\dfrac{14\times15}{13\times16}=(\quad)$.

(A)4 (B)5 (C)$\dfrac{23}{4}$ (D)$\dfrac{45}{8}$ (E)$\dfrac{95}{16}$

11. 对于一个不小于2的自然数 n，关于 x 的一元二次方程 $x^2-(n+2)x-2n^2=0$ 的两个根记作 a_n，$b_n(n\geqslant2)$，则 $\dfrac{1}{(a_2-2)(b_2-2)}+\dfrac{1}{(a_3-2)(b_3-2)}+\cdots+\dfrac{1}{(a_{2\,016}-2)(b_{2\,016}-2)}=$

( ).

(A)$-\dfrac{1}{2}\times\dfrac{2\,016}{2\,015}$ (B)$\dfrac{1}{2}\times\dfrac{2\,017}{2\,016}$ (C)$-\dfrac{1}{2}\times\dfrac{2\,015}{2\,016}$ (D)$\dfrac{1}{2}\times\dfrac{2\,015}{2\,016}$ (E)$-\dfrac{1}{4}\times\dfrac{2\,015}{2\,017}$

12. $\dfrac{1}{\sqrt{1}+\sqrt{3}}+\dfrac{1}{\sqrt{3}+\sqrt{5}}+\dfrac{1}{\sqrt{5}+\sqrt{7}}+\cdots+\dfrac{1}{\sqrt{623}+\sqrt{625}}=(\quad)$.

(A)10 (B)11 (C)12 (D)13 (E)15

13. 已知 a_1，a_2，a_3，$\cdots$，$a_{1\,996}$，$a_{1\,997}$ 均为正数，又 $M=(a_1+a_2+\cdots+a_{1\,996})(a_2+a_3+\cdots+a_{1\,997})$，$N=(a_1+a_2+\cdots+a_{1\,997})(a_2+a_3+\cdots+a_{1\,996})$，则 M 与 N 的大小关系是( ).

(A) $M=N$　　(B) $M<N$　　(C) $M>N$　　(D) $M\geqslant N$　　(E) $M\leqslant N$

习题详解

1. (E)

【解析】分母有理化.

$$\left(\frac{1}{1+\sqrt{2}}+\frac{1}{\sqrt{2}+\sqrt{3}}+\cdots+\frac{1}{\sqrt{1\,998}+\sqrt{1\,999}}\right)\times(1+\sqrt{1\,999})$$
$$=(\sqrt{2}-1+\sqrt{3}-\sqrt{2}+\cdots+\sqrt{1\,999}-\sqrt{1\,998})\times(\sqrt{1\,999}+1)$$
$$=(\sqrt{1\,999}-1)(\sqrt{1\,999}+1)=1\,999-1=1\,998.$$

2. (A)

【解析】凑平方差公式法.

$$原式=\frac{(1-2)\times(1+2)\times(1+2^2)\times(1+2^4)\times(1+2^8)\times\cdots\times(1+2^{32})}{1-2}=2^{64}-1.$$

3. (A)

【解析】换元法.

设 $t=\frac{1}{2}+\frac{1}{3}+\cdots+\frac{1}{199}$，则

$$原式=(1+t)\left(t+\frac{1}{200}\right)-\left(1+t+\frac{1}{200}\right)t=t+\frac{1}{200}+t^2+\frac{t}{200}-t-t^2-\frac{t}{200}=\frac{1}{200}.$$

4. (A)

【解析】利用 $9+99+999+9\,999+\cdots=10^1-1+10^2-1+10^3-1+10^4-1+\cdots$ 解题.

原式可化为

$$\frac{8}{9}\times(9+99+999+\cdots+999\,999\,999)=\frac{8}{9}\times(10-1+10^2-1+10^3-1+\cdots+10^9-1)$$
$$=\frac{8}{9}\times(10+10^2+10^3+\cdots+10^9-9)$$
$$=\frac{8}{9}\times\frac{10\times(1-10^9)}{1-10}-8$$
$$=\frac{8}{9}\times\frac{10\times(10^9-1)}{9}-8.$$

5. (B)

【解析】裂项相消法.

因为 $\frac{1}{1+2+3+\cdots+n}=\frac{1}{\frac{n(n+1)}{2}}=\frac{2}{n(n+1)}=2\left(\frac{1}{n}-\frac{1}{n+1}\right)$，故

$$原式=\frac{2}{2\times 3}+\frac{2}{3\times 4}+\frac{2}{4\times 5}+\cdots+\frac{2}{2\,010\times(2\,010+1)}$$
$$=2\times\left(\frac{1}{2}-\frac{1}{3}+\frac{1}{3}-\frac{1}{4}+\frac{1}{4}-\frac{1}{5}+\cdots+\frac{1}{2\,010}-\frac{1}{2\,011}\right)$$
$$=2\times\left(\frac{1}{2}-\frac{1}{2\,011}\right)=\frac{2\,009}{2\,011}.$$

第一章 算术

6.（B）

【解析】裂项相消法．

因为 $\dfrac{n-1}{n!}=\dfrac{1}{(n-1)!}-\dfrac{1}{n!}$，故

$$原式=1-\dfrac{1}{1\times 2}+\dfrac{1}{1\times 2}-\dfrac{1}{1\times 2\times 3}+\cdots+\dfrac{1}{2\,010!}-\dfrac{1}{2\,011!}=1-\dfrac{1}{2\,011!}.$$

7.（B）

【解析】裂项相消法．

$$原式=1-\left(1-\dfrac{1}{3}\right)-\left(\dfrac{1}{3}-\dfrac{1}{6}\right)-\cdots-\left(\dfrac{1}{45}-\dfrac{1}{55}\right)=\dfrac{1}{55}.$$

8.（E）

【解析】分子分母相消法．

因为 $1-\dfrac{1}{n^2}=\dfrac{n-1}{n}\cdot\dfrac{n+1}{n}$，故原式 $=\dfrac{1}{2}\times\dfrac{3}{2}\times\dfrac{2}{3}\times\dfrac{4}{3}\times\dfrac{3}{4}\times\dfrac{5}{4}\times\cdots\times\dfrac{98}{99}\times\dfrac{100}{99}=\dfrac{1}{2}\times\dfrac{100}{99}=\dfrac{50}{99}.$

9.（B）

【解析】提公因式法．

$$原式=\dfrac{(1\times 2\times 3)\times(1+2+4+7)}{(1\times 3\times 5)\times(1+2+4+7)}=\dfrac{2}{5}.$$

10.（D）

【解析】裂项相消法．

$$原式=1+\dfrac{2}{1\times 4}+1+\dfrac{2}{4\times 7}+1+\dfrac{2}{7\times 10}+1+\dfrac{2}{10\times 13}+1+\dfrac{2}{13\times 16}$$

$$=5+2\times\left(\dfrac{1}{1\times 4}+\dfrac{1}{4\times 7}+\dfrac{1}{7\times 10}+\dfrac{1}{10\times 13}+\dfrac{1}{13\times 16}\right)$$

$$=5+\dfrac{2}{3}\times\left(1-\dfrac{1}{4}+\dfrac{1}{4}-\dfrac{1}{7}+\dfrac{1}{7}-\dfrac{1}{10}+\dfrac{1}{10}-\dfrac{1}{13}+\dfrac{1}{13}-\dfrac{1}{16}\right)$$

$$=5+\dfrac{2}{3}\times\dfrac{15}{16}=\dfrac{45}{8}.$$

11.（E）

【解析】韦达定理、裂项相消法．

由韦达定理，知 $a_n+b_n=n+2$，$a_nb_n=-2n^2$，故

$$\dfrac{1}{(a_n-2)(b_n-2)}=\dfrac{1}{a_nb_n-2(a_n+b_n)+4}=\dfrac{1}{-2n^2-2n}=-\dfrac{1}{2}\cdot\dfrac{1}{n(n+1)},$$

因此，

$$\dfrac{1}{(a_2-2)(b_2-2)}+\dfrac{1}{(a_3-2)(b_3-2)}+\cdots+\dfrac{1}{(a_{2\,016}-2)(b_{2\,016}-2)}$$

$$=-\dfrac{1}{2}\times\left(\dfrac{1}{2\times 3}+\dfrac{1}{3\times 4}+\cdots+\dfrac{1}{2\,016\times 2\,017}\right)=-\dfrac{1}{2}\times\left(\dfrac{1}{2}-\dfrac{1}{2\,017}\right)$$

$$=-\dfrac{1}{2}\times\dfrac{2\,015}{2\times 2\,017}=-\dfrac{1}{4}\times\dfrac{2\,015}{2\,017}.$$

12. (C)

【解析】分母有理化.

因为 $\dfrac{1}{\sqrt{n}+\sqrt{n+2}}=\dfrac{1}{2}(\sqrt{n+2}-\sqrt{n})$，故

$$\dfrac{1}{\sqrt{1}+\sqrt{3}}+\dfrac{1}{\sqrt{3}+\sqrt{5}}+\dfrac{1}{\sqrt{5}+\sqrt{7}}+\cdots+\dfrac{1}{\sqrt{623}+\sqrt{625}}$$
$$=\dfrac{1}{2}\times(\sqrt{3}-1+\sqrt{5}-\sqrt{3}+\cdots+\sqrt{625}-\sqrt{623})=12.$$

13. (C)

【解析】换元法.

令 $a_2+a_3+\cdots+a_{1996}=t$，则

$$M-N=(a_1+t)(t+a_{1997})-(a_1+t+a_{1997})t=a_1a_{1997}>0,$$

故 $M>N$.

题型 10　其他实数问题

母题精讲

母题 10.1 若 $a:b=0.\dot{5}:0.\dot{3}$，则 $\dfrac{a+b}{a-b}=($ 　　).

(A) 1　　　　(B) 2　　　　(C) 4　　　　(D) $\dfrac{1}{2}$　　　　(E) $\dfrac{1}{3}$

【解析】$0.\dot{5}=\dfrac{5}{9}$，$0.\dot{3}=\dfrac{3}{9}$，故 $a:b=5:3=5k:3k$，

故 $\dfrac{a+b}{a-b}=\dfrac{5k+3k}{5k-3k}=4$.

【答案】(C)

母题 10.2 设 $a>0>b>c$，$a+b+c=1$，$M=\dfrac{b+c}{a}$，$N=\dfrac{a+c}{b}$，$P=\dfrac{a+b}{c}$，则 M,N,P 之间的关系是(　　).

(A) $P>M>N$　　　　(B) $M>N>P$　　　　(C) $N>P>M$

(D) $M>P>N$　　　　(E) 以上选项均不正确

【解析】因为 $M=\dfrac{b+c}{a}$，$N=\dfrac{a+c}{b}$，$P=\dfrac{a+b}{c}$，则

$$M+1=\dfrac{b+c+a}{a},\ N+1=\dfrac{a+c+b}{b},\ P+1=\dfrac{a+b+c}{c},$$

因为 $a>0>b>c$，则 $N+1<P+1<M+1$，即 $N<P<M$.

【快速得分法】代入特殊值，可快速得答案.

【答案】(D)

老吕施法

(1)无限循环小数化分数.

①纯循环小数.

例1. $0.3333\cdots = 0.\dot{3} = \frac{3}{9} = \frac{1}{3}$.

例2. $0.1212\cdots = 0.\dot{1}\dot{2} = \frac{12}{99} = \frac{4}{33}$.

结论:将纯循环小数化为分数,分子是循环节,循环节有几位,分母就是几个9,最后进行约分.

②混循环小数.

例1. $0.2030303\cdots = 0.2\dot{0}\dot{3} = \frac{203-2}{990} = \frac{201}{990} = \frac{67}{330}$.

例2. $0.238888\cdots = 0.23\dot{8} = \frac{238-23}{900} = \frac{215}{900} = \frac{43}{180}$.

结论:混循环小数化为分数,分子为第二个循环节以前的小数部分减去小数部分中不循环的部分,循环节有几位,分母就有几个9,循环节前有几位,分母中的9后面就有几个0.

(2)比较大小

①比较大小常用比差法、比商法.

②比较两个分式的大小,若分式的分子相等,只需要比较分母就可以了.但要注意符号是否确定.

③比较根式的大小,常用平方法.

④比较代数式的大小,常用特殊值法.

习题精练

1. 若 a,b 为有理数,$a>0$,$b<0$ 且 $|a|<|b|$,那么 a,b,$-a$,$-b$ 的大小关系是( ).
   (A) $b<-b<-a<a$ (B) $b<-a<-b<a$ (C) $b<-a<a<-b$
   (D) $-a<-b<b<a$ (E)以上选项均不正确

2. 已知 $0<x<1$,那么在 x,$\frac{1}{x}$,$\sqrt{x}$,x^2 中,最大的数是( ).
   (A) x (B) $\frac{1}{x}$ (C) $\sqrt{x}$ (D) x^2 (E)无法确定

3. 设 $a=\sqrt{3}-\sqrt{2}$,$b=2-\sqrt{3}$,$c=\sqrt{5}-2$,则 a,b,c 的大小关系是( ).
   (A) $a>b>c$ (B) $a>c>b$ (C) $c>b>a$ (D) $b>c>a$ (E)以上选项均不正确

习题详解

1. (C)

   【解析】特殊值法.

   设 $a=1$,$b=-2$,则 $-a=-1$,$-b=2$,因为 $-2<-1<1<2$,所以 $b<-a<a<-b$.

2. (B)

【解析】特殊值法，令 $x=\dfrac{1}{2}$，可知最大的数为 $\dfrac{1}{x}$.

3. (A)

【解析】方法一：直接计算．
$$a=\sqrt{3}-\sqrt{2}\approx 0.318,\ b=2-\sqrt{3}\approx 0.268,\ c=\sqrt{5}-2\approx 0.236,\ \text{故有}\ a>b>c.$$

方法二：分子有理化，分子相同，比较分母的大小．
$$a=\sqrt{3}-\sqrt{2}=\dfrac{1}{\sqrt{3}+\sqrt{2}},\ b=2-\sqrt{3}=\dfrac{1}{\sqrt{4}+\sqrt{3}},\ c=\sqrt{5}-2=\dfrac{1}{\sqrt{5}+\sqrt{4}},$$

因为 $\sqrt{3}+\sqrt{2}<2+\sqrt{3}<\sqrt{5}+2$，故 $a>b>c$.

第二节　比和比例

题型 11　等比定理与合比定理的应用

母题精讲

母题11　若 $\dfrac{a+b-c}{c}=\dfrac{a-b+c}{b}=\dfrac{-a+b+c}{a}=k$，则一次函数 $y=kx+k^2$ 的图像必定经过的象限是(　　).

(A)第一、二象限　　　　(B)第一、二、三象限　　　　(C)第二、三、四象限
(D)第三、四象限　　　　(E)以上选项均不正确

【解析】方法一：设 k 法.

由 $\dfrac{a+b-c}{c}=k$，得 $a+b-c=ck$. 以此类推，$a-b+c=bk$，$-a+b+c=ak$.

三个等式相加，得 $a+b+c=k(a+b+c)$，故有 $k=1$ 或者 $a+b+c=0$，将 $a+b=-c$ 代入原式，可知 $k=-2$.

方法二：等比定理法.

欲使用等比定理，先判断分母之和是否为 0，故分两类讨论：

(1) 当 $a+b+c=0$ 时，$a+b=-c$，代入原式，可知 $k=-2$；

(2) 当 $a+b+c\ne 0$ 时，由等比定理，可知
$$\dfrac{a+b-c}{c}=\dfrac{a-b+c}{b}=\dfrac{-a+b+c}{a}=\dfrac{(a+b-c)+(a-b+c)+(-a+b+c)}{a+b+c}=k,$$

整理得 $k=1$.

方法三：合比定理法.

在等式的各个位置均+2，得
$$\dfrac{a+b-c}{c}+2=\dfrac{a-b+c}{b}+2=\dfrac{-a+b+c}{a}+2=k+2,$$
$$\dfrac{a+b-c+2c}{c}=\dfrac{a-b+c+2b}{b}=\dfrac{-a+b+c+2a}{a}=k+2,$$

$$\frac{a+b+c}{c}=\frac{a+b+c}{b}=\frac{a+b+c}{a}=k+2,$$

可知 $a=b=c$，$3=k+2$，$k=1$；或者 $a+b+c=0$，$a+b=-c$，代入原式可知 $k=-2$.

综上所述，当 $k=1$ 时，直线 $y=kx+k^2=x+1$，过第一、二、三象限；当 $k=-2$ 时，直线 $y=kx+k^2=-2x+4$，过第一、二、四象限．

故直线必过第一、二象限．

【答案】(A)

老吕施法

(1) 等比定理：$\frac{a}{b}=\frac{c}{d}=\frac{e}{f}=\frac{a+c+e}{b+d+f}$.

【易错点】使用等比定理时，"分母不等于0"并不能保证"分母之和也不等于0"，所以要先讨论分母之和是否为0.

(2) 合比定理：$\frac{a}{b}=\frac{c}{d} \Leftrightarrow \frac{a+b}{b}=\frac{c+d}{d}$（等式左右同加1）；

分比定理：$\frac{a}{b}=\frac{c}{d} \Leftrightarrow \frac{a-b}{b}=\frac{c-d}{d}$（等式左右同减1）．

合比定理与分比定理是在等式两边加减1得到的，但是解题时，未必非得是加减1，也可以是加减别的数．

使用合比定理的目标，往往是将分子变成相等的项，吕老师将其命名为"通分子".

(3) 能用等比合比定理的题型，常常也可以用设 k 法．

(4) 本题型解决的多为分式问题，可参考与分式有关的各种题型．

习题精练

1. 若 $a+b+c \neq 0$，$\frac{2a+b}{c}=\frac{2b+c}{a}=\frac{2c+a}{b}=k$，则 k 的值为( ).

    (A) 2　　　　(B) 3　　　　(C) -2　　　　(D) -3　　　　(E) 1

2. $\frac{c}{a+b}<\frac{a}{b+c}<\frac{b}{c+a}$.

    (1) $c<b<a$；　　　　(2) $a<b<c$.

3. $\frac{(a+b)(c+b)(a+c)}{abc}=8$.

    (1) $abc \neq 0$，且 $\frac{a+b-c}{c}=\frac{a-b+c}{b}=\frac{-a+b+c}{a}$；

    (2) $abc \neq 0$，$\frac{a}{2}=\frac{b}{3}=\frac{c}{4}$.

4. 若非零实数 a, b, c, d 满足等式 $\frac{a}{b+c+d}=\frac{b}{a+c+d}=\frac{c}{a+b+d}=\frac{d}{a+b+c}=n$，则 n 的值为( ).

    (A) -1 或 $\frac{1}{4}$　　(B) $\frac{1}{3}$　　(C) $\frac{1}{4}$　　(D) -1　　(E) -1 或 $\frac{1}{3}$

5. 已知 a，b，c，d 均为正数，且 $\dfrac{a}{b}=\dfrac{c}{d}$，则 $\dfrac{\sqrt{a^2+b^2}}{\sqrt{c^2+d^2}}$ 的值为(　　).

(A) $\dfrac{a^2}{d^2}$　　(B) $\dfrac{c^2}{b^2}$　　(C) $\dfrac{a+b}{c+d}$　　(D) $\dfrac{d}{b}$　　(E) $\dfrac{c}{a}$

习 题 详 解

1.（B）

【解析】由已知得 $\begin{cases} 2a+b=kc, \\ 2b+c=ka, \\ 2c+a=kb, \end{cases}$ 三个等式相加，即 $3(a+b+c)=k(a+b+c)$.

因为 $a+b+c\neq 0$，所以 $k=3$.

2.（E）

【解析】条件(1)：令 $a=1$，$b=0$，$c=-1$，显然不充分.

条件(2)：令 $a=-1$，$b=0$，$c=1$，显然不充分.

两个条件无法联立.

3.（E）

【解析】条件(1)：合比定理法，在等式的每个部分 $+2$，得

$$\dfrac{a+b-c}{c}+2=\dfrac{a-b+c}{b}+2=\dfrac{-a+b+c}{a}+2，\text{即}\dfrac{a+b+c}{c}=\dfrac{a+b+c}{b}=\dfrac{a+b+c}{a}.$$

若 $a+b+c=0$，则原式 $=\dfrac{(-c)(-a)(-b)}{abc}=-1$；

若 $a+b+c\neq 0$，则 $a=b=c$，原式 $=8$，故条件(1)不充分.

条件(2)：特殊值法.

令 $a=2$，$b=3$，$c=4$，则原式 $=\dfrac{5}{2}\times\dfrac{7}{3}\times\dfrac{6}{4}\neq 8$，条件(2)不充分.

两个条件无法联立.

4.（E）

【解析】因为 $\dfrac{a}{b+c+d}=\dfrac{b}{a+c+d}=\dfrac{c}{a+b+d}=\dfrac{d}{a+b+c}=n$，则

当 $a+b+c+d\neq 0$ 时，由等比定理得 $n=\dfrac{a+b+c+d}{3(a+b+c+d)}=\dfrac{1}{3}$；

当 $a+b+c+d=0$ 时，将 $b+c+d=-a$ 代入，得 $n=\dfrac{a}{b+c+d}=\dfrac{a}{-a}=-1$.

5.（C）

【解析】$\dfrac{a}{b}=\dfrac{c}{d}\Rightarrow \dfrac{a^2}{b^2}=\dfrac{c^2}{d^2}\Rightarrow \dfrac{a^2+b^2}{b^2}=\dfrac{c^2+d^2}{d^2}\Rightarrow \dfrac{a^2+b^2}{c^2+d^2}=\dfrac{b^2}{d^2}$，因为 a，b，c，d 均为正数，故

$$\dfrac{\sqrt{a^2+b^2}}{\sqrt{c^2+d^2}}=\dfrac{b}{d}=\dfrac{a}{c}=\dfrac{a+b}{c+d}.$$

【快速得分法】用特殊值法可迅速得解.

题型 12 其他比例问题

母题精讲

母题 12.1 已知 $\dfrac{1}{m}=\dfrac{2}{x+y}=\dfrac{3}{y+m}$，则 $\dfrac{2m+x}{y}=$(　　).

(A) 1　　　(B) -1　　　(C) $\dfrac{1}{3}$　　　(D) $\dfrac{1}{2}$　　　(E) 0

【解析】由已知可得 $\dfrac{x+y}{2}=\dfrac{y+m}{3}=m$，故有

$$\begin{cases} x+y=2m, \\ y+m=3m, \end{cases} \text{解得} \begin{cases} x=0, \\ y=2m. \end{cases}$$

所以 $\dfrac{2m+x}{y}=\dfrac{2m+0}{2m}=1$.

【答案】(A)

母题 12.2 若 y 与 $x-1$ 成正比，比例系数为 k_1；y 又与 $x+1$ 成反比，比例系数为 k_2，且 $k_1:k_2=2:3$，则 x 的值为(　　).

(A) $\pm\dfrac{\sqrt{15}}{3}$　　(B) $\dfrac{\sqrt{15}}{3}$　　(C) $-\dfrac{\sqrt{15}}{3}$　　(D) $\pm\dfrac{\sqrt{10}}{2}$　　(E) $-\dfrac{\sqrt{10}}{2}$

【解析】设

$$\begin{cases} y=k_1(x-1), & \text{①} \\ y=\dfrac{k_2}{x+1}, & \text{②} \end{cases}$$

用①除以②，得 $1=\dfrac{k_1}{k_2}(x-1)(x+1)$，即 $x^2-1=\dfrac{3}{2}$，$x^2=\dfrac{5}{2} \Rightarrow x=\pm\dfrac{\sqrt{10}}{2}$.

【快速得分法】特殊值法.

可令 $k_1=2$，$k_2=3$，则有 $y=2(x-1)=\dfrac{3}{x+1}$，所以得 $x=\pm\dfrac{\sqrt{10}}{2}$.

【答案】(D)

老吕施法

(1) 连比问题.

常用设 k 法.

如：已知 $\dfrac{x}{a}=\dfrac{y}{b}$，则可设 $\dfrac{x}{a}=\dfrac{y}{b}=k$，则 $x=ak$，$y=bk$.

(2) 两两之比问题.

已知 3 个对象的两两之比问题，常用最小公倍数法，取中间项的最小公倍数. 如
甲：乙 $=7:3$，乙：丙 $=5:3$.

可令乙取 3 和 5 的最小公倍数 15，则甲：乙：丙＝35：15：9．

(3)正比例与反比例．

若两个数 x，y，满足 $y=kx$ $(k\neq 0)$，则称 y 与 x 成正比例．

若两个数 x，y，满足 $y=\dfrac{k}{x}$ $(k\neq 0)$，则称 y 与 x 成反比例．

习题精练

1. 已知 $\dfrac{x}{a-b}=\dfrac{y}{b-c}=\dfrac{z}{c-a}$ （a，b，c 互不相等），则 $x+y+z$ 的值为（　　）．

   (A)1　　　　(B)$\dfrac{1}{2}$　　　　(C)± 1　　　　(D)-1　　　　(E)0

2. 某产品有一等品、二等品和不合格品三种，若在一批产品中一等品件数和二等品件数的比是 5：3，二等品件数和不合格品件数的比是 4：1，则该产品的不合格品率约为（　　）．
   (A)7.2%　　　(B)8%　　　(C)8.6%　　　(D)9.2%　　　(E)10%

3. 某公司生产的一批产品中，一级品与二级品比是 5：2，二级品与次品的比是 5：1，则该批产品的次品率为（　　）．
   (A)5%　　　(B)5.4%　　　(C)4.6%　　　(D)4.2%　　　(E)3.8%

4. 已知 $y=y_1-y_2$，且 y_1 与 $\dfrac{1}{2x^2}$ 成反比例，y_2 与 $\dfrac{3}{x+2}$ 成正比例．当 $x=0$ 时，$y=-3$，又当 $x=1$ 时，$y=1$，那么 y 关于 x 的函数是（　　）．

   (A)$y=\dfrac{3x^2}{2}-\dfrac{6}{x+2}$　　　(B)$y=3x^2-\dfrac{6}{x+2}$　　　(C)$y=3x^2+\dfrac{6}{x+2}$

   (D)$y=-\dfrac{3x^2}{2}+\dfrac{3}{x+2}$　　　(E)$y=-3x^2-\dfrac{6}{x+2}$

5. 某商品销售量对于进货量的百分比与销售价格成反比例，已知销售价格为 9 元时，可售出进货量的 80%．又知销售价格与进货价格成正比例，已知进货价格为 6 元，销售价格为 9 元．在以上比例系数不变的情况下，当进货价格为 8 元时，可售出进货量的百分比为（　　）．
   (A)72%　　　(B)70%　　　(C)68%　　　(D)65%　　　(E)60%

习题详解

1. (E)

   【解析】设 $\dfrac{x}{a-b}=\dfrac{y}{b-c}=\dfrac{z}{c-a}=k$，则 $x=(a-b)k$，$y=(b-c)k$，$z=(c-a)k$，所以
   $$x+y+z=(a-b)k+(b-c)k+(c-a)k=(a-b+b-c+c-a)k=0.$$

2. (C)

   【解析】设二等品的件数为 x，则一等品的件数为 $\dfrac{5}{3}x$，不合格品的件数为 $\dfrac{1}{4}x$．

   所以总件数为 $\dfrac{5}{3}x+x+\dfrac{1}{4}x=\dfrac{35}{12}x$，不合格品率为 $\dfrac{\dfrac{1}{4}x}{\dfrac{35}{12}x}\times 100\%=\dfrac{3}{35}\times 100\%\approx 8.6\%$．

【快速得分法】最小公倍数法.

取二等品的两个数字的最小公倍数12,得一等品:二等品:不合格品=20:12:3,所以,不合格品率为$\frac{3}{20+12+3}\times 100\% \approx 8.6\%$.

3. (B)

【解析】一级品:二级品:次品=25:10:2,故次品率=$\frac{2}{25+10+2}\approx 5.4\%$.

4. (B)

【解析】设 $y_1=\frac{k_1}{\frac{1}{2x^2}}=2k_1x^2$,$y_2=\frac{3k_2}{x+2}$,得 $y=2k_1x^2-\frac{3k_2}{x+2}$. 又因为过$(0,-3)$、$(1,1)$点,得

$$\begin{cases} -3=-\frac{3}{2}k_2, \\ 1=2k_1-\frac{3k_2}{3}=2k_1-k_2, \end{cases}$$

解出 $k_1=\frac{3}{2}$,$k_2=2$,故 $y=3x^2-\frac{6}{x+2}$.

5. (E)

【解析】设新销售价格为 x,由销售价格与进货价格成正比例,设比例系数为 k_1. 根据题意,可得 $k_1=\frac{x}{8}=\frac{9}{6}$,解得 $x=12$.

设可售出进货量的百分比为 y,由进货量的百分比与销售价格成反比例,设比例系数为 k_2. 根据题意可得 $12y=9\times 80\%=k_2$,解得 $y=60\%$.

第三节 绝对值

题型 13 非负性问题

母题精讲

母题13 $|3x+2|+2x^2-12xy+18y^2=0$,则 $2y-3x=($).

(A) $-\frac{14}{9}$ (B) $-\frac{2}{9}$ (C) 0 (D) $\frac{2}{9}$ (E) $\frac{14}{9}$

【解析】配方型.

原式可化为 $|3x+2|+2(x-3y)^2=0 \Rightarrow x=-\frac{2}{3}$,$y=-\frac{2}{9}$,所以 $2y-3x=\frac{14}{9}$.

【答案】(E)

老吕施法

(1) 具有非负性的式子有 $|a|\geq 0$, $a^2\geq 0$, $\sqrt{a}\geq 0$.

(2) 若已知 $|a|+b^2+\sqrt{c}=0$ 或 $|a|+b^2+\sqrt{c}\leq 0$, 可得 $a=b=c=0$.

(3) 非负性问题常见三种变化.

① 两式型：两式相加减即可求解.

② 配方型：通过配方整理成 $|a|+b^2+\sqrt{c}=0$ 的形式，或者 $a^2+b^2+c^2\leq 0$ 的形式.

③ 定义域型：根据根号下面的数大于等于 0, 可以列出不等式求值.

习题精练

1. $2^{x+y}+2^{a+b}=17$.

   (1) a, b, x, y 满足 $y+|\sqrt{x}-\sqrt{3}|=1-a^2+\sqrt{3}b$;

   (2) a, b, x, y 满足 $|x-3|+\sqrt{3}b=y-1-b^2$.

2. 已知 x 满足 $\sqrt{x-999}+|99-2x|=2x$, 求 $99^2-x=(\quad)$.

   (A) 999　　(B) 99　　(C) -99　　(D) -999　　(E) 99^2

3. 已知实数 a, b, x, y 满足 $y+|\sqrt{x}-\sqrt{2}|=1-a^2-b^2$ 和 $|x-2|=y-2+2a$, 则 $\log_{x+y}(a+b)$ 的值为( ).

   (A) $\log_3 2$　　(B) $\log_2 3$　　(C) 0　　(D) 1　　(E) 2

4. 若 $(x-y)^2+|xy-1|=0$, 则 $\dfrac{y}{x}-\dfrac{x}{y}=(\quad)$.

   (A) 2　　(B) -2　　(C) 1　　(D) -1　　(E) 0

5. 若 $3(a^2+b^2+c^2)=(a+b+c)^2$, 则 a, b, c 三者的关系为( ).

   (A) $a+b=b+c$　　(B) $a+b+c=1$　　(C) $a=b=c$

   (D) $ab=bc=ac$　　(E) $abc=1$

6. 已知整数 a, b, c 满足不等式 $a^2+b^2+c^2+43\leq ab+9b+8c$, 则 a 的值等于( ).

   (A) 10　　(B) 8　　(C) 6　　(D) 4　　(E) 3

7. 已知 $m^2+n^2+mn+m-n+1=0$, 则 $\dfrac{1}{m}+\dfrac{1}{n}=(\quad)$.

   (A) -2　　(B) -1　　(C) 0　　(D) 1　　(E) 2

8. 若实数 x 满足 $\sqrt{-x}\cdot|y-2011|+(x+5)^{\frac{5}{2}}=(x+1)(x+2)(x+3)(x+4)-24$, 则 $(y-2012)^x=(\quad)$.

   (A) -2　　(B) -1　　(C) 0　　(D) 1　　(E) 2

习题详解

1. (C)

【解析】条件(1)和条件(2)单独显然不成立，联立两个条件：

由条件(1)：$y+|\sqrt{x}-\sqrt{3}|=1-a^2+\sqrt{3}b$, 整理得

$$|\sqrt{x}-\sqrt{3}|+a^2=-y+1+\sqrt{3}b, \qquad ①$$

由条件(2)：$|x-3|+\sqrt{3}b=y-1-b^2$，整理得

$$|x-3|+b^2=y-1-\sqrt{3}b, \qquad ②$$

①+②，得 $|\sqrt{x}-\sqrt{3}|+a^2+|x-3|+b^2=0$.

根据非负性，可知 $x=3$，$a=b=0$，代入式①可得，$y=1$. 所以 $2^{x+y}+2^{a+b}=2^4+2^0=17$.

故条件(1)和条件(2)联合起来充分.

2. (D)

【解析】 定义域型.

由 $\sqrt{x-999}$ 知 $x \geqslant 999$，所以 $99-2x<0$，原式可化为 $\sqrt{x-999}+2x-99=2x$，即 $\sqrt{x-999}=99$.

故 $x-999=99^2$，$99^2-x=-999$.

3. (C)

【解析】 两式型.

将题干中的两个式子相加，得

$$y+|\sqrt{x}-\sqrt{2}|+|x-2|=1-a^2-b^2+y-2+2a$$

$$\Rightarrow |\sqrt{x}-\sqrt{2}|+|x-2|=-(a-1)^2-b^2$$

$$\Rightarrow |\sqrt{x}-\sqrt{2}|+|x-2|+(a-1)^2+b^2=0.$$

故 $x=2$，$a=1$，$b=0$，代入条件可得 $y=0$，故 $\log_{x+y}(a+b)=\log_2 1=0$.

4. (E)

【解析】 基本型.

由非负性，可知 $x-y=0$，$xy=1$，故

$$\frac{y}{x}-\frac{x}{y}=\frac{y^2-x^2}{xy}=\frac{(y-x)(y+x)}{xy}=0.$$

5. (C)

【解析】 配方型.

$$3(a^2+b^2+c^2)=(a+b+c)^2 \Rightarrow 3(a^2+b^2+c^2)=a^2+b^2+c^2+2ab+2ac+2bc$$

$$\Rightarrow a^2+b^2+c^2-ab-ac-bc=0$$

$$\Rightarrow \frac{1}{2}[(a-c)^2+(b-c)^2+(a-b)^2]=0.$$

故有 $a=b=c$.

6. (E)

【解析】 配方型.

题干可做如下化简：

$$a^2+b^2+c^2+43 \leqslant ab+9b+8c \Rightarrow a^2-ab+\frac{b^2}{4}+\frac{3b^2}{4}-9b+27+c^2-8c+16 \leqslant 0$$

$$\Rightarrow \left(a-\frac{b}{2}\right)^2+3\left(\frac{b}{2}-3\right)^2+(c-4)^2 \leqslant 0.$$

故有 $\begin{cases} a-\dfrac{b}{2}=0, \\ \dfrac{b}{2}-3=0, \\ c-4=0, \end{cases}$ 解得 $\begin{cases} a=3, \\ b=6, \\ c=4. \end{cases}$ 所以 a 的值等于 3.

7. (C)

【解析】配方型.

题干可做如下化简：
$$m^2+n^2+mn+m-n+1=0 \Rightarrow 2m^2+2n^2+2mn+2m-2n+2=0$$
$$\Rightarrow m^2+2mn+n^2+m^2+2m+1+n^2-2n+1=0$$
$$\Rightarrow (m+n)^2+(m+1)^2+(n-1)^2=0.$$

解得 $m=-1$, $n=1$, 所以 $\dfrac{1}{m}+\dfrac{1}{n}=0$.

8. (B)

【解析】定义域型.

等式左边恒大于等于 0，那么等式右边也应该大于等于 0，即
$$(x+1)(x+2)(x+3)(x+4)-24 \geq 0 \Rightarrow (x+1)(x+4)(x+2)(x+3)-24 \geq 0$$
$$\Rightarrow [(x^2+5x)+4][(x^2+5x)+6]-24 \geq 0$$
$$\Rightarrow (x^2+5x)^2+10(x^2+5x) \geq 0$$
$$\Rightarrow (x^2+5x)(x^2+5x+10) \geq 0$$
$$\Rightarrow x(x+5)(x^2+5x+10) \geq 0.$$

因为 $x^2+5x+10>0$ 恒成立，所以 $x(x+5) \geq 0$，解得 $x \leq -5$ 或 $x \geq 0$；

又由 $\sqrt{-x} \cdot |y-2011|+(x+5)^{\frac{1}{2}}$ 的定义域知 $\begin{cases} -x \geq 0, \\ x+5 \geq 0, \end{cases}$ 解得 $-5 \leq x \leq 0$；

联立两个解集，可得 $x=-5$ 或 $x=0$，代入原式，可知当 $x=-5$ 时，$y=2011$；当 $x=0$ 时，不成立，舍去. 故 $(y-2012)^x=(2011-2012)^{-5}=-1$.

【快速得分法】根据题干的形式可知此题考查非负性，绝对值内的数和根号下的数必为 0，故有 $y=2011$，$x=-5$ 或 $x=0$，代入原式验证可知 $x=-5$，$y=2011$.

题型 14 自比性问题

母题精讲

母题 14 $\dfrac{b+c}{|a|}+\dfrac{c+a}{|b|}+\dfrac{a+b}{|c|}=1.$

(1) 实数 a,b,c 满足 $a+b+c=0$；　　(2) 实数 a,b,c 满足 $abc>0$.

【解析】显然条件(1)和(2)都不充分，联立两个条件：

可令 $a>b>c$，因为 $a+b+c=0$，且 $abc>0$，必有 $a>0,b<0,c<0$，故原式可化简为
$$\frac{b+c}{a}-\frac{c+a}{b}-\frac{a+b}{c}=\frac{-a}{a}-\frac{-b}{b}-\frac{-c}{c}=1.$$

故两个条件联合起来充分.

【答案】(C)

老吕施法

自比性问题要注意以下几点：

(1) $\dfrac{|a|}{a} = \dfrac{a}{|a|} = \begin{cases} 1, & a>0, \\ -1, & a<0. \end{cases}$

(2) 自比性问题的关键是判断符号，常与以下几个表达式有关：

$abc>0$，说明 a，b，c 有 3 正或 2 负 1 正；

$abc<0$，说明 a，b，c 有 3 负或 2 正 1 负；

$abc=0$，说明 a，b，c 至少有 1 个为 0；

$a+b+c>0$，说明 a，b，c 至少有 1 正，注意有可能某个字母等于 0；

$a+b+c<0$，说明 a，b，c 至少有 1 负，注意有可能某个字母等于 0；

$a+b+c=0$，说明 a，b，c 至少有 1 正 1 负，或者三者都等于 0.

(3) 常用特殊值法.

习题精练

1. $\dfrac{|x-1|}{1-x} + \dfrac{|x-2|}{x-2}$ 的值为 -2.

    (1) $1<x<2$；   (2) $2<x<3$.

2. 若 $0<a<1$，$-2<b<-1$，则 $\dfrac{|a-1|}{a-1} - \dfrac{|b+2|}{b+2} + \dfrac{|a+b|}{a+b} = ($ 　 $)$.

    (A) -3　　(B) -2　　(C) -1　　(D) 0　　(E) 1

3. 代数式 $\dfrac{|a|}{a} + \dfrac{|b|}{b} + \dfrac{|c|}{c} + \dfrac{|abc|}{abc}$ 可能的取值有 (　).

    (A) 4 个　　(B) 3 个　　(C) 2 个　　(D) 1 个　　(E) 5 个

4. 已知 $abc<0$，$a+b+c=0$，则 $\dfrac{|a|}{a} + \dfrac{b}{|b|} + \dfrac{|c|}{c} + \dfrac{|ab|}{ab} + \dfrac{bc}{|bc|} + \dfrac{|ac|}{ac} = ($ 　 $)$.

    (A) 0　　(B) 1　　(C) -1　　(D) 2　　(E) 以上选项均不正确

5. 已知实数 a，b，c 满足 $a+b+c=0$，$abc>0$，且 $x = \dfrac{a}{|a|} + \dfrac{b}{|b|} + \dfrac{c}{|c|}$，$y = a\left(\dfrac{1}{b}+\dfrac{1}{c}\right) + b\left(\dfrac{1}{a}+\dfrac{1}{c}\right) + c\left(\dfrac{1}{a}+\dfrac{1}{b}\right)$，则 $x^y = ($ 　 $)$.

    (A) -1　　(B) 0　　(C) 1　　(D) 8　　(E) -8

6. $m=1$.

    (1) $m = \dfrac{|x-1|}{x-1} + \dfrac{|1-x|}{1-x} + \dfrac{\sqrt{x-1}}{\sqrt{|x-1|}}$；　　(2) $m = \dfrac{|x-1|}{x-1} - \dfrac{|1-x|}{1-x} + \dfrac{\sqrt{x-1}}{\sqrt{|x-1|}}$.

7. 实数 A，B，C 中至少有一个大于零.

    (1) x，y，$z \in \mathbf{R}$，$A = x^2 - 2y + \dfrac{\pi}{2}$，$B = y^2 - 2z + \dfrac{\pi}{3}$，$C = z^2 - 2x + \dfrac{\pi}{6}$；

    (2) $x \in \mathbf{R}$ 且 $|x| \neq 1$，$A = x-1$，$B = x+1$，$C = x^2-1$.

8. 已知 a,b,c 是不完全相等的任意实数，若 $x=a^2-bc$，$y=b^2-ac$，$z=c^2-ab$，则 x,y,z（　　）．

(A) 都大于 0　　　　(B) 至少有一个大于 0　　　　(C) 至少有一个小于 0
(D) 都不小于 0　　　(E) 以上选项均不正确

习题详解

1.（A）

【解析】条件(1)：因为 $1<x<2$，所以 $x-1>0$，$x-2<0$，故 $\dfrac{|x-1|}{1-x}+\dfrac{|x-2|}{x-2}=-1-1=-2$，充分．

条件(2)：因为 $2<x<3$，所以 $x-1>0$，$x-2>0$，故 $\dfrac{|x-1|}{1-x}+\dfrac{|x-2|}{x-2}=-1+1=0$，不充分．

2.（A）

【解析】$a-1<0$，$b+2>0$，$a+b<0$，故 $\dfrac{|a-1|}{a-1}-\dfrac{|b+2|}{b+2}+\dfrac{|a+b|}{a+b}=-1-1-1=-3$．

3.（B）

【解析】符号分析法．

a,b,c 两正一负：$\dfrac{|a|}{a}+\dfrac{|b|}{b}+\dfrac{|c|}{c}+\dfrac{|abc|}{abc}=0$；$a,b,c$ 两负一正：$\dfrac{|a|}{a}+\dfrac{|b|}{b}+\dfrac{|c|}{c}+\dfrac{|abc|}{abc}=0$；

a,b,c 为三负时：$\dfrac{|a|}{a}+\dfrac{|b|}{b}+\dfrac{|c|}{c}+\dfrac{|abc|}{abc}=-4$；$a,b,c$ 为三正时：$\dfrac{|a|}{a}+\dfrac{|b|}{b}+\dfrac{|c|}{c}+\dfrac{|abc|}{abc}=4$．

故所有可能情况有 3 种．

4.（A）

【解析】$abc<0$，又因为 $a+b+c=0$，故 a,b,c 为 1 负 2 正．令 $a<0$，$b>0$，$c>0$，则

$$\dfrac{|a|}{a}+\dfrac{b}{|b|}+\dfrac{|c|}{c}+\dfrac{|ab|}{ab}+\dfrac{bc}{|bc|}+\dfrac{|ac|}{ac}=-1+1+1-1+1-1=0.$$

【快速得分法】特殊值法，令 $a=-2$，$b=1$，$c=1$，代入可得原式为 0．

5.（A）

【解析】由 $a+b+c=0$ 可知 a,b,c 至少有一正一负或均为 0，由 $abc>0$ 可知 a,b,c 为 3 正或 1 正 2 负．联立二者可知 a,b,c 为 1 正 2 负．故

$$x=\dfrac{a}{|a|}+\dfrac{b}{|b|}+\dfrac{c}{|c|}=-1,$$

$$y=a\left(\dfrac{1}{b}+\dfrac{1}{c}\right)+b\left(\dfrac{1}{a}+\dfrac{1}{c}\right)+c\left(\dfrac{1}{a}+\dfrac{1}{b}\right)=\dfrac{b+c}{a}+\dfrac{a+c}{b}+\dfrac{a+b}{c}=\dfrac{-a}{a}+\dfrac{-b}{b}+\dfrac{-c}{c}=-3,$$

故 $x^y=-1$．

【快速得分法】取特殊值 $a=2$，$b=c=-1$，知 $x=-1$，$y=-3$，可得 $x^y=-1$．

6.（A）

【解析】由根号下面的数大于等于 0，分母不等于 0，可知 $x>1$．

条件(1)：$m=\dfrac{|x-1|}{x-1}+\dfrac{|1-x|}{1-x}+\dfrac{\sqrt{x-1}}{\sqrt{|x-1|}}=1-1+1=1$，充分．

条件(2)：$m=\dfrac{|x-1|}{x-1}-\dfrac{|1-x|}{1-x}+\dfrac{\sqrt{x-1}}{\sqrt{|x-1|}}=1-(-1)+1=3$，不充分．

7. (D)

【解析】条件(1)：$A+B+C=(x-1)^2+(y-1)^2+(z-1)^2+(\pi-3)>0$，所以 A，B，C 中至少有一个大于零，条件(1)充分．

条件(2)：$ABC=(x-1)(x+1)(x^2-1)=(x^2-1)^2$，又因为 $|x|\neq 1$，所以 $ABC>0$，A，B，C 的符号为 1 正 2 负或者 3 正，条件(2)充分．

8. (B)

【解析】由题意可得

$$x+y+z = a^2-bc+b^2-ac+c^2-ab$$
$$=\frac{a^2-2ab+b^2+b^2-2bc+c^2+c^2-2ac+a^2}{2}$$
$$=\frac{(a-b)^2+(b-c)^2+(c-a)^2}{2}.$$

因为 a，b，c 是不完全相等的任意实数，所以 $\frac{(a-b)^2+(b-c)^2+(c-a)^2}{2}>0$，即 $x+y+z>0$，故 x，y，z 中至少有一个大于 0.

题型 15　绝对值的最值问题

母题精讲

母题 15 已知函数 $f(x)=|2x+1|+|2x-3|$，若关于 x 的不等式 $f(x)>a$ 恒成立，则实数 a 的取值范围是(　　)．

(A) $a<4$　　(B) $a\geqslant 4$　　(C) $a\leqslant 4$　　(D) $a>4$　　(E) $a<5$

【解析】由三角不等式得 $f(x)=|2x+1|+|2x-3|\geqslant|(2x+1)-(2x-3)|=4$，$f(x)>a$ 恒成立，故 $a<4$．

【答案】(A)

老吕施法

(1) 求绝对值的最值问题有以下几种方法．
① 几何意义．
② 三角不等式．
③ 图像法．
④ 分类讨论法．

(2) 绝对值的最值问题有以下五类(记忆)：

类型 1. 形如 $y=|x-a|+|x-b|$．
设 $a<b$，则当 $x\in[a,b]$ 时，y 有最小值 $|a-b|$；
函数的图像如图 1-1 所示(盆地形)．

类型 2. 形如 $y=|x-a|-|x-b|$．

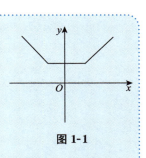

图 1-1

y 有最小值 $-|a-b|$，最大值 $|a-b|$．

函数的图像如图 1-2 所示（正"Z"或反"Z"形中的一个）．

类型 3. 形如 $y=|x-a|+|x-b|+|x-c|$．

若 $a<b<c$，则当 $x=b$ 时，y 有最小值 $|a-c|$；

函数的图像如图 1-3 所示（尖铅笔形）．

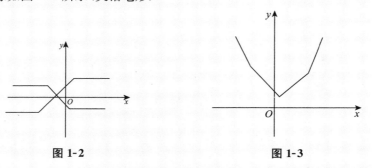

图 1-2 　　　　　　　　　　　图 1-3

推广：$y=|x-a|+|x-b|+|x-c|+\cdots$（共奇数个），则当 x 取到中间值时，y 的值最小．

类型 4. 形如 $y=m|x-a|+n|x-b|+p|x-c|+q|x-d|$．

通过"描点看边法"画绝对值的图像，观察图像即可得最值．

例．求 $f(x)=|x+1|+|x+3|+|x-5|$ 的最值．

第一步：描点连线．

分别令 $x+1=0$，$x+3=0$，$x-5=0$；得 $x=-1$，$x=-3$，$x=5$，代入函数可知：

图像必过 3 个点：$(-3,10)$，$(-1,8)$，$(5,14)$，将这 3 个点描在平面直角坐标系中，并用线段连接这 3 个点，如图 1-4 所示．

第二步：画出最右边的一段图像．

令 $x>5$，$f(x)=3x-1$，是增函数．画出最右边的图像，如图 1-5 所示．

第三步：画出最左边的一段图像．

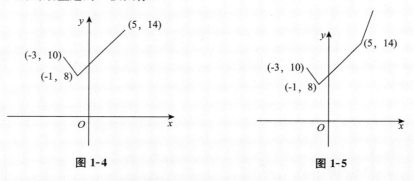

图 1-4 　　　　　　　　　　　图 1-5

最左边一段的图像的斜率必与最右边的一段图像的斜率互为相反数，故右边为增函数，左边必为减函数，画出图像如图 1-6 所示．

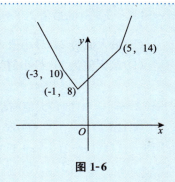

图 1-6

第四步：取最值．

根据图像可知，原函数的最小值为 8．

【注意】若此题的题干的问题是函数的最小值是多少，则可以直接令 $x=-1$，$x=-3$，$x=5$，代入函数可知图像过 3 个点：$(-3,10)$，$(-1,8)$，$(5,14)$，可直接取这三个点的纵坐标的最小值 8，即为函数的最小值，无须画图．

我们将以上方法总结成"**描点看边取拐点法**"口诀，如下：

描点看右边，最值取拐点；右减左必增，右增左必减；

右减有最大，右增有最小；题干知大小，直接取拐角．

类型 5. 自变量有范围．

以上类型 1 至类型 4 这四种类型中，x 的定义域均为全体实数，若定义域不是全体实数时，则不能直接套用以上结论．常见以下三种解法：

①画出函数的图像，根据自变量的范围，结合图像求最值．

②若自变量的范围足够小，则可直接去绝对值符号．

③根据自变量的范围，分类讨论．

习题精练

1. 不等式 $|1-x|+|1+x|>a$ 对于任意的 x 成立．

   (1) $a\in(-\infty,2)$；　　　　　　(2) $a=2$．

2. 已知 $|2x-a|\leqslant 1$，$|2x-y|\leqslant 1$，则 $|y-a|$ 的最大值为（　　）．

   (A) 1　　　(B) 2　　　(C) 3　　　(D) 4　　　(E) 5

3. 方程的整数解有且仅有 7 个．

   (1) 方程为 $|x+1|+|x-5|=6$；　　(2) $|x+1|-|x-5|=6$．

4. 函数 $y=|x-1|+|x|+|x+1|+|x+2|+|x+3|$ 的最小值为（　　）．

   (A) -1　　(B) 0　　(C) 1　　(D) 2　　(E) 6

5. 不等式 $|x+3|-|x-1|\leqslant a^2-3a$ 对任意实数 x 恒成立，则实数 a 的取值范围为（　　）．

   (A) $(-\infty,-1]\cup[4,+\infty)$　　　(B) $(-\infty,-2]\cup[5,+\infty)$

   (C) $[1,2]$　　　　　　　　　　　　(D) $(-\infty,1]\cup[2,+\infty)$

   (E) 以上选项均不正确

6. 已知 $\dfrac{8x+1}{12}-1 \leqslant x-\dfrac{x+1}{2}$，关于 $|x-1|-|x-3|$ 的最值，下列说法正确的是（　　）.

   (A) 最大值为 1，最小值为 -1
   (B) 最大值为 2，最小值为 -1
   (C) 最大值为 2，最小值为 -2
   (D) 最大值为 1，最小值为 -2
   (E) 无最大值和最小值

7. 当 $|x| \leqslant 4$ 时，函数 $y=|x-1|+|x-2|+|x-3|$ 的最大值与最小值之差是（　　）.
   (A) 4   (B) 6   (C) 16   (D) 20   (E) 14

8. 若 $(|2x+1|+|2x-3|)(|3y-2|+|3y+1|)(|z-3|+|z+1|)=48$，则 $2x+3y+z$ 的最大值为（　　）.
   (A) 6   (B) 8   (C) 10   (D) 12   (E) 22

9. 已知 $x \in [2, 5]$，则 $|a-b|$ 的取值范围为 $[0, 6]$.
   (1) $|a|=5-x$；
   (2) $|b|=x-2$.

10. 已知 $y=2|x-a|+|x-2|$ 的最小值为 1，则 $a=$（　　）.
    (A) 1
    (B) 1 或 3
    (C) $\dfrac{3}{2}$ 或 $\dfrac{5}{2}$
    (D) 1 或 3 或 $\dfrac{3}{2}$ 或 $\dfrac{5}{2}$
    (E) $\dfrac{5}{2}$

习题详解

1. (A)

【解析】 $|1-x|+|x+1| \geqslant |1-x+x+1|=2$，故当 $a<2$ 时，$|x+1|+|1-x|>2$ 恒成立.
条件(1)充分，条件(2)不充分.

2. (B)

【解析】 由三角不等式 $|y-a|=|(2x-a)-(2x-y)| \leqslant |2x-a|+|2x-y| \leqslant 1+1=2$.

3. (A)

【解析】 条件(1)：由类型 1 的结论可知，当 $-1 \leqslant x \leqslant 5$ 时，$|x+1|+|x-5|=6$，所以整数解为 $-1, 0, 1, 2, 3, 4, 5$ 共 7 个，充分.

条件(2)：由类型 2 的结论可知，当 $x \geqslant 5$ 时，$|x+1|-|x-5|=6$，整数解有无数个，不充分.

4. (E)

【答案】 由类型 3 的推论：$y=|x-a|+|x-b|+|x-c|+\cdots$（共奇数个），则当 x 取到中间值时，y 的值最小，可知当 $x=-1$ 时，y 的最小值为 6.

5. (A)

【解析】 $|x+3|-|x-1| \leqslant 4$，则 $a^2-3a \geqslant 4$，解得 $a \leqslant -1$ 或 $a \geqslant 4$.

6. (D)

【解析】 类型 5.

自变量有范围求绝对值的最值.

因为 $\dfrac{8x+1}{12}-1 \leqslant x-\dfrac{x+1}{2} \Rightarrow \dfrac{8x-11}{12} \leqslant \dfrac{x-1}{2}$，得到 $8x-11 \leqslant 6x-6 \Rightarrow 2x \leqslant 5$，解得 $x \leqslant \dfrac{5}{2}$.

当 $x \leqslant 1$ 时，$|x-1|-|x-3|=1-x-(3-x)=-2$；

当 $1<x<\dfrac{5}{2}$ 时，$|x-1|-|x-3|=x-1-(3-x)=2x-4$；

当 $x=\dfrac{5}{2}$ 时，有最大值 1.

所以当 $x\leqslant\dfrac{5}{2}$ 时，$|x-1|-|x-3|$ 的最大值是 1，最小值是 -2.

7. (C)

　　【解析】类型 5.

　　由 $|x|\leqslant 4$ 可知 $-4\leqslant x\leqslant 4$，所以
$$y=\begin{cases}6-3x, & -4\leqslant x<1,\\ 4-x, & 1\leqslant x<2,\\ x, & 2\leqslant x<3,\\ 3x-6, & 3\leqslant x<4,\end{cases}$$

当 $x=-4$ 时，y 取最大值 18；当 $x=2$ 时，y 取最小值 2.

故函数 $y=|x-1|+|x-2|+|x-3|$ 的最大值与最小值之差为 $18-2=16$.

　　【快速得分法】由类型 3 的结论，迅速得 $x=2$ 时，y 取最小值 2. 描点看边法画图像易知当 $x=-4$ 时，y 取最大值 18.

8. (B)

　　【解析】根据三角不等式可知
$$|2x+1|+|2x-3|\geqslant|2x+1-(2x-3)|=4, \quad ①$$
$$|3y-2|+|3y+1|\geqslant|3y-2-(3y+1)|=3, \quad ②$$
$$|z-3|+|z+1|\geqslant|z-3-(z+1)|=4, \quad ③$$

因为，$48=4\times 3\times 4$，故①②③恰好分别取其最小值 4，3，4.

当 $\dfrac{-1}{2}\leqslant x\leqslant\dfrac{3}{2}$ 时，①取最小值；

当 $\dfrac{-1}{3}\leqslant y\leqslant\dfrac{2}{3}$ 时，②取最小值；

当 $-1\leqslant z\leqslant 3$ 时，③取最小值.

故 $2x+3y+z$ 的最大值为 $2x+3y+z=2\times\dfrac{3}{2}+3\times\dfrac{2}{3}+3=8$.

9. (E)

　　【解析】条件(1)(2)单独显然不充分，联立之.

条件(1)(2)中的两式相加，得 $|a|+|b|=5-x+x-2=3$.

由三角不等式得 $|a-b|\leqslant|a|+|b|=3$.

故两个条件联立也不充分，选(E).

10. (B)

　　【解析】当 $x=a$ 时，y 取到最小值，代入得
$$y_{\min}=2|a-a|+|a-2|=1,$$

得 $|a-2|=1$，$a-2=\pm 1$，$a=3$ 或 1.

题型 16 求解绝对值方程和不等式

母题精讲

母题16 方程 $|x-1|+|x+2|-|x-3|=4$ 无根.

(1) $x\in(-2,0)$; (2) $x\in(3,+\infty)$.

【解析】条件(1)，$x\in(-2,0)$，$|x-1|+|x+2|-|x-3|=1-x+x+2-3+x=x$，解得 $x=4$，不满足定义域，故 $x\in(-2,0)$ 原方程无根，充分.

条件(2)，$x\in(3,+\infty)$，$|x-1|+|x+2|-|x-3|=x-1+x+2+3-x=x+4=4$，解得 $x=0$，不满足定义域，故 $x\in(3,+\infty)$ 原方程无根，充分.

【答案】(D)

老吕施法

(1) 解绝对值方程的常用方法.
① 首先考虑选项代入法.
② 平方法去绝对值.
③ 分类讨论法去绝对值.
④ 图像法.

(2) 解绝对值方程的易错点.
绝对值方程可能暗含定义域，如 $f(x)=|g(x)|$，暗含的定义域为 $f(x)=|g(x)|\geqslant 0$.

(3) 解绝对值不等式的常用方法.
① 特殊值法验证选项.
② 平方法去绝对值.
③ 分类讨论法去绝对值.
④ 图像法.

习题精练

1. 方程 $x-|2x+1|=4$ 的根是(   ).

   (A) $x=-5$ 或 $x=1$ (B) $x=5$ 或 $x=-1$ (C) $x=3$ 或 $x=-\dfrac{5}{3}$

   (D) $x=-3$ 或 $x=\dfrac{5}{3}$ (E) 不存在

2. 方程 $|x|=ax+1$ 有一个负根.

   (1) $a>1$;   (2) $a>-1$.

3. 若 x 满足 $x^2-x-5>|1-2x|$，则 x 的取值范围为(   ).

   (A) $x>4$ (B) $x<-1$ (C) $x>4$ 或 $x<-3$

   (D) $x>4$ 或 $x<-1$ (E) $-3<x<4$

4. $a<-1<1<-a$.

   (1) a 为实数，$a+1<0$；　　　　　(2) a 为实数，$|a|<1$.

5. 不等式 $|x+1|+|x-2|\leqslant 5$ 的解集为(　　).

   (A) $2\leqslant x\leqslant 3$ 　　　　(B) $-2\leqslant x\leqslant 13$ 　　　　(C) $1\leqslant x\leqslant 7$

   (D) $-2\leqslant x\leqslant 3$ 　　　　(E) 以上选项均不正确

6. 已知 $x^2-5|x+1|+2x-5=0$，则 x 的所有取值的和为(　　).

   (A) 2 　　　　　　　　(B) -2 　　　　　　　　(C) 0

   (D) 1 　　　　　　　　(E) -1

习 题 详 解

1. (E)

   【解析】$x-|2x+1|=4$，则 $x-4=|2x+1|\geqslant 0$，故 $x\geqslant 4$，显然选(E).

2. (D)

   【解析】方法一：将根代入方程．

   设 x_0 为此方程的负根，则 $x_0<0$，有 $|x_0|=ax_0+1$，即 $-x_0=ax_0+1$，所以 $x_0=\dfrac{-1}{a+1}<0$，

   解得 $a>-1$.

   故条件(1)和条件(2)都充分．

   方法二：图像法．

   原题等价于函数 $y=|x|$ 与函数 $y=ax+1$ 的图像在第二象限有交点，如图 1-7 所示．

   可知，直线的斜率 $a>-1$ 时，在第二象限有交点．

   故条件(1)和条件(2)都充分．

   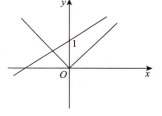

   图 1-7

3. (C)

   【解析】分组讨论法．

   原式可化为 $\begin{cases}2x-1\geqslant 0,\\ x^2-x-5>2x-1,\end{cases}$ 或 $\begin{cases}2x-1<0,\\ x^2-x-5>1-2x,\end{cases}$ 解得 $x>4$ 或 $x<-3$.

4. (A)

   【解析】条件(1)：$a+1<0$，即 $a<-1$，左右两边同乘以 -1，得 $-a>1$，条件(1)充分．

   条件(2)：$|a|<1$，得 $-1<a<1$，条件(2)不充分．

5. (D)

   【解析】去绝对值．

   当 $x<-1$ 时，原式可化为 $-(x+1)-(x-2)\leqslant 5$，即 $x\geqslant -2$，解得 $-2\leqslant x<-1$；

   当 $-1\leqslant x<2$ 时，原式可化为 $x+1-(x-2)\leqslant 5$，即 $3\leqslant 5$，恒成立，解得 $-1\leqslant x<2$；

   当 $x\geqslant 2$ 时，原式可化为 $x+1+x-2\leqslant 5$，即 $x\leqslant 3$，解得 $2\leqslant x\leqslant 3$.

   故不等式解集为 $-2\leqslant x\leqslant 3$.

6. (B)

   【解析】原式整理为

   $$x^2+2x+1-5|x+1|-6=0,$$

$$|x+1|^2-5|x+1|-6=0,$$

换元法，令$|x+1|=t$，得$t^2-5t-6=0$，$t=-1$(舍)或6.

故$|x+1|=6$，$x=-7$或5，因此x的所有取值的和为-2.

题型 17 证明绝对值等式或不等式

母题精讲

母题17 已知a，b是实数，则$|a|\leqslant 1$，$|b|\leqslant 1$.

(1) $|a+b|\leqslant 1$；　　　　　　(2) $|a-b|\leqslant 1$.

【解析】
条件(1)：举反例，令$a=-2$，$b=1$，则$|a|>1$，故条件(1)不充分.
条件(2)：举反例，令$a=2$，$b=1$，则$|a|>1$，故条件(2)不充分.
联立条件(1)、(2)：
方法一：平方法.
由条件(1)：$|a+b|\leqslant 1$，平方得$a^2+2ab+b^2\leqslant 1$；
由条件(2)：$|a-b|\leqslant 1$，平方得$a^2-2ab+b^2\leqslant 1$；
两式相加，得$2(a^2+b^2)\leqslant 2$，即$a^2+b^2\leqslant 1$，故$|a|\leqslant 1$，$|b|\leqslant 1$.
方法二：三角不等式法.
条件(1)和(2)相加，得$|a+b|+|a-b|\leqslant 2$，
由三角不等式，得$|(a+b)+(a-b)|\leqslant|a+b|+|a-b|\leqslant 2\Rightarrow|2a|\leqslant 2\Rightarrow|a|\leqslant 1$；
又因为$|(a+b)-(a-b)|\leqslant|a+b|+|a-b|\leqslant 2\Rightarrow|2b|\leqslant 2\Rightarrow|b|\leqslant 1$.
方法三：去绝对值符号.
由条件(1)：$|a+b|\leqslant 1$，得
$$-1\leqslant a+b\leqslant 1,\qquad\qquad ①$$
由条件(2)：$|a-b|\leqslant 1$，得
$$-1\leqslant a-b\leqslant 1,\qquad\qquad ②$$
等价于
$$-1\leqslant b-a\leqslant 1,\qquad\qquad ③$$
①和②相加得$-2\leqslant 2a\leqslant 2\Rightarrow-1\leqslant a\leqslant 1\Rightarrow|a|\leqslant 1$；
①和③相加得$-2\leqslant 2b\leqslant 2\Rightarrow-1\leqslant b\leqslant 1\Rightarrow|b|\leqslant 1$.
故联立两个条件充分.

【答案】(C)

老吕施法

证明绝对值等式或不等式，常用以下方法：
(1) 首选特殊值法，特殊值一般先选0，再选负数.

(2)不等式的基本性质.

(3)三角不等式,常考三角不等式等号成立时的条件.
$$||a|-|b||\leqslant|a+b|\leqslant|a|+|b|.$$
左边等号成立的条件:$ab\leqslant 0$;右边等号成立的条件:$ab\geqslant 0$.

口诀:左异右同,可以为零.
$$||a|-|b||\leqslant|a-b|\leqslant|a|+|b|.$$
左边等号成立的条件:$ab\geqslant 0$;右边等号成立的条件:$ab\leqslant 0$.

口诀:左同右异,可以为零.

(4)平方法或分类讨论法去绝对值符号.

(5)图像法.

习题精练

1. x,y 是实数,$|x|+|y|=|x+y|$.
   (1)$x>0$,$y>0$;   (2)$x<0$,$y>0$.

2. $|1-x|-\sqrt{x^2-8x+16}=2x-5$.
   (1)$x\geqslant 1$;   (2)$x<3$.

3. $|x|<|x^3|$.
   (1)$x<-1$;   (2)$|x^2|<|x^4|$.

4. $\dfrac{|a-b|}{|a|+|b|}\geqslant 1$.
   (1)$ab>0$;   (2)$ab<0$.

习题详解

1. (A)

   【解析】三角不等式 $|x+y|\leqslant|x|+|y|$,在 $xy\geqslant 0$ 时等号成立,故条件(1)充分,条件(2)不充分.

2. (C)

   【解析】分类讨论法.
   $$|1-x|-\sqrt{x^2-8x+16}=|x-1|-|x-4|=\begin{cases}-3,&x<1,\\ 2x-5,&1\leqslant x\leqslant 4,\\ 3,&x>4,\end{cases}$$
   所以当 $1\leqslant x\leqslant 4$ 时,题干中的结论成立.

   故条件(1)和(2)单独不充分,联合起来充分.

3. (D)

   【解析】$|x|<|x^3|$,得 $1<|x^2|$,

   等价于 $1<x^2$,得 $x<-1$ 或 $x>1$.

   条件(1):显然充分.

   条件(2):$|x^2|<|x^4|$,两边同时除以 x^2,得 $1<|x^2|$,充分.

4. (B)

【解析】条件(1)：令 $a=1$，$b=1$，$\dfrac{|a-b|}{|a|+|b|}=0$，不充分．

条件(2)：三角不等式 $|a-b|\leqslant|a|+|b|$，在 $ab\leqslant 0$ 时，等号成立．

所以，当 $ab<0$ 时，$|a-b|=|a|+|b|$，故 $\dfrac{|a-b|}{|a|+|b|}=1\geqslant 1$，充分．

题型 18 定整问题

母题精讲

母题18：设 a，b，c 为整数，且 $|a-b|^{20}+|c-a|^{41}=1$，则 $|a-b|+|a-c|+|b-c|=(\quad)$．

(A) 2　　(B) 3　　(C) 4　　(D) -3　　(E) -2

【解析】特殊值法．

令 $a=b=0$，则 $c=\pm 1$，代入可得 $|a-b|+|a-c|+|b-c|=2$．

【答案】(A)

老吕施法

几个整数的绝对值的和为较小的自然数（如1，2等），称之为定整问题．

解决方法是抓住整数的绝对值均为自然数的特征，推理出整数绝对值定整可能出现的情况．常用特殊值法．

例如：

几个整数的绝对值的和为1，则必然是其中一个绝对值为1，其余为0．

几个整数的绝对值的和为2，则其中一个为2，其余为0；或者两个为1，其余为0．

习题精练

1. 设 a，b，c 为整数，且 $|a-b|^{20}+|c-a|^{41}=2$，则 $|a-b|+|a-c|+|b-c|=(\quad)$．

   (A) 2 或 4　　(B) 2　　(C) 4　　(D) 0 或 2　　(E) 0

2. $|a-b|+|a-c|+|b-c|\leqslant 2$．

   (1) a，b，c 为整数，且 $|a-b|^{20}+|c-a|^{41}=1$；

   (2) a，b，c 为整数，且 $|a-b|^{20}+|c-a|^{41}=2$．

3. 满足 $|a-b|+ab=1$ 的非负整数对 (a,b) 的个数是（　　）．

   (A) 1　　(B) 2　　(C) 3　　(D) 4　　(E) 5

习题详解

1. (A)

【解析】由 $|a-b|^{20}+|c-a|^{41}=2$，可知 $|a-b|=1$，$|c-a|=1$，故有 $a-b=\pm 1$，$c-a=\pm 1$，两式相加，可得 $b-c=\pm 2$ 或 0．故 $|a-b|+|a-c|+|b-c|=2$ 或 4．

【易错点】本题如果用特殊值法，容易漏根．

2. (A)

【解析】条件(1)：令 $a=b=0$，则 $c=\pm 1$，代入可得 $|a-b|+|a-c|+|b-c|=2$，充分.
条件(2)：由 $|a-b|^{20}+|c-a|^{41}=2$，可知 $|a-b|=1$，$|c-a|=1$，故有 $a-b=\pm 1$，$c-a=\pm 1$，两式相加，可得 $b-c=\pm 2$ 或 0，故 $|a-b|+|a-c|+|b-c|=2$ 或 4. 条件(2)不充分.

3. (C)

【解析】由 $|a-b|+ab=1$ 且 a，b 为非负整数，故有
$$\begin{cases}|a-b|=1,\\ ab=0\end{cases} \text{或} \begin{cases}|a-b|=0,\\ ab=1,\end{cases} \text{解得} \begin{cases}a=1,\\ b=0\end{cases} \text{或} \begin{cases}a=0,\\ b=1\end{cases} \text{或} \begin{cases}a=1,\\ b=1.\end{cases}$$
从而 (a,b) 的非负整数对为 $(1,0)$，$(0,1)$，$(1,1)$.

题型 19 含绝对值的式子求值

母题精讲

母题 19 对任意实数 $x\in\left(\dfrac{1}{8},\dfrac{1}{7}\right)$，代数式 $|1-2x|+|1-3x|+|1-4x|+\cdots+|1-10x|=(\quad)$.

(A) 10　　(B) 1　　(C) 3　　(D) 4　　(E) 5

【解析】因为 $\dfrac{1}{8}<x<\dfrac{1}{7}$，所以 $7x<1$，$8x>1$，从而

原式 $=(1-2x)+(1-3x)+\cdots+(1-7x)+(8x-1)+(9x-1)+(10x-1)=6-3=3$.

【答案】(C)

老吕施法

此类题型一般根据自变量的符号或范围，去绝对值符号.
(1) 已知自变量的符号或范围，直接去绝对值符号.
(2) 根据已知条件，求出自变量的范围，再去绝对值符号.

习题精练

1. 若 $x<-2$，则 $|1-|1+x||=(\quad)$.

(A) $-x$　　(B) x　　(C) $2+x$　　(D) $-2-x$　　(E) 0

2. 已知 $g(x)=\begin{cases}1,&x>0,\\ -1,&x<0,\end{cases}$ $f(x)=|x-1|-g(x)|x+1|+|x-2|+|x+2|$，则 $f(x)$ 是与 x 无关的常数.

(1) $-1<x<0$；　　(2) $1<x<2$.

3. 已知有理数 t 满足 $|1-t|=1+|t|$，则 $|t-2\,006|-|1-t|=(\quad)$.

(A) 2 000　　(B) 2 001　　(C) 2 002　　(D) 2 005　　(E) 2 006

4. 已知 $\dfrac{1}{a}-|a|=1$，则 $\dfrac{1}{a}+|a|=(\quad)$.

(A) $\dfrac{\sqrt{5}}{2}$ (B) $-\dfrac{\sqrt{5}}{2}$ (C) $-\sqrt{5}$ (D) $\sqrt{5}$ (E) $2\sqrt{5}$

5. 已知 $|a-1|=3$，$|b|=4$，$b>ab$，则 $|a-1-b|=$（   ）．

   (A) 1   (B) 5   (C) 7   (D) 8   (E) 16

6. 可以确定 $\dfrac{|x+y|}{x-y}=2$．

   (1) $\dfrac{x}{y}=3$；　　　　(2) $\dfrac{x}{y}=\dfrac{1}{3}$．

习题详解

1. (D)

【解析】去绝对值符号 $|1-|1+x||=|2+x|=-2-x$．

2. (D)

【解析】条件(1)：因为 $-1<x<0$，所以 $g(x)=-1$，

$f(x)=|x-1|-g(x)|x+1|+|x-2|+|x+2|=-(x-1)+x+1-(x-2)+x+2=6$，

是与 x 无关的常数，条件(1)充分．

条件(2)：因为 $1<x<2$，所以 $g(x)=1$，

$f(x)=|x-1|-g(x)|x+1|+|x-2|+|x+2|=x-1-(x+1)-(x-2)+x+2=2$，

是与 x 无关的常数，条件(2)充分．

3. (D)

【解析】原等式两边平方，得 $1-2t+t^2=1+2|t|+t^2$，所以 $|t|=-t$，即 $t\leqslant 0$．故

$|t-2\,006|-|1-t|=-(t-2\,006)-(1-t)=2\,005$．

4. (D)

【解析】若 $a<0$，则 $\dfrac{1}{a}-|a|<0$，与题意不符；

若 $a>0$，则 $\dfrac{1}{a}-|a|=\dfrac{1}{a}-a=1$，解得 $a=\dfrac{-1+\sqrt{5}}{2}$．

故 $\dfrac{1}{a}+|a|=\dfrac{2}{\sqrt{5}-1}+\dfrac{\sqrt{5}-1}{2}=\sqrt{5}$．

5. (C)

【解析】分类讨论法．

(1) $b=4\Rightarrow a<1\Rightarrow a=-2\Rightarrow |a-1-b|=7$；

(2) $b=-4\Rightarrow a>1\Rightarrow a=4\Rightarrow |a-1-b|=7$．

6. (E)

【解析】条件(1)：$\dfrac{x}{y}=3$，即 $x=3y$，代入 $\dfrac{|x+y|}{x-y}$，即 $\dfrac{|3y+y|}{3y-y}=\dfrac{|4y|}{2y}$，

故当 $y>0$ 时，$\dfrac{|x+y|}{x-y}=2$；当 $y<0$ 时，$\dfrac{|x+y|}{x-y}=-2$；条件(1)不充分．

同理可知，条件(2)也不充分．

两个条件无法联合，故选(E)．

第四节　平均值和方差

题型 20　平均值和方差的定义

母题精讲

母题20 三个实数 x_1，x_2，x_3 的算术平均数为4.

(1) x_1+6，x_2-2，x_3+5 的算术平均数为4；

(2) x_2 为 x_1 和 x_3 的等差中项，且 $x_2=4$.

【解析】由题意可知 $x_1+x_2+x_3=12$.

条件(1)：$\dfrac{x_1+6+x_2-2+x_3+5}{3}=4$，所以 $x_1+x_2+x_3=3$，条件(1)不充分.

条件(2)：$2x_2=x_1+x_3=8$，所以 $x_1+x_2+x_3=12$，条件(2)充分.

【答案】(B)

老吕施法

(1) 算术平均值：n 个数 $x_1,x_2,x_3,\cdots,x_n$ 的算术平均值为 $\dfrac{x_1+x_2+x_3+\cdots+x_n}{n}$，记为 $\bar{x}=\dfrac{1}{n}\sum\limits_{i=1}^{n}x_i$.

(2) 几何平均值：n 个正数 $x_1,x_2,x_3,\cdots,x_n$ 的几何平均值为 $\sqrt[n]{x_1 \cdot x_2 \cdot x_3 \cdots x_n}$，记为 $G=\sqrt[n]{\prod\limits_{i=1}^{n}x_i}$.

【易错点】只有正数才有几何平均值.

(3) 方差：$S^2=\dfrac{1}{n}[(x_1-\bar{x})^2+(x_2-\bar{x})^2+\cdots+(x_n-\bar{x})^2]$，也可记为 $D(x)$；

方差的简化公式：$S^2=\dfrac{1}{n}[(x_1^2+x_2^2+\cdots+x_n^2)-n\bar{x}^2]$.

(4) 标准差：$S=\sqrt{S^2}=\sqrt{\dfrac{1}{n}[(x_1-\bar{x})^2+(x_2-\bar{x})^2+\cdots+(x_n-\bar{x})^2]}$，也可记为 $\sqrt{D(x)}$.

(5) 方差的性质：$D(ax+b)=a^2D(x)(a\neq 0,b\neq 0)$，即在一组数据中的每个数字都乘以一个非零的数字 a，方差变为原来的 a^2 倍，标准差变为原来的 a 倍. 在该组数据中的每个数字都加上一个非零的数字 b，方差和标准差不变.

习题精练

1. 设方程 $3x^2-8x+a=0$ 的两个实根为 x_1 和 x_2，若 $\dfrac{1}{x_1}$ 和 $\dfrac{1}{x_2}$ 的算术平均值为2，则 a 的值是(　　).

(A)-2　　　　(B)-1　　　　(C)1　　　　(D)$\dfrac{1}{2}$　　　　(E)2

2. x_1，x_2 是方程 $6x^2-7x+a=0$ 的两个实根，若 $\dfrac{1}{x_1}$ 和 $\dfrac{1}{x_2}$ 的几何平均值是 $\sqrt{3}$，则 a 的值是(　　).

(A)2　　　　(B)3　　　　(C)4　　　　(D)-2　　　　(E)-3

3. 如果 a，b，c 的算术平均值等于 13，且 $a:b:c=\dfrac{1}{2}:\dfrac{1}{3}:\dfrac{1}{4}$，那么 $c=$(　　).

(A)7　　　　(B)8　　　　(C)9　　　　(D)12　　　　(E)18

4. 在一次数学考试中，某班前 6 名同学的成绩恰好成等差数列. 若前 6 名同学的平均成绩为 95 分，前 4 名同学的成绩之和为 388 分，则第 6 名同学的成绩为(　　)分.

(A)92　　　　(B)91　　　　(C)90　　　　(D)89　　　　(E)88

5. 设 $x>0$，$y>0$，x，y 的算术平均值为 6，$\dfrac{1}{x}$，$\dfrac{1}{y}$ 的算术平均值为 2，则 x，y 的等比中项为(　　).

(A)$\sqrt{3}$　　　　(B)$\pm\sqrt{3}$　　　　(C)12　　　　(D)24　　　　(E)28

6. 已知样本 x_1，x_2，$\cdots$，x_n 的方差是 2，则样本 $2x_1$，$2x_2$，$\cdots$，$2x_n$ 和 x_1+2，x_2+2，$\cdots$，x_n+2 样本的方差分别是(　　).

(A)8，2　　　　(B)4，2　　　　(C)2，4　　　　(D)8，0　　　　(E)4，4

7. 一组数据有 10 个，数据与它们的平均数的差依次为 -2，4，-4，5，-1，-2，0，2，3，-5，则这组数据的方差为(　　).

(A)1　　　　(B)10.4　　　　(C)4.8　　　　(D)3.2　　　　(E)8.4

8. 1，2，3，4，x 的方差是 2.

(1)1，2，3，4，x 的平均数是 2．　　　　(2)$x=0$.

9. 若 a，b 为自然数，且 $\dfrac{1}{a}$ 与 $\dfrac{1}{b}$ 的算术平均值为 $\dfrac{1}{3}$，则 a 与 b 的乘积是(　　).

(A)18　　　　(B)9　　　　(C)27　　　　(D)12　　　　(E)9 或 12

10. 数据 -1，0，3，5，x 的方差是 $\dfrac{34}{5}$，则 $x=$(　　).

(A)-2 或 5.5　　(B)2 或 5.5　　(C)4 或 11　　(D)-4 或 11　　(E)3 或 10

习题详解

1. (E)

【解析】由韦达定理知 $x_1+x_2=\dfrac{8}{3}$，$x_1x_2=\dfrac{a}{3}$，故 $\dfrac{1}{x_1}+\dfrac{1}{x_2}=\dfrac{x_1+x_2}{x_1x_2}\Rightarrow\dfrac{8}{a}=4$，解得 $a=2$.

2. (A)

【解析】根据韦达定理知 $x_1x_2=\dfrac{a}{6}$；几何平均值 $\sqrt{\dfrac{1}{x_1}\cdot\dfrac{1}{x_2}}=\sqrt{3}$，得 $\dfrac{6}{a}=3$，即 $a=2$.

3. (C)

【解析】根据题意，得 $\dfrac{a+b+c}{3}=13$，故 $a+b+c=39$.

又 $a:b:c=\dfrac{1}{2}:\dfrac{1}{3}:\dfrac{1}{4}=\dfrac{6}{12}:\dfrac{4}{12}:\dfrac{3}{12}=6:4:3$，故 $c=39\times\dfrac{3}{6+3+4}=9$.

4. （C）

【解析】由题意知 $\begin{cases}\dfrac{a_1+a_6}{2}=95,\\ \dfrac{a_1+a_4}{2}\times 4=388,\end{cases}$ 即 $\begin{cases}\dfrac{a_1+a_1+5d}{2}=95,\\ \dfrac{a_1+a_1+3d}{2}\times 4=388,\end{cases}$ 解得 $a_1=100$，$d=-2$，故 $a_6=90$.

5. （B）

【解析】由题意得 $x+y=12$，$\dfrac{1}{x}+\dfrac{1}{y}=\dfrac{x+y}{xy}=4$，故 $xy=3$，所以 x，y 的等比中项为 $\pm\sqrt{3}$.

6. （A）

【解析】由方差的性质 $D(ax+b)=a^2 D(x)$，可知
$2x_1$，$2x_2$，$\cdots$，$2x_n$ 是将原样本的每个数值乘以2，故方差应乘以4，故方差为8；
x_1+2，x_2+2，$\cdots$，x_n+2 是将原样本的每个数值加上2，方差不变，仍为2.

7. （B）

【解析】$S^2=\dfrac{1}{10}[(-2)^2+4^2+(-4)^2+5^2+(-1)^2+(-2)^2+0^2+2^2+3^2+(-5)^2]=10.4$.

8. （D）

【解析】条件(1)：$\dfrac{1+2+3+4+x}{5}=2$，解得 $x=0$，故两个条件等价.
$S^2=\dfrac{1}{5}[(0-2)^2+(1-2)^2+(2-2)^2+(3-2)^2+(4-2)^2]=2$，故两个条件都充分.

9. （E）

【解析】穷举法.
$\dfrac{1}{a}$ 与 $\dfrac{1}{b}$ 的算术平均值为 $\dfrac{1}{3}$，显然可以令 $a=3$，$b=3$，乘积为9；
故如果还有另外一组解，则 a，b 必有一个大于3，另一个小于3.
令 $a=1$，不成立；令 $a=2$，由 $\dfrac{1}{a}+\dfrac{1}{b}=\dfrac{2}{3}$，得 $b=6$.
故 a 与 b 的乘积为9或12.

10. （A）

【解析】由方差公式可知
$$S^2=\dfrac{1}{n}[(x_1^2+x_2^2+\cdots+x_5^2)-5\overline{x}^2]$$
$$=\dfrac{1}{5}\times\left[(-1)^2+0^2+3^2+5^2+x^2-5\times\left(\dfrac{-1+0+3+5+x}{5}\right)^2\right]$$
$$=\dfrac{1}{25}\times(4x^2-14x+126)$$
$$=\dfrac{34}{5}.$$

整理，得 $2x^2-7x-22=0$，解得 $x=-2$ 或 5.5.

题型 21 均值不等式

母题精讲

母题 21 $\dfrac{1}{a}+\dfrac{1}{b}+\dfrac{1}{c}>\sqrt{a}+\sqrt{b}+\sqrt{c}.$

(1) $abc=1$；　　　　　　　　(2) a,b,c 为不全相等的正数.

【解析】用均值不等式证明不等式.

条件(1)：令 $a=b=c=1$，显然不充分.

条件(2)：令 $a=1,b=1,c=4$，显然不充分.

联立两个条件：

$$\dfrac{1}{a}+\dfrac{1}{b}+\dfrac{1}{c}=\dfrac{abc}{a}+\dfrac{abc}{b}+\dfrac{abc}{c}=bc+ac+ab=\dfrac{bc+ac}{2}+\dfrac{ab+ac}{2}+\dfrac{ab+bc}{2}$$
$$\geqslant \sqrt{abc^2}+\sqrt{a^2bc}+\sqrt{ab^2c}=\sqrt{c}+\sqrt{a}+\sqrt{b}.$$

所以条件(1)和(2)联合起来充分.

【快速得分法】特殊值法.

令 $a=1,b=1,c=1$，显然不充分；令 $a=1,b=\dfrac{1}{4},c=4$，充分，猜测答案是 (C).

【答案】(C)

老吕施法

(1) 使用均值不等式求最值.

①口诀.

一"正"二"定"三"相等"；

"正"是使用均值不等式的前提；

"定"是使用均值不等式的目标；

"相等"是最值取到时的条件.

②常用拆项法，拆项必拆成相等的项，拆项常拆次数较小的项.

③和为定值积最大，积为定值和最小.

(2) 常考用均值不等式证明不等式，但遇到此类问题仍应该先考虑特殊值法.

(3) 对勾函数.

函数 $y=x+\dfrac{1}{x}$（或 $y=ax+\dfrac{b}{x}$，$a\neq 0$，$b\neq 0$）的图像形如两个"对勾"，因此将这个函数称为对勾函数，当 $x>0$ 时，此函数有最小值 2；当 $x<0$ 时，此函数有最大值 -2；

图像如图 1-8 所示.

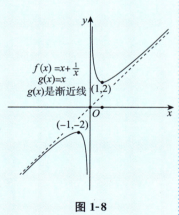

图 1-8

习题精练

1. 当 $x>0$ 时，则 $y=4x+\dfrac{9}{x^2}$ 的最小值为（　　）．

   (A) 6　　(B) $\sqrt{6}$　　(C) $3\sqrt{6}$　　(D) $3\sqrt[3]{36}$　　(E) 以上选项均不正确

2. 若 $x\geqslant 0$，则 $y=x+\dfrac{4}{x+2}+1$ 的最小值为（　　）．

   (A) 2　　(B) $2\sqrt{2}$　　(C) $\sqrt{2}+1$　　(D) 3　　(E) 5

3. 已知 $x,y\in \mathbf{R}$ 且 $x+y=4$，则 3^x+3^y 的最小值为（　　）．

   (A) $2\sqrt{2}$　　(B) $3\sqrt{2}$　　(C) 6　　(D) 9　　(E) 18

4. 矩形周长为 2，将它绕其一边旋转一周，所得圆柱体积最大时的矩形面积为（　　）．

   (A) $\dfrac{4\pi}{27}$　　(B) $\dfrac{2}{3}$　　(C) $\dfrac{2}{9}$　　(D) $\dfrac{27}{4}$　　(E) 以上选项均不正确

5. $\dfrac{1}{m}+\dfrac{2}{n}$ 的最小值为 $3+2\sqrt{2}$．

   (1) 函数 $y=a^{x+1}-2$ $(a>0,a\neq 1)$ 的图像恒过定点 A，点 A 在直线 $mx+ny+1=0$ 上；
   (2) $m,n>0$．

6. 已知 $x>0$，$y>0$，点 (x,y) 在双曲线 $xy=2$ 上移动，则 $\dfrac{1}{x}+\dfrac{1}{y}$ 的最小值为（　　）．

   (A) $\sqrt{3}$　　(B) $\sqrt{2}$　　(C) 3　　(D) 2　　(E) 0

习题详解

1. (D)

【解析】拆项法．

$$y=2x+2x+\dfrac{9}{x^2}\geqslant 3\times\sqrt[3]{2x\cdot 2x\cdot \dfrac{9}{x^2}}=3\times\sqrt[3]{36}.$$

2. (D)

【解析】由于 $x\geqslant 0$，由均值不等式可得

$$y=x+\dfrac{4}{x+2}+1=(x+2)+\dfrac{4}{x+2}-1\geqslant 2\sqrt{(x+2)\cdot\dfrac{4}{x+2}}-1=3.$$

3. (E)

【解析】由 $x+y=4$，得 $y=4-x$，则 $3^x+3^{4-x}=3^x+\dfrac{3^4}{3^x}\geqslant 2\sqrt{3^x\cdot\dfrac{3^4}{3^x}}=18$．

4. (C)

【解析】设矩形边长分别为 x 和 $1-x$，则旋转后，矩形的一边为半径，一边为高．故体积

$$V=\pi x^2(1-x)=\dfrac{1}{2}\pi\cdot x\cdot x(2-2x)\leqslant \dfrac{1}{2}\pi\cdot\left[\dfrac{x+x+(2-2x)}{3}\right]^3=\dfrac{4}{27}\pi;$$

当 $x=2-2x$，即 $x=\dfrac{2}{3}$ 时，体积有最大值，矩形的面积为 $\dfrac{2}{3}\times\left(1-\dfrac{2}{3}\right)=\dfrac{2}{9}$．

5. (C)

【解析】条件 (1)：由 $y=a^{x+1}-2$ $(a>0,a\neq 1)$ 恒过定点，可知 A 点坐标为 $(-1,-1)$；

将 A 点坐标代入直线方程得 $m+n=1$，故

$$\frac{1}{m}+\frac{2}{n}=\frac{m+n}{m}+\frac{2(m+n)}{n}=3+\frac{n}{m}+\frac{2m}{n}.$$

由于 m,n 的正负无法确定，故条件(1)不充分．明显地，条件(2)单独不充分，联立两个条件：由条件(2)知 $m,n>0$，可用均值不等式 $\frac{1}{m}+\frac{2}{n}=3+\frac{n}{m}+\frac{2m}{n}\geqslant 3+2\sqrt{2}$．

故两个条件联立起来充分．

6. (B)

【解析】根据均值不等式，可得

$$\frac{1}{x}+\frac{1}{y}=\frac{x+y}{xy}=\frac{x+y}{2}\geqslant\sqrt{xy}=\sqrt{2}.$$

微模考一　算术

（共 25 题，每题 3 分，限时 60 分钟）

一、问题求解：第 1～15 小题，每小题 3 分，共 45 分．下列每题给出的(A)、(B)、(C)、(D)、(E)五个选项中，只有一项是符合试题要求的，请在答题卡上将所选项的字母涂黑．

1. 已知实数 k 满足 $|2016-k|+\sqrt{k-2017}=k$，则 $k-2016^2=$（　　）．
   (A) 2016　　(B) $\sqrt{2016}$　　(C) 2017　　(D) 2017^2　　(E) 0

2. 满足不等式 $|x-2|-|2x-1|<0$ 的 x 的取值范围是（　　）．
   (A) $(-1,1)$
   (B) $(-\infty,-1)$
   (C) $(1,+\infty)$
   (D) $(-\infty,-1)\cup(1,+\infty)$
   (E) $\left(-\infty,-\dfrac{\sqrt{3}}{2}\right)\cup\left(\dfrac{\sqrt{3}}{2},+\infty\right)$

3. 已知小礼盒每盒装 10 个苹果，大礼盒每盒装 17 个苹果，现对一百多个苹果进行包装，若全部使用小礼盒，则最后一盒只有 2 个苹果，若全部使用大礼盒，则最后一盒只有 6 个苹果，则苹果最少有（　　）个．
   (A) 89　　(B) 104　　(C) 126　　(D) 142　　(E) 150

4. 若对于任意 $x\in\mathbf{R}$，$|x|\geqslant ax$ 恒成立，则实数 a 的取值范围为（　　）．
   (A) $(-\infty,1)$　　(B) $[-1,1]$　　(C) $(-1,+\infty)$
   (D) $(-1,1)$　　(E) $[-1,+\infty)$

5. 已知 m,n 为质数，且 $m\cdot n$ 的值为偶数，其中 $m\neq 2$，那么 $n=$（　　）．
   (A) 2　　(B) 3　　(C) 5　　(D) 13　　(E) 23

6. 已知 x,y 都是有理数，且满足 $(2-\sqrt{2})x+(1+2\sqrt{2})y-4-3\sqrt{2}=0$，则 x,y 的值分别为（　　）．
   (A) 1，2　　(B) 1，-2　　(C) 2，3　　(D) -2，-3　　(E) 1，3

7. 已知 N 为自然数，被 9 除余 7，被 8 除余 6，被 7 除余 5，且 $100<N<2000$，则 N 取值共有（　　）个．
   (A) 1　　(B) 2　　(C) 3　　(D) 4　　(E) 5

8. $\left(\dfrac{1}{1+\sqrt{2}}+\dfrac{1}{\sqrt{2}+\sqrt{3}}+\cdots+\dfrac{1}{\sqrt{2016}+\sqrt{2017}}+\dfrac{1}{\sqrt{2017}+\sqrt{2018}}\right)\times(1+\sqrt{2018})=$（　　）．
   (A) 2016　　(B) 2017　　(C) 2018　　(D) 2019　　(E) 1009

9. 已知 a,b 都是质数，且 $3a+7b=41$，则 $a-b=$（　　）．
   (A) 2　　(B) -2　　(C) 3　　(D) -3　　(E) 5

10. 已知 m,n,p 均是实数，且 $mnp>0$，$m+n+p=0$，若 $x=\dfrac{m}{|m|}+\dfrac{n}{|n|}+\dfrac{p}{|p|}$，$y=m\left(\dfrac{1}{n}+\dfrac{1}{p}\right)+n\left(\dfrac{1}{m}+\dfrac{1}{p}\right)+p\left(\dfrac{1}{m}+\dfrac{1}{n}\right)$，则 $2x-y=$（　　）．
    (A) 1　　(B) -1　　(C) 0　　(D) 2　　(E) -5

11. 已知 x,y,z 是非零实数，且 $|y|>|x-z|$，则下列不等式成立的是（　　）．

(A) $x>y-z$　　　　　　　　(B) $x<y+z$

(C) $|x|<|y|+|z|$　　　　　　(D) $|x|>|y|-|z|$

(E) $|y|<|x|+|z|$

12. 等式 $|2a-1|=|3a+5|-|a+6|$ 成立，则实数 a 的取值范围为（　　）．

(A) $\left(-\infty,\dfrac{1}{2}\right]$　　　　　　(B) $(-1,+\infty)$

(C) $\left[-6,\dfrac{1}{2}\right]$　　　　　　(D) $\left(-\infty,-\dfrac{1}{2}\right]\cup[6,+\infty)$

(E) $(-\infty,-6]\cup\left[\dfrac{1}{2},+\infty\right)$

13. 如果 $\dfrac{1}{a}:\dfrac{1}{b}:\dfrac{1}{c}=2:3:4$，则 $(a+b):(b+c):(a+c)=($ 　　$)$．

(A) $7:4:6$　　　(B) $5:6:7$　　　(C) $7:6:10$

(D) $10:7:9$　　(E) $4:3:2$

14. 已知等式 $(1+\sqrt{3})^3=m+n\sqrt{3}$ 成立，则 $\dfrac{m}{n}=($ 　　$)$．

(A) 1　　(B) $\dfrac{5}{3}$　　(C) $\dfrac{4}{3}$　　(D) 2　　(E) $\dfrac{5}{2}$

15. 已知 m,n 均为正实数，且 $3m+n=6$，则 $\lg m+\lg n$ 的最大值为（　　）．

(A) $\lg 2$　　(B) $\dfrac{1}{2}\lg 3$　　(C) $\lg 3$　　(D) $3\lg 2$　　(E) $2\lg 3$

二、条件充分性判断：第 16～25 小题，每小题 3 分，共 30 分．要求判断每题给出的条件(1)和(2)能否充分支持题干所陈述的结论．(A)、(B)、(C)、(D)、(E) 五个选项为判断结果，请选择一项符合试题要求的判断，并在答题卡上将所选项的字母涂黑.

(A)条件(1)充分，但条件(2)不充分．

(B)条件(2)充分，但条件(1)不充分．

(C)条件(1)和条件(2)单独都不充分，但条件(1)和条件(2)联合起来充分．

(D)条件(1)充分，条件(2)也充分．

(E)条件(1)和条件(2)单独都不充分，条件(1)和条件(2)联合起来也不充分．

16. 不等式 $x^2+1>|x-2|+|x+1|$ 成立．

(1) $x\in(-\infty,-2)$；

(2) $x\in(\sqrt{2},+\infty)$．

17. 已知 x,y,z 均为实数，则 $\dfrac{1}{x^2}+\dfrac{1}{y^2}+\dfrac{1}{z^2}>x+y+z$．

(1) $xyz=1$；

(2) x,y,z 不完全相等．

18. 不等式 $|x+3|+|x+2|<m$ 有实数解．

(1) $0<m<1$；

(2) $m\geqslant 1$．

19. a^2+1 是质数.

    (1) a 是质数；

    (2) a^3+3 是质数.

20. 已知 a,b 为正实数，则 $\sqrt{a}$ 和 $\sqrt{b}$ 的算术平方根的几何平均值为 $\sqrt{3}$.

    (1) $a=9,b=9$；

    (2) $a=3,b=27$.

21. 函数 $f(x)$ 的最小值为 5.

    (1) $f(x)=|x-2|+|x+3|$；

    (2) $f(x)=|x+1|+|x+7|$.

22. 方程 $||x+1|-1|=m$ 只有两个不同的解.

    (1) $0<m<1$；

    (2) $m\geqslant 2$.

23. 若 a,b,c 是三个连续的正整数，则有 N 是偶数.

    (1) $N=a+b+c$；

    (2) $N=(a+b)(b+c)$.

24. 方程 $|x-1|+|x+2|-|x-3|=4$ 无实数解.

    (1) $x\in(-2,0)$；

    (2) $x\in(3,+\infty)$.

25. 已知 m,n 都为正整数，且 $m<n$，则 $n-m=126$.

    (1) m,n 的最小公倍数是最大公约数的 7 倍；

    (2) $m+n=168$.

微模考一　答案详解

一、问题求解

1. (C)

【解析】母题 13 · 非负性问题

由非负性得 $k-2017 \geqslant 0$，即 $k \geqslant 2017$，

则 $|2016-k|+\sqrt{k-2017}=k \Rightarrow k-2016+\sqrt{k-2017}=k \Rightarrow \sqrt{k-2017}=2016$，

两边平方得 $k-2016^2=2017$.

2. (D)

【解析】母题 16 · 求解绝对值方程和不等式

$|x-2|-|2x-1|<0 \Rightarrow |x-2|<|2x-1| \Rightarrow (x-2)^2<(2x-1)^2 \Rightarrow x^2>1$，

解得 $x<-1$ 或 $x>1$.

3. (D)

【解析】母题 6 · 整数不定方程问题

设小礼盒有 x 个，大礼盒有 y 个，根据题意得

$$10(x-1)+2=17(y-1)+6，$$

即 $y=\dfrac{10x+3}{17}$. 穷举可得 $x=15, y=9$，故共有苹果 $10(x-1)+2=142$（个）.

4. (B)

【解析】母题 16 · 求解绝对值方程和不等式

方法一：分类讨论法.

当 $x \geqslant 0$ 时，有 $x \geqslant ax \Rightarrow (1-a)x \geqslant 0 \Rightarrow 1-a \geqslant 0$，解得 $a \leqslant 1$；

当 $x<0$ 时，有 $-x \geqslant ax \Rightarrow (1+a)x \leqslant 0 \Rightarrow 1+a \geqslant 0$，解得 $a \geqslant -1$.

所以，实数 a 的取值范围为 $[-1,1]$.

方法二：平方法.

将原式两边平方得 $x^2 \geqslant a^2x^2 \Rightarrow (1-a^2)x^2 \geqslant 0$.

因为 $x^2 \geqslant 0$，只需保证 $1-a^2 \geqslant 0$，故有 $-1 \leqslant a \leqslant 1$.

方法三：此题可用图像法快速得解.

【快速得分法】特值代入排除各选项即可.

5. (A)

【解析】母题 4 · 质数与合数问题

在质数中，除了 2 以外均为奇数，且两个奇数相乘必为奇数.

所以两个质数相乘为偶数时，其中一个数必为 2.

由题已知 m, n 为质数，且 $m \cdot n$ 的值为偶数、$m \neq 2$，则必有 $n=2$.

6. (A)

【解析】母题 8 · 有理数与无理数的运算

由 $(2-\sqrt{2})x+(1+2\sqrt{2})y-4-3\sqrt{2}=0$，化简得 $(2y-x-3)\sqrt{2}+(2x+y-4)=0$，

则有 $\begin{cases}2y-x-3=0,\\2x+y-4=0,\end{cases}$ 解得 $\begin{cases}x=1,\\y=2.\end{cases}$

7. (C)

【解析】母题2·带余除法问题

由 7，8，9 的最小公倍数为 504，根据口诀"差同减差"，可知 $N=504k-2$．

由于 $100<N<2\ 000$，当 $k=4$ 时，$N=2\ 014$，所以 k 的取值为 1，2，3．

8. (B)

【解析】母题9·实数的运算技巧问题

$$\left(\frac{1}{1+\sqrt{2}}+\frac{1}{\sqrt{2}+\sqrt{3}}+\cdots+\frac{1}{\sqrt{2\ 016}+\sqrt{2\ 017}}+\frac{1}{\sqrt{2\ 017}+\sqrt{2\ 018}}\right)\times(1+\sqrt{2\ 018})$$

$$=(\sqrt{2}-1+\sqrt{3}-\sqrt{2}+\cdots+\sqrt{2\ 017}-\sqrt{2\ 016}+\sqrt{2\ 018}-\sqrt{2\ 017})\times(1+\sqrt{2\ 018})$$

$$=(\sqrt{2\ 018}-1)(\sqrt{2\ 018}+1)=2\ 017.$$

9. (D)

【解析】母题4·质数与合数问题

由 $3a+7b=41$ 可知，a,b 中必有一质数 2．

当 $a=2$ 时，得 $b=5$，满足题意；当 $b=2$ 时，得 $a=9$，不满足题意．

所以 $a-b=-3$．

10. (A)

【解析】母题14·自比性问题

由 $mnp>0,m+n+p=0$，可知 m,n,p 为两负一正，则 $x=-1$，

$y=m\left(\dfrac{1}{n}+\dfrac{1}{p}\right)+n\left(\dfrac{1}{m}+\dfrac{1}{p}\right)+p\left(\dfrac{1}{m}+\dfrac{1}{n}\right)=\dfrac{n+p}{m}+\dfrac{m+p}{n}+\dfrac{m+n}{p}=\dfrac{-m}{m}+\dfrac{-n}{n}+\dfrac{-p}{p}=-3$，

故 $2x-y=-2-(-3)=1$．

11. (C)

【解析】母题17·证明绝对值等式或不等式

由绝对值不等式的性质有 $|x-z|\geqslant|x|-|z|$，又 $|y|>|x-z|$，故有 $|y|>|x|-|z|$，

移项得 $|x|<|y|+|z|$．

12. (E)

【解析】母题16·求解绝对值方程和不等式

原式可化为 $|a+6|+|2a-1|=|3a+5|$，由三角不等式，有

$$|2a-1|+|a+6|\geqslant|(2a-1)+(a+6)|=|3a+5|,$$

当且仅当 $(2a-1)(a+6)\geqslant 0$ 时，上式取等号，解得 $a\leqslant-6$ 或 $a\geqslant\dfrac{1}{2}$．

13. (D)

【解析】母题12·其他比例问题

$$\dfrac{1}{a}:\dfrac{1}{b}:\dfrac{1}{c}=2:3:4\Rightarrow a:b:c=\dfrac{1}{2}:\dfrac{1}{3}:\dfrac{1}{4}=6:4:3,$$

赋值法，令 $a=6,b=4,c=3$，故 $(a+b):(b+c):(a+c)=10:7:9$．

14. (B)

【解析】母题 8·有理数与无理数的运算

$(1+\sqrt{3})^3 = 1^3 + 3 \times 1^2 \times (\sqrt{3}) + 3 \times 1 \times (\sqrt{3})^2 + (\sqrt{3})^3 = 10 + 6\sqrt{3} = m + n\sqrt{3}$，

故 $m = 10, n = 6, \dfrac{m}{n} = \dfrac{5}{3}$．

15. (C)

【解析】母题 21·均值不等式

根据均值不等式，$6 = 3m + n \geqslant 2\sqrt{3mn}$，解得 $mn \leqslant 3$，故 $\lg m + \lg n = \lg mn \leqslant \lg 3$．

二、条件充分性判断

16. (D)

【解析】母题 17·证明绝对值等式或不等式

当 $x \geqslant 2$ 时，原不等式化为 $x^2 + 1 > (x-2) + (x+1)$，解得 $x \in \mathbf{R}$，故 $x \geqslant 2$；

当 $-1 < x < 2$ 时，原不等式化为 $x^2 + 1 > -(x-2) + (x+1)$，解得 $x < -\sqrt{2}$ 或 $x > \sqrt{2}$，故 $\sqrt{2} < x < 2$；

当 $x \leqslant -1$ 时，原不等式化为 $x^2 + 1 > -(x-2) - (x+1)$，解得 $x < -2$ 或 $x > 0$，故 $x < -2$．

综上可知，不等式的解集为 $(-\infty, -2) \cup (\sqrt{2}, +\infty)$，故两个条件都充分．

17. (C)

【解析】母题 21·均值不等式

特殊值法易知两个条件单独不充分．

因为：$2\left(\dfrac{1}{x^2} + \dfrac{1}{y^2} + \dfrac{1}{z^2}\right) = \left(\dfrac{1}{x^2} + \dfrac{1}{y^2}\right) + \left(\dfrac{1}{y^2} + \dfrac{1}{z^2}\right) + \left(\dfrac{1}{x^2} + \dfrac{1}{z^2}\right) \geqslant 2\left(\dfrac{1}{xy} + \dfrac{1}{yz} + \dfrac{1}{xz}\right)$，

由条件(1)，可得 $2\left(\dfrac{1}{x^2} + \dfrac{1}{y^2} + \dfrac{1}{z^2}\right) \geqslant 2(z + x + y)$，联合条件(2)，等号无法取到，则 $\dfrac{1}{x^2} + \dfrac{1}{y^2} + \dfrac{1}{z^2} > x + y + z$，联合充分．

18. (E)

【解析】母题 16·求解绝对值方程和不等式

由于 $|x+3| + |x+2| \geqslant 1$，故只有 $m > 1$ 时，该不等式才有实数解．

所以两条件都不充分，无法联立．

19. (C)

【解析】母题 4·质数与合数问题

条件(1)：令 $a = 3, a^2 + 1 = 10$，条件(1)不充分．

条件(2)：令 $a = 0, a^3 + 3 = 3$，但 $a^2 + 1 = 1$，不是质数，条件(2)不充分．

两条件联合，$a, a^3 + 3$ 都是质数，故 $a = 2$．

所以 $a^2 + 1 = 5$ 也是质数，联合充分．

20. (D)

【解析】母题 20·平均值和方差的定义

由题干得 $\sqrt[4]{\sqrt{a} \cdot \sqrt{b}} = \sqrt{3}$，解得 $ab = 81$．

因此两条件都充分．

21. (A)

【解析】 母题 15·绝对值的最值问题

条件(1)：即 x 到点 2 和 -3 的距离之和，最小值即为 $|-2-3|=5$，条件(1)充分．

同理可得条件(2)不充分．

22. (B)

【解析】 母题 16·求解绝对值方程和不等式

由 $||x+1|-1|=m$，可得 $|x+1|=1\pm m$．

条件(1)：当 $0<m<1$ 时，$1+m$ 和 $1-m$ 可能取不同值，x 可能有两个以上不同解，条件(1)不充分．

条件(2)：当 $m\geqslant 2$ 时，$1-m<0$ 不满足题干，则有 $|x+1|=1+m$，方程有两个不同的解，条件(2)充分．

23. (E)

【解析】 母题 3·奇数与偶数问题

条件(1)：当 b 是奇数时，则 a,c 为偶数，$N=a+b+c$ 为奇数，条件(1)不充分．

条件(2)：$a+b,b+c$ 必为奇数，故 $N=(a+b)(b+c)$ 也为奇数，条件(2)不充分．

两个条件显然无法联立，选(E)．

24. (D)

【解析】 母题 16·求解绝对值方程和不等式

条件(1)：当 $x\in(-2,0)$ 时，$|x-1|+|x+2|-|x-3|=(1-x)+(x+2)-(3-x)=x$，此时 $x=4$ 无实数解，条件(1)充分．

条件(2)：当 $x\in(3,+\infty)$ 时，$|x-1|+|x+2|-|x-3|=(x-1)+(x+2)-(x-3)=x+4$，此时 $x+4>7$，方程无实数解，条件(2)充分．

25. (C)

【解析】 母题 5·约数与倍数问题

两条件明显单独不充分，考虑联立．

m,n 的最大公约数为 $k,m=ak,n=bk$．

由条件(1)，$7k=abk$，且 $m<n$，故 $a=1,b=7,m=k,n=7k$．

由条件(2) $m+n=8k=168$，则 $k=21,m=21,n=147$，所以，$n-m=147-21=126$．

第二章　整式与分式

📋 本章题型网

(一) 整式

1. 因式分解 →
   - (1) 首尾项法、特值验证法
   - (2) 常规方法：
     提公因式法、公式法、配方法、十字相乘法、双十字相乘法等

2. 双十字相乘法 →
   - (1) 二元二次六项式的因式分解
   - (2) 一元四次五项式的因式分解

3. 求展开式的系数 →
   - (1) 多项式相等
   - (2) 待定系数法
   - (3) 赋值法求展开式系数之和

4. 求整式的最值 →
   - (1) 配方法
   - (2) 化为一元二次函数
   - (3) 均值不等式
   - (4) 几何方法

5. 三角形形状判断 → 目标：判断边的关系

6. 整式除法与余式定理 →
   - (1) 关键：令除式等于 0
   - (2) 待定系数法求余式

7. 其他整式化简求值问题

(二)分式
1. 齐次分式求值问题 → (1)特殊值法　(2)求出字母之间的关系再赋值

2. 形如 $x+\dfrac{1}{x}=a$ 的问题 → (1)迭代降次法　(2)整式除法　(3)平方升次法　(4)因式分解法

3. 关于 $\dfrac{1}{a}+\dfrac{1}{b}+\dfrac{1}{c}=0$ 的问题 → 若 $\dfrac{1}{a}+\dfrac{1}{b}+\dfrac{1}{c}=0$，则 $a^2+b^2+c^2=(a+b+c)^2$

4. 其他分式化简求值问题 → (1)特殊值法　(2)见比设 k 法　(3)等比合比定理法　(4)通分母、通分子　(5)等式左右同乘除某式法　(6)分式上下同乘除某式法　(7)迭代降次与平方升次法

第一节　整式

题型 22　因式分解问题

母题精讲

母题22 在实数的范围内，将 $(x+1)(x+2)(x+3)(x+4)-24$ 分解因式为（　）.

(A) $x(x-5)(x^2+5x+10)$　　(B) $x(x+5)(x^2+5x+10)$

(C) $x(x-5)(x^2+5x-10)$　　(D) $(x+1)(x+5)(x^2+5x+10)$

(E) $(x-1)(x+5)(x^2+5x-10)$

【解析】分组分解法.

$$\begin{aligned}原式&=[(x+1)(x+4)][(x+2)(x+3)]-24\\&=(x^2+5x+4)(x^2+5x+6)-24\\&=(x^2+5x)^2+10(x^2+5x)\\&=(x^2+5x)(x^2+5x+10)\\&=x(x+5)(x^2+5x+10).\end{aligned}$$

【快速得分法】特值检验法、首尾项法．

原式的常数项为 0，(D)项、(E)项常数项为 50，排除；

令 $x=5$，原式显然大于 0，(A)项、(C)两项等于 0，排除；故选(B)项.

【答案】(B)

老吕施法

(1)对于因式分解问题，首先使用首尾项检验法和特值检验法.

①首尾项检验法.

原式的最高次项系数，一定等于各因式的最高次项系数之积；原式的常数项，一定等于各因式常数项之积；利用此规律排除选项即可.

②特值检验法.

原式等于各因式之积是恒成立的，故可令 x 等于 0，1，-1 等特殊值，排除各选项即可.

(2)常规方法.

如：提公因式法、公式法、配方法、十字相乘法、双十字相乘法、待定系数法、分组分解法、换元法等.

(3)用整式的除法也可以解决已知某因式的因式分解问题.

(4)真题较少对因式分解单独出题，但是，因式分解是解所有整式、分式、方程、不等式的基础，故需熟练掌握.

习题精练

1. 将 x^3+6x-7 因式分解为( ).
    (A)$(x-1)(x^2+x+7)$　　(B)$(x+1)(x^2+x+7)$　　(C)$(x-1)(x^2+x-7)$
    (D)$(x-1)(x^2-x+7)$　　(E)$(x-1)(x^2-x-7)$

2. 将 x^5+x^4+1 因式分解为( ).
    (A)$(x^2+x+1)(x^3+x+1)$　　(B)$(x^2-x+1)(x^3+x+1)$　　(C)$(x^2-x+1)(x^3-x-1)$
    (D)$(x^2+x+1)(x^3-x+1)$　　(E)$(x^2+x-1)(x^3+x+1)$

3. 将多项式 $2x^4-x^3-6x^2-x+2$ 因式分解为 $(2x-1)q(x)$，则 $q(x)$ 等于( ).
    (A)$(x+2)(2x-1)^2$　　(B)$(x-2)(x+1)^2$　　(C)$(2x+1)(x^2-2)$
    (D)$(2x-1)(x+2)^2$　　(E)$(2x+1)^2(x-2)$

4. 多项式 $2x^3+ax^2+1$ 可分解因式为三个一次因式的乘积.
    (1)$a=-5$；　　(2)$a=-3$.

习题详解

1. (A)

【解析】
$$\text{原式}=x^3-1+6x-6$$
$$=(x-1)(x^2+x+1)+6(x-1)$$
$$=(x-1)(x^2+x+7).$$

2. (D)

【解析】添项法.
$$\text{原式}=x^5+x^4+x^3-(x^3-1)$$

$$=x^3(x^2+x+1)-(x-1)(x^2+x+1)$$
$$=(x^2+x+1)(x^3-x+1).$$

【快速得分法】 特值检验法、首尾项法.

原式常数项为1,可排除(C)项、(E)项;令 $x=1$,可排除(A)项;再令 $x=-1$,可排除(B)项,选(D).

3. (B)

   【解析】 由题意可得
   $$2x^4-x^3-6x^2-x+2=x^3(2x-1)-3x(2x-1)-2(2x-1)$$
   $$=(2x-1)(x^3-3x-2)$$
   $$=(2x-1)[(x^3+1)-3(x+1)]$$
   $$=(2x-1)[(x+1)(x^2-x+1)-3(x+1)]$$
   $$=(2x-1)(x+1)(x^2-x-2)$$
   $$=(2x-1)(x+1)^2(x-2).$$

   【快速得分法】 首尾项法.

   原式的最高次项系数为2,故 $q(x)$ 的最高次项系数必为1,排除(A),(C),(D),(E),故选(B).

4. (D)

   【解析】 条件(1):$a=-5$ 时,
   $$原式=2x^3-5x^2+1$$
   $$=2x^3-x^2-4x^2+1$$
   $$=(2x-1)(x^2-2x-1)$$
   $$=(2x-1)(x-\sqrt{2}-1)(x+\sqrt{2}-1).$$

   故条件(1)充分.

   条件(2):$a=-3$ 时,
   $$原式=2x^3-3x^2+1$$
   $$=2x^3-2x^2-x^2+1$$
   $$=2x^2(x-1)-(x+1)(x-1)$$
   $$=(2x+1)(x-1)^2.$$

   故条件(2)充分.

题型 23 双十字相乘法

母题精讲

母题 23.1 $x^2+mxy+6y^2-10y-4=0$ 的图像是两条直线.

(1) $m=7$; (2) $m=-7$.

【解析】 条件(1):将 $m=7$ 代入原方程,用双十字相乘法可得
$$x^2+7xy+6y^2-10y-4=(x+6y+2)(x+y-2)=0,$$
即 $x+6y+2=0$ 或 $x+y-2=0$,是两条直线,条件(1)充分.

条件(2):将 $m=-7$ 代入原方程,用双十字相乘法可得

$$x^2-7xy+6y^2-10y-4=(x-6y-2)(x-y+2)=0,$$

即 $x-6y-2=0$ 或 $x-y+2=0$，是两条直线，条件(2)充分．

【答案】(D)

母题23.2 ax^2+bx+1 与 $3x^2-4x+5$ 的积不含 x 的一次方项和三次方项．

(1) $a:b=3:4$；　　　　　　(2) $a=\dfrac{3}{5}$，$b=\dfrac{4}{5}$．

【解析】方法一：利用多项式相等的定义．

$$(ax^2+bx+1)(3x^2-4x+5)=3ax^4+(3b-4a)x^3+(5a+3-4b)x^2+(5b-4)x+5,$$

根据题意，有 $\begin{cases}3b-4a=0,\\5b-4=0,\end{cases}$ 得 $a=\dfrac{3}{5}$，$b=\dfrac{4}{5}$．

所以，条件(1)不充分，条件(2)充分．

方法二：将两式的积写为双十字相乘的形式如下：

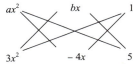

右十字用十字相乘，得一次项，故 $5bx-4x=0$，$b=\dfrac{4}{5}$，

左十字用十字相乘，得三次项，故 $3bx^3-4ax^3=0$，$a=\dfrac{3}{5}$，

所以条件(1)不充分，条件(2)充分．

【答案】(B)

老吕施法

(1) 双十字相乘法可以解决两类问题：

类型1. 形如 $ax^2+bxy+cy^2+dx+ey+f$ 的因式分解问题．

分解 x^2 项、y^2 项和常数项，去凑 xy 项、x 项和 y 项的系数．

例如：将 $4x^2-4xy-3y^2-4x+10y-3$ 分解因式．

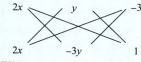

即 $2x\cdot(-3y)+2x\cdot y=-4xy$；

$y\cdot 1+(-3y)\cdot(-3)=10y$；

$2x\cdot 1+2x\cdot(-3)=-4x$，

故 $4x^2-4xy-3y^2-4x+10y-3=(2x+y-3)(2x-3y+1)$．

类型2. 求 $(a_1x^2+b_1x+c_1)(a_2x^2+b_2x+c_2)$ 的展开式问题．

例如：$(x^2+x+1)(x^2+2x+1)=x^4+3x^3+4x^2+3x+1$．

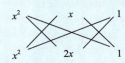

【注意】 左边小十字相乘为三次项,右边小十字相乘为一次项,大十字与中间两个 x 项之积的和,得到二次项.

(2)常用待定系数法.

习 题 精 练

1. 已知 $(x^2+ax+8)(x^2-3x+b)$ 的展开式中不含 x^2,x^3 项,则 a,b 的值为( ).

(A) $\begin{cases} a=2, \\ b=1 \end{cases}$ (B) $\begin{cases} a=3, \\ b=2 \end{cases}$ (C) $\begin{cases} a=3, \\ b=-1 \end{cases}$ (D) $\begin{cases} a=1, \\ b=3 \end{cases}$ (E) $\begin{cases} a=3, \\ b=1 \end{cases}$

2. 已知 $6x^2+7xy-3y^2-8x+10y+c$ 是两个关于 x,y 的一次多项式的乘积,则常数 $c=$( ).

(A) -8 (B) 8 (C) 6 (D) -6 (E) 10

3. $x^2+kxy+y^2-2y-3=0$ 的图像是两条直线,则 $k=$( ).

(A) 2 (B) -2 (C) ± 2 (D) $\dfrac{4\sqrt{3}}{3}$ (E) $\pm\dfrac{4\sqrt{3}}{3}$

4. 已知 $x^4-6x^3+ax^2+bx+4$ 是一个二次三项式的完全平方式,则 $ab=$( ).

(A) -156 (B) ± 60 (C) ± 156 (D) -156 或 60 (E) 60

5. $2x^2+5xy+2y^2-3x-2=(2x+y+m)(x+2y+n)$.

(1) $m=-1$,$n=2$;   (2) $m=1$,$n=-2$.

习 题 详 解

1. (E)

【解析】 类型 2.

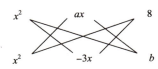

x^2 项的系数为 $8+b-3a=0$;x^3 项的系数为 $-3+a=0$.

联立两个等式,解得 $a=3$,$b=1$.

2. (A)

【解析】 类型 1.

用双十字相乘法,设 c 可分解为 $m \cdot \dfrac{c}{m}$,则有

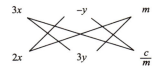

则大十字为 x 的一次项，即 $3 \cdot \dfrac{c}{m}x + 2mx = -8x$；

右十字为 y 的一次项，即 $(-1) \cdot \dfrac{c}{m}y + 3my = 10y$，

联立两个等式，解得 $c = -8$，$m = 2$.

3. (E)

   【解析】双十字相乘法.

   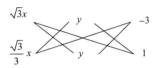

   或者

   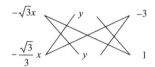

   故有 $k = \sqrt{3} \times 1 + \dfrac{\sqrt{3}}{3} \times 1 = \dfrac{4\sqrt{3}}{3}$ 或 $k = -\sqrt{3} \times 1 + \dfrac{-\sqrt{3}}{3} \times 1 = -\dfrac{4\sqrt{3}}{3}$.

4. (D)

   【解析】方法一：待定系数法.
   $$x^4 - 6x^3 + ax^2 + bx + 4 = (x^2 + mx + 2)^2 \text{ 或 } (x^2 + mx - 2)^2,$$
   当 $x^4 - 6x^3 + ax^2 + bx + 4 = (x^2 + mx + 2)^2$ 时，即
   $$\begin{aligned}x^4 - 6x^3 + ax^2 + bx + 4 &= (x^2 + mx + 2)^2 \\ &= x^4 + m^2x^2 + 4 + 2mx^3 + 4x^2 + 4mx \\ &= x^4 + 2mx^3 + (m^2 + 4)x^2 + 4mx + 4,\end{aligned}$$

   故有 $\begin{cases} -6 = 2m, \\ a = m^2 + 4, \\ b = 4m, \end{cases}$ 解得 $a = 13$，$b = -12$. 故 $ab = -156$.

   同理，当 $x^4 - 6x^3 + ax^2 + bx + 4 = (x^2 + mx - 2)^2$ 时，解得 $a = 5$，$b = 12$. 故 $ab = 60$.

   方法二：双十字相乘法.

   $x^4 - 6x^3 + ax^2 + bx + 4 = (x^2 + mx + 2)^2$ 或 $(x^2 + mx - 2)^2$，对第二种情况使用双十字相乘：

   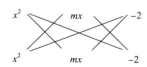

   左十字：$2mx^3 = -6x^3$，得 $m = -3$；

   右十字：$-4mx = bx$，得 $b = 12$；

   大十字加中间两项的积：$-4x^2 + m^2x^2 = ax^2$，得 $a = 5$，

   故 $a = 5$，$b = 12$，故 $ab = 60$.

   同理，可得 $x^4 - 6x^3 + ax^2 + bx + 4 = (x^2 + mx + 2)^2$ 时，$a = 13$，$b = -12$，故 $ab = -156$.

5. (B)

【解析】条件(1)：将 $m=-1$，$n=2$ 代入，得 $(2x+y-1)(x+2y+2)=2x^2+5xy+2y^2+3x-2$，故条件(1)不充分.

条件(2)：将 $m=1$，$n=-2$ 代入，得 $(2x+y+1)(x+2y-2)=2x^2+5xy+2y^2-3x-2$，故条件(2)充分.

【快速得分法】双十字相乘法，易知 $2x^2+5xy+2y^2-3x-2=(2x+y+1)(x+2y-2)$.

题型 24　求展开式的系数

母题精讲

母题 24 已知 $x(1-kx)^3=a_1x+a_2x^2+a_3x^3+a_4x^4$ 对所有实数 x 都成立，则 $a_1+a_2+a_3+a_4=-8$.

(1) $a_2=-9$；　　　　　　　　(2) $a_3=27$.

【解析】由题意可得

$x(1-kx)^3=x[1-3kx+3(kx)^2-(kx)^3]=x-3kx^2+3k^2x^3-k^3x^4=a_1x+a_2x^2+a_3x^3+a_4x^4$，

故 $a_1+a_2+a_3+a_4=1-3k+3k^2-k^3$.

条件(1)：$a_2=-3k=-9$，得 $k=3$，$a_1+a_2+a_3+a_4=1-3k+3k^2-k^3=-8$，充分.

条件(2)：$a_3=3k^2=27$，得 $k=\pm 3$，$a_1+a_2+a_3+a_4=1-3k+3k^2-k^3=-8$ 或 64，不充分.

【答案】(A)

老吕施法

(1) 多项式相等.

两个多项式相等，则对应项的系数均相等.

(2) 待定系数法.

① 待定系数法是设某一多项式的全部或部分系数为未知数，利用两个多项式相等时，各同类项系数相等，即可确定待求的值.

② 使用待定系数法时，最高次项和常数项往往能直接写出，但要注意符号问题(分析是否有正负两种情况).

(3) 求展开式系数之和问题，用赋值法.

对多项式 $f(x)=a_0x^n+a_1x^{n-1}+\cdots+a_{n-1}x+a_n$.

① 求常数项，则 $a_n=f(0)$.

② 求各项系数和，则 $a_0+a_1+\cdots+a_{n-1}+a_n=f(1)$.

③ 求奇次项系数和，则 $a_1+a_3+a_5+\cdots=\dfrac{f(1)-f(-1)}{2}$.

④ 求偶次项系数和，则 $a_0+a_2+a_4+\cdots=\dfrac{f(1)+f(-1)}{2}$.

习题精练

1. 若 $4x^4 - ax^3 + bx^2 - 40x + 16$ 是完全平方式，$ab<0$，则 a，b 分别等于（　　）.
   - (A) -20，9
   - (B) 20，41
   - (C) -20，41
   - (D) 20，-9
   - (E) 20，-41

2. 多项式 $f(x)=2x-7$ 与 $g(x)=a(x-1)^2+b(x+2)+c(x^2+x-2)$ 相等，则 a，b，c 的值分别为（　　）.
   - (A) $a=\dfrac{11}{3}$，$b=\dfrac{5}{3}$，$c=-\dfrac{11}{3}$
   - (B) $a=-11$，$b=15$，$c=11$
   - (C) $a=\dfrac{11}{9}$，$b=-\dfrac{5}{3}$，$c=-\dfrac{11}{9}$
   - (D) $a=11$，$b=-15$，$c=-11$
   - (E) $a=-\dfrac{11}{9}$，$b=-\dfrac{5}{3}$，$c=\dfrac{11}{9}$

3. $(1-2x)^n = a_7 x^7 + a_6 x^6 + \cdots + a_1 x + a_0$，则 $a_1 + a_3 + a_5 + a_7$ 的值为（　　）.
   - (A) 1 093
   - (B) 2 187
   - (C) 2 186
   - (D) $-1\,094$
   - (E) $-1\,093$

4. 设 $(1+x)^2(1-x) = a + bx + cx^2 + dx^3$，则 $a+b+c+d = $（　　）.
   - (A) -1
   - (B) 0
   - (C) 1
   - (D) 2
   - (E) 3

5. 若 $(1-2x)^{2009} = a_0 + a_1 x + a_2 x^2 + \cdots + a_{2009} x^{2009}$，$x \in \mathbf{R}$，则 $\dfrac{a_1}{2} + \dfrac{a_2}{2^2} + \cdots + \dfrac{a_{2009}}{2^{2009}}$ 的值为（　　）.
   - (A) 2
   - (B) 0
   - (C) -1
   - (D) -2
   - (E) 1

6. 若 $(2x+1)^n$ 展开式中 x^2 项的系数与 x 项的系数之比为 5∶1，则 $n = $（　　）.
   - (A) 4
   - (B) 6
   - (C) 7
   - (D) 8
   - (E) 9

习题详解

1. (A)

【解析】待定系数法.

设 $4x^4 - ax^3 + bx^2 - 40x + 16 = (2x^2 + mx + 4)^2$，展开对应相等，得

$$\begin{cases} -a = 4m, \\ b = 16 + m^2, \\ -40 = 8m, \end{cases} \text{解得} \begin{cases} a = 20, \\ b = 41, \end{cases} (\text{舍去，因为 } ab > 0);$$

或 $4x^4 - ax^3 + bx^2 - 40x + 16 = (2x^2 + mx - 4)^2$，展开对应相等，得

$$\begin{cases} -a = 4m, \\ b = -16 + m^2, \\ -40 = -8m, \end{cases} \text{解得} \begin{cases} a = -20, \\ b = 9. \end{cases}$$

2. (E)

【解析】利用多项式相等.

$$\begin{aligned} g(x) &= a(x-1)^2 + b(x+2) + c(x^2 + x - 2) \\ &= (a+c)x^2 + (c - 2a + b)x + a + 2b - 2c \\ &= 2x - 7. \end{aligned}$$

所以 $\begin{cases} a + c = 0, \\ c - 2a + b = 2, \\ a + 2b - 2c = -7, \end{cases}$ 解得 $a = -\dfrac{11}{9}$，$b = -\dfrac{5}{3}$，$c = \dfrac{11}{9}$.

【快速得分法】赋值法.

$a(x-1)^2+b(x+2)+c(x^2+x-2)=2x-7$ 对于任意 x 值成立，故

令 $x=1$，得 $3b=-5$，$b=-\dfrac{5}{3}$；

令 $x=-2$，得 $9a=-11$，$a=-\dfrac{11}{9}$.

观察选项，可知选(E). 当然，再令 x 等于某特殊值，即可求出 c 来.

3. (D)

【解析】求多项式展开式系数之和，用赋值法.

最高次项为 7 次，故 $n=7$.

$$f(1)=a_7+a_6+\cdots+a_1+a_0=(1-2)^7=-1;$$
$$f(-1)=-a_7+a_6-\cdots-a_1+a_0=(1+2)^7=2\,187.$$
$$a_1+a_3+a_5+a_7=\dfrac{f(1)-f(-1)}{2}=-1\,094.$$

4. (B)

【解析】求多项式展开式系数之和，用赋值法.

令 $x=1$，有 $(1+1)^2\times(1-1)=a+b+c+d$，所以 $a+b+c+d=0$.

5. (C)

【解析】用赋值法.

令 $x=\dfrac{1}{2}$，原式可化为 $\left(1-2\times\dfrac{1}{2}\right)^{2\,009}=a_0+\dfrac{a_1}{2}+\dfrac{a_2}{2^2}+\cdots+\dfrac{a_{2\,009}}{2^{2\,009}}=0$，故

$$\dfrac{a_1}{2}+\dfrac{a_2}{2^2}+\cdots+\dfrac{a_{2\,009}}{2^{2\,009}}=-a_0;$$

令 $x=0$，得 $a_0=1$，故

$$\dfrac{a_1}{2}+\dfrac{a_2}{2^2}+\cdots+\dfrac{a_{2\,009}}{2^{2\,009}}=-1.$$

6. (B)

【解析】含 x^2 的项为 $C_n^2(1)^{n-2}(2x)^2=2n(n-1)x^2$，

含 x 的项为 $C_n^1(1)^{n-1}(2x)^1=2nx$，则有 $\dfrac{2n(n-1)}{2n}=5:1$，解得 $n=6$.

题型 25 代数式的最值问题

母题精讲

母题 25 设实数 x,y 满足等式 $x^2+\sqrt{2}x+\sqrt{2}y-4=2xy-y^2$，则 $x+y$ 的最大值为（　　）.

(A) 2　　　(B) 3　　　(C) $2\sqrt{2}$　　　(D) $3\sqrt{2}$　　　(E) $3\sqrt{3}$

【解析】配方法.

原式可化为 $x^2-2xy+y^2+\sqrt{2}x+\sqrt{2}y=4$

$\Rightarrow \sqrt{2}(x+y)=4-(x-y)^2\leqslant 4$，

故 $x+y \leqslant \dfrac{4}{\sqrt{2}}=2\sqrt{2}$.

【答案】(C)

老吕施法

求代数式的最值问题，常用四种方法：
(1)配方法，将代数式化为形如"(数±式)²"的形式.
(2)均值不等式法，见题型 21.
(3)一元二次函数求最值法，见题型 38.
(4)几何意义，见题型 82.

习题精练

1. 代数式 $(a-b)^2+(b-c)^2+(c-a)^2$ 的最大值为 9.
   (1)实数 a,b,c 满足 $a^2+b^2+c^2=9$；
   (2)实数 a,b,c 满足 $a^2+b^2+c^2=3$.

2. x^2+y^2+2y 的最小值为 4.
   (1)实数 x,y 满足 $x+2y=3$；　　　　　　　　(2) x,y 均为正实数.

习题详解

1. (B)

【解析】配方法.
$$(a-b)^2+(b-c)^2+(c-a)^2=2(a^2+b^2+c^2)-2(ab+bc+ac)$$
$$=3(a^2+b^2+c^2)-(a+b+c)^2.$$

条件(1)：原式 $=27-(a+b+c)^2 \leqslant 27$，不充分.

条件(2)：原式 $=9-(a+b+c)^2 \leqslant 9$，充分.

2. (A)

【解析】条件(1)：

方法一：化为一元二次函数求最值.

由 $x+2y=3$，整理得 $x=3-2y$，代入 x^2+y^2+2y，得
$$(3-2y)^2+y^2+2y=5y^2-10y+9.$$

根据一元二次函数的顶点坐标公式，最小值为 $\dfrac{4ac-b^2}{4a}=\dfrac{4\times5\times9-100}{4\times5}=4$.

方法二：几何方法.

$x^2+y^2+2y=x^2+(y+1)^2-1$，可以看作点 $(0,-1)$ 到直线 $x+2y=3$ 的距离的平方减去 1，故

点到直线的距离为 $\dfrac{|0+2\times(-1)-3|}{\sqrt{1^2+2^2}}=\sqrt{5}$，所以 x^2+y^2+2y 的最小值为 $(\sqrt{5})^2-1=4$.

故条件(1)充分.

条件(2)：令 $x=\dfrac{1}{2}$，$y=\dfrac{1}{2}$，显然不充分.

题型 26　三角形的形状判断问题

母题精讲

母题 26 △ABC 的边长分别为 a，b，c，则 △ABC 为直角三角形.

(1) $(c^2-a^2-b^2)(a^2-b^2)=0$；　　　　(2) △ABC 的面积为 $\frac{1}{2}ab$.

【解析】条件(1)：因为 $(c^2-a^2-b^2)(a^2-b^2)=0 \Rightarrow c^2=a^2+b^2$ 或 $a=b$，故三角形为直角三角形或者等腰三角形，条件(1)不充分.

条件(2)：由正弦定理知 $S_{\triangle ABC}=\frac{1}{2}ab \cdot \sin C=\frac{1}{2}ab$，则 $\sin C=1$，故 $\angle C=90°$，△ABC 为直角三角形，条件(2)充分.

【答案】(B)

老吕施法

(1) 判断三角形的形状时，此三角形必为特殊三角形，即等边三角形、等腰三角形、等腰直角三角形、直角三角形.

(2) 常考公式 $a^2+b^2+c^2-ab-bc-ac=\frac{1}{2}[(a-b)^2+(b-c)^2+(a-c)^2]$，若此式等于 0，则 $a=b=c$.

(3) 等腰直角三角形是既是等腰又是直角(等腰并且直角)的三角形，而不是等腰或者直角三角形.

习题精练

1. 已知 a，b，c 是 △ABC 的三条边，且边长 $a=c=1$，则 $(b-x)^2-4(a-x)(c-x)=0$ 有两个相同的实根.
   (1) △ABC 为等边三角形；
   (2) △ABC 为直角三角形.

2. 已知 △ABC 的三条边分别为 a，b，c，则 △ABC 是等腰直角三角形.
   (1) $(a-b)(c^2-a^2-b^2)=0$；
   (2) $c=\sqrt{2}b$.

3. △ABC 是等边三角形.
   (1) △ABC 的三边满足 $a^2+b^2+c^2=ab+bc+ac$；
   (2) △ABC 的三边满足 $a^3-a^2b+ab^2+ac^2-b^3-bc^2=0$.

4. △ABC 是直角三角形.
   (1) △ABC 的三边 a，b，c 满足 $a^4+b^4+c^4-a^2b^2-b^2c^2-a^2c^2=0$；
   (2) △ABC 的三边 $a=9$，$b=12$，$c=15$.

习题详解

1. (A)

【解析】因为 $a=c=1$，故原方程为 $(b-x)^2-4(1-x)^2=0$，整理得 $(3x-b-2)(x+b-2)=0$，两根相等，即 $\frac{b+2}{3}=2-b$，解得 $b=1$，故当三角形是等边三角形时，原方程有两个相等的实根．故条件(1)充分；条件(2)不充分．

2. (C)

【解析】条件(1)：由 $(a-b)(c^2-a^2-b^2)=0$，解得 $a=b$ 或 $c^2=a^2+b^2$，$\triangle ABC$ 为等腰三角形或直角三角形，不充分．

条件(2)：显然不充分．

联合条件(1)和条件(2)，则有如下两种情况：

① $a=b$，$c=\sqrt{2}b$，得 $c^2=a^2+b^2$，是等腰直角三角形；

② $c^2=a^2+b^2$，$c=\sqrt{2}b$，可得 $a=b$，是等腰直角三角形．

所以条件(1)和条件(2)联合起来充分．

3. (A)

【解析】三角形的形状判断．

条件(1)：$a^2+b^2+c^2-ab-bc-ac=0$，整理得 $\frac{1}{2}[(a-b)^2+(b-c)^2+(a-c)^2]=0$，

所以 $a=b=c$，故条件(1)充分．

条件(2)：
$$a^3-a^2b+ab^2+ac^2-b^3-bc^2$$
$$=a^3-b^3-(a^2b-ab^2)+ac^2-bc^2$$
$$=(a-b)(a^2+ab+b^2)-ab(a-b)+c^2(a-b)$$
$$=(a-b)(a^2+b^2+c^2)=0,$$

解得 $a=b$，是等腰三角形．所以条件(2)不充分．

4. (B)

【解析】条件(1)：配方法，等式两边同时乘2，得
$$2(a^4+b^4+c^4-a^2b^2-b^2c^2-a^2c^2)=(a^2-b^2)^2+(b^2-c^2)^2+(a^2-c^2)^2=0,$$
故有 $a^2=b^2=c^2$，又 a,b,c 是 $\triangle ABC$ 的三边，所以 $a>0$，$b>0$，$c>0$，所以 $a=b=c$．则 $\triangle ABC$ 是等边三角形，不充分．

条件(2)：$a^2+b^2=9^2+12^2=15^2=c^2$，所以 $\triangle ABC$ 是直角三角形，充分．

题型 27 整式除法与余式定理

母题精讲

母题 27.1 多项式 $2x^4+3x^3+x^2+2x-1$ 除以 x^2+x+1 的余式为（　　）．

(A) $3x+1$　　(B) $x+1$　　(C) $3x+2$　　(D) $2x-1$　　(E) $x+3$

【解析】

$$\begin{array}{r} 2x^2+x-2 \\ x^2+x+1 \overline{\smash{\big)} 2x^4+3x^3+x^2+2x-1} \\ \underline{2x^4+2x^3+2x^2} \\ x^3-x^2+2x \\ \underline{x^3+x^2+x} \\ -2x^2+x-1 \\ \underline{-2x^2-2x-2} \\ 3x+1 \end{array}$$

【答案】(A)

母题27.2 若 x^3+x^2+ax+b 能被 x^2-3x+2 整除,则(　　).

(A)$a=4$, $b=4$ 　　　　(B)$a=-4$, $b=-4$ 　　　　(C)$a=10$, $b=-8$

(D)$a=-10$, $b=8$ 　　　　(E)$a=-2$, $b=0$

【解析】 令 $x^2-3x+2=0$,解得 $x=1$, $x=2$,有

$$\begin{cases} f(1)=1+1+a+b=0, \\ f(2)=8+4+2a+b=0, \end{cases}$$

解得 $a=-10$, $b=8$.

【答案】(D)

老吕施法

(1)整式的除法很少单独出题,但是它是一种万能方法,思路简单,必须掌握.

(2)余式定理.

若 $F(x)$ 除以 $f(x)$,得到的商式是 $g(x)$,余式是 $R(x)$,则 $F(x)=f(x)g(x)+R(x)$,其中 $R(x)$ 的次数小于 $f(x)$ 的次数. 则

①若有 $x=a$ 使 $f(A)=0$,则 $F(A)=R(A)$,即当除式等于 0 时,被除式等于余式.

②对于 $F(x)$,若 $x=a$ 时,$F(A)=0$,则 $x-a$ 是 $F(x)$ 的一个因式;若 $x-a$ 是 $F(x)$ 的一个因式,则 $f(A)=0$,也将此结论称为因式定理.

③已知 $f(x)$ 除以 ax^2+bx+c 的余式,可令除式 $ax^2+bx+c=0$,解得两个根 x_1, x_2,则有余式 $=f(x_1)=f(x_2)$.

④求 $f(x)$ 除以 ax^2+bx+c 的余式,用待定系数法,设余式为 $ax+b$,再用余式定理即可.

⑤已知 $f(x)$ 除以 ax^2+bx+c 的余式为 $px+q$,又知 $f(x)$ 除以 $mx-n$ 的余式为 r,求 $f(x)$ 除以 $(ax^2+bx+c)(mx-n)$ 的余式,解法如下:

设 $f(x)=(ax^2+bx+c)(mx-n)g(x)+k(ax^2+bx+c)+px+q$,再用余式定理即可.

习题精练

1.设 ax^3+bx^2+cx+d 能被 $x^2+h^2(h\neq 0)$ 整除,则 a, b, c, d 间的关系为(　　).

(A)$ab=cd$　　　　　　　　(B)$ac=bd$　　　　　　　　(C)$ad=bc$
(D)$a+b=cd$　　　　　　　(E)以上选项均不正确

2. 若多项式 $f(x)=ax^3+a^2x^2+x+1-4a$ 能被 $(x-1)$ 整除，则实数 a 的值为（　　）．
   (A)1 或 2　　(B)1 或 -2　　(C)-1 或 3　　(D)2 或 3　　(E)-2 或 -4

3. $f(x)$ 被 $(x-1)(x-2)$ 除的余式为 $2x+3$．
   (1)多项式 $f(x)$ 被 $x-1$ 除的余式为 5；
   (2)多项式 $f(x)$ 被 $x-2$ 除的余式为 7．

4. 设多项式 $f(x)$ 有因式 x，$f(x)$ 被 x^2-1 除后的余式为 $3x+4$，若 $f(x)$ 被 $x(x^2-1)$ 除后的余式为 ax^2+bx+c，则 $a^2+b^2+c^2=$（　　）．
   (A)1　　(B)13　　(C)16　　(D)25　　(E)36

5. 已知多项式 $f(x)$ 除以 $x-1$ 所得余数为 6，除以 x^2+x+1 所得余数为 $x+2$，则多项式 $f(x)$ 除以 $(x-1)(x^2+x+1)$ 所得余式是（　　）．
   (A)$-x^2+2x+3$　　　　　　(B)x^2+2x-3　　　　　　(C)x^2+2x+3
   (D)$2x^2+2x-3$　　　　　　(E)x^2-2x+3

6. 设 x^2+ax+b 是 $x^n-x^3+2x^2+x+1$ 与 $3x^n-3x^3+5x^2+6x+2$ 的公因式，则 $a+b=$（　　）．
   (A)1　　(B)-1　　(C)0　　(D)-2　　(E)2

7. $f(x)$ 为二次多项式，且 $f(2\,004)=1$，$f(2\,005)=2$，$f(2\,006)=7$，则 $f(2\,008)=$（　　）．
   (A)29　　(B)26　　(C)28　　(D)27　　(E)39

8. 若三次多项式 $f(x)$ 满足 $f(2)=f(-1)=f(1)=0$，$f(0)=4$，则 $f(-2)=$（　　）．
   (A)0　　(B)1　　(C)-1　　(D)24　　(E)-24

9. 多项式 $f(x)$ 被 $x+3$ 除后的余数为 -19．
   (1)多项式 $f(x)$ 被 $x-2$ 除后所得商式为 $Q(x)$，余数为 1；
   (2)$Q(x)$ 被 $x+3$ 除后的余数为 4．

10. 若三次多项式 $g(x)$ 满足 $g(-1)=g(0)=g(2)=0$，$g(1)=4$，多项式 $f(x)=x^4-x^2+1$，则 $3g(x)-4f(x)$ 被 $x-1$ 除的余式为（　　）．
    (A)3　　(B)5　　(C)8　　(D)9　　(E)11

习 题 详 解

1. (C)

   【解析】整式的除法．

   $$\begin{array}{r} ax+b \\ x^2+h^2 \overline{\smash{\big)}\,ax^3+bx^2+cx+d} \\ \underline{ax^3 +ah^2x } \\ bx^2+(c-ah^2)x+d \\ \underline{bx^2 +bh^2} \\ (c-ah^2)x+(d-bh^2) \end{array}$$

   因为 ax^3+bx^2+cx+d 能被 $x^2+h^2(h\neq 0)$ 整除，故 $(c-ah^2)x+(d-bh^2)=0$，必有

$$\begin{cases} c-ah^2=0, \\ d-bh^2=0, \end{cases}$$

解得 $\dfrac{c}{a}=\dfrac{d}{b}$，即 $ad=bc$.

2. (A)

　【解析】由多项式 $f(x)=ax^3+a^2x^2+x+1-4a$ 能被 $(x-1)$ 整除，可知当 $x=1$ 时，$f(x)=0$. 将 $x=1$ 代入上式，得 $a+a^2+1+1-4a=0$，即 $a^2-3a+2=0$，解得 $a=1$ 或 $a=2$.

3. (C)

　【解析】条件(1)和(2)单独显然不充分，联立之：

　设 $f(x)=(x-1)(x-2)g(x)+ax+b$，由余式定理得

　条件(1)：$f(1)=a+b=5$，

　条件(2)：$f(2)=2a+b=7$，

　解得 $a=2$，$b=3$. 故余式为 $2x+3$，两个条件联立充分，选(C).

4. (D)

　【解析】由余式定理可设 $f(x)=x(x^2-1)g(x)+ax^2+bx+c$.

　由 $f(x)$ 有因式 x 可知 $f(0)=c=0$.

　由 $f(x)$ 被 x^2-1 除后的余式为 $3x+4$，可令 $x^2-1=0$，即 $x=1$ 或 -1，故有

$$\begin{cases} f(1)=3x+4, \\ f(-1)=3x+4, \end{cases} 即 \begin{cases} f(1)=a+b+c=7, \\ f(-1)=a-b+c=1, \end{cases}$$

　解得 $a=4$，$b=3$，$c=0$，故 $a^2+b^2+c^2=25$.

5. (C)

　【解析】待定系数法.

　设 $f(x)=(x^2+x+1)(x-1)g(x)+k(x^2+x+1)+x+2$，

　可知 $k(x^2+x+1)+x+2$ 除以 $x-1$ 所得余数为 6，据余式定理得

　$f(1)=k(1^2+1+1)+1+2=6$，解得 $k=1$.

　所求余式为 $1\times(x^2+x+1)+x+2=x^2+2x+3$.

6. (D)

　【解析】多项式的性质.

　多项式整除的定义：若多项式 $f(x)=g(x)\cdot h(x)$，则称 $f(x)$ 被 $g(x)$ 整除，或 $g(x)$ 整除 $f(x)$，可记为 $g(x)|f(x)$.

　性质(1)：若 $h(x)|g(x)$，$g(x)|f(x)$，则 $h(x)|f(x)$.

　性质(2)：若 $h(x)|f(x)$，$h(x)|g(x)$，则 $h(x)|[u(x)\cdot f(x)+v(x)g(x)]$，其中 $u(x)$，$v(x)$ 为任意多项式.

　根据以上性质(2)，可知 $3(x^n-x^3+2x^2+x+1)-(3x^n-3x^3+5x^2+6x+2)$ 可以被 x^2+ax+b 整除.

　$3(x^n-x^3+2x^2+x+1)-(3x^n-3x^3+5x^2+6x+2)=x^2-3x+1=x^2+ax+b$，

　故 $a=-3$，$b=1$，$a+b=-2$.

7. (A)

　【解析】待定系数法.

设 $f(x)=a(x-2004)(x-2005)+b(x-2004)+1$.

由余式定理得

$$\begin{cases} f(2005)=b+1=2, \\ f(2006)=2a+2b+1=7, \end{cases}$$

解得 $a=2$，$b=1$. 故 $f(x)=2(x-2004)(x-2005)+(x-2004)+1$，

所以 $f(2008)=29$.

8. (E)

【解析】根据因式定理，可知 $x+1$，$x-1$，$x-2$ 均为 $f(x)$ 的因式.

故可设 $f(x)=a(x-1)(x+1)(x-2)$. 则 $f(0)=a(0-1)(0+1)(0-2)=2a=4$，解得 $a=2$.

故 $f(x)=2(x-1)(x+1)(x-2)$，所以 $f(-2)=2\times(-2-1)(-2+1)(-2-2)=-24$.

9. (C)

【解析】两个条件单独显然不充分，联立之. 设

$$f(x)=(x-2)Q(x)+1, \qquad \qquad ①$$

$$Q(x)=(x+3)g(x)+4, \qquad \qquad ②$$

将②代入①得

$$f(x)=(x-2)[(x+3)g(x)+4]+1$$
$$=(x-2)(x+3)g(x)+4(x-2)+1,$$

故被 $x+3$ 除后的余数为 $f(-3)=4(-3-2)+1=-19$，两个条件联立充分，选(C).

10. (C)

【解析】由 $g(-1)=g(0)=g(2)=0$，可设 $g(x)=ax(x+1)(x-2)$，

又 $g(1)=-2a=4\Rightarrow a=-2$，故 $g(x)=-2x(x+1)(x-2)$.

令 $F(x)=3g(x)-4f(x)$，则所求的余式为 $F(1)=3g(1)-4f(1)=8$.

题型 28 其他整式化简求值问题

母题精讲

母题 28 已知 $x-y=5$，且 $z-y=10$，则整式 $x^2+y^2+z^2-xy-yz-zx$ 的值为( ).

(A) 105 (B) 75 (C) 55 (D) 35 (E) 25

【解析】$x^2+y^2+z^2-xy-yz-zx=\dfrac{1}{2}[(x-y)^2+(y-z)^2+(z-x)^2]$，因为

$$\begin{cases} x-y=5, \\ z-y=10 \end{cases} \Rightarrow z-x=5, \text{代入，得 } x^2+y^2+z^2-xy-yz-zx=75.$$

【答案】(B)

老吕施法

(1) 已知等式，求多项式的值，基本思想是将多项式等价变形，凑出已知条件.

(2) 常考等式：$a^2+b^2+c^2-ac-bc-ab=\dfrac{1}{2}[(a-b)^2+(b-c)^2+(c-a)^2]$.

习题精练

1. 已知 $f(x)=\dfrac{x^2}{1+x^2}$，计算 $f(1)+f(2)+f(3)+f(4)+f\left(\dfrac{1}{2}\right)+f\left(\dfrac{1}{3}\right)+f\left(\dfrac{1}{4}\right)=($ 　　$)$.

    (A) $\dfrac{7}{2}$　　(B) 7　　(C) $\dfrac{5}{2}$　　(D) 5　　(E) $\dfrac{7}{4}$

2. 当 $x=1$ 时，ax^2+bx+1 的值是 3，则 $(a+b-1)(1-a-b)=($ 　　$)$.

    (A) 1　　(B) -1　　(C) 2　　(D) -2　　(E) $-2\sqrt{5}$

3. 若 $x^2+xy+y=14$，$y^2+xy+x=28$，则 $x+y$ 的值为(　　).

    (A) 6 或 7　　(B) 6 或 -7　　(C) -6 或 -7　　(D) 6　　(E) 7

4. 已知 $a^2+bc=14$，$b^2-2bc=-6$，则 $3a^2+4b^2-5bc=($ 　　$)$.

    (A) 13　　(B) 14　　(C) 18　　(D) 20　　(E) 1

5. 已知实数 a,b,c 满足 $a+b+c=-2$，则当 $x=-1$ 时，多项式 ax^5+bx^3+cx-1 的值是(　　).

    (A) 1　　(B) -1　　(C) 2　　(D) -2　　(E) 0

6. 若 $x^3+x^2+x+1=0$，则 $x^{-27}+x^{-26}+\cdots+x^{-1}+1+x+\cdots+x^{26}+x^{27}$ 值是(　　).

    (A) 0　　(B) -1　　(C) 1　　(D) -2　　(E) 2

习题详解

1. (A)

   【解析】因为 $f\left(\dfrac{1}{x}\right)=\dfrac{\left(\dfrac{1}{x}\right)^2}{1+\left(\dfrac{1}{x}\right)^2}=\dfrac{1}{1+x^2}$，所以 $f\left(\dfrac{1}{x}\right)+f(x)=1$.

   故 $2f(1)=1$，即 $f(1)=\dfrac{1}{2}$.

   故原式 $=f(1)+1+1+1=\dfrac{7}{2}$.

2. (B)

   【解析】当 $x=1$ 时，$ax^2+bx+1=a+b+1=3 \Rightarrow a+b=2$，

   故 $(a+b-1)(1-a-b)=(2-1)(1-2)=-1$.

3. (B)

   【解析】将已知两式相加，可得 $(x+y)^2+x+y-42=0$，即 $(x+y+7)(x+y-6)=0$，

   解得 $x+y$ 的值为 6 或 -7.

4. (C)

   【解析】原式 $=3\times(a^2+bc)+4\times(b^2-2bc)=42-24=18$.

5. (A)

   【解析】当 $x=-1$ 时，原式可化简为

   $$ax^5+bx^3+cx-1=(-1)^5a+(-1)^3b+(-1)c-1$$
   $$=-a-b-c-1=-(-2)-1=1.$$

6. (B)

   【解析】$x^{-27}+x^{-26}+x^{-25}+x^{-24}=x^{-27}(1+x+x^2+x^3)=0$，

可知所求多项式中，每4项的计算结果为0，剩余 $x^3+x^2+x=-1$，故所求结果为 -1.

【快速得分法】$x^3+x^2+x+1=0$，即 $x^2(x+1)+x+1=0$，即
$$(x^2+1)(x+1)=0,$$
得 $x=-1$，代入要求的式子即可得解.

第二节　分式

题型 29　齐次分式求值

【母题精讲】

母题29 $\dfrac{x^2-2xz+2y^2}{3x^2+xy-z^2}=3$.

(1) $\dfrac{x}{2}=\dfrac{y}{3}=\dfrac{z}{4}$，且 x，y，z 均不为零；

(2) $\dfrac{x}{3}=\dfrac{y}{4}=\dfrac{z}{5}$，且 x，y，z 均不为零.

【解析】齐次分式求值直接使用特殊值法.

条件(1)：令 $x=2$，$y=3$，$z=4$，代入上式，得
$$\dfrac{x^2-2xz+2y^2}{3x^2+xy-z^2}=\dfrac{2^2-2\times 2\times 4+2\times 3^2}{3\times 2^2+2\times 3-4^2}=3,$$
充分．

条件(2)：令 $x=3$，$y=4$，$z=5$，代入上式，得
$$\dfrac{x^2-2xz+2y^2}{3x^2+xy-z^2}=\dfrac{3^2-2\times 3\times 5+2\times 4^2}{3\times 3^2+3\times 4-5^2}=\dfrac{11}{14},$$
不充分．

【答案】(A)

【老吕施法】

> 齐次分式是指分子和分母中的每个项的次数都相等的分式，注意以下三点：
> (1) 齐次分式求值必可用赋值法．
> (2) 若已知各字母的比例关系，则可直接用赋值法．
> (3) 若不能直接知道各字母的比例关系，则通过整理已知条件，求出各字母之间的关系，再用赋值法．

【习题精练】

1. $\dfrac{a^2-b^2}{19a^2+96b^2}=\dfrac{1}{134}$.

   (1) a，b 均为实数，且 $|a^2-2|+(a^2-b^2-1)^2=0$；

(2) a，b 均为实数，且 $\dfrac{a^2b^2}{a^4-2b^4}=1$．

2. 已知 $\dfrac{1}{x}-\dfrac{1}{y}=4$，则 $\dfrac{3x-2xy-3y}{x+2xy-y}=(\quad)$．

  (A) 4   (B) $5\dfrac{1}{2}$ (C) $5\dfrac{1}{3}$ (D) $6\dfrac{1}{3}$ (E) 7

3. $\dfrac{2x^2-3yz+y^2}{x^2-2xy-z^2}=\dfrac{19}{24}$．

  (1) $x:y:z=3:4:5$；   (2) $x:y:z=2:3:4$．

4. 已知 $2x-3\sqrt{xy}-2y=0$（$x>0$，$y>0$），则 $\dfrac{x^2+4xy-16y^2}{2x^2+xy-9y^2}=(\quad)$．

  (A) -1 (B) $\dfrac{2}{3}$ (C) $\dfrac{4}{9}$ (D) $\dfrac{16}{25}$ (E) $\dfrac{16}{27}$

习题详解

1. (D)

【解析】条件(1)：由题意可知 $a^2=2$，且 $a^2-b^2-1=0$，所以 $b^2=1$，则

$$\dfrac{a^2-b^2}{19a^2+96b^2}=\dfrac{2-1}{19\times 2+96\times 1}=\dfrac{1}{134},$$

条件(1)充分．

条件(2)：由 $\dfrac{a^2b^2}{a^4-2b^4}=1$，整理得

$$a^2b^2=a^4-2b^4\Rightarrow a^2b^2+b^4=a^4-b^4,$$

即 $b^2(a^2+b^2)=(a^2+b^2)(a^2-b^2)$，所以 $2b^2=a^2$，

则 $\dfrac{a^2-b^2}{19a^2+96b^2}=\dfrac{2b^2-b^2}{19\times 2b^2+96b^2}=\dfrac{b^2}{134b^2}=\dfrac{1}{134}$，条件(2)也充分．

2. (E)

【解析】注意，此式并非齐次分式．由 $\dfrac{1}{x}-\dfrac{1}{y}=4$，得 $x-y=-4xy$，则

$$\dfrac{3x-2xy-3y}{x+2xy-y}=\dfrac{3(x-y)-2xy}{(x-y)+2xy}=\dfrac{-14xy}{-2xy}=7.$$

3. (B)

【解析】赋值法．

条件(1)：令 $x=3$，$y=4$，$z=5$，则

$$\dfrac{2x^2-3yz+y^2}{x^2-2xy-z^2}=\dfrac{18-60+16}{9-24-25}=\dfrac{13}{20}\ne\dfrac{19}{24}.$$

条件(1)不充分．

条件(2)：令 $x=2$，$y=3$，$z=4$，则

$$\dfrac{2x^2-3yz+y^2}{x^2-2xy-z^2}=\dfrac{8-36+9}{4-12-16}=\dfrac{19}{24}.$$

条件(2)充分．

4. (E)

【解析】因为 $x>0$，$y>0$，故有

$$2x-3\sqrt{xy}-2y=2(\sqrt{x})^2-3\sqrt{x}\cdot\sqrt{y}-2(\sqrt{y})^2=(2\sqrt{x}+\sqrt{y})(\sqrt{x}-2\sqrt{y})=0,$$

解得 $2\sqrt{x}+\sqrt{y}=0$（舍去）或 $\sqrt{x}-2\sqrt{y}=0$，故有 $\sqrt{x}=2\sqrt{y}$.

令 $x=4$，$y=1$ 代入所求分式可得

$$\frac{x^2+4xy-16y^2}{2x^2+xy-9y^2}=\frac{16}{27}.$$

题型 30 已知 $x+\dfrac{1}{x}=a$ 或者 $x^2+ax+1=0$，求代数式的值

母题精讲

母题 30 $2a^2-5a+\dfrac{3}{a^2+1}=-1$.

(1) a 是方程 $x^2-3x+1=0$ 的根；   (2) $|a|=1$.

【解析】条件(1)：a 是方程 $x^2-3x+1=0$ 的根，代入可得 $a^2-3a+1=0$，即 $a^2+1=3a$，$a^2=3a-1$，$a+\dfrac{1}{a}=3$，则 $2a^2-5a+\dfrac{3}{a^2+1}=6a-2-5a+\dfrac{3}{3a}=a-2+\dfrac{1}{a}=1$，不充分.

条件(2)：$|a|=1$，$a^2=1$，$a=\pm 1$，则 $2a^2-5a+\dfrac{3}{a^2+1}=2\pm 5+\dfrac{3}{1+1}=\dfrac{17}{2}$ 或 $-\dfrac{3}{2}$，不充分.

两个条件无法联立.

【答案】(E)

老吕施法

此类题目的已知条件有两种：

$$x+\dfrac{1}{x}=a, \qquad ①$$
$$x^2+ax+1=0, \qquad ②$$

类型 1. 求整式 $f(x)$ 的值.

先将已知条件整理成②的形式，然后：

解法 1：将已知条件进一步整理成 $x^2=-ax-1$ 或者 $x^2+ax=-1$ 的形式，代入所求整式，迭代降次即可；

解法 2：利用整式的除法，用 $f(x)$ 除以 x^2+ax+1，所得余数即为 $f(x)$ 的值.

类型 2. 求形如 $x^3+\dfrac{1}{x^3}$，$x^4+\dfrac{1}{x^4}$ 等分式的值.

解法：先将已知条件整理成①的形式，再将已知条件平方升次，或者将未知分式因式分解降次，即可求解.

习题精练

1. 设 x 是非零实数，若 $\dfrac{1}{x^2}+x^2=7$，则 $\dfrac{1}{x^3}+x^3=($ $)$.

   (A) 18   (B) -18 (C) ± 18 (D) ± 3 (E) 3

2. 已知 $x^2-3x-1=0$，则多项式 $3x^3-11x^2+3x+3$ 的值为(　　).
   (A)-1　　　　(B)0　　　　(C)1　　　　(D)2　　　　(E)3

3. 代数式 $x^5-3x^4+2x^3-3x^2+x+2$ 的值为2.
   (1)$x+\dfrac{1}{x}=3$；　　　　　　(2)$x-\dfrac{1}{x}=3$.

4. 已知 $x^2-2x-1=0$，则 $2\,001x^3-6\,003x^2+2\,001x-7=$(　　).
   (A)0　　　(B)1　　　(C)2 008　　　(D)$-2\,008$　　　(E)2 009

5. 若 $\dfrac{1}{x}+x=-3$，那么 $x^5+\dfrac{1}{x^5}$ 等于(　　).
   (A)123　　　(B)-123　　　(C)246　　　(D)-246　　　(E)1

6. 已知 $a^2+4a+1=0$ 且 $\dfrac{a^4+ma^2+1}{3a^3+ma^2+3a}=5$，则 $m=$(　　).
   (A)$\dfrac{33}{2}$　　　(B)$\dfrac{35}{2}$　　　(C)$\dfrac{37}{2}$　　　(D)$\dfrac{39}{2}$　　　(E)$\dfrac{41}{2}$

习题详解

1. （C）

【解析】$\dfrac{1}{x^3}+x^3=\left(\dfrac{1}{x}+x\right)\left(\dfrac{1}{x^2}+x^2-1\right)$，$\dfrac{1}{x^2}+x^2=\left(\dfrac{1}{x}+x\right)^2-2=7$，

所以 $x+\dfrac{1}{x}=\pm 3$. 故 $\dfrac{1}{x^3}+x^3=\left(\dfrac{1}{x}+x\right)\left(\dfrac{1}{x^2}+x^2-1\right)=\pm 3\times 6=\pm 18$.

2. （C）

【解析】方法一：迭代降次法.

$x^2-3x-1=0$ 等价于 $x^2=3x+1$，代入所求多项式，得

$$3x^3-11x^2+3x+3=3x\cdot x^2-11x^2+3x+3$$
$$=3x\cdot(3x+1)-11x^2+3x+3$$
$$=-2x^2+6x+3$$
$$=-2\times(3x+1)+6x+3$$
$$=1.$$

方法二：整式的除法.

$$\begin{array}{r}3x-2\\x^2-3x-1\overline{\smash{)}3x^3-11x^2+3x+3}\\\underline{3x^3-9x^2-3x}\\-2x^2+6x+3\\\underline{-2x^2+6x+2}\\1\end{array}$$

可知 $3x^3-11x^2+3x+3=(x^2-3x-1)(3x-2)+1$，

因为 $x^2-3x-1=0$，故 $3x^3-11x^2+3x+3=1$.

3. （A）

【解析】可以使用迭代降次法或整式除法.

条件(1): $x+\dfrac{1}{x}=3$, 则 $x^2-3x+1=0$, 用整式除法

$$\begin{array}{r} x^3+x \\ x^2-3x+1 \overline{\smash{\big)}\, x^5-3x^4+2x^3-3x^2+x+2} \\ \underline{x^5-3x^4+x^3} \\ x^3-3x^2+x \\ \underline{x^3-3x^2+x} \\ 2 \end{array}$$

余数为 2, 即为原代数式的值, 故条件(1)充分.

条件(2): $x-\dfrac{1}{x}=3$, 则 $x^2-3x=1$, 同理可得余式为 $22x+8\neq 2$, 不充分.

4. (D)

【解析】可使用迭代降次法或整式除法.

由已知得 $x^2=2x+1$, 迭代降次如下:

$$\begin{aligned} &2\,001x^3-6\,003x^2+2\,001x-7 \\ &=2\,001x(2x+1)-6\,003x^2+2\,001x-7 \\ &=4\,002x^2+2\,001x-6\,003x^2+2\,001x-7 \\ &=-2\,001x^2+4\,002x-7 \\ &=-2\,001(2x+1)+4\,002x-7 \\ &=-2\,001-7=-2\,008. \end{aligned}$$

5. (B)

【解析】$\dfrac{1}{x^2}+x^2=\left(\dfrac{1}{x}+x\right)^2-2=7$, $\dfrac{1}{x^3}+x^3=\left(\dfrac{1}{x}+x\right)\left(\dfrac{1}{x^2}-1+x^2\right)=-18$,

$x^5+\dfrac{1}{x^5}=\left(x^2+\dfrac{1}{x^2}\right)\left(x^3+\dfrac{1}{x^3}\right)-\left(x+\dfrac{1}{x}\right)=7\times(-18)+3=-123.$

6. (C)

【解析】由 $a^2+4a+1=0$, 得 $a+\dfrac{1}{a}=-4$, $a^2+\dfrac{1}{a^2}=14$,

分子分母同除以 a^2, 则 $\dfrac{a^4+ma^2+1}{3a^3+ma^2+3a}=\dfrac{a^2+m+\dfrac{1}{a^2}}{3a+m+\dfrac{3}{a}}=\dfrac{14+m}{-12+m}=5.$

解得 $m=\dfrac{37}{2}$.

题型 31 关于 $\dfrac{1}{a}+\dfrac{1}{b}+\dfrac{1}{c}=0$ 的问题

母题精讲

母题 31 已知 $a+b+c=-3$, 且 $\dfrac{1}{a+1}+\dfrac{1}{b+2}+\dfrac{1}{c+3}=0$, 则 $(a+1)^2+(b+2)^2+(c+3)^2$ 的值为(   ).

(A)9　　　　(B)16　　　　(C)4　　　　(D)25　　　　(E)36

【解析】利用定理：若 $\frac{1}{a}+\frac{1}{b}+\frac{1}{c}=0$，则 $(a+b+c)^2=a^2+b^2+c^2$，可得

$$(a+1)^2+(b+2)^2+(c+3)^2=(a+1+b+2+c+3)^2=(6-3)^2=9.$$

【答案】(A)

老吕施法

定理：若 $\frac{1}{a}+\frac{1}{b}+\frac{1}{c}=0$，则 $(a+b+c)^2=a^2+b^2+c^2$.

证明：$\frac{1}{a}+\frac{1}{b}+\frac{1}{c}=0$，通分，得 $\frac{ab+ac+bc}{abc}=0$，故 $ab+ac+bc=0$，$(a+b+c)^2=a^2+b^2+c^2+2ab+2ac+2bc=a^2+b^2+c^2$.

习题精练

1. $\frac{x^2}{a^2}+\frac{y^2}{b^2}+\frac{z^2}{c^2}=1$ 成立.

   (1) $\frac{x}{a}+\frac{y}{b}+\frac{z}{c}=1$；　　　　(2) $\frac{a}{x}+\frac{b}{y}+\frac{c}{z}=0$.

2. 已知 $\frac{x}{a}+\frac{y}{b}+\frac{z}{c}=3$，$\frac{a}{x}+\frac{b}{y}+\frac{c}{z}=0$，那么 $\frac{x^2}{a^2}+\frac{y^2}{b^2}+\frac{z^2}{c^2}=($ 　　).

   (A)0　　　　(B)1　　　　(C)3　　　　(D)9　　　　(E)2

习题详解

1. (C)

【解析】方法一：

设 $\frac{x}{a}=u$，$\frac{y}{b}=v$，$\frac{z}{c}=w$，因此，

条件(1)：$u+v+w=1$ 不能推出 $u^2+v^2+w^2=1$.

条件(2)：$\frac{1}{u}+\frac{1}{v}+\frac{1}{w}=0$ 不能推出 $u^2+v^2+w^2=1$.

条件(1)、(2)联合，可得

$$\frac{1}{u}+\frac{1}{v}+\frac{1}{w}=0 \Rightarrow \frac{uv+vw+uw}{uvw}=0 \Rightarrow uv+vw+uw=0,$$
$$u+v+w=1 \Rightarrow u^2+v^2+w^2+2uv+2uw+2vw=1,$$

因此可得，$u^2+v^2+w^2=1$. 所以条件(1)和(2)联合起来充分.

【快速解题法】利用上述公式.

由条件(2)，得 $\frac{a}{x}+\frac{b}{y}+\frac{c}{z}=0$，则 $\frac{x^2}{a^2}+\frac{y^2}{b^2}+\frac{z^2}{c^2}=\left(\frac{x}{a}+\frac{y}{b}+\frac{z}{c}\right)^2$.

由条件(1)，得 $\left(\frac{x}{a}+\frac{y}{b}+\frac{z}{c}\right)^2=1$，所以两个条件联立起来充分.

2. (D)

【解析】根据定理：若 $\frac{1}{a}+\frac{1}{b}+\frac{1}{c}=0$，则 $(a+b+c)^2=a^2+b^2+c^2$，而 $\frac{a}{x}+\frac{b}{y}+\frac{c}{z}=0$，则

$$\frac{x^2}{a^2}+\frac{y^2}{b^2}+\frac{z^2}{c^2}=\left(\frac{x}{a}+\frac{y}{b}+\frac{z}{c}\right)^2=9.$$

题型 32　其他分式的化简求值问题

母题精讲

母题32　若 $abc\neq 0$，$a+b+c=0$，则 $\frac{1}{a^2+b^2-c^2}+\frac{1}{a^2+c^2-b^2}+\frac{1}{c^2+b^2-a^2}=(\quad)$.

(A) -1　　　　(B) 0　　　　(C) $\frac{1}{2}$　　　　(D) 1　　　　(E) 2

【解析】由 $a+b+c=0$，可得

$$\frac{1}{a^2+b^2-c^2}+\frac{1}{a^2+c^2-b^2}+\frac{1}{c^2+b^2-a^2}$$

$$=\frac{1}{a^2+b^2-(-a-b)^2}+\frac{1}{a^2+c^2-(-a-c)^2}+\frac{1}{c^2+b^2-(-b-c)^2}$$

$$=-\frac{1}{2ab}-\frac{1}{2ac}-\frac{1}{2bc}$$

$$=-\frac{1}{2}\left(\frac{a+b+c}{abc}\right).$$

又 $abc\neq 0$，$a+b+c=0$，所以

$$\frac{1}{a^2+b^2-c^2}+\frac{1}{a^2+c^2-b^2}+\frac{1}{c^2+b^2-a^2}=-\frac{1}{2}\left(\frac{a+b+c}{abc}\right)=0.$$

【快速得分法】令 $a=1$，$b=1$，$c=-2$ 代入可迅速求解.

【答案】(B)

老吕施法

分式化简求值的常见技巧总结如下：

(1) 特殊值法.

首选方法，尤其适合解代数式求值以及条件充分性判断题；

其中，齐次分式求值必用特殊值法.

(2) 见比设 k 法.

(3) 等比合比定理法.

常用方法，使用合比定理的目标往往是使分子化为相同的项.

(4) 等式左右同乘除某式.

(5) 分式上下同乘除某式.

(6) 迭代降次与平方升次法.

(7) 取倒数.

(8) 将已知式子相乘.

习题精练

1. 已知 a, b, c 均是非零实数, 有 $a\left(\dfrac{1}{b}+\dfrac{1}{c}\right)+b\left(\dfrac{1}{a}+\dfrac{1}{c}\right)+c\left(\dfrac{1}{a}+\dfrac{1}{b}\right)=-3$.

   (1) $a+b+c=0$;　　　　　　　　(2) $a+b+c=1$.

2. 已知 x, y, z 为两两不相等的三个实数, 且 $x+\dfrac{1}{y}=y+\dfrac{1}{z}=z+\dfrac{1}{x}$, 则 $x^2y^2z^2$ 的值为 (　　).

   (A) -1　　(B) ± 1　　(C) 0 或 1　　(D) 1　　(E) 2

3. 若 x, y, z 为非零实数, 那么有 $z+\dfrac{1}{x}=1$.

   (1) $x+\dfrac{1}{y}=1$;　　　　　　　　(2) $y+\dfrac{1}{z}=1$.

4. 若 $abc=1$, $\dfrac{x}{1+a+ab}+\dfrac{x}{1+b+bc}+\dfrac{x}{1+c+ac}=2\,016$, 则 $x=$ (　　).

   (A) $2\,015$　　(B) $2\,016$　　(C) $2\,017$　　(D) $2\,018$　　(E) $1\,008$

5. 已知 x, y, z 都是实数, 有 $x+y+z=0$.

   (1) $\dfrac{x}{a+b}=\dfrac{y}{b+c}=\dfrac{z}{c+a}$;　　　　　　　　(2) $\dfrac{x}{a-b}=\dfrac{y}{b-c}=\dfrac{z}{c-a}$.

6. 已知 a, b 是实数, 且 $\dfrac{1}{1+a}-\dfrac{1}{1+b}=\dfrac{1}{b-a}$, 则 $\dfrac{1+b}{1+a}=$ (　　).

   (A) $\dfrac{1\pm\sqrt{5}}{2}$　　(B) $\dfrac{-1\pm\sqrt{5}}{2}$　　(C) $\dfrac{-3\pm\sqrt{5}}{2}$　　(D) $\dfrac{3\pm\sqrt{5}}{2}$　　(E) 1

7. 已知 $\dfrac{ab}{a+b}=\dfrac{1}{3}$, $\dfrac{bc}{b+c}=\dfrac{1}{4}$, $\dfrac{ac}{a+c}=\dfrac{1}{5}$, 则 $\dfrac{abc}{ab+ac+bc}=$ (　　).

   (A) 1　　(B) $\dfrac{1}{2}$　　(C) $\dfrac{1}{6}$　　(D) $\dfrac{1}{12}$　　(E) $-\dfrac{1}{6}$

8. 已知 m, n 均为实数, 且 $m^2+n^2=6mn$, 则有 $\dfrac{m+n}{m-n}=\sqrt{2}$.

   (1) $m<n<0$;　　　　　　　　(2) $m>n>0$.

9. 已知 a, b, c 互不相等, 三个关于 x 的一元二次方程 $ax^2+bx+c=0$, $bx^2+cx+a=0$, $cx^2+ax+b=0$ 恰有一个公共实数根, 则 $\dfrac{a^2}{bc}+\dfrac{b^2}{ca}+\dfrac{c^2}{ab}$ 的值为 (　　).

   (A) 0　　(B) 1　　(C) 2　　(D) 3　　(E) -1

10. 已知 $abc\neq 0$, 则 $\dfrac{ab+1}{b}=1$.

    (1) $b+\dfrac{1}{c}=1$;　　　　　　　　(2) $c+\dfrac{1}{a}=1$.

习题详解

1. (A)

   【解析】 $a\left(\dfrac{1}{b}+\dfrac{1}{c}\right)+b\left(\dfrac{1}{a}+\dfrac{1}{c}\right)+c\left(\dfrac{1}{a}+\dfrac{1}{b}\right)=\dfrac{a+c}{b}+\dfrac{b+c}{a}+\dfrac{a+b}{c}$.

   条件 (1): $a+c=-b$, $b+c=-a$, $a+b=-c$,

故 $\dfrac{a+c}{b}+\dfrac{b+c}{a}+\dfrac{a+b}{c}=\dfrac{-b}{b}+\dfrac{-a}{a}+\dfrac{-c}{c}=-3$，充分．

条件(2)：$a+c=1-b$，$b+c=1-a$，$a+b=1-c$，

故 $\dfrac{a+c}{b}+\dfrac{b+c}{a}+\dfrac{a+b}{c}=\dfrac{1-a}{a}+\dfrac{1-b}{b}+\dfrac{1-c}{c}=-3+\dfrac{1}{a}+\dfrac{1}{b}+\dfrac{1}{c}\ne -3$，不充分．

【快速得分法】特殊值法．

条件(1)：令 $a=1$，$b=1$，$c=-2$，则有

原式 $=1\times\left(\dfrac{1}{1}+\dfrac{1}{-2}\right)+1\times\left(\dfrac{1}{1}+\dfrac{1}{-2}\right)+(-2)\times\left(\dfrac{1}{1}+\dfrac{1}{1}\right)=\dfrac{1}{2}+\dfrac{1}{2}-4=-3$，猜测充分．

条件(2)：令 $a=1$，$b=-1$，$c=1$，则有

原式 $=1\times\left(\dfrac{1}{-1}+\dfrac{1}{1}\right)-1\times\left(\dfrac{1}{1}+\dfrac{1}{1}\right)+1\times\left(\dfrac{1}{1}+\dfrac{1}{-1}\right)=-2\ne -3$，不充分．

2. (D)

【解析】由题意可得

$$x+\dfrac{1}{y}=y+\dfrac{1}{z}\Rightarrow x-y=\dfrac{1}{z}-\dfrac{1}{y}=\dfrac{y-z}{yz}\Rightarrow yz=\dfrac{y-z}{x-y},$$

同理，得 $xz=\dfrac{x-z}{z-y}$，$xy=\dfrac{x-y}{z-x}$．故 $x^2y^2z^2=\dfrac{y-z}{x-y}\cdot\dfrac{x-z}{z-y}\cdot\dfrac{x-y}{z-x}=1$．

3. (C)

【解析】两个条件单独显然不充分，联立之：

由条件(1)，得 $x=1-\dfrac{1}{y}=\dfrac{y-1}{y}$；由条件(2)，得 $\dfrac{1}{z}=1-y$，$z=\dfrac{1}{1-y}$．

故 $z+\dfrac{1}{x}=\dfrac{1}{1-y}+\dfrac{1}{\dfrac{y-1}{y}}=1$，故两个条件联立起来充分，选(C)．

4. (B)

【解析】由题意知 $b=\dfrac{1}{ac}$，代入原式可得

$$\dfrac{x}{1+a+ab}+\dfrac{x}{1+b+bc}+\dfrac{x}{1+c+ac}=\dfrac{x}{1+a+\dfrac{1}{c}}+\dfrac{x}{1+\dfrac{1}{ac}+\dfrac{1}{a}}+\dfrac{x}{1+c+ac}=x\cdot\dfrac{1+c+ac}{1+c+ac}=x.$$

所以 $x=2\,016$．

【快速得分法】令 $a=b=c=1$ 可快速得解．

5. (B)

【解析】设 k 法．

条件(1)：设 $\dfrac{x}{a+b}=\dfrac{y}{b+c}=\dfrac{z}{c+a}=k$，故 $x=(a+b)k$，$y=(b+c)k$，$z=(a+c)k$，

故 $x+y+z=2(a+b+c)k$，不一定为 0，不充分．

条件(2)：设 $\dfrac{x}{a-b}=\dfrac{y}{b-c}=\dfrac{z}{c-a}=k$，故 $x=(a-b)k$，$y=(b-c)k$，$z=(c-a)k$，

故 $x+y+z=(a-b)k+(b-c)k+(c-a)k=0$，充分．

6. (D)

【解析】令 $1+a=m$，$1+b=n$，则 $\dfrac{1}{1+a}-\dfrac{1}{1+b}=\dfrac{1}{b-a}$，

可化为 $\dfrac{1}{m}-\dfrac{1}{n}=\dfrac{1}{n-m}$，可得 $\dfrac{n-m}{mn}=\dfrac{1}{n-m}$，即 $m^2-3mn+n^2=0$，$1-3\cdot\dfrac{n}{m}+\left(\dfrac{n}{m}\right)^2=0$，解得

$\dfrac{1+b}{1+a}=\dfrac{n}{m}=\dfrac{3\pm\sqrt{5}}{2}$.

7. (C)

【解析】 将已知条件取倒数，则有

$$\dfrac{a+b}{ab}=\dfrac{1}{a}+\dfrac{1}{b}=3,\ \dfrac{b+c}{bc}=\dfrac{1}{b}+\dfrac{1}{c}=4,\ \dfrac{a+c}{ac}=\dfrac{1}{a}+\dfrac{1}{c}=5,$$

解得 $\dfrac{1}{a}=2$，$\dfrac{1}{b}=1$，$\dfrac{1}{c}=3$. 故 $\dfrac{ab+ac+bc}{abc}=\dfrac{1}{a}+\dfrac{1}{b}+\dfrac{1}{c}=6$，$\dfrac{abc}{ab+ac+bc}=\dfrac{1}{6}$.

8. (D)

【解析】 分式的化简求值问题.

由 $m^2+n^2=6mn$ 可得 $(m+n)^2=8mn$，$(m-n)^2=4mn$，可知 $mn\geqslant 0$.

所以 $\dfrac{m+n}{m-n}=\dfrac{\sqrt{8mn}}{\sqrt{4mn}}=\sqrt{2}$. 故条件(1)和条件(2)都充分.

9. (D)

【解析】 设三个方程的公共实数根为 t，代入方程，可得

$$at^2+bt+c=0,\ bt^2+ct+a=0,\ ct^2+at+b=0,$$

三式相加，得 $(a+b+c)t^2+(a+b+c)t+(a+b+c)=0$，即 $(a+b+c)(t^2+t+1)=0$，

又由 $t^2+t+1=\left(t+\dfrac{1}{2}\right)^2+\dfrac{3}{4}>0$，故 $a+b+c=0$，

可令 $a=1$，$b=2$，$c=-3$，代入可得 $\dfrac{a^2}{bc}+\dfrac{b^2}{ca}+\dfrac{c^2}{ab}=3$.

10. (C)

【解析】 分式变形.

题干等价于 $ab+1=b$.

条件(1)和条件(2)显然单独都不成立，故考虑联立，将 $c=1-\dfrac{1}{a}$，代入条件(1)可得

$$b+\dfrac{1}{1-\dfrac{1}{a}}=1\Rightarrow b+\dfrac{a}{a-1}=1\Rightarrow (a-1)b+a=a-1\Rightarrow ab+1=b.$$

故两个条件联立起来充分.

微模考二　整式与分式

（共25题，每题3分，限时60分钟）

一、问题求解：第1～15小题，每小题3分，共45分．下列每题给出的(A)、(B)、(C)、(D)、(E)五个选项中，只有一项是符合试题要求的，请在答题卡上将所选项的字母涂黑．

1. 一个二次三项式的完全平方式为 $x^4 - 4x^3 + 6x^2 + mx + n$，则这个二次三项式为（　　）．
   (A) $x^2 - 2x - 1$　　(B) $x^2 - 2x + 1$　　(C) $x^2 + 2x + 1$　　(D) $x^2 + 2x - 3$　　(E) $x^2 - 2x + 3$

2. 已知多项式 $f(x) = x^3 + mx^2 + nx - 12$ 有一次因式 $x-1, x-2$，则多项式的另外一个一次因式为（　　）．
   (A) $2x - 6$　　(B) $x + 6$　　(C) $x - 6$　　(D) $x - 3$　　(E) $x + 3$

3. p, q 均为大于零的实数，且 $p^2 + \dfrac{1}{p^2} = 14$，$\dfrac{q^2}{q^4 + q^2 + 1} = \dfrac{1}{8}$，则 $\dfrac{(p^2 + p + 1)(q^2 + q + 1)}{pq}$ 的值为（　　）．
   (A) 6　　(B) 12　　(C) -12　　(D) 20　　(E) -20

4. 已知 x, y 满足 $x^2 + y^2 = 4x - 2y - 5$，则代数式 $\dfrac{x+y}{x-y} = $（　　）．
   (A) 2　　(B) $\dfrac{1}{3}$　　(C) 3　　(D) $\dfrac{1}{4}$　　(E) $-\dfrac{1}{3}$

5. 已知多项式 $mx^3 + nx^2 + px + q$ 除以 $x-1$ 的余式为 1，除以 $x-2$ 的余式为 3，则 $mx^3 + nx^2 + px + q$ 除以 $(x-1)(x-2)$ 的余式为（　　）．
   (A) $2x - 1$　　(B) $x - 2$　　(C) $3x - 2$　　(D) $2x + 1$　　(E) $x + 1$

6. 已知 $x + y + z = 0, 2x + 5y + 4z = 0$，则 $\dfrac{x^2 + 2y^2 + z^2}{6x^2 + 3y^2 + 2z^2} = $（　　）．
   (A) 1　　(B) $\dfrac{1}{3}$　　(C) $\dfrac{1}{2}$　　(D) $\dfrac{1}{4}$　　(E) $\dfrac{2}{3}$．

7. $(1+x)^2(1-x)^8$ 的展开式中 x^3 的系数为（　　）．
   (A) 8　　(B) -8　　(C) -28　　(D) 36　　(E) -36

8. 多项式 $(x + ay + p)(x + by + q) = x^2 - 6y^2 - xy - x + 13y - 6$，则 $\dfrac{ab}{p+q} = $（　　）．
   (A) 3　　(B) -3　　(C) 6　　(D) -6　　(E) $-\dfrac{6}{5}$

9. 已知 m, n 是大于零的实数，且满足 $m + mn + 2n = 30$，则 $\dfrac{1}{mn}$ 的最小值为（　　）．
   (A) $\dfrac{1}{18}$　　(B) $\dfrac{1}{16}$　　(C) $\dfrac{1}{9}$　　(D) $-\dfrac{1}{14}$　　(E) $\dfrac{1}{5}$

10. 已知实数 a, b, c 满足 $\dfrac{2}{a} = \dfrac{3}{b-c} = \dfrac{5}{a+c}$，则 $\dfrac{a+2c}{3a+b} = $（　　）．
    (A) 1　　(B) $\dfrac{1}{6}$　　(C) $\dfrac{1}{3}$　　(D) $\dfrac{2}{3}$　　(E) $\dfrac{1}{2}$

11. 已知 x^3+2x^2-x+a 的一个因式为 $x+1$，则 $a=$ (　　).
    (A)-2　　　　(B)-1　　　　(C)1　　　　(D)2　　　　(E)0

12. 已知 $f(x)$ 是三次多项式，且 $f(1)=f(-2)=f(3)=5, f(2)=3$，则 $f(0)=$ (　　).
    (A)-2　　　　(B)0　　　　(C)5　　　　(D)6　　　　(E)8

13. 已知 $\triangle ABC$ 的三条边分别为 a,b,c，若 $a^2+2bc=b^2+2ac=c^2+2ab=27$，则 $\triangle ABC$ 是(　　).
    (A)等腰三角形　　　　(B)等边三角形　　　　(C)等腰直角三角形
    (D)直角三角形　　　　(E)无法确定

14. 已知 $\dfrac{x}{2}=\dfrac{y}{5}=\dfrac{z}{4}$，则 $\dfrac{xy+yz}{yz-xz}=$ (　　).
    (A)$\dfrac{3}{2}$　　　　(B)2　　　　(C)$\dfrac{5}{2}$　　　　(D)$\dfrac{5}{3}$　　　　(E)$\dfrac{7}{3}$

15. 已知 $\triangle ABC$ 的三边长为 a,b,c，且 $1+\dfrac{b}{c}=\dfrac{b+c}{b+c-a}$，则可以确定 $\triangle ABC$ 为(　　).
    (A)等腰三角形　　　　(B)等边三角形　　　　(C)等腰直角三角形
    (D)直角三角形　　　　(E)无法确定

二、条件充分性判断：第 16～25 小题，每小题 3 分，共 30 分．要求判断每题给出的条件(1)和(2)能否充分支持题干所陈述的结论．(A)、(B)、(C)、(D)、(E)五个选项为判断结果，请选择一项符合试题要求的判断，并在答题卡上将所选项的字母涂黑．

(A)条件(1)充分，但条件(2)不充分．
(B)条件(2)充分，但条件(1)不充分．
(C)条件(1)和条件(2)单独都不充分，但条件(1)和(2)联合起来充分．
(D)条件(1)充分，条件(2)也充分．
(E)条件(1)和条件(2)单独都不充分，条件(1)和(2)联合也不充分．

16. $\dfrac{2x-1}{x^2-x-2}=\dfrac{m}{x+1}+\dfrac{n}{x-2}(x\neq -1, x\neq 2)$．
    (1) $m=1, n=1$；
    (2) $m=-1, n=-1$．

17. 已知 x,y,z 都是非零实数，则有 $\dfrac{1}{x^2+y^2-z^2}+\dfrac{1}{z^2+y^2-x^2}+\dfrac{1}{x^2+z^2-y^2}=0$．
    (1) x,y,z 满足 $x+y+z=0$；
    (2) x,y,z 满足 $x^2+y^2+z^2=0$．

18. 多项式 x^2-x-2 与 x^2+ax+b 的乘积展开后不含 x^2, x^3 项．
    (1) $a:b=1:3$；
    (2) $a=1, b=3$．

19. 多项式 x^4+ax^2+bx+6 能被 x^2-3x+2 整除．
    (1) $a=4, b=3$；
    (2) $a=-4, b=-3$．

20. 多项式 $f(x)$ 除以 $x-3$ 所得的余式为 2．
    (1)多项式 $f(x)$ 除以 x^2-2x-3 所得的余式为 $2x-4$；
    (2)多项式 $f(x)$ 除以 x^3-3x^2-x+3 所得的余式为 x^2-2x-1．

21. 多项式 $x^4+x^3+mx^2-nx-m-n-1$ 的一个因式为 x^2+x-2.

    (1) $m=-\dfrac{5}{2}, n=\dfrac{1}{2}$;

    (2) $m=3, n=\dfrac{1}{2}$.

22. $x^2+9x+2-(2x-1)(2x+1)=0$.

    (1) $x+\dfrac{1}{x}=3$;

    (2) $x-\dfrac{1}{x}=3$.

23. $\triangle ABC$ 的边长为 a,b,c，则 $\triangle ABC$ 为等腰三角形.

    (1) $(a^2-b^2)(c^2-a^2-b^2)=0$;

    (2) $(c+b)(c-b)>a^2$.

24. $f(x)$ 的最大值为 $\dfrac{1}{3}$.

    (1) $f(x)=\dfrac{1}{x^2-2x+4}$;

    (2) $f(x)=\dfrac{1}{x^2+4x+7}$.

25. 已知 x,y,z 为非零实数，则 $\dfrac{3x^2+yz-y^2}{x^2-2xy+2z^2}=\dfrac{1}{3}$.

    (1) $x+y-z=0$;

    (2) $x-2y+z=0$.

微模考二　答案详解

一、问题求解

1. (B)

【解析】母题 23·双十字相乘法

设二次三项式为 $x^2 + ax + b$，则有

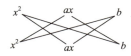

可得 $\begin{cases} 2a = -4, \\ 2b + a^2 = 6, \end{cases}$ 解得 $\begin{cases} a = -2, \\ b = 1. \end{cases}$

所以，这个二次三项式为 $x^2 - 2x + 1$.

2. (C)

【解析】母题 22·因式分解问题

由 x^3 的系数为 1，常数项为 -12，可快速确定一次因式为 $x - 6$.

3. (D)

【解析】母题 30·已知 $x + \dfrac{1}{x} = a$ 或者 $x^2 + ax + 1 = 0$，求代数式的值

$p^2 + \dfrac{1}{p^2} = \left(p + \dfrac{1}{p}\right)^2 - 2 = 14$，则有 $p + \dfrac{1}{p} = 4$，

$\dfrac{q^2}{q^4 + q^2 + 1} = \dfrac{1}{8} \Rightarrow \dfrac{q^4 + q^2 + 1}{q^2} = q^2 + \dfrac{1}{q^2} + 1 = 8$，化简得 $q + \dfrac{1}{q} = 3$，

则 $\dfrac{(p^2 + p + 1)(q^2 + q + 1)}{pq} = \left(p + \dfrac{1}{p} + 1\right)\left(q + \dfrac{1}{q} + 1\right) = 5 \times 4 = 20$.

4. (B)

【解析】母题 32·其他分式的化简求值问题

$x^2 + y^2 = 4x - 2y - 5$，化简得 $(x-2)^2 + (y+1)^2 = 0$，

则有 $x = 2, y = -1$，故 $\dfrac{x+y}{x-y} = \dfrac{2-1}{2+1} = \dfrac{1}{3}$.

5. (A)

【解析】母题 27·整式除法与余式定理

设 $f(x) = mx^3 + nx^2 + px + q = (x-1)(x-2)g(x) + ax + b$，

由已知可得 $\begin{cases} f(1) = a + b = 1, \\ f(2) = 2a + b = 3, \end{cases}$ 解得 $\begin{cases} a = 2, \\ b = -1. \end{cases}$

故 $mx^3 + nx^2 + px + q$ 除以 $(x-1)(x-2)$ 的余式为 $2x - 1$.

6. (C)

【解析】母题 29·齐次分式求值

由 $\begin{cases} x+y+z=0, \\ 2x+5y+4z=0, \end{cases}$ 解得 $\begin{cases} y=2x, \\ z=-3x, \end{cases}$

则 $\dfrac{x^2+2y^2+z^2}{6x^2+3y^2+2z^2} = \dfrac{x^2+2(2x)^2+(-3x)^2}{6x^2+3(2x)^2+2(-3x)^2} = \dfrac{18x^2}{36x^2} = \dfrac{1}{2}$.

7.（B）

【解析】母题 24·求展开式的系数

$(1-x)^8$ 的展开式的系数为 $C_8^k(-x)^{8-k}$，则 $(1+x)^2(1-x)^8$ 的展开式中 x^3 的系数为 $-C_8^5+2C_8^6-C_8^7=-8$.

8.（C）

【解析】母题 23·双十字相乘法

双十字相乘法分解因式可得：
$$x^2-6y^2-xy-x+13y-6=(x+2y-3)(x-3y+2),$$
故有
$$\begin{cases} a=-3, \\ b=2, \\ p=2, \\ q=-3, \end{cases} \text{或} \begin{cases} a=2, \\ b=-3, \\ p=-3, \\ q=2. \end{cases} \text{所以 } \dfrac{ab}{p+q} = \dfrac{-6}{-1} = 6.$$

9.（A）

【解析】母题 25·代数式的最值问题

$m+mn+2n \geqslant mn+2\sqrt{2}\sqrt{mn}$，则有
$$mn+2\sqrt{2}\sqrt{mn} \leqslant 30,$$
$$(\sqrt{mn})^2+2\sqrt{2}\sqrt{mn}+2 \leqslant 32,$$
$$(\sqrt{mn}+\sqrt{2})^2 \leqslant 32,$$

又 $\sqrt{mn}>0$，解得 $0<\sqrt{mn}\leqslant 3\sqrt{2}$，故 $\dfrac{1}{mn} \geqslant \dfrac{1}{18}$.

10.（D）

【解析】母题 29·齐次分式求值

由 $\dfrac{2}{a} = \dfrac{3}{b-c} = \dfrac{5}{a+c}$ 可得 $b=3a, c=\dfrac{3}{2}a$，则 $\dfrac{a+2c}{3a+b} = \dfrac{a+3a}{3a+3a} = \dfrac{2}{3}$.

11.（A）

【解析】母题 27·整式除法与余式定理

令 $f(x)=x^3+2x^2-x+a$，则由题干知，$f(-1)=0$，解得 $a=-2$.

12.（E）

【解析】母题 27·整式除法与余式定理

由 $f(1)=f(-2)=f(3)=5$，设 $f(x)=a(x-1)(x+2)(x-3)+5$，则 $f(2)=a\times 1\times 4\times(-1)+5=3$，解得 $a=\dfrac{1}{2}$，故 $f(x)=\dfrac{1}{2}(x-1)(x+2)(x-3)+5$.

所以 $f(0)=\dfrac{1}{2}\times(-1)\times 2\times(-3)+5=8$.

13. (B)

【解析】母题26·三角形的形状判断问题

由题干知 $a^2+2bc=b^2+2ac=c^2+2ab=27$，则 $a^2+b^2+c^2+2bc+2ac+2ab=81$，可得 $a+b+c=9$.

又 $a^2+2bc=b^2+2ac$，移项得 $(a-b)(a+b-2c)=0$.

若 $a-b=0$，则有 $a=b$，又 $b^2+2ac=c^2+2ab$，可得 $a=b=c=3$，

若 $a+b-2c=0$，则有 $a+b=2c$，又 $a+b+c=9$，可得 $c=3$.

又 $c^2+2ab=27, a+b=2c=6$，可得 $a=b=3$.

综上可知，$\triangle ABC$ 为等边三角形.

14. (C)

【解析】母题29·齐次分式求值

设 $x=2a, y=5a, z=4a$，代入可得 $\dfrac{10a^2+20a^2}{20a^2-8a^2}=\dfrac{5}{2}$.

15. (A)

【解析】母题26·三角形的形状判断问题

由 $1+\dfrac{b}{c}=\dfrac{b+c}{b+c-a}$ 化简可得 $\dfrac{b+c}{c}=\dfrac{b+c}{b+c-a}$，则 $b-a=0$，即 $a=b$. 故 $\triangle ABC$ 为等腰三角形.

二、条件充分性判断

16. (A)

【解析】母题22·因式分解问题

由题得

$$\dfrac{2x-1}{x^2-x-2}=\dfrac{m}{x+1}+\dfrac{n}{x-2} \Rightarrow \dfrac{2x-1}{x^2-x-2}=\dfrac{m(x-2)+n(x+1)}{x^2-x-2}$$

可得 $2x-1=(m+n)x+(n-2m)$，则有 $\begin{cases} m+n=2, \\ n-2m=-1, \end{cases}$ 解得 $\begin{cases} m=1, \\ n=1. \end{cases}$

所以当 $m=1, n=1$ 时等式成立，条件(1)充分，条件(2)不充分.

17. (A)

【解析】母题32·其他分式的化简求值问题

条件(1)：$x+y+z=0$，则 $x=-(y+z)$，则 $\dfrac{1}{z^2+y^2-x^2}=\dfrac{1}{z^2+y^2-[-(y+z)]^2}=-\dfrac{1}{2yz}$.

同理可得 $\dfrac{1}{x^2+y^2-z^2}=-\dfrac{1}{2xy}, \dfrac{1}{x^2+z^2-y^2}=-\dfrac{1}{2xz}$，则有

$$\dfrac{1}{x^2+y^2-z^2}+\dfrac{1}{z^2+y^2-x^2}+\dfrac{1}{x^2+z^2-y^2}=-\dfrac{1}{2xy}-\dfrac{1}{2yz}-\dfrac{1}{2xz}=-\dfrac{x+y+z}{2xyz}=0.$$

所以条件(1)充分.

条件(2)：$x^2+y^2+z^2=0$，可得 $x=y=z=0$，与已知条件矛盾，不充分.

18. (B)

【解析】母题23·双十字相乘法

方法一：$(x^2-x-2)(x^2+ax+b)=x^4+(a-1)x^3+(b-a-2)x^2-(2a+b)x-2b.$

方法二：由双十字相乘法可知 x^2 的系数为 $b-a-2$，x^3 的系数为 $a-1$.

由 x^2,x^3 项的系数为零，可得 $\begin{cases} a-1=0, \\ b-a-2=0, \end{cases}$ 解得 $\begin{cases} a=1, \\ b=3. \end{cases}$

所以条件(1)不充分，条件(2)充分.

19. (B)

【解析】 母题 27·整式除法与余式定理

设 $f(x)=x^4+ax^2+bx+6$，由 $f(x)$ 能被 x^2-3x+2 整除可得

$$\begin{cases} f(1)=0, \\ f(2)=0, \end{cases} \text{解得} \begin{cases} a=-4, \\ b=-3. \end{cases}$$

故条件(1)不充分，条件(2)充分.

20. (D)

【解析】 母题 27·整式除法与余式定理

因为 $x-3$ 为 x^2-2x-3 和 x^3-3x^2-x+3 的因式，用 $2x-4$ 和 x^2-2x-1 分别除以 $x-3$，余式均为 2.

21. (A)

【解析】 母题 22·因式分解问题

令 $f(x)=x^4+x^3+mx^2-nx-m-n-1$，由于 x^2+x-2 是 $f(x)$ 的一个因式，则有

$$\begin{cases} f(1)=0, \\ f(-2)=0, \end{cases} \text{解得} \begin{cases} m=-\dfrac{5}{2}, \\ n=\dfrac{1}{2}. \end{cases}$$

故条件(1)充分，条件(2)不充分.

22. (B)

【解析】 母题 30·已知 $x+\dfrac{1}{x}=a$ 或者 $x^2+ax+1=0$，求代数式的值

$$x^2+9x+2-(2x-1)(2x+1)=x^2+9x-4x^2+3=-3(x^2-3x)+3.$$

条件(1)：由 $x+\dfrac{1}{x}=3$，可得 $x^2-3x=-1$，代入得 6，条件(1)不充分.

条件(2)：由 $x-\dfrac{1}{x}=3$，可得 $x^2-3x=1$，代入得 0，条件(2)充分.

23. (C)

【解析】 母题 26·三角形的形状判断问题

条件(1)：由 $(a^2-b^2)(c^2-a^2-b^2)=0$，可得 $a=b$ 或 $a^2+b^2=c^2$，条件(1)不充分.

条件(2)：明显单独也不充分.

考虑联立，条件(2)中 $(c+b)(c-b)>a^2 \Rightarrow c^2>a^2+b^2$，与条件(1)联立可得 $a=b$，故联立充分.

24. (D)

【解析】 母题 25·代数式的最值问题

条件(1)：$x^2-2x+4=(x-1)^2+3\geqslant 3$，所以 $f(x)$ 的最大值为 $\dfrac{1}{3}$，条件(1)充分.

同理，条件(2)也充分.

25. (C)

【解析】 母题 29・齐次分式求值

两条件明显单独不充分，考虑联立．

联立得 $\begin{cases} x+y-z=0, \\ x-2y+z=0, \end{cases}$ 可得 $\begin{cases} y=2x, \\ z=3x. \end{cases}$

则 $\dfrac{3x^2+yz-y^2}{x^2-2xy+2z^2} = \dfrac{3x^2+(2x)\times(3x)-(2x)^2}{x^2-(2x)\times(2x)+2\times(3x)^2} = \dfrac{5x^2}{15x^2} = \dfrac{1}{3}$，联立充分．

第三章　函数、方程、不等式

本章题型网

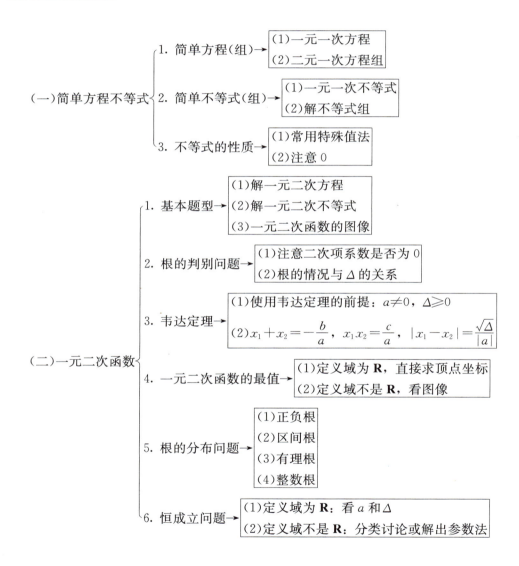

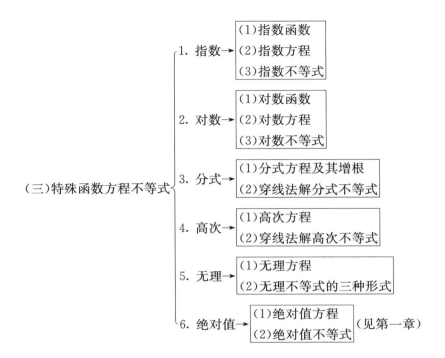

第一节　简单方程与不等式

题型 33　简单方程（组）和不等式（组）

母题精讲

母题33 二元一次方程组 $\begin{cases} mx-2y=5, \\ 2x+y=3 \end{cases}$ 无解.

(1) $m=-4$；
(2) $m=4$.

【解析】方程组化简可得 $(m+4)x=11$. 若方程组无解，即 $m+4=0$，所以 $m=-4$.

【答案】(A)

老吕施法

此类题在真题中很少单独出题，即使出题也很简单，但是解简单方程（组）和不等式（组）是解其他问题的基础，要熟练求解.

习题精练

1. 某公司员工分别住在A，B，C三个住宅区，A区有30人，B区有15人，C区有10人. 三个区在一条直线上，位置如图3-1所示. 公司的接送打算在其间只设一个停靠点，要使所有员工步行到停靠点的路程总和最少,那么停靠点的位置应在( ).

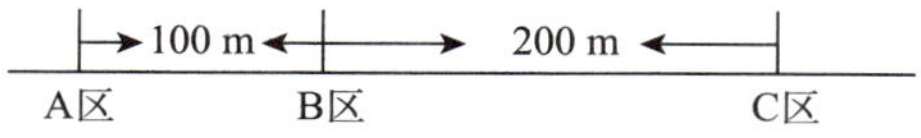

$$\text{A区} \xrightarrow{\text{100 m}} \text{B区} \xrightarrow{\text{200 m}} \text{C区}$$

图 3-1

(A) A区　　　(B) B区　　　(C) C区　　　(D) 任意一区　　　(E) 无法确定

2. 若 $xy=-6$,那么 $xy(x+y)$ 的值可以唯一确定.
   (1) $x-y=5$;　　　　　　(2) $xy^2=18$.

3. 关于 x 的不等式 $(2a-b)x<-3a+4b$ 的解为 $x>\dfrac{4}{9}$,则不等式 $(a-4b)x+2a-3b>0$ 的解为( ).

   (A) $\left(-\dfrac{1}{4},+\infty\right)$　　　　(B) $\left(\dfrac{1}{4},+\infty\right)$　　　　(C) $\left(-\infty,\dfrac{1}{4}\right)$

   (D) $\left(-\infty,-\dfrac{1}{4}\right)$　　　　(E) $\left(-\dfrac{1}{4},0\right)$

习题详解

1. (A)

【解析】设停靠点的位置应在距离 A 区 x m 处,则路程总和为
$$y=30x+15\times(100-x)+10\times(200+100-x)=4\,500+5x,$$
故 $x=0$ 时,y 最小,停靠点的位置应该在 A 区.

2. (B)

【解析】简单方程和不等式.

条件(1):联立 $xy=-6$,$x-y=5$,解出 x,y 的值各两个,所以 $xy(x+y)$ 的值不能唯一确定. 故条件(1)不充分.

条件(2)联立 $xy=-6$,$xy^2=18$,解出 $x=2$,$y=-3$,所以 $xy(x+y)$ 的值能够唯一确定. 故条件(2)充分.

3. (A)

【解析】由不等式 $(2a-b)x<-3a+4b$ 的解为 $x>\dfrac{4}{9}$,可知
$$\begin{cases} 2a-b<0, \\ \dfrac{-3a+4b}{2a-b}=\dfrac{4}{9}, \end{cases}$$

解得 $\dfrac{7}{8}a=b$,故
$$2a-b=2a-\dfrac{7}{8}a=\dfrac{9}{8}a<0,$$

所以 $a<0$,

把 $b=\dfrac{7}{8}a$ 代入 $(a-4b)x+2a-3b>0$,可得 $-\dfrac{5a}{2}x>\dfrac{5a}{8}$,

又 $a<0$,故 $x>-\dfrac{1}{4}$.

所以不等式 $(a-4b)x+2a-3b>0$ 的解集为 $\left(-\dfrac{1}{4},+\infty\right)$.

题型 34 不等式的性质

母题精讲

母题 34 $ab^2 < cb^2$.

(1) 实数 a, b, c 满足 $a+b+c=0$; (2) 实数 a, b, c 满足 $a<b<c$.

【解析】特殊值法.

条件(1): 令 $a=b=c=0$, 显然 $ab^2 = cb^2$, 不充分.

条件(2): 令 $b=0$, 显然 $ab^2 = cb^2$, 不充分.

令 $b=0$, 则两个条件联立也不充分.

【答案】(E)

老吕施法

(1) 不等式的基本性质.

① 若 $a>b$, $b>c$, 则 $a>c$.

② 若 $a>b$, 则 $a+c>b+c$.

③ 若 $a>b$, $c>0$, 则 $ac>bc$; 若 $a>b$, $c<0$, 则 $ac<bc$.

④ 若 $a>b>0$, $c>d>0$, 则 $ac>bd$.

⑤ 若 $a>b>0$, 则 $a^n>b^n$ ($n\in \mathbf{N}^*$).

⑥ 若 $a>b>0$, 则 $\sqrt[n]{a}>\sqrt[n]{b}$ ($n\in \mathbf{N}^*$).

(2) 解此类问题首选特殊值法.

使用特殊值法时, 一般优先考虑 0, 再考虑 -1, 再考虑 1. 这是因为考生出错往往是因为忘掉 0 的存在, 命题人喜欢在考生易错点上出题.

对于条件充分性判断问题, 优先找反例.

习题精练

1. $x<y$.

   (1) 实数 x, y 满足 $x^2<y$; (2) 实数 x, y 满足 $\sqrt{x}<y$.

2. 已知 a, b 是实数, 则 $a>b$.

   (1) $a^2>b^2$; (2) $2^a>2^b$.

3. 已知 a, b 是实数, 则 $\lg a > \lg b$.

   (1) $a>b$; (2) $\log_{\frac{1}{2}} a < \log_{\frac{1}{2}} b$.

4. 若 $a>b>0$, $k>0$, 则下列不等式中能够成立的是( ).

   (A) $-\dfrac{b}{a} < -\dfrac{b+k}{a+k}$ (B) $\dfrac{a}{b} > \dfrac{a-k}{b-k}$ (C) $-\dfrac{b}{a} > -\dfrac{b+k}{a+k}$

   (D) $\dfrac{a}{b} < \dfrac{a-k}{b-k}$ (E) 以上选项均不正确

习题详解

1. (C)

【解析】

条件(1)：令 $x=\dfrac{1}{2}$，$y=\dfrac{1}{3}$，满足 $x^2<y$，但不满足 $x<y$，不充分.

条件(2)：令 $x=4$，$y=3$，满足 $\sqrt{x}<y$，但不满足 $x<y$，不充分.

联立两个条件，由条件(2)可知，$x\geq 0$，$y>0$.

当 $0\leq x\leq 1$ 时，$x<\sqrt{x}$，又由 $\sqrt{x}<y$，故 $x<y$；当 $x>1$ 时，$x<x^2$，又由 $x^2<y$，故 $x<y$.

两个条件联立起来充分.

2. (B)

【解析】条件(1)：$(-2)^2>(-1)^2$，但是 $-2<-1$，不充分.

条件(2)：$y=2^x$ 是增函数，$2^a>2^b$，故 $a>b$，充分.

3. (B)

【解析】条件(1)：令 $a=-1$，$b=-2$，不满足对数的定义域，所以不充分.

条件(2)：函数 $y=\log_{\frac{1}{2}}x$ 是减函数，$\log_{\frac{1}{2}}a<\log_{\frac{1}{2}}b$，所以 $a>b>0$.

又 $y=\lg x$ 是增函数，所以 $\lg a>\lg b$，充分.

4. (C)

【解析】选项(A)：$-\dfrac{b}{a}<-\dfrac{b+k}{a+k} \Leftrightarrow \dfrac{b}{a}>\dfrac{b+k}{a+k} \Leftrightarrow ab+bk>ab+ak \Leftrightarrow bk>ak \xLeftrightarrow{k>0} b>a$，不成立；

选项(C)：$-\dfrac{b}{a}>-\dfrac{b+k}{a+k} \Leftrightarrow \dfrac{b}{a}<\dfrac{b+k}{a+k} \Leftrightarrow ab+bk<ab+ak \Leftrightarrow bk<ak \xLeftrightarrow{k>0} b<a$，成立；

选项(B)和(D)中，因为 $b-k$ 可能大于 0，也可能小于 0，故不等式左右大小不定.

【快速得分法】特殊值法，一一验证即可.

第二节 一元二次函数、方程、不等式

题型 35 一元二次函数、方程和不等式的基本题型

母题精讲

母题 35 方程 $x^2+\dfrac{1}{x^2}-3\times\left(x+\dfrac{1}{x}\right)+4=0$ 的实数解为( ).

(A) $x=1$ (B) $x=2$ (C) $x=-1$ (D) $x=-2$ (E) $x=3$

【解析】令 $t=x+\dfrac{1}{x}$，显然有 $t\leq -2$ 或 $t\geq 2$，且有 $x^2+\dfrac{1}{x^2}=t^2-2$.

故原式等价于 $t^2-3t+2=0$，即 $t=2$ 或 $t=1$(舍).

故 $x+\dfrac{1}{x}=2$，解得 $x=1$.

【答案】（A）

> **老吕施法**
>
> 一元二次函数、方程和不等式的基本题型包括：
> (1) 解一元二次方程．
> (2) 解一元二次不等式．
> (3) 一元二次函数的图像．

习题精练

1. $4x^2-4x<3$.

   (1) $x\in\left(-\dfrac{1}{4},\dfrac{1}{2}\right)$；　　　　(2) $x\in(-1,0)$.

2. 已知 $-2x^2+5x+c\geqslant 0$ 的解为 $-\dfrac{1}{2}\leqslant x\leqslant 3$，则 c 为（　　）．

   (A) $\dfrac{1}{3}$　　(B) 3　　(C) $-\dfrac{1}{3}$　　(D) -3　　(E) 以上选项均不正确

3. 不等式 $(x^4-4)-(x^2-2)\geqslant 0$ 的解集是（　　）．

   (A) $x\geqslant\sqrt{2}$ 或 $x\leqslant-\sqrt{2}$　　(B) $-\sqrt{2}\leqslant x\leqslant\sqrt{2}$　　(C) $x<-\sqrt{3}$ 或 $x>\sqrt{3}$
   (D) $-\sqrt{2}<x<\sqrt{2}$　　(E) 空集

4. 方程 $x^2+ax+2=0$ 与 $x^2-2x-a=0$ 有一个公共实数解．

   (1) $a=3$；　　　　(2) $a=-2$.

5. 满足不等式 $(x+4)(x+6)+3>0$ 的所有实数的集合是（　　）．

   (A) $[4,+\infty)$　　(B) $(4,+\infty)$　　(C) $(-\infty,-2]$
   (D) $(-\infty,-1]$　　(E) $(-\infty,+\infty)$

6. 函数 $y=ax+1$ 与 $y=ax^2+bx+1\ (a\neq 0)$ 的图像可能是（　　）．

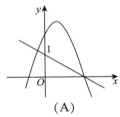　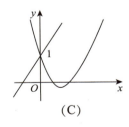　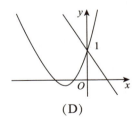

　　(A)　　　　　　(B)　　　　　　(C)　　　　　　(D)

   (E) 以上选项均不正确

7. $0<a+b+c<2$.

   (1) 二次函数 $y=ax^2+bx+c\ (a\neq 0)$ 的图像的顶点在第一象限；
   (2) 二次函数 $y=ax^2+bx+c\ (a\neq 0)$ 的图像过点 $(0,1)$ 和 $(-1,0)$.

习题详解

1. (A)

【解析】$4x^2-4x<3 \Rightarrow 4x^2-4x-3<0 \Rightarrow (2x+1)(2x-3)<0 \Rightarrow -\dfrac{1}{2}<x<\dfrac{3}{2}$，

故条件(1)充分；条件(2)不充分．

2. (B)

【解析】一元二次不等式问题．

方法一：由题意可知，方程$-2x^2+5x+c=0$的两个根为$-\dfrac{1}{2}$和3．

根据韦达定理，得$x_1 x_2 = \dfrac{c}{-2} = -\dfrac{3}{2}$，解得$c=3$．

方法二：将$x=3$代入方程可使$-2x^2+5x+c=0$，即$-2\times 3^2+5\times 3+c=0$，解得$c=3$．

3. (A)

【解析】原不等式化为$(x^2-2)(x^2+1) \geq 0$，即$x^2 \geq 2$，解得$x \geq \sqrt{2}$或$x \leq -\sqrt{2}$．

4. (A)

【解析】条件(1)：两个方程化简，可得$x^2+3x+2=0$，解得$x=-2$或$x=-1$，$x^2-2x-3=0$，即$x=3$或$x=-1$．

因为有相同的实数解，故条件(1)充分．

条件(2)：两个方程均可化简为$x^2-2x+2=0$，$\Delta=4-8=-4<0$，

无实根，故两方程不可能有相同的实数解，所以条件(2)不充分．

5. (E)

【解析】整理原不等式如下

$$(x+4)(x+6)+3>0 \Rightarrow x^2+10x+27>0,$$

因为$\Delta=10^2-4\times 27=-8<0$，故此不等式恒成立．

6. (C)

【解析】考查a，选项中只有(A)，(C)符合；又两个函数同时过(0，1)点(令$x=0$，$y=1$)，故选(C)．

7. (C)

【解析】显然两条件单独都不充分，联立两个条件．

二次函数$y=ax^2+bx+c(a\neq 0)$的图像过点(0，1)和(-1，0)，则有

$$\begin{cases} c=1, \\ a-b+c=0, \end{cases} 即 \begin{cases} c=1, \\ a+1=b, \end{cases}$$

所以$a+b+c=2b$．

又二次函数$y=ax^2+bx+c(a\neq 0)$的图像的顶点在第一象限，则$-\dfrac{b}{2a}>0$，又$a+1=b$，所以

$-\dfrac{b}{2(b-1)}>0$，即$2b(b-1)<0$，解得$0<b<1$．

所以$0<2b<2$，即$0<a+b+c<2$．

故条件(1)和条件(2)联合起来充分．

题型 36 根的判别式问题

母题精讲

母题36 已知关于 x 的一元二次方程 $k^2x^2-(2k+1)x+1=0$ 有两个相异实根,则 k 的取值范围为( ).

(A) $k>\dfrac{1}{4}$ 　　　　　　　　　　(B) $k\geqslant\dfrac{1}{4}$

(C) $k>-\dfrac{1}{4}$ 且 $k\neq 0$ 　　　　　(D) $k\geqslant-\dfrac{1}{4}$ 且 $k\neq 0$

【解析】 由题意知,$\begin{cases}k\neq 0,\\ \Delta=(2k+1)^2-4k^2>0,\end{cases}$ 解得 $k>-\dfrac{1}{4}$ 且 $k\neq 0$.

【答案】(C)

老吕施法

根的判别式问题,有以下四种命题方式:

(1) 已知二次三项式 $ax^2+bx+c(a\neq 0)$ 是一个完全平方式,则 $\Delta=b^2-4ac=0$.

(2) 已知方程 $ax^2+bx+c=0$ 的根的情况.

① 有两个不相等的实根,则

$$\begin{cases}a\neq 0,\\ \Delta=b^2-4ac>0.\end{cases}$$

② 有两个相等的实根,则

$$\begin{cases}a\neq 0,\\ \Delta=b^2-4ac=0.\end{cases}$$

③ 没有实根,则

$$\begin{cases}a\neq 0,\\ \Delta=b^2-4ac<0\end{cases} \text{或} \begin{cases}a=b=0,\\ c\neq 0.\end{cases}$$

(3) 已知函数 $y=ax^2+bx+c$ 与 x 轴交点的个数.

① 与 x 轴有 2 个交点,则

$$\begin{cases}a\neq 0,\\ \Delta=b^2-4ac>0.\end{cases}$$

② 与 x 轴有 1 个交点,则抛物线与 x 轴相切或图像是一条直线,则

$$\begin{cases}a\neq 0,\\ \Delta=b^2-4ac=0\end{cases} \text{或} \begin{cases}a=0,\\ b\neq 0.\end{cases}$$

③ 与 x 轴没有交点,则

$$\begin{cases}a\neq 0,\\ \Delta=b^2-4ac<0\end{cases} \text{或} \begin{cases}a=b=0,\\ c\neq 0.\end{cases}$$

【易错点】 此类题易忘掉一元二次函数(方程、不等式)的二次项系数不能为0. 要使用 $\Delta = b^2 - 4ac$, 必先看二次项系数是否为0.

(4)判断形如 $a|x|^2 + b|x| + c = 0$ $(a \neq 0)$ 的方程的根的个数.

令 $t = |x|$, 则原式化为 $at^2 + bt + c = 0$ $(a \neq 0)$. 若把相等的 x 根算作1个根, 则有

x 有4个不等实根 $\Leftrightarrow t$ 有2个不等正根；

x 有3个不等实根 $\Leftrightarrow t$ 有1个根是0, 另外1个根是正数；

x 有2个不等实根 $\Leftrightarrow t$ 有2个相等正根, 或者有1个正根1个负根；

x 有1个实根 $\Leftrightarrow t$ 的根为0, 或者1个根为0, 另外1个根为负；

x 无实根 $\Leftrightarrow t$ 无实根, 或者根为负值.

习题精练

1. 一元二次方程 $x^2 + bx + 1 = 0$ 有两个不同实根, 则 b 的取值范围为( ).
   (A)$b < -2$　　(B)$b > 2$　　(C)$-2 < b < 2$　　(D)$b > 2$ 或 $b < -2$　(E)$-2 \leqslant b \leqslant 2$

2. 已知关于 x 的方程 $x^2 + 4x + 2a|x+2| + 6 - a = 0$ 有两个不等的实根, 则系数 a 的取值范围是( ).
   (A)$a = -2$ 或 $a > 2$　　　　(B)$a = -2$ 或 $a = 1$　　　　(C)$a = -2$ 或 $a > 1$
   (D)$a = -2$　　　　(E)以上选项均不正确

3. a, b, c 是一个三角形的三边长, 则方程 $x^2 + 2(a+b)x + c^2 = 0$ 的根的情况为( ).
   (A)有两个不等实根　　(B)有两个相等实根　　(C)只有一个实根
   (D)没有实根　　(E)无法断定

4. 已知 $x^2 - x + a - 3$ 是一个完全平方式, 则 $a = ($).
   (A)$3\frac{1}{4}$　　(B)$2\frac{1}{4}$　　(C)$1\frac{1}{4}$　　(D)$3\frac{3}{4}$　　(E)$2\frac{3}{4}$

5. 一元二次方程 $x^2 + 2(m+1)x + (3m^2 + 4mn + 4n^2 + 2) = 0$ 有实根, 则 m, n 的值为( ).
   (A)$m = -1, n = \frac{1}{2}$　　　　(B)$m = \frac{1}{2}, n = -1$　　　　(C)$m = -\frac{1}{2}, n = 1$
   (D)$m = 1, n = -\frac{1}{2}$　　　　(E)以上选项均不正确

6. 关于 x 的两个方程 $x^2 + (2m+3)x + m^2 = 0$, $(m-2)x^2 - 2mx + m + 1 = 0$ 中至少有一个方程有实根, 则 m 的取值范围为( ).
   (A)$\left[-\frac{3}{4}, +\infty\right)$　　(B)$[-2, +\infty)$　　(C)$\left[-2, -\frac{3}{4}\right]$
   (D)$[-2, 2) \cup (2, +\infty)$　　(E)以上选项均不正确

7. 实数 a, b 满足 $a = 2b$.
   (1)关于 x 的一元二次方程 $ax^2 + 3x - 2b = 0$ 的两根的倒数是方程 $3x^2 - ax + 2b = 0$ 的两根；
   (2)关于 x 的方程 $x^2 - ax + b^2 = 0$ 有两个相等的实根.

8. 已知 $a \in \mathbf{R}$, 若关于 x 的方程 $x^2 + x + \left|a - \frac{1}{4}\right| + |a| = 0$ 有实根, 则 a 的取值范围是( ).
   (A)$0 \leqslant a \leqslant \frac{1}{4}$　　(B)$a \geqslant 1$　　(C)$0 \leqslant a \leqslant 1$　　(D)$a \leqslant -1$　　(E)$a \geqslant \frac{1}{4}$

9. 已知 a，b，c 是一个三角形的三条边的边长，则方程 $mx^2+nx+c^2=0$ 没有实根．

(1) $m=b^2$，$n=b^2+c^2-a^2$；

(2) $m=a^2$，$n=a^2+c^2-b^2$．

10. 方程 $3x^2+[2b-4(a+c)]x+(4ac-b^2)=0$ 有两个相等的实根．

(1) a，b，c 是等边三角形的三条边边长；

(2) a，b，c 是等腰三角形的三条边边长．

习题详解

1. (D)

【解析】$x^2+bx+1=0$ 有两个不同实根，等价于 $\Delta=b^2-4\times1\times1>0$，解得 $b>2$ 或 $b<-2$．

2. (A)

【解析】原方程可化为 $|x+2|^2+2a|x+2|+2-a=0$．

设 $t=|x+2|$，则原方程化为 $t^2+2at+2-a=0$．

关于 t 的方程有两个相同正根或有一正、一负两实根时，原方程有两个不等的实根．

(1) 当 $\Delta=4a^2-4\times(2-a)=0$ 时，$a=1$ 或 -2．

若 $a=1$，则原式化为 $t^2+2t+1=0$，$t=-1$，x 无实根；

若 $a=-2$，则原式化为 $t^2-4t+4=0$，$t=2$，x 有两个实根．

(2) t 有一负根、一正根，仅需满足 $2-a<0$，解得 $a>2$．

故 a 的取值范围为 $a=-2$ 或 $a>2$．

3. (A)

【解析】$\Delta=4\times(a+b)^2-4c^2=4\times[(a+b)^2-c^2]$，因为三角形两边之和大于第三边，故有 $a+b>c$，即 $(a+b)^2>c^2$，故有 $\Delta=4\times[(a+b)^2-c^2]>0$，方程有两个不相等的实根．

4. (A)

【解析】$x^2-x+a-3$ 是一个完全平方式，故 $\Delta=(-1)^2-4\times(a-3)=0$，解得 $a=3\dfrac{1}{4}$．

5. (D)

【解析】方程有实根，故 $\Delta\geqslant0$，即

$$4\times(m+1)^2-4\times(3m^2+4mn+4n^2+2)\geqslant0 \Rightarrow m^2+2m+1-3m^2-4mn-4n^2-2\geqslant0$$
$$\Rightarrow m^2-2m+1+m^2+4mn+4n^2\leqslant0$$
$$\Rightarrow (m-1)^2+(m+2n)^2\leqslant0.$$

又因为 $(m-1)^2+(m+2n)^2\geqslant0$，所以 $(m-1)^2+(m+2n)^2=0$，即 $m-1=0$ 且 $m+2n=0$，

解得 $m=1$，$n=-\dfrac{1}{2}$．

6. (B)

【解析】对于第一个方程有 $\Delta=(2m+3)^2-4m^2=12m+9\geqslant0$，得 $m\geqslant-\dfrac{3}{4}$；

对于第二个方程有：当 $m=2$ 时，方程显然有实根；

当 $m\neq2$ 时，$\Delta=4m^2-4\times(m-2)(m+1)\geqslant0$，得 $m\geqslant-2$；

至少有一个方程有实根，取并集，故 m 的取值范围为 $[-2,+\infty)$．

7. (A)

【解析】条件(1)：方法一：由方程是一元二次方程可知 $a\neq 0$；

对方程 $ax^2+3x-2b=0$，由韦达定理，得

$$x_1+x_2=-\frac{3}{a}, \quad x_1x_2=-\frac{2b}{a}.$$

$\frac{1}{x_1}, \frac{1}{x_2}$ 是方程 $3x^2-ax+2b=0$ 的根，由韦达定理，得

$$\frac{1}{x_1}+\frac{1}{x_2}=\frac{x_1+x_2}{x_1x_2}=\frac{3}{2b}=\frac{a}{3}, \quad \frac{1}{x_1}\cdot\frac{1}{x_2}=\frac{1}{x_1x_2}=\frac{2b}{3}=-\frac{a}{2b},$$

解得 $a=-3, b=-\frac{3}{2}$，故 $a=2b$ 成立，故条件(1)充分．

方法二：

将方程 $ax^2+3x-2b=0$ 除以 x^2 得

$$-2b\left(\frac{1}{x}\right)^2+3\frac{1}{x}+a=0$$

令 $t=\frac{1}{x}$，得

$$-2bt^2+3t+a=0.$$

可知方程 $ax^2+3x-2b=0$ 与方程 $-2bt^2+3t+a=0$ 的根互为倒数；

又知方程 $ax^2+3x-2b=0$ 与方程 $3x^2-ax+2b=0$ 的根互为倒数．

故方程 $-2bt^2+3t+a=0$ 与 $3x^2-ax+2b=0$ 方程等价，故 $\begin{cases}-2b=3, b=\frac{3}{2},\\ 3=-a, a=-3,\end{cases}$

故 $a=2b$ 成立，条件(1)充分．

定理：方程 $ax^2+bx+c=0(ac\neq 0, \Delta\geq 0)$ 与方程 $cx^2+bx+a=0(ac\neq 0, \Delta\geq 0)$ 的根互为倒数．

条件(2)：方程有两个相等的实根，故 $\Delta=a^2-4b^2=0$，故 $a=\pm 2b$，故条件(2)不充分．

8. (A)

【解析】$\Delta=1-4\left(\left|a-\frac{1}{4}\right|+|a|\right)\geq 0$，化简得 $\left|a-\frac{1}{4}\right|+|a|\leq \frac{1}{4}$，解得 $0\leq a\leq \frac{1}{4}$．

9. (D)

【解析】方程 $mx^2+nx+c^2=0$ 没有实根，则 $\Delta=n^2-4mc^2<0$．

条件(1)：根据三角形的两边之和大于第三边，三角形的两边之差小于第三边，可知

$$\Delta=n^2-4mc^2=(b^2+c^2-a^2)^2-4b^2c^2$$
$$=(b^2+c^2-a^2+2bc)(b^2+c^2-a^2-2bc)$$
$$=[(b+c)^2-a^2][(b-c)^2-a^2]$$
$$=(b+c+a)(b+c-a)(b-c+a)(b-c-a)<0,$$

故条件(1)充分．

条件(2)：同理，可得

$$\Delta=n^2-4mc^2=(a^2+c^2-b^2)^2-4a^2c^2$$
$$=(a^2+c^2-b^2+2ac)(a^2+c^2-b^2-2ac)$$

$$= [(a+c)^2 - b^2] \cdot [(a-c)^2 - b^2]$$
$$= (a+c+b)(a+c-b)(a-c+b)(a-c-b) < 0,$$

故条件(2)充分.

10. (A)

【解析】方程有两相等的实根，即

$$\Delta = [2b-4(a+c)]^2 - 4 \times 3 \times (4ac-b^2) = 0, \text{即} 8[(a-b)^2 + (b-c)^2 + (a-c)^2] = 0.$$

条件(1)：$a=b=c$，$\Delta = 0$，充分.

条件(2)：可令 $a=c=1$，$b=\sqrt{2}$，代入可得 $\Delta \neq 0$，不充分.

题型 37　韦达定理问题

母题精讲

母题37　x_1，x_2 是方程 $6x^2 - 7x + a = 0$ 的两个实根，若 $\dfrac{1}{x_1}$ 和 $\dfrac{1}{x_2}$ 的几何平均值是 $\sqrt{3}$，则 a 的值是(　　).

(A) 2　　　　(B) 3　　　　(C) 4　　　　(D) -2　　　　(E) -3

【解析】根据韦达定理，得 $x_1 x_2 = \dfrac{a}{6}$；几何平均值，知 $\sqrt{\dfrac{1}{x_1} \cdot \dfrac{1}{x_2}} = \sqrt{3}$，得 $\dfrac{6}{a} = 3$，$a = 2$.

【答案】(A)

老吕施法

(1) 韦达定理.

若 x_1，x_2 为一元二次方程 $ax^2 + bx + c = 0$ 的根，则有

$$x_1 + x_2 = -\dfrac{b}{a}, \quad x_1 x_2 = \dfrac{c}{a}, \quad |x_1 - x_2| = \dfrac{\sqrt{b^2 - 4ac}}{|a|}.$$

(2) 韦达定理的使用前提.

任何时候使用韦达定理，都应该先考虑以下两个前提：

① 方程 $ax^2 + bx + c = 0$ 的二次项系数 $a \neq 0$.

② 一元二次方程 $ax^2 + bx + c = 0$ 根的判别式 $\Delta = b^2 - 4ac \geqslant 0$.

(3) 韦达定理的常见变形.

① $\dfrac{1}{x_1} + \dfrac{1}{x_2} = \dfrac{x_1 + x_2}{x_1 x_2}$.

② $\dfrac{1}{x_1^2} + \dfrac{1}{x_2^2} = \dfrac{(x_1 + x_2)^2 - 2x_1 x_2}{(x_1 x_2)^2}$.

③ $|x_1 - x_2| = \sqrt{(x_1 - x_2)^2} = \sqrt{(x_1 + x_2)^2 - 4x_1 x_2}$.

④ $x_1^2 + x_2^2 = (x_1 + x_2)^2 - 2x_1 x_2$.

⑤ $x_1^2 - x_2^2 = (x_1 + x_2)(x_1 - x_2) = (x_1 + x_2)\sqrt{(x_1 + x_2)^2 - 4x_1 x_2}$　$(x_1 > x_2)$.

⑥ $x_1^3 + x_2^3 = (x_1 + x_2)(x_1^2 - x_1 x_2 + x_2^2) = (x_1 + x_2)[(x_1 + x_2)^2 - 3x_1 x_2]$.

⑦ $x_1^4+x_2^4=(x_1^2+x_2^2)^2-2(x_1x_2)^2$.

(4) 已知 α, β 是方程 $ax^2+bx+c=0$ 的根的处理方式.

一般同学看到这样的已知条件会想到韦达定理, 但是实际上, 这种命题方式有以下 4 个考点:

① $a\neq 0$: 这是方程为一元二次方程的前提, 也是使用 Δ 和韦达定理的前提.

② $\Delta\geqslant 0$: $\Delta\geqslant 0$ 与 $a\neq 0$ 共同构成使用韦达定理的前提.

③ 韦达定理.

④ 可以将根代入方程.

习题精练

1. 已知方程 $2x^2-5x+1=0$ 的两个根为 α 和 β, 则 $\sqrt{\dfrac{\beta}{\alpha}}+\sqrt{\dfrac{\alpha}{\beta}}=$ (　　).

   (A) $\pm\dfrac{5\sqrt{2}}{2}$　　(B) $\dfrac{5\sqrt{2}}{2}$　　(C) $-\dfrac{5\sqrt{2}}{2}$　　(D) $\pm\dfrac{5\sqrt{3}}{3}$　　(E) 1

2. 已知 x_1, x_2 是关于 x 的方程 $x^2+kx-4=0$ ($k\in\mathbf{R}$) 的两实根, 能确定 $x_1^2-2x_2=8$.

   (1) $k=2$;　　(2) $k=-3$.

3. 方程 $2x^2-(k+1)x+(k+3)=0$ 的两根之差为 1, 则(　　).

   (A) $k=2$　　(B) $k=3$ 或 $k=-9$　　(C) $k=-3$ 或 $k=9$

   (D) $k=6$ 或 $k=2$　　(E) 以上选项均不正确

4. 关于 x 的不等式 $x^2-2ax-8a^2<0$ ($a>0$) 的解集为 (x_1,x_2), 且 $x_2-x_1=15$, 则 $a=$ (　　).

   (A) $\dfrac{5}{2}$　　(B) $\pm\dfrac{5}{2}$　　(C) $-\dfrac{5}{2}$　　(D) $\dfrac{15}{4}$　　(E) $\dfrac{5}{4}$

5. 已知方程 $x^3-2x^2-2x+1=0$ 有三个根 x_1, x_2, x_3, 其中 $x_1=-1$, 则 $|x_2-x_3|$ 等于(　　).

   (A) $\sqrt{5}$　　(B) 1　　(C) 2　　(D) 3　　(E) $\sqrt{7}$

6. 设 $a^2+1=3a$, $b^2+1=3b$, 且 $a\neq b$, 则代数式 $\dfrac{1}{a^2}+\dfrac{1}{b^2}$ 的值为(　　).

   (A) 3　　(B) 4　　(C) 5　　(D) 6　　(E) 7

7. 若 m, n 分别满足 $2m^2+1999m+5=0$, $5n^2+1999n+2=0$, 且 $mn\neq 1$, 则 $\dfrac{mn+1}{m}=$ (　　).

   (A) $-\dfrac{1999}{5}$　　(B) $\dfrac{1999}{5}$　　(C) $-\dfrac{5}{1999}$　　(D) $\dfrac{5}{1999}$　　(E) $-\dfrac{1999}{2}$

8. 已知不等式 $x^2-ax+b<0$ 的解是 $x\in(-1,2)$, 则不等式 $x^2+bx+a>0$ 的解集是(　　).

   (A) $x\neq 1$　　(B) $x\neq 2$　　(C) $x\neq 3$　　(D) $x\in\mathbf{R}$　　(E) $x\in(1,3)$

9. 关于 x 的一元二次方程 $x^2-mx+2m-1=0$ 的两个实数根分别是 x_1, x_2, 且 $x_1^2+x_2^2=7$, 则 $(x_1-x_2)^2$ 的值是(　　).

   (A) -11 或 13　　(B) -11　　(C) 13　　(D) -13　　(E) 19

10. 已知 α 与 β 是方程 $x^2-x-1=0$ 的两个根, 则 $\alpha^4+3\beta$ 的值为(　　).

    (A) 1　　(B) 2　　(C) 5　　(D) $5\sqrt{2}$　　(E) $6\sqrt{2}$

11. 已知 a, b 是方程 $x^2-4x+m=0$ 的两个根, b, c 是方程 $x^2-8x+5m=0$ 的两个根, 则 $m=$ (　　).

    (A) 0　　(B) 3　　(C) 0 或 3　　(D) -3　　(E) 0 或 -3

12. 已知 m，n 是方程 $x^2-3x+1=0$ 的两实根，则 $2m^2+4n^2-6n-1$ 的值为( ).
(A)4　　　(B)6　　　(C)7　　　(D)9　　　(E)11

13. 已知 x_1，x_2 是方程 $x^2+m^2x+n=0$ 的两实根，y_1，y_2 是方程 $y^2+5my+7=0$ 的两实根，且 $x_1-y_1=2$，$x_2-y_2=2$，则 m，n 的值分别为( ).
(A)4，−29　(B)4，29　(C)−4，−29　(D)−4，29　(E)以上选项都不正确

14. 若 α，β 是方程 $x^2-3x+1=0$ 的两根，则 $8\alpha^4+21\beta^3=($).
(A)377　　(B)64　　　(C)37　　　(D)2　　　(E)1

习题详解

1. (B)

【解析】由韦达定理，得 $\alpha+\beta=\dfrac{5}{2}$，$\alpha\beta=\dfrac{1}{2}$，则

$$\left(\sqrt{\dfrac{\beta}{\alpha}}+\sqrt{\dfrac{\alpha}{\beta}}\right)^2=\dfrac{\beta}{\alpha}+2+\dfrac{\alpha}{\beta}=\dfrac{\alpha^2+\beta^2}{\alpha\beta}+2=\dfrac{(\alpha+\beta)^2}{\alpha\beta}=\dfrac{25}{2}\Rightarrow\sqrt{\dfrac{\beta}{\alpha}}+\sqrt{\dfrac{\alpha}{\beta}}=\sqrt{\dfrac{25}{2}}=\dfrac{5\sqrt{2}}{2}.$$

【快速解题法】$\sqrt{\dfrac{\beta}{\alpha}}+\sqrt{\dfrac{\alpha}{\beta}}$ 一定为正值，且一定大于 1，故选(B).

2. (A)

【解析】$\Delta=k^2+16>0$，无论 k 取何值，方程均有实根.

条件(1)：由韦达定理，得 $x_1+x_2=-2$，将 x_1 代入方程可得 $x_1^2+2x_1-4=0$，$x_1^2=4-2x_1$，$x_1^2-2x_2=4-2x_1-2x_2=4-2(x_1+x_2)=8$，充分.

条件(2)：解方程得 $x_1=-1$，$x_2=4$ 或 $x_1=4$，$x_2=-1$，代入，得 $x_1^2-2x_2\neq 8$，不充分.

3. (C)

【解析】两根之差 $=|x_1-x_2|=\dfrac{\sqrt{\Delta}}{|a|}=\dfrac{\sqrt{(k+1)^2-8(k+3)}}{|2|}=1$，解得 $k=-3$ 或 $k=9$.

经验证可知，两个值都满足 $\Delta\geq 0$，故选(C).

4. (A)

【解析】由题意可得 x_1，x_2（且 $x_1<x_2$）是方程 $x^2-2ax-8a^2=0$ 的两个实根.

由韦达定理，得 $x_1+x_2=2a$，$x_1\cdot x_2=-8a^2$，又 $x_2-x_1=15$，则

$$(x_1-x_2)^2=(x_1+x_2)^2-4x_1x_2=36a^2=15^2,$$

解得 $a=\pm\dfrac{5}{2}$，因为 $a>0$，所以 $a=\dfrac{5}{2}$.

5. (A)

【解析】原式 $=(x^3+1)-2(x^2+x)=(1+x)(1-x+x^2)-2x(1+x)=(x+1)(x^2-3x+1)$；
因为 $x_1=-1$，故 x_2，x_3 是 $x^2-3x+1=0$ 的根，故

$$|x_2-x_3|=\sqrt{(x_2-x_3)^2}=\dfrac{\sqrt{\Delta}}{|a|}=\sqrt{5}.$$

6. (E)

【解析】由题意可知 a，b 为方程 $x^2-3x+1=0$ 的两根，故 $ab=1$，$a+b=3$，则

$$\dfrac{1}{a^2}+\dfrac{1}{b^2}=\dfrac{(a+b)^2-2ab}{(ab)^2}=9-2=7.$$

7. (A)

【解析】方程 $ax^2+bx+c=0$，$cx^2+bx+a=0$ $(ac\neq 0)$ 的根互为倒数，故设 $2m^2+1999m+5=0$ 的两个根为 m_1，m_2，必有 $5n^2+1999n+2=0$ 的两个根为 $\dfrac{1}{m_1}$，$\dfrac{1}{m_2}$；

m，n 分别是两个方程的根，且 $mn\neq 1$，则不妨设 $m=m_1$，则必有 $n=\dfrac{1}{m_2}$，则

$$\dfrac{mn+1}{m}=\dfrac{m_1\cdot\dfrac{1}{m_2}+1}{m_1}=\dfrac{m_1+m_2}{m_1m_2}=\dfrac{-\dfrac{1999}{2}}{\dfrac{5}{2}}=-\dfrac{1999}{5}.$$

8. (A)

【解析】由 $x^2-ax+b<0$ 的解 $x\in(-1,2)$ 可知，$x_1=-1$，$x_2=2$ 为方程 $x^2-ax+b=0$ 的两个根，由韦达定理知 $x_1+x_2=-1+2=a$，$x_1x_2=-1\times 2=b$，得 $a=1$，$b=-2$，故
$$x^2+bx+a=x^2-2x+1=(x-1)^2\geq 0\Rightarrow x\neq 1.$$

9. (C)

【解析】方程有实根，故 $\Delta=m^2-4\times(2m-1)=m^2-8m+4\geq 0$，

由韦达定理知 $x_1+x_2=m$，$x_1x_2=2m-1$，故
$$x_1^2+x_2^2=(x_1+x_2)^2-2x_1x_2=m^2-2\times(2m-1)=m^2-4m+2=7,$$

解得 $m_1=5$（$\Delta<0$，舍去），$m_2=-1$. 故
$$(x_1-x_2)^2=(x_1+x_2)^2-4x_1x_2=1+12=13.$$

10. (C)

【解析】α 是方程的根，代入方程，得 $\alpha^2-\alpha-1=0$，$\alpha^2=\alpha+1$. 故
$$\alpha^4=(\alpha^2)^2=(\alpha+1)^2=\alpha^2+2\alpha+1=(\alpha+1)+2\alpha+1=3\alpha+2;$$

又由韦达定理，得 $\alpha+\beta=1$，故 $\alpha^4+3\beta=3(\alpha+\beta)+2=5$.

11. (C)

【解析】b 是两个方程的根，代入可得
$$\begin{cases} b^2-4b+m=0, \\ b^2-8b+5m=0, \end{cases}$$

解得 $b=m$，代入，得 $m^2-3m=0$，则 $m=0$ 或 $m=3$，代入两个方程的根的判别式 Δ，可知 m 的两个取值都成立.

12. (E)

【解析】将 n 代入方程可得 $n^2-3n+1=0$，$n^2=3n-1$，故
$$2m^2+4n^2-6n-1=2m^2+2n^2+2n^2-6n-1=2m^2+2n^2-3,$$

由韦达定理得 $m+n=3$，$mn=1$，故 $m^2+n^2=(m+n)^2-2mn=7$. 故原式 $=14-3=11$.

13. (A)

【解析】$x_1-y_1+x_2-y_2=(x_1+x_2)-(y_1+y_2)=4$， ①

根据韦达定理，可知 $x_1+x_2=-m^2$，$y_1+y_2=-5m$.

代入①式得 $-m^2+5m-4=0$，解得 $m=1$ 或 4.

当 $m=1$ 时，$y^2+5my+7=0$ 的判别式小于 0，舍去；

当 $m=4$ 时，$y^2+5my+7=0$ 的判别式大于 0，故 $m=4$.

由 $x_1-y_1=2$，$x_2-y_2=2$ 以及韦达定理，得
$$n=x_1x_2=(y_1+2)(y_2+2)=y_1y_2+2(y_1+y_2)+4=7-40+4=-29.$$
故 $m=4$，$n=-29$.

14．(A)

【解析】α，β 是方程 $x^2-3x+1=0$ 的两根，则
$$\begin{cases}\alpha^2-3\alpha+1=0,\\ \beta^2-3\beta+1=0\end{cases}\Rightarrow\begin{cases}\alpha^2=3\alpha-1,\\ \beta^2=3\beta-1,\end{cases}$$
又由韦达定理可知 $\alpha+\beta=3$，所以
$$8\alpha^4+21\beta^3=8(3\alpha-1)^2+21\beta(3\beta-1)=168(\alpha+\beta)-127=377.$$

题型 38　一元二次函数的最值

母题精讲

母题38 已知二次方程 $x^2-2ax+10x+2a^2-4a-2=0$ 有实根，求其两根之积的最小值是（　　）．

(A) -4　　(B) -3　　(C) -2　　(D) -1　　(E) -6

【解析】方程有实根，则
$$\Delta=(-2a+10)^2-4(2a^2-4a-2)=4(-a^2-6a+27)\geqslant 0,$$
即 $a^2+6a-27\leqslant 0$，解得 $-9\leqslant a\leqslant 3$.

根据韦达定理，可得 $x_1x_2=2a^2-4a-2$，画图像如图 3-1 所示：

可见，最小值取在 $a=1$ 的点上，最大值取在 $a=-9$ 的点上．

两根之积的最小值为 -4.

【答案】(A)

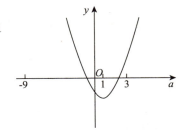

图 3-1

老吕施法

一元二次函数 $y=ax^2+bx+c$ $(a\neq 0)$ 的最值问题，应该按以下步骤解题：

(1) 先看定义域是否为全体实数．

(2) 若定义域为全体实数，则

① 当 $x\in\mathbf{R}$ 时，若 $a>0$，函数图像开口向上，y 有最小值，$y_{\min}=\dfrac{4ac-b^2}{4a}$，无最大值．

② 当 $x\in\mathbf{R}$ 时，若 $a<0$，函数图像开口向下，y 有最大值，$y_{\max}=\dfrac{4ac-b^2}{4a}$，无最小值．

③ 若已知方程 $ax^2+bx+c=0$ 的两根为 x_1，x_2，且 $x\in\mathbf{R}$，则 $y=ax^2+bx+c$ $(a\neq 0)$ 的最值为 $f\left(\dfrac{x_1+x_2}{2}\right)$.

(3) 若 x 的定义域不是全体实数，则需要画图像，根据图像的最高点和最低点求解最大值和最小值．

习题精练

1. $\alpha^2+\beta^2$ 的最小值是 $\dfrac{1}{2}$.

   (1) α 与 β 是方程 $x^2-2ax+(a^2+2a+1)=0$ 的两个实根;

   (2) $\alpha\beta=\dfrac{1}{4}$.

2. 设 x_1,x_2 是关于 x 的一元二次方程 $x^2+ax+a=2$ 的两个实数根,则 $(x_1-2x_2)(x_2-2x_1)$ 的最大值为( ).

   (A) $\dfrac{63}{8}$　　(B) $-\dfrac{63}{8}$　　(C) $\dfrac{215}{8}$　　(D) $-\dfrac{215}{8}$　　(E) $\dfrac{37}{8}$

3. 设 α,β 是方程 $4x^2-4mx+m+2=0$ 的两个实根,$\alpha^2+\beta^2$ 有最小值,最小值是( ).

   (A) $\dfrac{1}{2}$　　(B) 1　　(C) $\dfrac{3}{2}$　　(D) 2　　(E) $-\dfrac{17}{16}$

习题详解

1. (D)

   【解析】条件(1): $\Delta=4a^2-4\times(a^2+2a+1)=4\times(-2a-1)\geqslant 0 \Rightarrow a\leqslant -\dfrac{1}{2}$.

   由韦达定理,知 $\alpha+\beta=2a$,$\alpha\beta=a^2+2a+1$,则
   $$\alpha^2+\beta^2=(\alpha+\beta)^2-2\alpha\beta=2\times(a^2-2a-1).$$

   根据图像知,当 $a=-\dfrac{1}{2}$ 时,其最小值为 $\dfrac{1}{2}$,条件(1)充分.

   条件(2): $\alpha^2+\beta^2\geqslant 2\alpha\beta=\dfrac{1}{2}$,充分.

2. (B)

   【解析】$\Delta=a^2-4\times(a-2)=a^2-4a+8=(a-2)^2+4>0$,故 a 可以取任意实数.

   由韦达定理得 $x_1+x_2=-a$,$x_1 x_2=a-2$,故
   $$(x_1-2x_2)(x_2-2x_1)=-2\times(x_1+x_2)^2+9x_1 x_2=-2a^2+9a-18.$$

   由顶点坐标公式得 $a=\dfrac{9}{4}$ 时,原式有最大值 $-\dfrac{63}{8}$.

3. (A)

   【解析】由方程有实根可得 $\Delta=(4m)^2-4\times 4(m+2)\geqslant 0$,解得 $m\leqslant -1$ 或 $m\geqslant 2$.

   由韦达定理,得 $\alpha+\beta=m$,$\alpha\beta=\dfrac{m+2}{4}$,则
   $$\alpha^2+\beta^2=(\alpha+\beta)^2-2\alpha\beta=m^2-\dfrac{m+2}{2}=\left(m-\dfrac{1}{4}\right)^2-\dfrac{17}{16},$$

   根据图像知,当 $m=-1$ 时,$\alpha^2+\beta^2$ 有最小值,最小值为 $\dfrac{1}{2}$.

题型 39 根的分布问题

母题精讲

母题39 方程 $2ax^2-2x-3a+5=0$ 的一个根大于1,另一个根小于1.
(1) $a>3$; (2) $a<0$.

【解析】 a 的符号不定,要分情况讨论:
当 $a>0$ 时,图像开口向上,只需 $f(1)<0$ 即可,即 $2a-2-3a+5<0$,解得 $a>3$;
当 $a<0$ 时,图像开口向下,只需 $f(1)>0$ 即可,即 $2a-2-3a+5>0$,解得 $a<3$,所以 $a<0$.
故条件(1)和(2)单独都充分.

【答案】 (D)

老吕施法

一元二次方程 $ax^2+bx+c=0(a\neq 0)$ 的根的分布问题分为四种类型:

类型1. 正负根.

① 方程有两个不等正根 $\Leftrightarrow \begin{cases} \Delta>0, \\ x_1+x_2>0, \\ x_1x_2>0. \end{cases}$

② 方程有两个不等负根 $\Leftrightarrow \begin{cases} \Delta>0, \\ x_1+x_2<0, \\ x_1x_2>0. \end{cases}$

③ 方程有一正根一负根 $\Leftrightarrow x_1x_2<0 \Leftrightarrow ac<0$.

④ 方程有一正根一负根且正根的绝对值大 $\Leftrightarrow \begin{cases} x_1x_2<0, \\ x_1+x_2>0, \end{cases}$ 即 $\begin{cases} ac<0, \\ ab<0. \end{cases}$

⑤ 方程有一正根一负根且负根的绝对值大 $\Leftrightarrow \begin{cases} x_1x_2<0, \\ x_1+x_2<0, \end{cases}$ 即 $\begin{cases} ac<0, \\ ab>0. \end{cases}$

类型2. 区间根.

区间根问题,使用"两点式"解题法,即看顶点(横坐标相当于看对称轴,纵坐标相当于看 Δ)、看端点(根所分布区间的端点).

为了讨论方便,我们只讨论 $a>0$ 的情况,考试时,如果 a 的符号不定,则需要先讨论开口方向.

① 若 $a>0$,方程的一根大于1,另外一根小于1,则
$$f(1)<0.(看端点)$$

② 若 $a>0$,方程的根 x_1 位于区间 $(1, 2)$ 上,x_2 位于区间 $(3, 4)$,$x_1<x_2$,则

$$\begin{cases} f(1)>0, \\ f(2)<0, \\ f(3)<0, \\ f(4)>0. \end{cases} (看端点)$$

③若 $a>0$，方程的根 x_1 和 x_2 均位于区间 $(1,2)$ 上，则

$$\begin{cases} f(1)>0, \\ f(2)>0, \\ 1<-\dfrac{b}{2a}<2, \\ \Delta \geqslant 0. \end{cases} (看端点、看顶点)$$

④若 $a>0$，方程的根 $x_2>x_1>1$，则

$$\begin{cases} f(1)>0, \\ -\dfrac{b}{2a}>1, \\ \Delta>0. \end{cases} (看端点、看顶点)$$

类型 3. 有理根.

若一元二次方程 $ax^2+bx+c=0$ $(a\neq 0)$ 的系数 a,b,c 均为有理数，方程的根为有理数，则 Δ 需能开方.

类型 4. 整数根.

若一元二次方程 $ax^2+bx+c=0$ $(a\neq 0)$ 的系数 a,b,c 均为整数，方程的根为整数，则

$$\left.\begin{cases} \Delta \text{ 为完全平方数}, \\ x_1+x_2=-\dfrac{b}{a}\in \mathbf{Z}, \\ x_1 x_2=\dfrac{c}{a}\in \mathbf{Z}, \end{cases}\right\} \text{即 } a \text{ 是 } b,c \text{ 的公约数.}$$

习题精练

1. 方程 $x^2+ax+b=0$ 有一正一负两个实根.

   (1) $b=-C_4^3$； (2) $b=-C_7^5$.

2. 方程 $4x^2+(a-2)x+a-5=0$ 有两个不等的负实根.

   (1) $a<6$； (2) $a>5$.

3. 若方程 $(k^2+1)x^2-(3k+1)x+2=0$ 有两个不同的正根，则 k 应满足的条件是（   ）.

   (A) $k>1$ 或 $k<-7$ (B) $k>-\dfrac{1}{3}$ 或 $k<-7$ (C) $k>1$

   (D) $k>-\dfrac{1}{3}$ (E) 以上选项均不正确

4. 一元二次方程 $ax^2+bx+c=0$ 的两实根满足 $x_1 x_2<0$.

   (1) $a+b+c=0$，且 $a<b$； (2) $a+b+c=0$，且 $b<c$.

5. 方程 $ax^2+bx+c=0$ 有异号的两实数根，且正根的绝对值大.

(1) $a>0$，$c<0$；　　　　　　　　(2) $b<0$.

6. 设关于 x 的方程 $ax^2+(a+2)x+9a=0$ 有两个不等的实数根 x_1，x_2，且 $x_1<1<x_2$，那么 a 的取值范围是（　　）.

(A) $-\dfrac{2}{7}<a<\dfrac{2}{5}$　　　　(B) $a>\dfrac{2}{5}$　　　　(C) $a<-\dfrac{2}{7}$

(D) $-\dfrac{2}{11}<a<0$　　　　(E) $-\dfrac{2}{11}<a$

7. 要使 $3x^2+(m-5)x+m^2-m-2=0$ 的两根分别满足：$0<x_1<1<x_2<2$，则 m 的取值范围为（　　）.

(A) $-2\leqslant m<0$　　　　(B) $-2\leqslant m<-1$　　　　(C) $-2<m<-1$

(D) $-1<m<2$　　　　(E) $1<m<2$

8. 一元二次方程 $x^2+(m-2)x+m=0$ 的两实根均在开区间 $(-1,1)$ 内，则 m 的取值范围为（　　）.

(A) $\dfrac{1}{2}<m\leqslant 4-2\sqrt{3}$　　　　(B) $-\dfrac{1}{2}<m\leqslant 4-2\sqrt{3}$　　　　(C) $-\dfrac{1}{2}<m\leqslant 4+2\sqrt{3}$

(D) $\dfrac{1}{2}<m\leqslant 4+2\sqrt{3}$　　　　(E) $-\dfrac{1}{2}<m\leqslant 0$

9. 已知二次方程 $mx^2+(2m-1)x-m+2=0$ 的两个根都小于1，则 m 的取值范围为（　　）.

(A) $\left(-\infty,\ -\dfrac{1}{2}\right)\cup\left[\dfrac{3+\sqrt{7}}{4},\ +\infty\right)$　　　　(B) $(-\infty,\ 0)\cup\left[\dfrac{3+\sqrt{7}}{4},\ +\infty\right)$

(C) $\left(-\infty,\ -\dfrac{1}{2}\right)\cup[1,\ +\infty)$　　　　(D) $\left[\dfrac{3+\sqrt{7}}{4},\ +\infty\right)$

(E) $\left(-\dfrac{1}{2},\ +\infty\right)$

10. 关于 x 的方程 $kx^2-(k-1)x+1=0$ 有有理根，则整数 k 的值为（　　）.

(A) 0 或 3　　(B) 1 或 5　　(C) 0 或 5　　(D) 1 或 2　　(E) 0 或 6

11. 已知关于 x 的方程 $x^2-(n+1)x+2n-1=0$ 的两根为整数，则整数 n 是（　　）.

(A) 1 或 3　　(B) 1 或 5　　(C) 3 或 5　　(D) 1 或 2　　(E) 2 或 5

习题详解

1. (D)

【解析】有一正一负两个实根，只需要 $b<0$ 即可满足.

条件(1)：$b=-C_4^3<0$，充分.

条件(2)：$b=-C_7^5<0$，充分.

2. (C)

【解析】有两个不相等的负根，则
$$\begin{cases}\Delta=(a-2)^2-16(a-5)>0,\\ x_1+x_2=\dfrac{2-a}{4}<0,\\ x_1x_2=\dfrac{a-5}{4}>0,\end{cases}$$

解得 $5<a<6$ 或 $a>14$.

所以条件(1)和(2)联立起来充分.

3. (C)

   【解析】二次项系数 k^2+1 不可能等于 0，方程有两个不等的正根，故有
   $$\begin{cases} \Delta=(3k+1)^2-8(k^2+1)>0, \\ x_1+x_2=\dfrac{3k+1}{k^2+1}>0, \\ x_1x_2=\dfrac{2}{k^2+1}>0, \end{cases}$$
   解得 $k>1$.

4. (C)

   【解析】$x_1x_2=\dfrac{c}{a}<0 \Rightarrow ac<0$.

   条件(1)：令 $a=-1$，$b=1$，$c=0$，则 $ac=0$，条件(1)不充分.

   条件(2)：令 $a=1$，$b=-1$，$c=0$，则 $ac=0$，条件(2)不充分.

   联立两个条件：有 $a+b+c=0$ 且 $a<b<c$，则 $a<0$，$c>0$，故 $ac<0$，两个条件联立起来充分，选(C).

5. (C)

   【解析】由条件(1)得，$ac<0$，方程有一正根一负根，但无法确定哪个根的绝对值大，故条件(1)不充分.

   条件(2)显然不充分.

   联立两个条件得 $x_1+x_2=-\dfrac{b}{a}>0$，故正根的绝对值大，联立两个条件充分，选(C).

6. (D)

   【解析】二次项系数 $a\neq 0$：

   当 $a>0$ 时，应有 $f(1)=a+a+2+9a<0$，得 $a<-\dfrac{2}{11}$，不成立；

   当 $a<0$ 时，应有 $f(1)=a+a+2+9a>0$，得 $a>-\dfrac{2}{11}$，故有 $-\dfrac{2}{11}<a<0$.

7. (C)

   【解析】根据题意画图像可知，应该有
   $$\begin{cases} f(0)=m^2-m-2>0, \\ f(1)=3+m-5+m^2-m-2<0, \\ f(2)=12+2(m-5)+m^2-m-2>0, \end{cases}$$
   解得 $-2<m<-1$.

8. (A)

   【解析】设 $f(x)=x^2+(m-2)x+m$，根据题目画图像可知

$$\begin{cases} \Delta=(m-2)^2-4m\geqslant 0, \\ f(-1)=1-m+2+m>0, \\ f(1)=1+m-2+m>0, \\ -1<-\dfrac{m-2}{2\times 1}<1, \end{cases}$$

解得 $\dfrac{1}{2}<m\leqslant 4-2\sqrt{3}$.

9. (A)

【解析】 根据题意，可得

$$\begin{cases} m>0, \\ \Delta=(2m-1)^2+4m(m-2)\geqslant 0, \\ f(1)=m+(2m-1)-m+2>0, \\ -\dfrac{2m-1}{2m}<1 \end{cases} \text{或} \begin{cases} m<0, \\ \Delta=(2m-1)^2+4m(m-2)\geqslant 0, \\ f(1)=m+(2m-1)-m+2<0, \\ -\dfrac{2m-1}{2m}<1, \end{cases}$$

解得 m 的取值范围是 $\left(-\infty,-\dfrac{1}{2}\right)\cup\left[\dfrac{3+\sqrt{7}}{4},+\infty\right)$.

10. (E)

【解析】 当 $k=0$ 时，$x=-1$，方程有有理根．

当 $k\neq 0$ 时，方程有有理根，k 是整数，则 $\Delta=(k-1)^2-4k=k^2-6k+1$ 为完全平方数，即存在非负整数 m，使 $k^2-6k+1=m^2$，配方得 $(k-3)^2-m^2=(k-3+m)(k-3-m)=8$.

由 $k-3+m$ 与 $k-3-m$ 是奇偶性相同的整数，其积为 8，所以它们均为偶数，

又 $k-3+m>k-3-m$，从而有

$$\begin{cases} k-3+m=4, \\ k-3-m=2 \end{cases} \text{或} \begin{cases} k-3+m=-2, \\ k-3-m=-4, \end{cases}$$

解得 $k=6$ 或 $k=0$.

综上所述，整数 k 的值为 $k=6$ 或 $k=0$.

【快速得分法】 计算到 Δ 为完全平方数时，代入选项(A)，(C)，(E)可知只有(E)项成立．

11. (B)

【解析】 两根为整数，可知

$$\begin{cases} \Delta=(n+1)^2-4(2n-1) \text{为完全平方数,} & ① \\ x_1+x_2=n+1 \text{为整数,} & ② \\ x_1x_2=2n-1 \text{为整数,} & ③ \end{cases}$$

当 n 是整数时，条件②、③显然满足，故只需要再满足条件①即可．

设 $\Delta=(n+1)^2-4(2n-1)=k^2$ (k 为非负整数)，整理得 $(n-3)^2-k^2=4$，即

$$(n-3+k)(n-3-k)=4,$$

故有以下几种情况：

$$\begin{cases} n-3+k=4, \\ n-3-k=1 \end{cases} \text{或} \begin{cases} n-3+k=-1, \\ n-3-k=-4, \end{cases} \text{或} \begin{cases} n-3+k=2, \\ n-3-k=2 \end{cases} \text{或} \begin{cases} n-3+k=-2, \\ n-3-k=-2, \end{cases}$$

解得 $n=1$ 或 5.

【快速得分法】 选项代入法，将各选项的值代入原方程，易知选(B)．

题型 40　一元二次不等式的恒成立问题

母题精讲

母题 40 不等式 $(k+3)x^2-2(k+3)x+k-1<0$，对 x 的任意数值都成立．
(1) $k=0$；　　　　　　　　(2) $k=-3$．

【解析】恒成立问题，首先考虑二次项系数是否为 0．
① 二次项系数 $k+3=0$，$k=-3$ 时，代入原式得 $-4<0$，恒成立；
② 二次项系数不等于 0 时，有
$$\begin{cases} k+3<0, \\ \Delta=4(k+3)^2-4(k+3)(k-1)<0, \end{cases}$$
解得 $k<-3$；
两种情况取并集，可知 $k\leqslant -3$．故条件(1)不充分；条件(2)充分．

【答案】(B)

老吕施法

一元二次不等式的恒成立问题，常见以下类型：
(1) 定义域为全体实数．

一元二次不等式 $ax^2+bx+c>0$ $(a\neq 0)$ 恒成立，则 $\begin{cases} a>0, \\ \Delta=b^2-4ac<0; \end{cases}$

一元二次不等式 $ax^2+bx+c<0$ $(a\neq 0)$ 恒成立，则 $\begin{cases} a<0, \\ \Delta=b^2-4ac<0. \end{cases}$

(2) 定义域在某个范围求某系数的范围．

一元二次不等式 $ax^2+bx+c>0$ 或 $ax^2+bx+c<0$ $(a\neq 0)$，在 x 属于某一区间时恒成立，求某个系数的取值范围．

解法：根据图像分类讨论法、解出参数法．

(3) 系数有范围求定义域．

一元二次不等式 $ax^2+bx+c>0$ 或 $ax^2+bx+c<0(a\neq 0)$，在某个系数属于某区间时恒成立，求 x 的取值范围．

解法：解出参数法．

【易错点】在使用解出参数法时，要特别注意解集的区间是开区间还是闭区间．

习题精练

1. 不等式 $(a^2-3a+2)x^2+(a-1)x+2>0$ 的解为全体实数，则(　　)．

(A) $a<1$　　　　　　　(B) $a\leqslant 1$ 或 $a>2$　　　　　　(C) $a>\dfrac{15}{7}$

(D) $a<1$ 或 $a>\dfrac{15}{7}$　　　　　(E) $a\leqslant 1$ 或 $a>\dfrac{15}{7}$

2. 不等式 $|x^2+2x+a|\leqslant 1$ 的解集为空集，则 a 的取值范围为（   ）．
   (A) $a<0$　　(B) $a>2$　　(C) $0<a<2$　　(D) $a<0$ 或 $a>2$　　(E) $a\geqslant 2$

3. $kx^2-(k-8)x+1$ 对一切实数 x 均为正值（其中 $k\in\mathbf{R}$ 且 $k\neq 0$）．
   (1) $k=5$；　　　　　　　　(2) $8\leqslant k<10$．

4. $x\in\mathbf{R}$，不等式 $\dfrac{3x^2+2x+2}{x^2+x+1}>k$ 恒成立，则实数 k 的取值范围为（   ）．
   (A) $1<k<2$　　(B) $k<2$　　(C) $k>2$
   (D) $k<2$ 或 $k>2$　　(E) $0<k<2$

5. 若不等式 $x^2+ax+2\geqslant 0$ 对任何实数 $x\in(0,1)$ 都成立，则实数 a 的取值范围为（   ）．
   (A) $[-3,+\infty)$　　(B) $(0,+\infty)$　　(C) $[-2,0)$
   (D) $(-3,2)$　　(E) $[-2,+\infty)$

6. $y^2-2\left(\sqrt{x}+\dfrac{1}{\sqrt{x}}\right)y+3<0$ 对一切正实数 x 恒成立．
   (1) $1<y<3$；　　　　　　(2) $2<y<3$．

7. 不等式 $2x^2-a\sqrt{x^2+1}+3>0$ 对任何实数都成立，则实数 a 的取值范围为（   ）．
   (A) $a>1$　　(B) $a\geqslant 1$　　(C) $a\leqslant 3$　　(D) $a>3$　　(E) $a<3$

习题详解

1. （E）

   【解析】首先判断二次项系数是否为 0．
   当 $a^2-3a+2=0$ 时，解得 $a=1$ 或 2．当 $a=1$ 时不等式解为一切实数，当 $a=2$ 时不成立．
   当 $a^2-3a+2\neq 0$ 时，需满足 $\begin{cases} a^2-3a+2>0,\\ \Delta=(a-1)^2-8(a^2-3a+2)<0, \end{cases}$ 解得 $a<1$ 或 $a>\dfrac{15}{7}$．
   两种情况求并集，得 $a\leqslant 1$ 或 $a>\dfrac{15}{7}$．

2. （B）

   【解析】$|x^2+2x+a|\leqslant 1$ 的解集为空集，等价于 $|x^2+2x+a|>1$ 恒成立，
   即 $x^2+2x+a>1$ 或 $x^2+2x+a<-1$ 恒成立．
   $y=x^2+2x+a$ 的图像开口向上，不可能恒小于 -1，所以，只能恒大于 1，故有
   $$x^2+2x+a>1 \Rightarrow x^2+2x+1+a>2$$
   $$\Rightarrow a>2-(x+1)^2$$
   $$\Rightarrow a>2.$$

3. （D）

   【解析】题干等价于 $kx^2-(k-8)x+1>0$ 恒成立，需要满足 $\begin{cases} k>0,\\ \Delta=(k-8)^2-4k<0, \end{cases}$
   解得 $4<k<16$．
   故条件(1)充分；条件(2)也充分，选(D)．

4. （B）

   【解析】因为 $x^2+x+1=\left(x+\dfrac{1}{2}\right)^2+\dfrac{3}{4}>0$，故可将原不等式两边同时乘 x^2+x+1，得

$3x^2+2x+2>k(x^2+x+1)$，整理得$(3-k)x^2+(2-k)x+(2-k)>0$，此式恒成立，需要满足条件

$$\begin{cases} 3-k>0, \\ \Delta=(2-k)^2-4\times(3-k)(2-k)<0, \end{cases}$$

解得$k<2$。

5．（A）

【解析】方法一：分类讨论法．

函数$f(x)=x^2+ax+2$的图像的对称轴为$x=-\dfrac{a}{2}$．

当$x\in(0,1)$时，$x^2+ax+2\geqslant 0$成立，画图像可知有如图3-2所示的三种情况：

①当对称轴位于y轴左侧时，$\begin{cases} -\dfrac{a}{2}<0, \\ f(0)\geqslant 0 \end{cases} \Rightarrow a>0$；

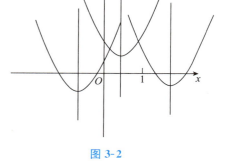

图 3-2

②当对称轴位于$[0,1]$时，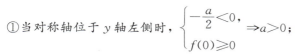 $\Rightarrow -2\leqslant a\leqslant 0$；

③当对称轴位于$(1,+\infty)$时，$\begin{cases} -\dfrac{a}{2}>1, \\ f(1)\geqslant 0 \end{cases} \Rightarrow -3\leqslant a<-2$．

三种情况取并集，故a的取值范围为$[-3,+\infty)$．

方法二：解出参数法．

$x^2+ax+2\geqslant 0$，因为$x\in(0,1)$，不等式两边同时除以x，不等式不变号，有$-a\leqslant x+\dfrac{2}{x}$．

当$x=1$时，$x+\dfrac{2}{x}$的最小值为3（该最值取不到），故有$-a\leqslant 3$，$a\geqslant -3$．

6．（D）

【解析】令$t=\sqrt{x}+\dfrac{1}{\sqrt{x}}$，由均值不等式可知$t\geqslant 2$，当$y=0$时原式显然不成立，故$y\neq 0$，原式可化为$\dfrac{y^2+3}{2y}<t$，故有$\dfrac{y^2+3}{2y}<2$，解得$1<y<3$，两个条件都充分．

7．（E）

【解析】原不等式可化为

$$2(x^2+1)-a\sqrt{x^2+1}+1>0,$$

换元法，令$y=\sqrt{x^2+1}\geqslant 1$，则原不等式可化为$2y^2-ay+1>0$．

原不等式对任何实数成立，即$2y^2-ay+1>0$对任意$y\geqslant 1$成立，不等式左右同时除以y，得

$$a<2y+\dfrac{1}{y},$$

当$y\geqslant 1$时，$2y+\dfrac{1}{y}$的最小值为3（该最小值可取到），故$a<3$．

第三节 特殊函数、方程、不等式

题型 41 指数与对数

母题精讲

母题 41 $|\log_a x| > 1$.

(1) $x \in [2, 4]$, $\dfrac{1}{2} < a < 1$;　　(2) $x \in [4, 6]$, $1 < a < 2$.

【解析】$|\log_a x| > 1$, 等价于 $\log_a x > 1$ 或 $\log_a x < -1$.

条件(1): $\dfrac{1}{2} < a < 1$, 故 $1 < \dfrac{1}{a} < 2$. 因为 $x \in [2, 4]$, 所以 $x > \dfrac{1}{a}$.

因为 $y = \log_a x$ 是减函数, 所以 $\log_a x < \log_a \dfrac{1}{a} = -1$, 条件(1)充分.

条件(2): 因为 $1 < a < 2$, 且 $x \in [4, 6]$, 所以 $x > a$, 又 $y = \log_a x$ 是增函数, 故 $\log_a x > \log_a a = 1$, 条件(2)充分.

【答案】(D)

老吕施法

(1) 指数函数与对数函数.

① 形如 $y = a^x$ ($a > 0$ 且 $a \neq 1$) 的函数叫作指数函数. 其定义域为全体实数, 值域为 $(0, +\infty)$, 图像恒过点 $(0, 1)$. 当 $a > 1$ 时, 是增函数; 当 $0 < a < 1$ 时, 是减函数.

② 形如 $y = \log_a x$ ($a > 0$ 且 $a \neq 1$) 的函数叫作对数函数. 其定义域为 $(0, +\infty)$, 值域为全体实数, 图像恒过点 $(1, 0)$. 当 $a > 1$ 时, 是增函数; 当 $0 < a < 1$ 时, 是减函数.

(2) 常用对数公式.

如果 $a > 0$ 且 $a \neq 1$, $M > 0$, $N > 0$, 那么:

① $\log_a MN = \log_a M + \log_a N$.

② $\log_a \dfrac{M}{N} = \log_a M - \log_a N$.

③ $\log_a M^n = n \log_a M$.

④ $\log_{a^k} M^n = \dfrac{n}{k} \log_a M$.

⑤ 换底公式: $\log_a M = \dfrac{\lg M}{\lg a} = \dfrac{\ln M}{\ln a}$.

(3) 指数方程、不等式与对数方程、不等式的解法.

① 指数方程.

常规解法: 化同底、换元、解方程;

特殊方法：等式两边取对数、图像法．
②指数不等式．
四步解题法：化同底、判断指数函数的单调性、构造新不等式、解不等式．
③对数方程．
四步解题法：化同底、换元、解方程、验根．
④对数不等式．
五步解题法：化同底、判断单调性、构造不等式、解不等式、与定义域求交集．
【易错点】
遇到任何对数问题，必须考虑定义域．

习题精练

1. 解方程 $4^{x-\frac{1}{2}}+2^x=1$，（   ）．
   (A)方程有两个正实根　　　　　　(B)方程只有一个正实根
   (C)方程只有一个负实根　　　　　　(D)方程有一正一负两个实根
   (E)方程有两个负实根

2. 方程 $(\sqrt{2}+1)^x+(\sqrt{2}-1)^x=6$ 的所有实根之积为（   ）．
   (A) 2　　　(B) 4　　　(C) -2　　　(D) -4　　　(E) ± 4

3. 已知 x,y 满足 $\begin{cases} 2^{x+3}+9^{y+1}=35, \\ 8^{\frac{x}{3}}+3^{2y+1}=5, \end{cases}$ 则 xy 的值是（   ）．
   (A) $-\dfrac{3}{4}$　　　(B) $\dfrac{3}{4}$　　　(C) 1　　　(D) $-\dfrac{4}{3}$　　　(E) -1

4. 方程 $\log_x 25-3\log_{25}x+\log_{\sqrt{x}}5-1=0$ 的所有实根之积为（   ）．
   (A) $\dfrac{1}{25}$　　　(B) $\sqrt[3]{5}$　　　(C) $\dfrac{\sqrt[3]{5}}{5}$　　　(D) $\dfrac{1}{\sqrt[3]{5}}$　　　(E) $5\sqrt[3]{5}$

5. 关于 x 的不等式 $3^{x+1}+18\times 3^{-x}>29$ 的解集为（   ）．
   (A) $x>2$ 或 $x<\log_3\dfrac{2}{3}$　　　(B) $x>2$　　　(C) $x<\log_3\dfrac{2}{3}$
   (D) $\log_3\dfrac{2}{3}<x<2$　　　(E) $x>\log_3\dfrac{2}{3}$

6. 不等式 $\log_{x-3}(x-1)\geqslant 2$ 的解集为（   ）．
   (A) $x>4$　　　(B) $4<x\leqslant 5$　　　(C) $2\leqslant x\leqslant 5$　　　(D) $0<x<4$　　　(E) $0<x\leqslant 5$

7. 关于 x 的不等式 $\sqrt{5-\log_a x}>1+\log_a x$ $(0<a<1)$ 的解集为（   ）．
   (A) $0<x<a$　　　(B) $0<x\leqslant a$　　　(C) $x>a$　　　(D) $x\geqslant a$　　　(E)以上选项均不正确

8. 当关于 x 的方程 $\log_4 x^2=\log_2(x+4)-a$ 的根在区间 $(-2,-1)$ 时，实数 a 的取值范围为（   ）．
   (A) $0<a<\log_2 3$　　　(B) $a<\log_2 3$　　　(C) $a>\log_2 3$
   (D) $a>\log_2 5$　　　(E) $a>-\log_2 5$

习题详解

1. (C)

   【解析】化同底.
   $$4^{x-\frac{1}{2}}+2^x=1 \Rightarrow 4^x \times 4^{-\frac{1}{2}}+2^x=1 \Rightarrow \frac{1}{2}\times(2^x)^2+2^x=1,$$
   令 $t=2^x$ $(t>0)$，则有 $\frac{1}{2}t^2+t=1 \Rightarrow t^2+2t-2=0$,
   解得 $t=\sqrt{3}-1$ 或 $t=-\sqrt{3}-1$ (舍).
   故 $2^x=\sqrt{3}-1$，$x=\log_2(\sqrt{3}-1)$，因为 $\sqrt{3}-1<1$，所以 $x<0$.

2. (D)

   【解析】令 $t=(\sqrt{2}+1)^x \Rightarrow t+\frac{1}{t}=6$，$t^2-6t+1=0$. 解得 $t=\frac{6\pm 4\sqrt{2}}{2}=3\pm 2\sqrt{2}$. 所以
   $$t_1=3+2\sqrt{2}=(\sqrt{2}+1)^2 \Rightarrow x=2, \quad t_2=3-2\sqrt{2}=(\sqrt{2}+1)^{-2} \Rightarrow x=-2.$$
   故两根之积为 -4.

3. (E)

   【解析】原方程组可化为 $\begin{cases}8\times 2^x+9\times 9^y=35, \\ 2^x+3\times 9^y=5\end{cases} \Rightarrow \begin{cases}2^x=4, \\ 9^y=\frac{1}{3}\end{cases} \Rightarrow \begin{cases}x=2, \\ y=-\frac{1}{2}.\end{cases}$

   故 $xy=-1$.

4. (C)

   【解析】将原方程化同底，得
   $$\log_x 25-3\log_{25}x+\log_{\sqrt{x}}\sqrt{25}-1=0,$$
   $$\log_x 25-3\log_{25}x+\log_x 25-1=0,$$
   $$2\log_x 25-3\log_{25}x-1=0,$$
   $$2\frac{1}{\log_{25}x}-3\log_{25}x-1=0,$$
   令 $t=\log_{25}x$，得 $\frac{2}{t}-3t-1=0$，解得 $t_1=-1$，$t_2=\frac{2}{3}$.
   由 $\log_{25}x=-1$ 得 $x_1=\frac{1}{25}$，由 $\log_{25}x=\frac{2}{3}$ 得 $x_2=25^{\frac{2}{3}}=5\sqrt[3]{5}$,
   验根可知两个根均有意义，故两根之积为 $\frac{\sqrt[3]{5}}{5}$.

5. (A)

   【解析】化同底：$3\times 3^{2x}-29\times 3^x+18>0$. 令 $3^x=t$，即 $3t^2-29t+18>0$，因式分解得
   $$(t-9)(3t-2)>0,$$
   解得 $t>9$ 或 $t<\frac{2}{3}$. 故有 $x>2$ 或 $x<\log_3\frac{2}{3}$.

6. (B)

   【解析】原不等式等价于 $\begin{cases}x-1>0, \\ x-3>1, \\ x-1\geqslant(x-3)^2,\end{cases}$ 或 $\begin{cases}x-1>0, \\ 0<x-3<1, \\ x-1\leqslant(x-3)^2,\end{cases}$ 解得 $4<x\leqslant 5$.

7. (C)

【解析】原不等式等价于

① $\begin{cases} 1+\log_a x \geqslant 0, \\ 5-\log_a x > (1+\log_a x)^2, \\ 5-\log_a x \geqslant 0 \end{cases}$ 或 ② $\begin{cases} 5-\log_a x \geqslant 0, \\ \log_a x + 1 < 0, \end{cases}$

解①得 $-1 \leqslant \log_a x < 1$；解②得 $\log_a x \leqslant -1$. 故有 $\log_a x < 1 = \log_a a$.

当 $0 < a < 1$ 时，$y = \log_a x$ 为减函数，故 $x > a$（验证知满足定义域）.

8. (A)

【解析】化简原方程

$$\log_4 x^2 = \log_2(x+4) - a \Rightarrow a = \log_2(x+4) - \log_{2^2} |x|^2$$
$$\Rightarrow a = \log_2(x+4) - \log_2 |x|$$
$$\Rightarrow a = \log_2 \frac{x+4}{|x|}.$$

因为 $x \in (-2, -1)$，故有 $a = \log_2 \frac{x+4}{-x}$. 又由 $-2 < x < -1$，得 $1 < \frac{x+4}{-x} < 3$. 故 $\log_2 1 < a < \log_2 3$，即 $0 < a < \log_2 3$.

题型 42　分式方程及其增根

母题精讲

母题 42 关于 x 的方程 $\frac{1}{x-2} + 3 = \frac{1-x}{2-x}$ 与 $\frac{x+1}{x-|a|} = 2 - \frac{3}{|a|-x}$ 有相同的增根.

(1) $a = 2$；　　　　　　(2) $a = -2$.

【解析】对于分式方程来说，令分母等于零的根为增根，可知 $x = 2$ 是 $\frac{1}{x-2} + 3 = \frac{1-x}{2-x}$ 的增根.

由条件(1)：$\frac{x+1}{x-|a|} = 2 - \frac{3}{|a|-x}$ 化为 $\frac{x+1}{x-2} = 2 - \frac{3}{2-x}$，通分得 $\frac{x+1}{x-2} = \frac{2x-1}{x-2}$，得 $x=2$ 是此方程的增根. 条件(1)充分.

条件(2)：将 $a = -2$ 代入方程 $\frac{x+1}{x-|a|} = 2 - \frac{3}{|a|-x}$，同理可得，条件(2)也充分.

【答案】(D)

老吕施法

(1) 解分式方程采用以下步骤：

① 通分.

移项，通分，将原分式方程转化为标准形式：$\frac{f(x)}{g(x)} = 0$.

② 去分母.

去分母，使 $f(x) = 0$，解出 $x = x_0$.

③验根.

将 $x=x_0$ 代入 $g(x)$，若 $g(x_0)=0$，则 $x=x_0$ 为增根，舍去；若 $g(x_0)\neq 0$，则 $x=x_0$ 为有效根.

(2)若 $\dfrac{f(x)}{g(x)}=0$ 有实根，则 $f(x)=0$ 有根，且至少有一个根不是增根.

(3)若 $\dfrac{f(x)}{g(x)}=0$ 无实根，则 $f(x)=0$ 无实根，或者 $f(x)=0$ 有实根但均为增根.

习题精练

1. 关于 x 的方程 $\dfrac{1}{x^2-x}+\dfrac{k-5}{x^2+x}=\dfrac{k-1}{x^2-1}$ 无解.

   (1) $k=3$；　　　　　　　　　　　(2) $k=6$.

2. 使得 $\dfrac{2}{|x-2|-1}$ 不存在的 x 是方程 $(x^2-4x+4)-a(x-2)^2=b$ 的一个根，则 $a+b=(\quad)$.

   (A) -1　　　(B) 0　　　(C) 1　　　(D) 2　　　(E) 3

3. $k=0$.

   (1) $\dfrac{2k}{x-1}-\dfrac{x}{x^2-x}=\dfrac{kx+1}{x}$ 只有一个实数根；(注：相等的根算作一个)

   (2) k 是整数.

4. 关于 x 的方程 $\dfrac{3-2x}{x-3}+\dfrac{2+mx}{3-x}=-1$ 无解，则所有满足条件的实数 m 之和为($\quad$).

   (A) -4　　　(B) $-\dfrac{8}{3}$　　　(C) -1　　　(D) -12　　　(E) $-\dfrac{5}{3}$

5. 关于 x 的方程 $\dfrac{x^2-9x+m}{x-2}+3=\dfrac{1-x}{2-x}$ 与 $\dfrac{x+1}{x-|n|}=2-\dfrac{3}{|n|-x}$ 有相同的增根，则函数 $y=|x-m|+|x-n|+|x+n|(\quad)$.

   (A) 有最小值 17　　　(B) 有最大值 17　　　(C) 有最小值 12

   (D) 有最大值 12　　　(E) 没有最小值，随 m,n 变化而变化

习题详解

1. (D)

   【解析】方程两边同时乘 $x(x+1)(x-1)$，得 $(x+1)+(k-5)(x-1)=x(k-1)$，

   解得 $x=\dfrac{6-k}{3}$. 原方程的增根可能是 $0,1,-1$，故有

   当 $x=0$ 时，$\dfrac{6-k}{3}=0$，则 $k=6$；

   当 $x=1$ 时，$\dfrac{6-k}{3}=1$，则 $k=3$；

   当 $x=-1$ 时，$\dfrac{6-k}{3}=-1$，则 $k=9$.

   所以当 $k=3,6,9$ 时方程无解，两个条件都充分.

   【快速得分法】直接将 $k=3,k=6$ 分别代入方程求解即可.

2. (C)

【解析】当 $x=3$ 或 1 时，$\dfrac{2}{|x-2|-1}$ 不存在．

将 $x=3$ 和 $x=1$ 代入方程，得
$$\begin{cases}(3^2-4\times3+4)-a(3-2)^2=b,\\(1^2-4\times1+4)-a(1-2)^2=b,\end{cases}$$

解得 $a+b=1$．

3. (C)

【解析】条件(1)：将原方程通分，得
$$\dfrac{2kx}{x(x-1)}-\dfrac{x}{x(x-1)}=\dfrac{(kx+1)(x-1)}{x(x-1)},$$
$$\dfrac{2kx-x}{x(x-1)}=\dfrac{kx^2-kx+x-1}{x(x-1)},$$

去分母，得
$$kx^2-(3k-2)x-1=0, \qquad ①$$

当 $k=0$ 时，①可化为 $2x-1=0$，得 $x=\dfrac{1}{2}$，不是增根，分式方程有 1 个实根，成立；

当 $k\neq 0$ 时，①为一元二次方程，$\Delta=(3k-2)^2+4k=9k^2-8k+4>0$，故①有两个不等的实根，又由分式只有一个实根，故①的两个实根中，有一个是分式的增根 0 或 1；

令 $x=0$，①可化为 $-1=0$，不成立，故增根必为 1；

令 $x=1$，①可化为 $k-(3k-2)-1=0$，得 $k=\dfrac{1}{2}$．

综上所述，$k=0$ 或 $\dfrac{1}{2}$，条件(1)不充分．

条件(2)显然不充分．

联立两个条件，得 $k=0$，充分，选(C)．

4. (B)

【解析】将原分式方程通分，可得
$$\dfrac{3-2x}{x-3}-\dfrac{mx+2}{x-3}=-\dfrac{x-3}{x-3},\text{ 即 }3-2x-mx-2+x-3=0,\text{ 即 }(m+1)x=-2, \qquad ①$$

若 $m+1=0$，则①无解，即 $m=-1$；

若 $m+1\neq 0$，则①可化为 $x=\dfrac{-2}{m+1}$，分式方程无解，则令 $x=\dfrac{-2}{m+1}=3$，解得 $m=-\dfrac{5}{3}$．

故所有 m 值的和为 $-1+\left(-\dfrac{5}{3}\right)=-\dfrac{8}{3}$．

5. (A)

【解析】由两个分式方程有相同的增根可知 $n=\pm 2$，分式的增根为 2．

将 $\dfrac{x^2-9x+m}{x-2}+3=\dfrac{1-x}{2-x}$ 通分，可得
$$\dfrac{x^2-9x+m+3x-6}{x-2}=\dfrac{x-1}{x-2}\Rightarrow x^2-9x+m+3x-6=x-1,\text{ 即 }x^2-7x+m-5=0,$$

将 $x=2$ 代入，可得 $4-7\times 2+m-5=0$，$m=15$，故

$$y=|x-m|+|x-n|+|x+n|=|x-15|+|x-2|+|x+2|.$$
当 $x=2$ 时，$y_{\min}=|2-15|+|2-2|+|2+2|=17$.

题型 43 穿线法解分式、高次不等式

母题精讲

母题 43 $(x^2-2x-8)(2-x)(2x-2x^2-6)>0$.

(1) $x\in(-3,-2)$；　　　　　　(2) $x\in[2,3]$.

【解析】原式等价于 $(x^2-2x-8)(x-2)(2x^2-2x+6)>0$.

由于 $2x^2-2x+6>0$ 恒成立，可删去，则有 $(x+2)(x-2)(x-4)>0$.

穿线法如图 3-3 所示：

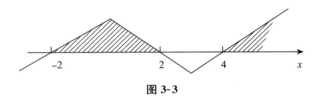

图 3-3

故不等式的解集为 $-2<x<2$ 或 $x>4$.

所以条件(1)、(2)单独不充分，联立起来也不充分.

【答案】(E)

老吕施法

(1) 解分式不等式.

①判断分母的符号.

②若分母符号一定，则直接去分母.

③若分母符号不定，则需要分类讨论或者使用穿线法.

(2) 解高次不等式.

一般通过因式分解降次，然后使用穿线法.

(3) 穿线法解的步骤：

①移项，使等式一侧为 0.

②因式分解，并使每个因式的最高次项均为正数.

③如果有恒大于 0 的项，对不等式没有影响，直接删掉.

④令每个因式等于零，得到零点，并标注在数轴上.

⑤穿线：从数轴的右上方开始穿线，依次去穿每个点，遇到奇次零点则穿过，遇到偶次零点则穿而不过.

⑥凡是位于数轴上方的曲线所代表的区间，就是令不等式大于 0 的区间；数轴下方的，则是令不等式小于 0 的区间；数轴上的点，令不等式等于 0，但是要注意这些零点是否能够取到.

习题精练

1. 已知关于 x 的不等式 $\dfrac{ax-1}{x+1}<0$ 的解集是 $(-\infty,-1)\cup\left(-\dfrac{1}{2},+\infty\right)$，则 $a=($ $)$.

   (A) 1　　　　(B) 2　　　　(C) 0　　　　(D) -1　　　　(E) -2

2. 满足不等式 $(x+1)(x+2)(x+3)(x+4)>120$ 的所有实数 x 的集合是 (   ).

   (A) $(-\infty,-6)$　　　　(B) $(-\infty,-6)\cup(1,+\infty)$　　　　(C) $(-\infty,-1)$

   (D) $(-6,1)$　　　　(E) $(1,+\infty)$

3. 不等式 $(x+2)(x+1)^2(x-1)^3(x-2)\le 0$ 的解集为 (   ).

   (A) $(-\infty,-2]\cup[1,2]$　　　　(B) $(-\infty,-2]\cup\{-1\}\cup[1,2]$

   (C) $(-\infty,-2]\cup\{-1\}\cup(1,2)$　　(D) $(-\infty,-2)\cup\{-1\}\cup[1,2]$

   (E) 以上选项均不正确

4. 不等式 $\dfrac{3x-5}{x^2+2x-3}\le 2$ 的解集为 (   ).

   (A) $(-\infty,-3)\cup\left[-1,\dfrac{1}{2}\right]\cup(1,+\infty)$　　(B) $(-3,-1)\cup\left[\dfrac{1}{2},1\right]$

   (C) $(-\infty,-3]\cup\left[-1,\dfrac{1}{2}\right]\cup(1,+\infty)$　　(D) $(-3,-1]\cup\left[\dfrac{1}{2},1\right]$

   (E) 以上选项均不正确

习题详解

1. (E)

   【解析】根据题意，原不等式等价于 $(ax-1)(x+1)<0$，解方程 $(ax-1)(x+1)=0$，得 $x=-1$ 或 $x=\dfrac{1}{a}$，根据所给解集，令 $x=\dfrac{1}{a}=-\dfrac{1}{2}$，所以 $a=-2$.

2. (B)

   【解析】原不等式可化为
   $$(x+1)(x+2)(x+3)(x+4)-120$$
   $$=(x^2+5x+6)(x^2+5x+4)-120$$
   $$=(x^2+5x)^2+10(x^2+5x)-96$$
   $$=(x^2+5x+16)(x^2+5x-6)$$
   $$=(x^2+5x+16)(x+6)(x-1),$$
   故原不等式等价于 $(x^2+5x+16)(x+6)(x-1)>0$，解得 $x<-6$ 或 $x>1$.

3. (B)

   【解析】奇穿偶不穿，穿线法如图 3-4 所示:

   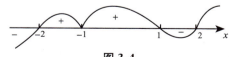

   图 3-4

   故原不等式解集为 $(-\infty,-2]\cup\{-1\}\cup[1,2]$.

4.（A）

【解析】将原不等式化简如下

$$原式 \Rightarrow \frac{3x-5}{x^2+2x-3}-2\leqslant 0 \Rightarrow \frac{3x-5-2x^2-4x+6}{x^2+2x-3}\leqslant 0$$

$$\Rightarrow \frac{2x^2+x-1}{x^2+2x-3}\geqslant 0 \Rightarrow \frac{(x+1)(2x-1)}{(x+3)(x-1)}\geqslant 0.$$

穿线法如图 3-5 所示：

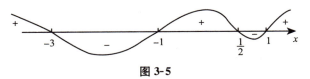

图 3-5

故解集为 $(-\infty,-3)\cup\left[-1,\dfrac{1}{2}\right]\cup(1,+\infty)$.

题型 44　根式方程和根式不等式

母题精讲

母题44 不等式 $\sqrt{4-3x}>2x-1$ 的解集为（　　）．

(A) $(-\infty,1)$　(B) $\left(-\infty,\dfrac{1}{2}\right)$　(C) $\left(-\infty,\dfrac{3}{4}\right)$　(D) $\left[\dfrac{1}{2},1\right)$　(E) $\left(\dfrac{1}{2},1\right)$

【解析】求解不等式需要分为两种情况：

① $\begin{cases}2x-1<0,\\4-3x\geqslant 0,\end{cases}$ 解得 $\begin{cases}x<\dfrac{1}{2},\\x\leqslant\dfrac{4}{3},\end{cases}$ 即 $x<\dfrac{1}{2}$.

② $\begin{cases}2x-1\geqslant 0,\\4-3x\geqslant 0,\\(2x-1)^2<4-3x,\end{cases}$ 解得 $\begin{cases}x\geqslant\dfrac{1}{2},\\x\leqslant\dfrac{4}{3},\\-\dfrac{3}{4}<x<1,\end{cases}$ 即 $\dfrac{1}{2}\leqslant x<1$.

综上可知，不等式的解集为 $(-\infty,1)$.

【快速得分法】选项排除法．

【答案】（A）

老吕施法

(1)根式方程．

①去根号的方法：平方法、配方法、换元法．

②根式方程的隐含定义域.

$$\sqrt{f(x)}=g(x) \Leftrightarrow \begin{cases} f(x)=g^2(x), \\ f(x) \geq 0, \\ g(x) \geq 0. \end{cases}$$

例如：已知 $2x-4=\sqrt{x}$，因为 $\sqrt{x} \geq 0$，故 $2x-4=\sqrt{x} \geq 0$，真正的定义域是 $x \geq 2$ 而不仅仅是根号下面的 $x \geq 0$.

(2) 根式不等式.

① $\sqrt{f(x)} \geq g(x) \Leftrightarrow \begin{cases} f(x) \geq 0, \\ g(x) \geq 0, \\ f(x) \geq g^2(x) \end{cases}$ 或 $\begin{cases} f(x) \geq 0, \\ g(x) < 0. \end{cases}$

② $\sqrt{f(x)} \leq g(x) \Leftrightarrow \begin{cases} f(x) \geq 0, \\ g(x) \geq 0, \\ f(x) \leq g^2(x). \end{cases}$

③ $\sqrt{f(x)} > \sqrt{g(x)} \Leftrightarrow \begin{cases} f(x) \geq 0, \\ g(x) \geq 0, \\ f(x) > g(x). \end{cases}$

【易错点】忘记定义域.

习题精练

1. 方程 $3x^2+15x+2\sqrt{x^2+5x+1}=2$ 的根为( ).
   (A) 0 或 5   (B) 1 或 5   (C) 0 或 1   (D) 0 或 -1 (E) 0 或 -5

2. 以下无理方程有实数根的是( ).
   (A) $\sqrt{x+6}=-x$
   (B) $\sqrt{2x-1}+1=0$
   (C) $\sqrt{x-3}+\sqrt{2-x}=5$
   (D) $\sqrt{x-3}-\sqrt{x-2}=1$
   (E) 以上方程均无实根

3. 已知实数 x 满足 $\sqrt{1-x^2}<x+1$，则 x 的取值范围为( ).
   (A) $0<x<1$ (B) $0<x \leq 1$ (C) $x<0$ 或 $x>1$ (D) $-1<x<1$ (E) 以上选项均不正确

4. 不等式 $|\sqrt{x-2}-3|<1$ 的解集为( ).
   (A) $6<x<18$ (B) $-6<x<18$ (C) $1 \leq x \leq 7$ (D) $-2 \leq x \leq 3$ (E) 以上选项均不正确

5. 关于 x 的方程 $\sqrt{2x+1}=x+a$ 有两个不等的实根.
   (1) $\frac{1}{2} \leq a < \frac{3}{5}$；   (2) $\frac{2}{3} \leq a < 1$.

习题详解

1. (E)

【解析】原方程可化为 $3(x^2+5x+1)+2\sqrt{x^2+5x+1}-5=0$，令 $\sqrt{x^2+5x+1}=t$ ($t \geq 0$)，整

理，得 $3t^2+2t-5=0$，即 $(3t+5)(t-1)=0$，解得 $t_1=-\dfrac{5}{3}$（舍去），$t_2=1$.

故有 $\sqrt{x^2+5x+1}=1 \Rightarrow x^2+5x+1=1 \Rightarrow x(x+5)=0$，所以 $x_1=-5$，$x_2=0$.

2. (A)

【解析】(A)项：$\sqrt{x+6}=-x \Rightarrow x+6=x^2 \Rightarrow x^2-x-6=0 \Rightarrow (x+2)(x-3)=0$，
所以 $x=-2$ 或 3，验根知 $x=3$ 不成立，故原方程有实根 $x=-2$.

(B)项：$\sqrt{2x-1}+1=0 \Rightarrow \sqrt{2x-1}=-1$，因为 $\sqrt{2x-1} \geqslant 0$，不可能等于 -1，故方程无实根.

(C)项：定义域 $\begin{cases} x-3 \geqslant 0, \\ 2-x \geqslant 0 \end{cases} \Leftrightarrow \begin{cases} x \geqslant 3, \\ x \leqslant 2 \end{cases} \Rightarrow \varnothing$，故原方程无实根.

(D)项：原式 $\Rightarrow \sqrt{x-3}=\sqrt{x-2}+1 \Rightarrow x-3=x-2+2\sqrt{x-2}+1 \Rightarrow 2\sqrt{x-2}=-2$，因为 $2\sqrt{x-2} \geqslant 0$，不可能等于 -2，故方程无实根.

3. (B)

【解析】根式不等式的第 2 种形式，原不等式等价于 $\begin{cases} 1-x^2 \geqslant 0, \\ x+1 > 0, \\ 1-x^2 < (x+1)^2, \end{cases}$ 解得 $0 < x \leqslant 1$.

4. (A)

【解析】原不等式等价于 $-1 < \sqrt{x-2}-3 < 1 \Rightarrow 2 < \sqrt{x-2} < 4$，故有
$$\begin{cases} 4 < x-2 < 16, \\ x-2 \geqslant 0, \end{cases}$$
解得 $6 < x < 18$.

5. (D)

【解析】由定义域可知
$$2x+1 \geqslant 0 \Rightarrow x \geqslant -\dfrac{1}{2} \Rightarrow -x \leqslant \dfrac{1}{2}.$$

又有 $x+a \geqslant 0 \Rightarrow a \geqslant -x \Rightarrow a \geqslant \dfrac{1}{2}$，原方程可化为
$$\begin{cases} 2x+1=(x+a)^2 \Rightarrow x^2+2(a-1)x+a^2-1=0, \\ x+a \geqslant 0 \Rightarrow x \geqslant -a, \\ 2x+1 \geqslant 0 \Rightarrow x \geqslant -\dfrac{1}{2}, \end{cases}$$

令函数 $f(x)=x^2+2(a-1)x+a^2-1$，要使方程在 $[-a,+\infty)$ 上有两个不等的实根，则有
$$\begin{cases} \Delta=4(a-1)^2-4(a^2-1)>0 \Rightarrow a<1, \\ f(-a) \geqslant 0 \Rightarrow a \geqslant \dfrac{1}{2}, \\ -\dfrac{2(a-1)}{2} > -a \Rightarrow a \in \mathbf{R}, \end{cases}$$

解得 $\dfrac{1}{2} \leqslant a < 1$.

所以条件(1)、(2)都充分.

微模考三　函数、方程、不等式

（共25题，每题3分，限时60分钟）

一、问题求解：第1～15小题，每小题3分，共45分．下列每题给出的(A)、(B)、(C)、(D)、(E)五个选项中，只有一项是符合试题要求的，请在答题卡上将所选项的字母涂黑．

1. 若方程 $x^2 - 3x - 2 = 0$ 的两根为 a, b，则 $a^2 + 3b^2 - 6b = ($　　$)$．

   (A) 3　　　(B) 9　　　(C) 13　　　(D) 15　　　(E) 17

2. 当函数 $y = \dfrac{2}{x} + x^2 (x > 0)$ 取最小值时，$\sqrt{y^x + x^y} = ($　　$)$．

   (A) 1　　　(B) $\sqrt{2}$　　　(C) 2　　　(D) 3　　　(E) 4

3. 已知一元二次不等式 $ax^2 + bx + 6 < 0$ 的解集是 $\left(\dfrac{3}{2}, 2\right)$，则 $\dfrac{a}{b} = ($　　$)$．

   (A) $\dfrac{1}{2}$　　　(B) $\dfrac{2}{3}$　　　(C) $-\dfrac{\sqrt{2}}{5}$　　　(D) $-\dfrac{2}{7}$　　　(E) $\dfrac{3}{7}$

4. 已知方程 $x^2 - (k^2 + 2)x + k = 0 (1 \leqslant k \leqslant 3)$ 的两个实根为 m, n，则 $\dfrac{1}{m} + \dfrac{1}{n}$ 的最小值为($　　$)．

   (A) 1　　　(B) $\dfrac{1}{2}$　　　(C) $\dfrac{\sqrt{2}}{2}$　　　(D) $\sqrt{2}$　　　(E) $2\sqrt{2}$

5. 不等式 $ax^2 - 2ax + \dfrac{1}{a+1} > 0$ 对任意实数 x 都成立，则 a 的取值范围为($　　$)．

   (A) $0 \leqslant a < \dfrac{\sqrt{5}-1}{2}$　　　(B) $\dfrac{-\sqrt{5}-1}{2} < a < \dfrac{\sqrt{5}-1}{2}$

   (C) $0 < a < \dfrac{\sqrt{5}-1}{2}$　　　(D) $a > \dfrac{\sqrt{5}-1}{2}$

   (E) $\dfrac{-\sqrt{5}-1}{2} < a \leqslant 0$

6. 若函数 $f(x) = 1 - \log_x 7 + \log_{x^2} 4 + \log_{x^2} 27$，且 $f(x) < 0$，则 x 的取值范围为($　　$)．

   (A) $\left(0, \dfrac{7}{6}\right)$　　(B) $\left(1, \dfrac{7}{6}\right)$　　(C) $\left(0, \dfrac{6}{7}\right)$　　(D) $\left(\dfrac{6}{7}, 1\right)$　　(E) $(0, 1)$

7. m, n 是方程 $x^2 - 2ax + a + 2 = 0$ 的两个实根，则 $m^2 + n^2$ 的最小值为($　　$)．

   (A) -4　　(B) -2　　(C) $-\dfrac{17}{4}$　　(D) 2　　(E) $\dfrac{17}{4}$

8. 已知函数 $f(x) = \lg[x^2 + (a+1)x + 1]$ 的定义域为全体实数，则实数 a 的取值范围是($　　$)．

   (A) $-3 \leqslant a \leqslant 1$　　　　(B) $-3 < a < 1$

   (C) $-3 \leqslant a < 1$　　　　(D) $-1 < a < 3$

   (E) $-1 \leqslant a \leqslant 3$

微模考三
函数、方程、不等式

9. 已知方程 $x^2+2x-a=0$ 有两个不等的实根 x_1,x_2，且 $x_1<\dfrac{\sqrt{2}}{2}<x_2$，则实数 a 的取值范围是（   ）.

    (A) $a>\dfrac{1}{2}-\sqrt{2}$ (B) $a\geqslant\dfrac{1}{2}+\sqrt{2}$

    (C) $a>\dfrac{1}{2}+\sqrt{2}$ (D) $a>\dfrac{1+\sqrt{2}}{2}$

    (E) $a>\dfrac{-1-\sqrt{2}}{2}$

10. 若不等式 $\dfrac{x-a}{x^2+x+1}<\dfrac{x-b}{x^2-x+1}$ 的解集为 $\left(-\infty,\dfrac{1}{3}\right)\cup(1,+\infty)$，则 $\dfrac{a+b}{a-b}=$（   ）.

    (A)-4 (B)0 (C)2 (D)$\dfrac{7}{2}$ (E)4

11. 不等式 $\dfrac{2x^2-3}{x^2-1}>1$ 的解集为（   ）.

    (A) $(-\infty,-\sqrt{2})\cup(-1,1)\cup(\sqrt{2},+\infty)$

    (B) $(-\infty,-\sqrt{2})\cup[-1,1]\cup(\sqrt{2},+\infty)$

    (C) $(-\infty,-\sqrt{2})\cup(-1,1)$

    (D) $[-1,1)\cup(\sqrt{2},+\infty)$

    (E) $(-\sqrt{2},-1)\cup(1,\sqrt{2})$

12. 已知 m,n 是方程 $x^2-(2a+2)x+a^2=0$ 的两个实数根，且 $\dfrac{1}{m}+\dfrac{1}{n}=2$，则 $a=$（   ）.

    (A) $\dfrac{1-\sqrt{5}}{2}$ (B) $\dfrac{1+\sqrt{5}}{2}$ (C) $\dfrac{-1-\sqrt{5}}{2}$ (D) $\dfrac{-1+\sqrt{5}}{2}$ (E) $\dfrac{1\pm\sqrt{5}}{2}$

13. 若一元二次方程 $ax^2+bx+c=0(a\neq 0)$ 的两个根分别为 $m,3m$，则 a,b,c 之间的关系为（   ）.

    (A) $b^2=8ac$ (B) $b^2=5ac$ (C) $2b^2=15ac$

    (D) $3b^2=16ac$ (E) $4b^2=13ac$

14. 不等式 $\sqrt{2x-3}-\sqrt{x-2}>0$ 的解集为（   ）.

    (A) $x>2$ (B) $x>1$ (C) $1<x\leqslant 2$ (D) $x<1$ (E) $x\geqslant 2$

15. 当 $x\in\left[0,\dfrac{3}{2}\right]$ 时，函数 $f(x)=-x^2+4x+k$ 有最小值 1，则此区间内函数 $f(x)$ 的最大值为（   ）.

    (A) $\dfrac{7}{2}$ (B)4 (C) $\dfrac{19}{4}$ (D) $\dfrac{13}{2}$ (E) $\dfrac{17}{4}$

二、条件充分性判断：第 16~25 小题，每小题 3 分，共 30 分．要求判断每题给出的条件（1）和（2）能否充分支持题干所陈述的结论．（A）、（B）、（C）、（D）、（E）五个选项为判断结果，请选择一项符合试题要求的判断，并在答题卡上将所选项的字母涂黑．

(A)条件(1)充分，但条件(2)不充分．

(B)条件(2)充分，但条件(1)不充分．

(C)条件(1)和条件(2)单独都不充分，但条件(1)和(2)联合起来充分．

(D)条件(1)充分,条件(2)也充分.

(E)条件(1)和条件(2)单独都不充分,条件(1)和(2)联合也不充分.

16. $|\log_a x| > 1$.

(1) $a \in (1,2), x \in (2,3)$;

(2) $a \in \left(\frac{1}{2}, 1\right), x \in (3,4)$.

17. $x^2 - 2|x| - 15 > 0$ 成立.

(1) $x \in (-5, 5)$;

(2) $x \in (-\infty, -4)$.

18. 方程 $x^2 + x + a - 2 = 0$ 与方程 $x^2 + ax - 1 = 0$ 只存在一个公共根.

(1) $a = 0$;

(2) $a = 1$.

19. 方程 $ax^2 + bx + c = 0 (a \neq 0)$ 有两个不同的实根.

(1) $a + c = 0$;

(2) $a + b = -c$.

20. 方程 $x^2 - 2x - m(m+1) = 0$ 的两根分别为 x_1, x_2,且 $x_1 < x_2$,则有 $x_1 < 2 < x_2$.

(1) $-4 < m < -2$;

(2) $3 < m < \frac{9}{2}$.

21. 方程 $f(x) = 0$ 有两个实根 m, n,则 $\sqrt{\frac{m}{n}} + \sqrt{\frac{n}{m}} = 2$.

(1) $f(x) = x^2 - 2x + 1$;

(2) $f(x) = x^2 + 2\sqrt{2}x + 2$.

22. 方程 $ax^2 + bx + c = 0$ 没有整数解.

(1) a, b, c 都是奇数;

(2) a, b, c 都是偶数.

23. 方程 $ax^2 + bx + c = 0$ 有两个不同的实根.

(1) $a > b > c$;

(2) 方程 $ax^2 + bx + c = 0$ 的一个根为 1.

24. 方程 $2x^2 - ax - x + a + 3 = 0$ 的两实根为 x_1, x_2,则 $|x_1 - x_2| = 1$.

(1) $a = -3$;

(2) $a = 9$.

25. $a = 3$.

(1) 关于 x 的方程 $x^2 - (2a+4)x + a^2 - 10 = 0$ 的两根之差的绝对值为 $2\sqrt{2}$;

(2) 关于 x 的一元二次方程 $ax^2 - 6x + 3 = 0$ 有两个相等的实根.

微模考三 答案详解

一、问题求解

1. (E)

【解析】母题 37·韦达定理问题

由韦达定理可得 $a+b=3, ab=-2$,代入消元可得
$$b^2-3b=2,$$
$$\begin{aligned}a^2+3b^2-6b&=a^2+b^2+2b^2-6b\\&=a^2+b^2+2(b^2-3b)\\&=a^2+b^2+4\\&=(a+b)^2-2ab+4\\&=9+4+4\\&=17.\end{aligned}$$

2. (C)

【解析】母题 41·指数与对数

$$y=\frac{2}{x}+x^2=\frac{1}{x}+\frac{1}{x}+x^2\geqslant 3\sqrt[3]{\frac{1}{x}\times\frac{1}{x}\times x^2}=3,$$

当且仅当 $\frac{1}{x}=\frac{1}{x}=x^2$,即 $x=1$ 时,上式取得最小值,$\sqrt{y^x+x^y}=\sqrt{3^1+1^3}=2$.

3. (D)

【解析】母题 35·一元二次函数、方程和不等式的基本题型

由题意知 $\frac{3}{2}, 2$ 为一元二次方程 $ax^2+bx+6=0$ 的解,代入方程,则有

$$\begin{cases}\frac{9}{4}a+\frac{3}{2}b+6=0,\\4a+2b+6=0,\end{cases}$$

解得 $\begin{cases}a=2,\\b=-7.\end{cases}$ 故 $\frac{a}{b}=-\frac{2}{7}$.

4. (E)

【解析】母题 37·韦达定理问题

由韦达定理可得 $m+n=k^2+2, mn=k$,

则 $\frac{1}{m}+\frac{1}{n}=\frac{m+n}{mn}=\frac{k^2+2}{k}=k+\frac{2}{k}\geqslant 2\sqrt{2}$,当且仅当 $k=\sqrt{2}$ 时取得等号.

又 $1\leqslant k\leqslant 3, k=\sqrt{2}$ 可取到,故 $\frac{1}{m}+\frac{1}{n}$ 的最小值为 $2\sqrt{2}$.

5. (A)

【解析】母题 40·一元二次不等式的恒成立问题

分两种情况讨论:

①当 $a=0$ 时,不等式变为 $1>0$,恒成立;

②当 $a\neq 0$ 时,由题意得 $\begin{cases} a>0, \\ \Delta<0, \end{cases}$ 解得 $0<a<\dfrac{\sqrt{5}-1}{2}$,

所以,a 的取值范围为 $0\leqslant a<\dfrac{\sqrt{5}-1}{2}$.

6. (B)

【解析】母题 41·指数与对数

$f(x)=1-\log_x 7+\log_{x^2}4+\log_{x^3}27=1-\log_x 7+\log_x 2+\log_x 3=\log_x\dfrac{6x}{7}$,

要使 $f(x)<0$,分两种情况讨论:

①当 $0<x<1$ 时,$\log_x\dfrac{6x}{7}<0=\log_x 1$,无解;

②当 $x>1$ 时,$\log_x\dfrac{6x}{7}<0=\log_x 1$,解得 $1<x<\dfrac{7}{6}$.

所以,x 的取值范围为 $\left(1,\dfrac{7}{6}\right)$.

7. (D)

【解析】母题 36·根的判别式问题 + 母题 37·韦达定理问题

方程 $x^2-2ax+a+2=0$ 有实根,则
$$\Delta=(2a)^2-4(a+2)\geqslant 0,$$
解得 $a\leqslant -1$ 或 $a\geqslant 2$,

由韦达定理可得 $m+n=2a,mn=a+2$,则有
$$m^2+n^2=(m+n)^2-2mn=(2a)^2-2(a+2)=4\left(a-\dfrac{1}{4}\right)^2-\dfrac{17}{4},$$

由于 a 取不到 $\dfrac{1}{4}$,故当 $a=-1$ 时,m^2+n^2 取得最小值 2.

8. (B)

【解析】母题 40·一元二次不等式的恒成立问题

函数 $f(x)=\lg[x^2+(a+1)x+1]$ 的定义域为全体实数,即 $x^2+(a+1)x+1>0$ 恒成立,则有 $\Delta=(a+1)^2-4<0$,解得 $-3<a<1$.

9. (C)

【解析】母题 39·根的分布问题

由函数 $f(x)=x^2+2x-a$ 的图像开口向上,且 $x_1<\dfrac{\sqrt{2}}{2}<x_2$,可得 $f\left(\dfrac{\sqrt{2}}{2}\right)<0$,解得 $a>\dfrac{1}{2}+\sqrt{2}$.

10. (E)

【解析】母题 42·分式方程及其增根

将解集所在区间的端点代入方程,可使方程两边相等,则

$$\begin{cases} \dfrac{\dfrac{1}{3}-a}{\dfrac{1}{9}+\dfrac{1}{3}+1}=\dfrac{\dfrac{1}{3}-b}{\dfrac{1}{9}-\dfrac{1}{3}+1}, \\ \dfrac{1-a}{1+1+1}=\dfrac{1-b}{1-1+1}, \end{cases} 解得 \begin{cases} a=\dfrac{5}{2}, \\ b=\dfrac{3}{2}. \end{cases}$$

所以 $\dfrac{a+b}{a-b}=\dfrac{\dfrac{5}{2}+\dfrac{3}{2}}{\dfrac{5}{2}-\dfrac{3}{2}}=4.$

11. （A）

【解析】母题 43·穿线法解分式、高次不等式

化简不等式为

$$\dfrac{2x^2-3}{x^2-1}>1$$
$$\Rightarrow \dfrac{2x^2-3}{x^2-1}-1>0$$
$$\Rightarrow \dfrac{x^2-2}{x^2-1}>0$$
$$\Rightarrow (x^2-2)(x^2-1)>0$$
$$\Rightarrow (x+\sqrt{2})(x-\sqrt{2})(x+1)(x-1)>0.$$

利用穿线法如图 3-6 所示：

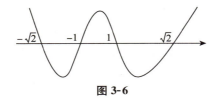

图 3-6

所以原不等式的解集为 $x<-\sqrt{2}$ 或 $-1<x<1$ 或 $x>\sqrt{2}$.

12. （B）

【解析】母题 36·根的判别式问题＋母题 37·韦达定理问题

由题干可得

$$\begin{cases} \Delta=(2a+2)^2-4a^2\geqslant 0, \\ \dfrac{1}{m}+\dfrac{1}{n}=\dfrac{m+n}{mn}=\dfrac{2a+2}{a^2}=2, \end{cases}$$

解得 $a=\dfrac{1+\sqrt{5}}{2}.$

13. （D）

【解析】母题 37·韦达定理问题

由题干得

$$\begin{cases} m+3m=4m=-\dfrac{b}{a}, \\ m\times(3m)=3m^2=\dfrac{c}{a}, \end{cases}$$

化简得 $3b^2 = 16ac$.

14. (E)

    【解析】母题44·根式方程和根式不等式

    首先应满足条件 $\begin{cases} 2x-3 \geqslant 0, \\ x-2 \geqslant 0, \end{cases}$ 解得 $x \geqslant 2$.

    原方程平方，得 $2x-3 > x-2$，解得 $x > 1$.

    综上可知，不等式的解集为 $x \geqslant 2$.

15. (C)

    【解析】母题35·一元二次函数、方程和不等式的基本题型

    化简函数：$f(x) = -x^2 + 4x + k = -(x-2)^2 + 4 + k$，则当 $x \in \left[0, \dfrac{3}{2}\right]$ 时，函数 $f(x)$ 单调递增，$f(0) = k = 1$，则 $f(x) = -x^2 + 4x + 1$，

    所以最大值为 $f\left(\dfrac{3}{2}\right) = -\left(\dfrac{3}{2}\right)^2 + 4 \times \dfrac{3}{2} + 1 = \dfrac{19}{4}$.

二、条件充分性判断

16. (D)

    【解析】母题41·指数与对数

    条件(1)，当 $a \in (1,2), x \in (2,3)$ 时，$|\log_a x| = \log_a x > 1$ 明显成立，条件(1)充分.

    条件(2)，当 $a \in \left(\dfrac{1}{2}, 1\right), x \in (3,4)$ 时，$|\log_a x| = -\log_a x = \log_{\frac{1}{a}} x$，由于 $1 < \dfrac{1}{a} < 2$，$3 < x < 4$，所以 $\log_{\frac{1}{a}} x > 1$，条件(2)充分.

17. (E)

    【解析】题型40·一元二次不等式的恒成立问题

    原不等式等价于
    $$\begin{cases} x^2 - 2x - 15 > 0, \\ x \geqslant 0, \end{cases} \text{或} \begin{cases} x^2 + 2x - 15 > 0, \\ x \leqslant 0, \end{cases}$$

    解得 $x > 5$ 或 $x < -5$.

    故两个条件单独不充分，两条件联立也不充分.

18. (A)

    【解析】母题35·一元二次函数、方程和不等式的基本题型

    条件(1)，$a = 0$，则两方程变为 $x^2 + x - 2 = 0$ 和 $x^2 - 1 = 0$，两方程只有一个公共根1，条件(1)充分.

    条件(2)，$a = 1$，则两方程变为 $x^2 + x - 1 = 0$ 和 $x^2 + x - 1 = 0$，两方程具有相同的两个公共根，条件(2)不充分.

19. (A)

    【解析】母题36·根的判别式问题

    条件(1)，由 $a + c = 0$，可得 $a = -c$，且 $a \neq 0$，则 $\Delta = b^2 - 4ac = b^2 + 4a^2 > 0$，条件(1)充分.

    条件(2)，$a + b = -c$，即 $b = -(a+c)$，则 $\Delta = b^2 - 4ac = (a+c)^2 - 4ac = (a-c)^2 \geqslant 0$，无法排除 $\Delta = 0$ 的情况，故条件(2)不充分.

20. (D)

【解析】母题39·根的分布问题

令 $f(x)=x^2-2x-m(m+1)$，由方程两根满足 $x_1<2<x_2$，则 $f(2)=4-4-m(m+1)<0$，解得 $m<-1$ 或 $m>0$.

所以两条件都充分.

21. (D)

【解析】母题37·韦达定理问题

条件(1)，解方程可得，$m=n=1$，代入可得 $\sqrt{\dfrac{m}{n}}+\sqrt{\dfrac{n}{m}}=2$，条件(1)充分.

条件(2)，解方程可得，$m=n=-\sqrt{2}$，代入可得 $\sqrt{\dfrac{m}{n}}+\sqrt{\dfrac{n}{m}}=2$，条件(2)充分.

22. (A)

【解析】母题39·根的分布问题

条件(1)，假设 $ax^2+bx+c=0$ 有整数解 m，分为以下情况讨论：

若 m 为奇数，则 am^2,bm,c 都为奇数，此时 ax^2+bx+c 为奇数，不满足 $ax^2+bx+c=0$；

若 m 为偶数，则 am^2,bm 为偶数，c 为奇数，此时 ax^2+bx+c 为奇数，不满足 $ax^2+bx+c=0$. 所以假设不成立，条件(1)充分.

条件(2)，令 $a=2,b=4,c=2$，显然有整数解，条件(2)不充分.

23. (C)

【解析】母题36·根的判别式问题

条件(1)，明显不充分.

条件(2)，将 $x=1$ 代入方程可得 $a+b+c=0$，也无法推出.

考虑联立，$a+b+c=0$ 且 $a>b>c$，则 $a>0,c<0$，故 $\Delta=b^2-4ac>0$，此时方程 $ax^2+bx+c=0$ 有两个不同的实根，充分.

24. (D)

【解析】母题36·根的判别式问题

$$|x_1-x_2|=\sqrt{(x_1-x_2)^2}=\sqrt{(x_1+x_2)^2-4x_1x_2},$$

由韦达定理得 $x_1+x_2=\dfrac{a+1}{2},x_1x_2=\dfrac{a+3}{2}$，

$$|x_1-x_2|=\sqrt{(x_1+x_2)^2-4x_1x_2}=\sqrt{\left(\dfrac{a+1}{2}\right)^2-4\left(\dfrac{a+3}{2}\right)},$$

所以将 $a=-3,a=9$ 分别代入可得 $|x_1-x_2|=1$，两条件都充分.

25. (B)

【解析】母题36·根的判别式问题

条件(1)，$|x_1-x_2|=\sqrt{\Delta}=\sqrt{(2a+4)^2-4(a^2-10)}=\sqrt{16a+56}=2\sqrt{2}$，

解得 $a=-3$，条件(1)不充分.

条件(2)，方程 $ax^2-6x+3=0$ 有两个相等的实根，即 $\Delta=(-6)^2-4\times a\times 3=0$，解得 $a=3$，条件(2)充分.

第四章　数列

📋 **本章题型网**

(一) 等差数列

1. 等差数列的基本问题 →
   - (1) $a_{n+1} - a_n = d$
   - (2) $a_n = a_1 + (n-1)d$
   - (3) $S_n = \dfrac{n(a_1 + a_n)}{2}$
     $= na_1 + \dfrac{n(n-1)}{2}d$
     $= \dfrac{d}{2}n^2 + \left(a_1 - \dfrac{d}{2}\right)n$
   - (4) 若 $m + n = p + q$，则 $a_m + a_n = a_p + a_q$

2. 等长片段和 → S_m，$S_{2m} - S_m$，$S_{3m} - S_{2m}$ 成等差，公差为 $m^2 d$

3. 奇数项与偶数项的关系 →
   - (1) 若等差数列一共有 $2n$ 项，则 $S_{偶} - S_{奇} = nd$，$\dfrac{S_{奇}}{S_{偶}} = \dfrac{a_n}{a_{n+1}}$
   - (2) 若等差数列一共有 $2n+1$ 项，则 $S_{奇} - S_{偶} = a_{n+1}$，$\dfrac{S_{奇}}{S_{偶}} = \dfrac{n+1}{n}$

4. 两等差数列前 n 项和之比 → $\dfrac{S_{2n-1}}{T_{2n-1}} = \dfrac{a_n}{b_n}$

5. 等差数列 S_n 的最值 →
   - (1) 二次函数法
   - (2) 令 $a_n = 0$ 法

6. 等差数列的判定 →
   - (1) 特殊值法
   - (2) a_n 和 S_n 的特征判断法
   - (3) 定义法
   - (4) 中项公式法

(二)等比数列
- 1. 等比数列的基本问题 →
  - (1) $\dfrac{a_{n+1}}{a_n}=q$，$q\neq 0$
  - (2) $a_n=a_1 q^{n-1}$
  - (3) $S_n=\begin{cases} n\cdot a_1, & q=1, \\ \dfrac{a_1(1-q^n)}{1-q}, & q\neq 1 \end{cases}$
  - (4) 若 $m+n=p+q$，则 $a_m\cdot a_n=a_p\cdot a_q$
- 2. 无穷等比数列和 → $S=\dfrac{a_1}{1-q}$，$|q|<1$
- 3. 等长片段和 → S_m，$S_{2m}-S_m$，$S_{3m}-S_{2m}$ 成等比，公比为 q^m

(三)综合题
- 1. 等差、等比数列的判断 →
  - (1) 特殊值法
  - (2) a_n 和 S_n 的特征判断法
  - (3) 定义法
  - (4) 中项公式法
- 2. 等差与等比综合题 →
  - (1) 令 $n=1,2,3$
  - (2) 性质定理法
  - (3) 万能方法
- 3. 数列与方程、函数综合题
- 4. 递推问题 →
  - (1) 形如 $a_{n+1}-a_n=f(n)$，用叠加法
  - (2) 形如 $a_{n+1}=a_n\cdot f(n)$，用叠乘法
  - (3) 形如 $a_{n+1}=m\cdot a_n+b$，用设 t 凑等比法
  - (4) 形如 $S_n=f(a_n)$，用 S_n-S_{n-1} 法
  - (5) 直接计算型

第一节　等差数列

题型 45　等差数列基本问题

母题精讲

母题 45 $\{a_n\}$ 是等差数列，$a_1+a_2+a_3=25$，$a_{n-2}+a_{n-1}+a_n=62$，$S_n=377$，则 $n=$（　　）．
(A) 20　　(B) 24　　(C) 25　　(D) 26　　(E) 27

【解析】等差数列基本问题．

由 $\begin{cases} a_1+a_2+a_3=25, \\ a_{n-2}+a_{n-1}+a_n=62 \end{cases}$ 可以得到 $a_1+a_n=\dfrac{25+62}{3}=29$.

由等差数列的求和公式可得 $S_n=\dfrac{29n}{2}=377$，即 $n=26$.

【答案】 (D)

老吕施法

(1) 等差数列通项公式：$a_n=a_1+(n-1)d$.

(2) 等差数列前 n 项和：
$$S_n=\dfrac{n(a_1+a_n)}{2}=na_1+\dfrac{n(n-1)}{2}d=\dfrac{d}{2}n^2+\left(a_1-\dfrac{d}{2}\right)n.$$

(3) 中项公式：$2a_{n+1}=a_n+a_{n+2}$.

(4) 下标和定理：若 $m+n=p+q$，则 $a_m+a_n=a_p+a_q$.

习题精练

1. 已知 $\{a_n\}$ 是等差数列，$a_1+a_2=4$，$a_7+a_8=28$，则该数列前 10 项和 S_{10} 等于(   ).
   (A) 64　　　(B) 100　　　(C) 110　　　(D) 130　　　(E) 120

2. 某车间共有 40 人，某次技术操作考核的平均分为 90 分，这 40 人的分数从低到高恰好构成一个等差数列：$a_1, a_2, \cdots, a_{40}$，则 $a_1+a_8+a_{33}+a_{40}=$(   ).
   (A) 260　　(B) 320　　(C) 360　　(D) 240　　(E) 340

3. 已知等差数列 $\{a_n\}$ 中，$a_7+a_9=16$，$a_4=1$，则 a_{12} 的值是(   ).
   (A) 15　　(B) 305　　(C) 315　　(D) 645　　(E) 以上选项均不正确

4. 已知等差数列 $\{a_n\}$ 中 $a_m+a_{m+10}=2$，$a_{m+10}+a_{m+20}=12(a\neq b)$，$m$ 为常数，且 $m\in \mathbf{N}^*$，则 $a_{m+20}+a_{m+30}=$(   ).
   (A) 1　　(B) -1　　(C) 22　　(D) -22　　(E) -2

5. 等差数列 $\{a_n\}$ 中，已知 $a_1=\dfrac{1}{3}$，$a_2+a_5=4$，$a_n=\dfrac{61}{3}$，则 n 为(   ).
   (A) 28　　(B) 29　　(C) 30　　(D) 31　　(E) 32

6. 等差数列 $\{a_n\}$ 中，$a_1+a_7=42$，$a_{10}-a_3=21$，则前 10 项和 $S_{10}=$(   ).
   (A) 255　　(B) 257　　(C) 259　　(D) 260　　(E) 272

7. 等差数列中连续 4 项为 $a, m, b, 2m$，那么 $a:b=$(   ).
   (A) $\dfrac{1}{4}$　　(B) $\dfrac{1}{3}$　　(C) $\dfrac{1}{3}$ 或 1　　(D) $\dfrac{1}{2}$　　(E) $\dfrac{1}{2}$ 或 1

8. 等差数列前 n 项和为 210，其中前 4 项和为 40，后 4 项的和为 80，则 n 的值为(   )
   (A) 10　　(B) 12　　(C) 14　　(D) 16　　(E) 18

9. 已知等差数列 $\{a_n\}$ 中，$S_{10}=100$，$S_{100}=10$，求 $S_{110}=$(   ).
   (A) 110　　(B) -110　　(C) 220　　(D) -220　　(E) 0

10. 若在等差数列中前 5 项和 $S_5=15$，前 15 项和 $S_{15}=120$，则前 10 项和 $S_{10}=$(   ).
    (A) 40　　(B) 45　　(C) 50　　(D) 55　　(E) 60

习题详解

1. (B)

   【解析】 万能方法，化为 a_1 和 d，得
   $$\begin{cases} 2a_1+d=4, \\ 2a_1+13d=28 \end{cases} \Rightarrow \begin{cases} a_1=1, \\ d=2 \end{cases} \Rightarrow S_{10}=10\times1+\frac{10\times9}{2}\times2=100.$$

2. (C)

   【解析】 平均分为 $\dfrac{S_{40}}{40}=\dfrac{\dfrac{(a_1+a_{40})\times40}{2}}{40}=90$，得 $a_1+a_{40}=180$，故
   $$a_1+a_8+a_{33}+a_{40}=2\times(a_1+a_{40})=360.$$

3. (A)

   【解析】 因为 $a_7+a_9=2a_8=16$，故 $a_8=8$，$a_8-a_4=4d=8-1=7$，得 $d=\dfrac{7}{4}$.
   故 $a_{12}=a_8+4d=8+7=15$.

4. (C)

   【解析】 特殊值法.
   令 $m=1$，则 $a_1+a_{11}=2$，$a_{11}+a_{21}=12$，求 $a_{21}+a_{31}$.
   观察下标可知，a_1+a_{11}，$a_{11}+a_{21}$，$a_{21}+a_{31}$ 成等差数列，
   故 $a_{21}+a_{31}=12\times2-2=22$. 故选 (C).

5. (D)

   【解析】 因为 $a_2+a_5=a_1+d+a_1+4d=2\times\dfrac{1}{3}+5d=4$，解得 $d=\dfrac{2}{3}$.
   又 $a_n=a_1+(n-1)d=\dfrac{61}{3}$，即 $\dfrac{1}{3}+(n-1)\times\dfrac{2}{3}=\dfrac{61}{3}$，解得 $n=31$.

6. (A)

   【解析】 根据题意，得
   $$\begin{cases} a_1+a_7=a_1+a_1+6d=42, \\ a_{10}-a_3=a_1+9d-(a_1+2d)=21, \end{cases} \text{解得} \begin{cases} a_1=12, \\ d=3. \end{cases}$$
   故 $S_{10}=na_1+\dfrac{n(n-1)d}{2}=120+45\times3=255$.

7. (B)

   【解析】 根据中项公式，得
   $$\begin{cases} a+b=2m, \\ 2b=m+2m, \end{cases} \text{解得} \begin{cases} a=\dfrac{m}{2}, \\ b=\dfrac{3m}{2}. \end{cases}$$
   故 $a:b=1:3$.

8. (C)

   【解析】 $a_1+a_2+a_3+a_4+a_{n-3}+a_{n-2}+a_{n-1}+a_n=4\times(a_1+a_n)=120$，故 $a_1+a_n=30$，
   那么有 $S_n=\dfrac{n(a_1+a_n)}{2}=\dfrac{30n}{2}=210$，解得 $n=14$.

9. (B)

【解析】$S_{100}-S_{10}=a_{11}+a_{12}+a_{13}+\cdots+a_{100}=45\times(a_{11}+a_{100})=10-100=-90$，得 $a_{11}+a_{100}=-2$，故

$$S_{110}=\frac{110\times(a_1+a_{110})}{2}=\frac{110\times(a_{11}+a_{100})}{2}=-110.$$

定理：在等差数列中，若 $S_m=n$，$S_n=m$，则 $S_{m+n}=-(m+n)$.

10. (D)

【解析】等差数列的等长片段和仍然成等差数列，即 S_n，$S_{2n}-S_n$，$S_{3n}-S_{2n}$，$\cdots$ 仍为等差数列，故 S_5，$S_{10}-S_5$，$S_{15}-S_{10}$ 是等差数列，由中项公式，得 $2\times(S_{10}-15)=15+120-S_{10}$，故 $S_{10}=55$.

题型 46　连续等长片段和

母题精讲

母题46 若在等差数列中前 100 项和为 10，紧接在后面的 100 项和为 20，则紧接在后面的 100 项和为（　　）.

(A) 30　　　(B) 40　　　(C) 50　　　(D) 55　　　(E) 60

【解析】由连续等长片段和定理，可知 S_{100}，$S_{200}-S_{100}$，$S_{300}-S_{200}$ 成等差数列，$d=20-10=10$，所以，紧接在后面的 100 项和为 $S_{300}-S_{200}=20+10=30$.

【答案】(A)

老吕施法

(1) 等差数列 $\{a_n\}$ 中，S_m，$S_{2m}-S_m$，$S_{3m}-S_{2m}$ 仍然成等差数列，新公差为 $m^2 d$.

(2) 要注意 S_m，S_{2m}，S_{3m} 不是等长片段，S_m 是前 m 项和，S_{2m} 是前 $2m$ 项和，S_{3m} 是前 $3m$ 项和，项数不相同.

(3) 此类题也可以令 $m=1$，即可简化成前三项的关系.

习题精练

1. 等差数列 $\{a_n\}$ 的前 m 项和为 30，前 $2m$ 项和为 100，则它的前 $3m$ 项和为（　　）.

(A) 130　　(B) 170　　(C) 210　　(D) 260　　(E) 320

2. 设 S_n 是等差数列 $\{a_n\}$ 的前 n 项和，若 $\dfrac{S_3}{S_6}=\dfrac{1}{3}$，则 $\dfrac{S_6}{S_{12}}=$（　　）.

(A) $\dfrac{3}{10}$　　(B) $\dfrac{1}{3}$　　(C) $\dfrac{1}{8}$　　(D) $\dfrac{1}{9}$　　(E) $\dfrac{1}{6}$

习题详解

1. (C)

【解析】方法一：等长片段和成等差，所以
$$2\times(S_{2m}-S_m)=S_{3m}-S_{2m}+S_m,$$
$$2\times(100-30)=S_{3m}-100+30,$$
故 $S_{3m}=210$.

方法二：特殊值法.

令 $m=1$，可得 $a_1=30$，$a_1+a_2=100$，故 $a_2=70$，$d=40$，故 $a_3=110$，所以
$$S_3=a_1+a_2+a_3=30+70+110=210.$$

2. (A)

【解析】万能方法.

由 $\dfrac{S_3}{S_6}=\dfrac{3a_1+3d}{6a_1+15d}=\dfrac{1}{3}$，可得 $a_1=2d$ 且 $d\neq 0$，故
$$\dfrac{S_6}{S_{12}}=\dfrac{6a_1+15d}{12a_1+66d}=\dfrac{27d}{90d}=\dfrac{3}{10}.$$

【快速得分法】S_3，S_6-S_3，S_9-S_6，$S_{12}-S_9$ 成等差数列，令 $S_3=1$，$S_6=3$，则 $S_6-S_3=2$，即等差数列的公差为 1.

故 S_3，S_6-S_3，S_9-S_6，$S_{12}-S_9$ 分别为 1，2，3，4.

所以 $S_{12}=10$，$\dfrac{S_6}{S_{12}}=\dfrac{3}{10}$.

题型 47 奇数项、偶数项的关系

母题精讲

母题 47 $\{a_n\}$ 为等差数列，共有 $2n+1$ 项，且 $a_{n+1}\neq 0$，其奇数项之和 $S_奇$ 与偶数项之和 $S_偶$ 之比为（　　）.

(A) $\dfrac{S_奇}{S_偶}=\dfrac{n+2}{n}$　　　　(B) $\dfrac{S_奇}{S_偶}=\dfrac{n+1}{n}$　　　　(C) $\dfrac{S_奇}{S_偶}=1$

(D) $\dfrac{S_奇}{S_偶}=n$　　　　(E) $\dfrac{S_奇}{S_偶}=n+1$

【解析】奇数项有 $n+1$ 项，偶数项有 n 项，奇数项首项为 a_1，公差为 $2d$，则
$$S_奇=(n+1)a_1+\dfrac{(n+1)(n+1-1)}{2}\cdot 2d=(n+1)(a_1+nd).$$

偶数项首项为 a_2，公差为 $2d$，则
$$S_偶=(a_1+d)n+\dfrac{n(n-1)}{2}\cdot 2d=n(a_1+nd).$$

故 $\dfrac{S_奇}{S_偶}=\dfrac{n+1}{n}$.

【答案】(B)

老吕施法

(1) 若等差数列一共有 $2n$ 项，则 $S_{偶}-S_{奇}=nd$，$\dfrac{S_{奇}}{S_{偶}}=\dfrac{a_n}{a_{n+1}}$.

(2) 若等差数列一共有 $2n+1$ 项，则 $S_{奇}-S_{偶}=a_{n+1}=a_{中}$，$\dfrac{S_{奇}}{S_{偶}}=\dfrac{n+1}{n}$.

习题精练

1. 已知某等差数列共有 20 项，其奇数项之和为 30，偶数项之和为 40，则其公差为（　　）.
   (A) 5　　　(B) 4　　　(C) 3　　　(D) 2　　　(E) 1

2. 在等差数列 $\{a_n\}$ 中，已知公差 $d=1$，且 $a_1+a_3+\cdots+a_{99}=120$，则 $a_1+a_2+\cdots+a_{100}$ 的值为（　　）.
   (A) 170　　　(B) 290　　　(C) 370　　　(D) -270　　　(E) -370

3. 在等差数列 $\{a_n\}$ 中，已知 $a_1+a_3+\cdots+a_{101}=510$，则 $a_2+a_4+\cdots+a_{100}$ 的值为（　　）.
   (A) 510　　　(B) 500　　　(C) 1 010　　　(D) 10　　　(E) 无法确定

4. 一个等差数列的前 12 项的和为 354，前 12 项中偶数项之和与奇数项之和的比是 $32:27$，则公差 $d=$（　　）.
   (A) 3　　　(B) 4　　　(C) 5　　　(D) 6　　　(E) 7

5. 等差数列 $\{a_n\}$ 的总项数为奇数项，且此数列中奇数项之和为 99，偶数项之和为 88，$a_1=1$，则其项数为（　　）.
   (A) 11　　　(B) 13　　　(C) 17　　　(D) 19　　　(E) 21

6. 各项不为 0 的数列 $\{a_n\}$ 的奇数项之和与偶数项之和的比为 $\dfrac{n+1}{n-1}$.
   (1) $\{a_n\}$ 是等差数列；　　　(2) $\{a_n\}$ 有 n 项，且 n 为奇数.

习题详解

1. (E)

   【解析】$S_{偶}-S_{奇}=10d=40-30 \Rightarrow d=1$.

2. (B)

   【解析】$S_{偶}-S_{奇}=a_2+a_4+\cdots+a_{100}-(a_1+a_3+\cdots+a_{99})=50d=50$，则 $S_{偶}=S_{奇}+50=170$，故 $a_1+a_2+a_3+\cdots+a_{100}=120+170=290$.

3. (B)

   【解析】$a_1+a_3+\cdots+a_{101}=51a_{51}=510$，故 $a_{51}=10$，所以 $S_{奇}-S_{偶}=a_1+50d=a_{51}=10$，故 $a_2+a_4+\cdots+a_{100}=S_{偶}=S_{奇}-10=500$.

4. (C)

   【解析】$S_{偶}=354\times\dfrac{32}{32+27}=6\times 32=192$，$S_{奇}=354-192=162$，则
   $$S_{偶}-S_{奇}=192-162=30=6d,$$
   故 $d=5$.

5. (C)

【解析】总项数为奇数项，故有
$$\frac{S_奇}{S_偶}=\frac{n+1}{n}=\frac{99}{88}=\frac{9}{8},$$
解得 $n=8$，故总项数为 $2n+1=17$.

6. (C)

【解析】两个条件单独显然不充分，联立之：
$S_奇=\frac{a_1+a_n}{2}\cdot\frac{n+1}{2}$，$S_偶=\frac{a_2+a_{n-1}}{2}\cdot\frac{n-1}{2}$，又 $a_1+a_n=a_2+a_{n-1}$，故 $\frac{S_奇}{S_偶}=\frac{n+1}{n-1}$.
所以两个条件联立起来充分.

题型 48 两等差数列相同的奇数项和之比

母题精讲

母题48 已知等差数列 $\{a_n\}$ 和 $\{b_n\}$ 的前 $2k-1$ 项和分别用 S_{2k-1} 和 T_{2k-1} 表示，则 $\frac{S_{2k-1}}{T_{2k-1}}=$
（　　）．

(A) $\frac{a_k}{b_k}$　　　　(B) $\frac{a_{k+1}}{b_{k+1}}$　　　　(C) $\frac{a_{k-1}}{b_{k-1}}$　　　　(D) $\frac{k+1}{k}$　　　　(E) 1

【解析】$\frac{S_{2k-1}}{T_{2k-1}}=\dfrac{\dfrac{(2k-1)(a_1+a_{2k-1})}{2}}{\dfrac{(2k-1)(b_1+b_{2k-1})}{2}}=\dfrac{a_1+a_{2k-1}}{b_1+b_{2k-1}}=\dfrac{2a_k}{2b_k}=\dfrac{a_k}{b_k}.$

【答案】(A)

老吕施法

等差数列 $\{a_n\}$ 和 $\{b_n\}$ 的前 $2k-1$ 项和分别用 S_{2k-1} 和 T_{2k-1} 表示，则 $\dfrac{a_k}{b_k}=\dfrac{S_{2k-1}}{T_{2k-1}}$.

习题精练

1. $\{a_n\}$ 的前 n 项和 S_n 与 $\{b_n\}$ 的前 n 项和 T_n 满足 $S_{19}:T_{19}=3:2$.
   (1) $\{a_n\}$ 和 $\{b_n\}$ 是等差数列；　　　　(2) $a_{10}:b_{10}=3:2$.

2. 等差数列 $\{a_n\}$，$\{b_n\}$ 的前 n 项和为 S_n，T_n，若 $\dfrac{S_n}{T_n}=\dfrac{3n+1}{2n+15}$ $(n\in \mathbf{N}_+)$，则 $\dfrac{a_5}{b_5}$ 的值为（　　）．

   (A) $\dfrac{34}{37}$　　　(B) $\dfrac{31}{35}$　　　(C) $\dfrac{28}{33}$　　　(D) $\dfrac{28}{31}$　　　(E) 1

3. 在等差数列 $\{a_n\}$ 和 $\{b_n\}$ 中，$\dfrac{a_{11}}{b_{11}}=\dfrac{4}{3}$.
   (1) $\{a_n\}$ 和 $\{b_n\}$ 前 n 项的和之比为 $(7n+1):(4n+27)$；
   (2) $\{a_n\}$ 和 $\{b_n\}$ 前 21 项的和之比为 $5:3$.

4. 已知两个等差数列 $\{a_n\}$ 和 $\{b_n\}$ 的前 n 项和分别为 A_n 和 B_n，且 $\dfrac{A_n}{B_n}=\dfrac{7n+45}{n+3}$，则使得 $\dfrac{a_n}{b_n}$ 为整数的正整数 n 的个数是（　　）.
   (A) 2　　　　(B) 3　　　　(C) 4　　　　(D) 5　　　　(E) 6

习题详解

1.（C）

【解析】两个条件单独显然不充分，联合两个条件：

根据定理，等差数列 $\{a_n\}$ 的前 n 项和 S_n 与等差数列 $\{b_n\}$ 的前 n 项和 T_n 满足 $\dfrac{a_n}{b_n}=\dfrac{S_{2n-1}}{T_{2n-1}}$，

故 $\dfrac{S_{19}}{T_{19}}=\dfrac{a_{10}}{b_{10}}=\dfrac{3}{2}$，所以两个条件联合起来充分，故选（C）.

2.（C）

【解析】$\dfrac{a_5}{b_5}=\dfrac{S_9}{T_9}=\dfrac{3\times 9+1}{2\times 9+15}=\dfrac{28}{33}$.

3.（A）

【解析】设 S_n，T_n 分别表示等差数列 $\{a_n\}$ 和 $\{b_n\}$ 前 n 项的和，则 $\dfrac{a_{11}}{b_{11}}=\dfrac{S_{21}}{T_{21}}$.

条件（1）：$\dfrac{a_{11}}{b_{11}}=\dfrac{S_{21}}{T_{21}}=\dfrac{7\times 21+1}{4\times 21+27}=\dfrac{148}{111}=\dfrac{4}{3}$，充分.

条件（2）：$\dfrac{a_{11}}{b_{11}}=\dfrac{S_{21}}{T_{21}}=\dfrac{5}{3}$，不充分. 故选（A）.

4.（D）

【解析】$\dfrac{a_n}{b_n}=\dfrac{A_{2n-1}}{B_{2n-1}}=\dfrac{7\times(2n-1)+45}{2n-1+3}=\dfrac{7n+19}{n+1}=7+\dfrac{12}{n+1}$，

所以当 $n=1,2,3,5,11$ 时，$\dfrac{a_n}{b_n}$ 是正整数，因此 n 的个数为 5.

题型 49　等差数列前 n 项和的最值

母题精讲

母题49 一个等差数列的首项为 21，公差为 -3，则前 n 项和 S_n 的最大值为（　　）.
(A) 70　　　　(B) 75　　　　(C) 80　　　　(D) 84　　　　(E) 90

【解析】方法一：一元二次函数法.

$$S_n=na_1+\dfrac{n(n-1)}{2}d=\dfrac{d}{2}n^2+\left(a_1-\dfrac{d}{2}\right)n=-\dfrac{3}{2}n^2+\left(21+\dfrac{3}{2}\right)n,$$

对称轴：$n=\dfrac{1}{2}-\dfrac{a_1}{d}=7.5$，故离对称轴最近的整数有两个是 7 和 8，所以 S_n 的最大值为

$$S_7=S_8=-\dfrac{3}{2}\times 7^2+\left(21+\dfrac{3}{2}\right)\times 7=84.$$

方法二：$a_n=0$ 法.

令 $a_n=0$，即 $a_n=a_1+(n-1)d=-3n+24=0$，解得 $n=8$，故 $S_7=S_8$ 均为 S_n 的最大值，

所以 S_n 的最大值为

$$S_7 = S_8 = -\frac{3}{2} \times 7^2 + \left(21 + \frac{3}{2}\right) \times 7 = 84.$$

【答案】(D)

老吕施法

(1)等差数列前 n 项和 S_n 有最值的条件.
①若 $a_1 < 0$, $d > 0$ 时, S_n 有最小值.
②若 $a_1 > 0$, $d < 0$ 时, S_n 有最大值.
(2)求解等差数列 S_n 的方法.
①一元二次函数法.
等差数列的前 n 项和可以整理成一元二次函数的形式: $S_n = \frac{d}{2}n^2 + \left(a_1 - \frac{d}{2}\right)n$, 对称轴为 $n = -\frac{a_1 - \frac{d}{2}}{2 \times \frac{d}{2}} = \frac{1}{2} - \frac{a_1}{d}$, 最值取在最靠近对称轴的整数处.

② $a_n = 0$ 法.(推荐)
最值一定在"变号"时取得, 可令 $a_n = 0$, 若解得 n 为整数 m, 则 $S_m = S_{m-1}$ 均为最值; 例如, 若解得 $n = 6$, 则 $S_6 = S_5$ 为其最值; 若解得的 n 值为非整数, 则当 n 取其整数部分时, S_n 取到最值; 例如, 若解得 $n = 6.9$, 则 S_6 为其最值.

习题精练

1. 设 $a_n = -n^2 + 12n + 13$, 则数列的前 n 项和 S_n 取最大值时 n 的值是( ).
   (A)12 (B)13 (C)10 或 11 (D)12 或 13 (E)11

2. 在等差数列 $\{a_n\}$ 中, S_n 表示前 n 项和, 若 $a_1 = 13$, $S_3 = S_{11}$, 则 S_n 的最大值是( ).
   (A)42 (B)49 (C)59 (D)133 (E)不存在

3. 设数列 $\{a_n\}$ 是等差数列, 且 $a_2 = -8$, $a_{15} = 5$, S_n 是数列 $\{a_n\}$ 的前 n 项和, 则( ).
   (A)$S_{10} = S_{11}$ (B)$S_{10} > S_{11}$ (C)$S_9 = S_{10}$
   (D)$S_9 < S_{10}$ (E)以上选项均不正确

4. 设等差数列 $\{a_n\}$ 的前 n 项和为 S_n, 若 $a_1 = -11$, $a_4 + a_6 = -6$, 则当 S_n 取最小值时, n 等于( ).
   (A)6 (B)7 (C)8 (D)9 (E)10

5. 已知 $\{a_n\}$ 为等差数列, $a_1 + a_3 + a_5 = 105$, $a_2 + a_4 + a_6 = 99$, 前 n 项和 S_n 取得最大值时 n 的值是( ).
   (A)21 (B)20 (C)19 (D)18 (E)以上选项均不正确

6. 等差数列 $\{a_n\}$ 中, $3a_5 = 7a_{10}$, 且 $a_1 < 0$, 则 S_n 的最小值为( ).
   (A)S_8 (B)S_{12} (C)S_{13} (D)S_{14} (E)S_{12} 或 S_{13}

7. 等差数列 $\{a_n\}$ 的前 n 项和 S_n 取最大值时, n 的值是 21.
   (1)$a_1 > 0$, $5a_4 = 3a_9$; (2)$a_1 > 0$, $3a_4 = 5a_{11}$.

习题详解

1. (D)

【解析】首项大于 0，令 $a_n=-n^2+12n+13=0$，解得 $n=13$ 或 -1（舍去），故 $a_{13}=0$，前 12 项均大于 0，第 13 项等于 0. 故 $S_{12}=S_{13}$ 为最大值．

2. (B)

【解析】根据题意，由 $S_3=S_{11}$，得 $n=7$ 是抛物线的对称轴．又因为等差数列的前 n 项和 $S_n=\dfrac{d}{2}n^2+\left(a_1-\dfrac{d}{2}\right)n$，故对称轴为 $-\dfrac{b}{2a}=-\dfrac{a_1-\dfrac{d}{2}}{2\times\dfrac{d}{2}}=\dfrac{1}{2}-\dfrac{a_1}{d}=\dfrac{1}{2}-\dfrac{13}{d}=7$，解得 $d=-2$.

故 S_n 的最大值 $S_7=\dfrac{d}{2}\times 7^2+\left(a_1-\dfrac{d}{2}\right)\times 7=-49+14\times 7=49$.

3. (C)

【解析】公差 $d=\dfrac{a_{15}-a_2}{15-2}=\dfrac{5+8}{15-2}=1$，故 $a_n=a_2+(n-2)d=n-10$，显然，$a_{10}=0$，$S_9=S_{10}$，且为前 n 项和的最小值．

4. (A)

【解析】因为 $a_4+a_6=2a_1+8d=2\times(-11)+8d=-6$，解得 $d=2$，

故 $S_n=-11n+\dfrac{n(n-1)}{2}\times 2=n^2-12n=(n-6)^2-36$，故 S_6 最小．

5. (B)

【解析】因为 $(a_2+a_4+a_6)-(a_1+a_3+a_5)=3d=99-105=-6$，故 $d=-2$；
又 $a_1+a_3+a_5=3a_1+6d=105$，得 $a_1=39$.
令 $a_n=a_1+(n-1)\times(-2)=41-2n=0$，得 $n=20.5$，取整数，故当 $n=20$ 时，S_n 最大．

6. (C)

【解析】由 $3a_5=7a_{10}$，即 $3(a_1+4d)=7(a_1+9d)$，可得 $\dfrac{a_1}{d}=-\dfrac{51}{4}$.

又因为对称轴为 $-\dfrac{b}{2a}=-\dfrac{a_1-\dfrac{d}{2}}{2\times\dfrac{d}{2}}=\dfrac{1}{2}-\dfrac{a_1}{d}=\dfrac{1}{2}+\dfrac{51}{4}=\dfrac{53}{4}=13.25$，故 S_n 的最小值为 S_{13}.

7. (B)

【解析】等差数列 $\{a_n\}$ 的前 n 项和 S_n 有最大值，则 $a_1>0$，$d<0$，且 $a_{21}>0$，$a_{22}<0$.

条件(1)：$a_1>0$，$a_4=\dfrac{3}{5}a_9$，在 a_4，a_9 为正数时，$a_4<a_9$，$d>0$，条件(1)不充分．

条件(2)：$3a_4=5a_{11}$，即
$$3(a_1+3d)=5(a_1+10d),$$
整理得 $2a_1+41d=0$，即
$$a_1+20d+a_1+21d=a_{21}+a_{22}=0,$$
所以 $a_{21}>0$，$a_{22}<0$，S_{21} 最大，条件(2)充分．

第二节 等比数列

题型 50 等比数列基本问题

母题精讲

母题 50 $S_2+S_5=2S_8$.

(1) 等比数列前 n 项的和为 S_n 且公比 $q=-\dfrac{\sqrt[3]{4}}{2}$;

(2) 等比数列前 n 项的和为 S_n 且公比 $q=\dfrac{1}{\sqrt[3]{2}}$.

【解析】万能方法.

在等比数列中,$S_2+S_5=2S_8$,即

$$\dfrac{a_1(1-q^2)}{1-q}+\dfrac{a_1(1-q^5)}{1-q}=2\dfrac{a_1(1-q^8)}{1-q} \Rightarrow 1-q^2+1-q^5=2-2q^8$$
$$\Rightarrow 2q^8-q^5-q^2=0$$
$$\Rightarrow 2q^6-q^3-1=0,$$

解得 $q=1$(舍去)或 $q=-\dfrac{\sqrt[3]{4}}{2}$.

所以条件(1)充分,条件(2)不充分.

【快速得分法】$S_2+S_5=2S_8$,两边减去 $2S_5$,得

$$S_2-S_5=2(S_8-S_5) \Rightarrow -(a_3+a_4+a_5)=2(a_6+a_7+a_8)$$
$$\Rightarrow -(a_3+a_4+a_5)=2(a_3+a_4+a_5)\cdot q^3$$
$$\Rightarrow q^3=-\dfrac{1}{2},\ q=-\dfrac{\sqrt[3]{4}}{2}.$$

【答案】(A)

老吕施法

(1) 等比数列通项公式:$a_n=a_1q^{n-1}\ (q\neq 0)$.

(2) 等比数列前 n 项和:$S_n=\begin{cases}\dfrac{a_1(1-q^n)}{1-q}, & q\neq 1,\\ na_1, & q=1.\end{cases}$

(3) 中项公式:$a_{n+1}^2=a_n a_{n+2}$.(各项均不为 0)

(4) 下标和定理:若 $m+n=p+q$,则 $a_m a_n=a_p a_q$.(各项均不为 0)

(5) 若等比数列共有 $2n$ 项,则 $\dfrac{S_{偶}}{S_{奇}}=q$.

习题精练

1. 已知等比数列 $\{a_n\}$ 的公比为正数，且 $a_3 \cdot a_9 = 2a_5^2$，$a_2 = 1$，则 $a_1 = ($).

    (A) $\dfrac{1}{2}$　　　　(B) $\dfrac{\sqrt{2}}{2}$　　　　(C) $\sqrt{2}$　　　　(D) 2　　　　(E) 1

2. 已知数列 $\{a_n\}$ 为等比数列，则 a_9 的值可唯一确定.

    (1) $a_1 a_7 = 64$;　　　　(2) $a_2 + a_6 = 20$.

3. 在等比数列 $\{a_n\}$ 中，公比 $q = 2$，$a_1 + a_3 + a_5 + \cdots + a_{99} = 10$，则 $S_{100} = ($).

    (A) 20　　　　(B) 25　　　　(C) 30　　　　(D) 35　　　　(E) 40

4. 设 $\{a_n\}$ 是等比数列，则 S_{100} 的值可唯一确定.

    (1) $2a_m a_n = a_m^2 + a_n^2 = 18$;　　　　(2) $a_5 + a_6 = a_7 - a_5 = 48$.

5. 在等比数列 $\{a_n\}$ 中，$a_2 + a_8$ 的值能确定.

    (1) $a_1 a_2 a_3 + a_7 a_8 a_9 + 3a_1 a_9 (a_2 + a_8) = 27$;

    (2) $a_3 a_7 = 2$.

6. 正项等比数列 $\{a_n\}$ 中，$a_1 a_3 = 36$，$a_2 + a_4 = 30$，$S_n > 200$，则 n 的最小值是 ($ $).

    (A) 4　　　　(B) 5　　　　(C) 6　　　　(D) 7　　　　(E) 8

习题详解

1. (B)

【解析】由 $\{a_n\}$ 为等比数列，可得 $a_3 \cdot a_9 = a_6^2 = 2a_5^2 \Rightarrow a_6 = \sqrt{2} a_5 \Rightarrow q = \sqrt{2}$，

又 $a_2 = a_1 q = a_1 \times \sqrt{2} = 1$，故 $a_1 = \dfrac{\sqrt{2}}{2}$.

2. (E)

【解析】两个条件单独显然不充分，联立之：

条件(1)：$a_1 a_7 = a_2 a_6 = 64$;

条件(2)：$a_2 + a_6 = 20$;

联立两个方程，解得 $\begin{cases} a_2 = 4 \\ a_6 = 16 \end{cases}$ 或 $\begin{cases} a_2 = 16 \\ a_6 = 4 \end{cases}$，故 a_9 的值有 2 个，不能唯一确定，即两条件联立起来也不充分，选(E).

3. (C)

【解析】因为 $\{a_n\}$ 为等比数列，且公比 $q = 2$，则

$$a_2 + a_4 + a_6 + \cdots + a_{100} = 2(a_1 + a_3 + \cdots + a_{99}) = 20,$$

所以 $S_{100} = 10 + 20 = 30$.

4. (B)

【解析】条件(1)：由条件得

$$\begin{cases} 2a_m a_n = 18 \\ a_m^2 + a_n^2 = 18 \end{cases}, \text{解得} \begin{cases} a_m = 3 \\ a_n = 3 \end{cases} \text{或} \begin{cases} a_m = -3 \\ a_n = -3 \end{cases}.$$

故 S_{100} 有两组解，不能唯一确定，不充分.

条件(2)：由条件得

$$\begin{cases} a_5+a_6=a_1(q^4+q^5)=48, \\ a_7-a_5=a_1(q^6-q^4)=48, \end{cases} \text{解得 } a_1=1, q=2.$$

故 S_{100} 有唯一解，充分．

5. (A)

【解析】 条件(1)：化简可得

$$a_1a_2a_3+a_7a_8a_9+3a_1a_9(a_2+a_8)=a_2{}^3+a_8{}^3+3a_2a_8(a_2+a_8)$$
$$=a_2{}^3+a_8{}^3+3a_2{}^2a_8+3a_2a_8{}^2$$
$$=(a_2+a_8)^3=27,$$

故 $a_2+a_8=3$，故条件(1)充分．

条件(2)：$a_2a_8=a_3a_7=2$，但 a_2+a_8 的值无法确定，故条件(2)不充分．

6. (D)

【解析】 由 $a_1a_3=a_2{}^2=36$，数列的各项均为正，故 $a_2=6$．

又由 $a_2+a_4=30$，得 $a_4=24$．又 $a_4=a_2q^2=6q^2=24$，故 $q=\pm 2$．

数列的各项均为正，故 $q=2$，$a_1=3$．

所以得

$$S_n=\frac{a_1(1-q^n)}{1-q}=\frac{3(1-2^n)}{1-2}=3\cdot 2^n-3>200,$$

即 $2^n>\dfrac{203}{3}\approx 67.7$，因为 $2^6=64$，$2^7=128$，故 n 的最小值是 7．

题型 51　无穷等比数列

母题精讲

母题 51 一个球从 100 米高处自由落下，每次着地后又跳回前一次高度的一半再落下．当它第 10 次着地时，共经过的路程是（　　）米．（精确到 1 米且不计任何阻力）

　　(A) 300　　　(B) 250　　　(C) 200　　　(D) 150　　　(E) 100

【解析】 从高处下落时，路程为 100 米．

第一次着地弹起，到第二次着地的路程为 $50+50=100$（米）；

第二次着地弹起，到第三次着地的路程为 $25+25=50$（米）；

即从第一次着地到第 10 次着地的路程是一个首项为 100，公比为 $\dfrac{1}{2}$ 的等比数列．

故到第 10 次落地时，一共经过的路程为

$$S=100+S_9=100+\frac{100\times\left[1-\left(\frac{1}{2}\right)^9\right]}{1-\frac{1}{2}}\approx 300(\text{米}).$$

【答案】 (A)

老吕施法

(1) 无穷递缩等比数列所有项的和：

当 $n \to +\infty$，且 $|q|<1$ 时，$S=\lim\limits_{n\to\infty}\dfrac{a_1(1-q^n)}{1-q}=\dfrac{a_1}{1-q}$.

(2) 有时候虽然 n 并没有趋近于正无穷，但只要 n 足够大，也可以用这个公式进行估算.

习题精练

1. 已知首项为 1 的无穷递缩等比数列的所有项之和为 5，q 为公比，则 $q=$（　　）.

   (A) $\dfrac{2}{3}$　　(B) $-\dfrac{2}{3}$　　(C) $\dfrac{4}{5}$　　(D) $-\dfrac{4}{5}$　　(E) $\dfrac{1}{2}$

2. 一个无穷等比数列所有奇数项之和为 45，所有偶数项之和为 -30，则其首项等于（　　）.

   (A) 24　　(B) 25　　(C) 26　　(D) 27　　(E) 28

3. 无穷等比数列 $\{a_n\}$ 中，$\lim\limits_{n\to+\infty}(a_1+a_2+\cdots+a_n)=\dfrac{1}{2}$，则 a_1 的范围为（　　）.

   (A) $0<a_1<1$ 且 $a_1\neq\dfrac{1}{2}$　　　　(B) $0<a_1<1$　　　　(C) $a_1\neq\dfrac{1}{2}$

   (D) $a_1>1$　　　　(E) $a_1>\dfrac{1}{2}$

习题详解

1. (C)

【解析】根据题意，有 $S=\dfrac{a_1}{1-q}=\dfrac{1}{1-q}=5$，解得 $q=\dfrac{4}{5}$.

2. (B)

【解析】设此数列的首项为 a_1，公比为 q.

则奇数项组成首项为 a_1，公比为 q^2 的等比数列，其和为 $S=\dfrac{a_1}{1-q^2}=45$；

偶数项组成首项为 a_1q，公比为 q^2 的等比数列，其和为 $S=\dfrac{a_1q}{1-q^2}=-30$；

两式相除，得 $q=-\dfrac{2}{3}$，$a_1=25$.

3. (A)

【解析】由题意可得，$\lim\limits_{n\to+\infty}(a_1+a_2+\cdots+a_n)=\dfrac{a_1}{1-q}=\dfrac{1}{2}\Rightarrow q=1-2a_1$，$|q|<1$ 且 $q\neq 0$，故 $|1-2a_1|<1$ 且 $|1-2a_1|\neq 0$，解得 $0<a_1<1$ 且 $a_1\neq\dfrac{1}{2}$.

题型 52 连续等长片段和

母题精讲

母题52 已知等比数列的公比为2,且前4项之和等于1,那么其前8项之和等于( ).
(A)15   (B)17   (C)19   (D)21   (E)23

【解析】由题意得 $S_4=\dfrac{a_1(2^4-1)}{2-1}=15a_1=1$,解得 $a_1=\dfrac{1}{15}$,则

$$S_8=\dfrac{a_1(2^8-1)}{2-1}=\dfrac{1}{15}\times 255=17.$$

【快速得分法】等长片段和仍然成等比,新公比为 q^m,且 $S_4=1$,

所以 $\dfrac{S_8-S_4}{S_4}=q^4=2^4=16$,解得 $S_8=17$.

【答案】(B)

老吕施法

(1)在等比数列 $\{a_n\}$ 中,S_m,$S_{2m}-S_m$,$S_{3m}-S_{2m}$,仍然成等比数列,新公比为 q^m.

(2)要注意 S_m,S_{2m},S_{3m} 不是等长片段,S_m 是前 m 项和,S_{2m} 是前 $2m$ 项和,S_{3m} 是前 $3m$ 项和,项数不相同.

习题精练

1. 在等比数列 $\{a_n\}$ 中,已知 $S_n=36$,$S_{2n}=54$,则 S_{3n} 等于( ).
   (A)63   (B)68   (C)76   (D)89   (E)92

2. 设等比数列 $\{a_n\}$ 的前 n 项和为 S_n,若 $\dfrac{S_6}{S_3}=\dfrac{1}{2}$,则 $\dfrac{S_9}{S_3}=$( ).
   (A)$\dfrac{1}{2}$ (B)$\dfrac{2}{3}$ (C)$\dfrac{3}{4}$ (D)$\dfrac{1}{3}$ (E)1

3. 设 $\{a_n\}$ 是等比数列,S_n 是它的前 n 项和,若 $S_n=10$,$S_{2n}=30$,则 $S_{6n}-S_{5n}$ 等于( ).
   (A)360   (B)320   (C)260   (D)160   (E)80

4. 各项均为正整数的等比数列 $\{a_n\}$ 的前 n 项和为 S_n,则 $S_{4n}=30$.
   (1)$S_n=2$;   (2)$S_{3n}=14$.

习题详解

1. (A)

【解析】在等比数列中,等长片段和成等比,所以 $(S_{3n}-S_{2n})S_n=(S_{2n}-S_n)^2$,即

$$S_{3n}=\dfrac{(S_{2n}-S_n)^2}{S_n}+S_{2n}=9+54=63.$$

2. (C)

【解析】在等比数列中，等长片段和成等比，所以$(S_9-S_6)S_3=(S_6-S_3)^2$，由$\dfrac{S_6}{S_3}=\dfrac{1}{2}$，得$S_3=2S_6$，代入上式，可得$\dfrac{S_9}{S_3}=\dfrac{3}{4}$。

3. (B)

【解析】在等比数列中，等长片段和成等比，所以S_n，$S_{2n}-S_n$，$S_{3n}-S_{2n}$，$S_{4n}-S_{3n}$，$S_{5n}-S_{4n}$，$S_{6n}-S_{5n}$成等比数列，$S_{2n}-S_n=30-10=20$，$S_{6n}-S_{5n}=S_n\cdot\left(\dfrac{S_{2n}-S_n}{S_n}\right)^5=10\times 2^5=320$。

4. (C)

【解析】条件(1)和条件(2)单独都不充分，联立条件(1)和条件(2)：

由S_n，$S_{2n}-S_n$，$S_{3n}-S_{2n}$，$S_{4n}-S_{3n}$成等比数列，得

$$(S_{2n}-S_n)^2=S_n(S_{3n}-S_{2n})，即(S_{2n}-2)^2=2\times(14-S_{2n}),$$

解得$S_{2n}=6$. 故$S_n=2$，$S_{2n}-S_n=4$，$S_{3n}-S_{2n}=8$，$S_{4n}-S_{3n}=16$。

所以$S_{4n}=16+14=30$，联立起来充分，选(C)。

【快速得分法】此题令$n=1$可简化运算。

第三节 数列综合题

题型 53 等差数列和等比数列的判定

母题精讲

母题53 该数列为等比数列。

(1)数列$\{a_n\}$的通项公式是$a_n=3n+4(n\in\mathbf{N}^*)$；

(2)(2)数列$\{a_n\}$的通项公式是$a_n=2^n(n\in\mathbf{N}^*)$。

【解析】特征判断法。

条件(1)：数列的通项公式形如一元一次函数，为等差数列，不充分。

条件(2)：数列的通项公式形如指数函数，为等比数列，充分。

方法二：定义法。

条件(1)：$a_{n+1}-a_n=3(n+1)+4-(3n+4)=3$，为等差数列，不充分。

条件(2)：$\dfrac{a_{n+1}}{a_n}=\dfrac{2^{n+1}}{2^n}=2$，为等比数列，充分。

【答案】(B)

老吕施法

(1)判断等差数列的方法。

①特殊值法。

令 $n=1,2,3$，如果前3项为等差，此数列必为等差（虽然不是准确的证明，但对于选择题来说一定是正确的）．

②特征判断法．

等差数列的通项公式的特征形如一个一元一次函数：
$$a_n=An+B \ (A,B \text{ 为常数}) \Leftrightarrow \{a_n\} \text{ 是等差数列}.$$

等差数列的前 n 项和 S_n 的特征形如一个没有常数项的一元二次函数：
$$S_n=An^2+Bn \ (A,B \text{ 为常数}) \Leftrightarrow \{a_n\} \text{ 是等差数列}.$$

③定义法．

$a_{n+1}-a_n=d \Leftrightarrow \{a_n\}$ 是等差数列．

④中项公式法．

$2a_{n+1}=a_n+a_{n+2} \Leftrightarrow \{a_n\}$ 是等差数列．

(2)判断等比数列的方法．

①特殊值法．

令 $n=1,2,3$，检验前三项是否为等比数列．

②特征判断法．

通项公式法：$a_n=Aq^n$（A,q 均是不为 0 的常数，$n \in \mathbf{N}^*$）$\Leftrightarrow \{a_n\}$ 是等比数列．

前 n 项和公式法：$S_n=\dfrac{a_1}{q-1}q^n-\dfrac{a_1}{q-1}=kq^n-k$（$k=\dfrac{a_1}{q-1}$ 是不为零的常数，且 $q \neq 0$，$q \neq 1$）$\Rightarrow \{a_n\}$ 是等比数列．

③定义法．

$\dfrac{a_{n+1}}{a_n}=q$（q 是不为 0 的常数，$n \in \mathbf{N}^*$）$\Leftrightarrow \{a_n\}$ 是等比数列．

④中项公式法．

$a_{n+1}^2=a_n \cdot a_{n+2} \ (a_n \cdot a_{n+1} \cdot a_{n+2} \neq 0, n \in \mathbf{N}^*) \Leftrightarrow \{a_n\}$ 是等比数列．

习题精练

1. 数列 $\{a_n\}$ 前 n 项和 S_n 满足 $\log_2(S_n-1)=n$，则 $\{a_n\}$ 是（　　）．

   (A)等差数列　　　　(B)等比数列　　　　(C)既是等差数列又是等比数列

   (D)既非等差数列亦非等比数列　　(E)以上选项均不正确

2. 数列 a,b,c 是等差数列不是等比数列．

   (1) a,b,c 满足关系式 $3^a=4,3^b=8,3^c=16$；

   (2) $a=b=c$ 成立．

3. 已知数列 $\{a_n\}$ 的前 n 项和 $S_n=n^2-2n$，而 $a_2,a_4,a_6,a_8,\cdots$ 组成一新数列 $\{c_n\}$，其通项公式为（　　）．

   (A)$c_n=4n-3$　　(B)$c_n=8n-1$　　(C)$c_n=4n-5$　　(D)$c_n=8n-9$　　(E)$c_n=4n+1$

4. 一个等比数列前 n 项和 $S_n=ab^n+c$，$a \neq 0$，$b \neq 0$，且 $b \neq 1$，a,b,c 为常数，那么 a,b,c 必须满足（　　）．

   (A)$a+b=0$　　(B)$c+b=0$　　(C)$a+c=0$　　(D)$a+b+c=0$　　(E)$b+c=0$

5. 设等差数列 $\{a_n\}$ 的前 n 项和为 S_n，如果 $a_3=11$，$S_3=27$，数列 $\{\sqrt{S_n+c}\}$ 为等差数列，则 $c=$ （　　）．

(A) 4 (B) 9 (C) 4 或 9 (D) 8 (E) 4 或 8

6. 若 $\{a_n\}$ 是等差数列，则能确定数列 $\{b_n\}$ 也一定是等差数列．

(1) $b_n=a_n+a_{n+1}$；　　　　(2) $b_n=n+a_n$．

7. 由方程组 $\begin{cases} x+y=a, \\ y+z=4, \\ z+x=2, \end{cases}$ 解得的 x，y，z 成等差数列．

(1) $a=1$；　　　　(2) $a=0$．

习题详解

1. (D)

【解析】由题意，可得 $\log_2(S_n-1)=n \Rightarrow 2^n=S_n-1 \Rightarrow S_n=2^n+1$，根据特征判断法可知，此数列既非等差数列又非等比数列．

2. (A)

【解析】条件(1)：$a=\log_3 4$，$b=\log_3 8$，$c=\log_3 16$，故

$$2b=2\log_3 8=\log_3 64=\log_3(4\times 16)=\log_3 4+\log_3 16=a+c,$$

故 a，b，c 是等差数列不是等比数列，条件(1)充分．

条件(2)：$a=b=c\neq 0$，既是等差数列又是等比数列；若 $a=b=c=0$，是等差数列不是等比数列，故条件(2)不充分．

3. (A)

【解析】由 $S_n=n^2-2n$ 可知 $\{a_n\}$ 为等差数列，$a_1=-1$，$d=2$，故 $a_2=1$，新数列 $\{c_n\}$ 的公差 $d'=4$，故通项公式为 $c_n=1+(n-1)\times 4=4n-3$．

4. (C)

【解析】等比数列前 n 项和公式为 $S_n=\dfrac{a_1(1-q^n)}{1-q}=\dfrac{a_1}{1-q}-\dfrac{a_1 q^n}{1-q}=ab^n+c$，

故 $a=-\dfrac{a_1}{1-q}$，$b=q$，$c=\dfrac{a_1}{1-q}$，故 $a+c=0$．

【快速得分法】由等比数列 S_n 形如 $S_n=k\cdot q^n-k$，可知 $a+c=0$．

5. (B)

【解析】由等差数列前 n 项和的公式，可得

$$S_3=\dfrac{3(a_1+a_3)}{2}=\dfrac{3(a_1+11)}{2}=27,$$

解得 $a_1=7$，$d=\dfrac{a_3-a_1}{2}=2$，则

$$S_n=na_1+\dfrac{n(n-1)}{2}d=n^2+6n.$$

所以 $\sqrt{S_n+c}=\sqrt{n^2+6n+c}$ 是等差数列，故 n^2+6n+c 是完全平方式，故 $c=9$．

此时，$\sqrt{S_n+c}=\sqrt{n^2+6n+c}=n+3$ 是等差数列．

6. (D)

【解析】条件(1): $b_n - b_{n-1} = a_n + a_{n+1} - a_{n-1} - a_n = 2d$，是等差数列，充分.

条件(2): $b_n - b_{n-1} = n + a_n - [(n-1) + a_{n-1}] = 1 + (a_n - a_{n-1}) = 1 + d$，是等差数列，充分.

【快速得分法】两个一次函数相加还是一次函数，故条件(1)、(2)仍为等差数列，选(D).

7. (B)

【解析】方法一：x, y, z 成等差数列，则
$$(y+z) - (x+z) = y - x = 2 = d, \quad (x+z) - (x+y) = z - y = 2 - a = d,$$
故 $a = 0$，条件(1)不充分，条件(2)充分.

方法二：将 $a=1$ 和 $a=0$ 分别代入方程组，求解方程组，可得当 $a=0$ 时，可解得 $x=-1$，$y=1$，$z=3$，成等差数列，条件(1)不充分，条件(2)充分.

题型 54 等差与等比数列综合题

母题精讲

母题54 等比数列 $\{a_n\}$ 的前 n 项和为 S_n，已知 $S_1, 2S_2, 3S_3$ 成等差数列，则 $\{a_n\}$ 的公比为（ ）．

(A) $\dfrac{1}{2}$ (B) $\dfrac{1}{3}$ (C) $\dfrac{1}{4}$ (D) $\dfrac{1}{5}$ (E) $\dfrac{1}{6}$

【解析】等差与等比数列综合题

方法一：将 $S_2 = (1+q)S_1$，$S_3 = (1+q+q^2)S_1$ 代入 $4S_2 = S_1 + 3S_3$，得 $3q^2 - q = 0$.

注意到 $q \neq 0$，得公比 $q = \dfrac{1}{3}$.

方法二：由题设，$4S_2 = S_1 + 3S_3$，即 $4(a_1 + a_2) = a_1 + 3(a_1 + a_2 + a_3)$.

化简得 $a_2 = 3a_3$，故公比 $q = \dfrac{a_3}{a_2} = \dfrac{1}{3}$.

方法三：由 $4S_2 = S_1 + 3S_3$，得 $S_2 - S_1 = 3(S_3 - S_2)$，

即 $a_2 = 3a_3$，故公比 $q = \dfrac{a_3}{a_2} = \dfrac{1}{3}$.

【答案】(B)

老吕施法

解等差数列和等比数列问题，有以下三类方法：

(1)特殊方法.

①$n = 1, 2, 3$ 法.（最佳方法）

②特殊数列法：用于条件充分性判断猜测答案.

(2)性质定理法.

①中项公式.

②下标和定理.

③等长片段和定理.

④两个等差数列前 n 项和之比.

⑤奇数项与偶数项的关系.

要注意的是,在等差和等比数列中所有性质和定理,都有一个共同之处,即下标之间有规律,所以,遇到等差和等比数列问题,应该首先看下标,看看有无规律,若有规律,用性质定理,若无规律,用万能方法.

(3)万能方法.

①等差数列问题,将所有项均化为 a_1,d,n,必然能求解.

②等比数列问题,将所有项均化为 a_1,q,n,必然能求解.

(4)遇到一个数列中的某些项成等差数列又成等比数列,首先考虑常数列.

习题精练

1. 等差数列 $\{a_n\}$ 的前 n 项和为 S_n,若 a_4 是 a_3 与 a_7 的等比中项,$S_8=32$,则 S_{10} 等于( ).

   (A)18　　(B)40　　(C)60　　(D)40 或 60　　(E)110

2. 等比数列 $\{a_n\}$ 的前 n 项和为 S_n,且 $4a_1$,$2a_2$,a_3 成等差数列.若 $a_1=1$,则 $S_5=$( ).

   (A)7　　(B)8　　(C)15　　(D)16　　(E)31

3. 在数列 $\{a_n\}$ 中,$\dfrac{a_1+a_3+a_9}{a_2+a_4+a_{10}}$ 的值唯一确定.

   (1)$\{a_n\}$ 是公差为 2 的等差数列;

   (2)$\{a_n\}$ 是公比为 2 的等比数列.

4. 已知数列 $\{a_n\}$ 中,$a_1+a_3=10$,则 a_4 的值一定是 1.

   (1)$\{a_n\}$ 是等差数列,且 $a_4+a_6=2$;

   (2)$\{a_n\}$ 是等比数列,且 $a_4+a_6=\dfrac{5}{4}$.

5. 等差数列 $\{a_n\}$ 的公差不为 0,首项 $a_1=1$,a_2 是 a_1 和 a_5 的等比中项,则数列的前 10 项之和为( ).

   (A)90　　(B)100　　(C)145　　(D)190　　(E)210

6. 设 $\{a_n\}$ 是公差不为 0 的等差数列,$a_1=2$ 且 a_1,a_3,a_6 成等比数列,则 $\{a_n\}$ 的前 n 项和 $S_n=$( ).

   (A)$\dfrac{n^2}{4}+\dfrac{7n}{4}$　　(B)$\dfrac{n^2}{3}+\dfrac{5n}{3}$　　(C)$\dfrac{n^2}{2}+\dfrac{3n}{4}$

   (D)n^2+n　　(E)n^2+2n

7. 已知实数数列:-1,a_1,a_2,-4 是等差数列,-1,b_1,b_2,b_3,-4 是等比数列,则 $\dfrac{a_2-a_1}{b_2}$ 的值为( ).

   (A)$\dfrac{1}{2}$　　(B)$-\dfrac{1}{2}$　　(C)$\pm\dfrac{1}{2}$　　(D)$\dfrac{1}{4}$　　(E)$\pm\dfrac{1}{4}$

8. $\dfrac{(a_1+a_2)^2}{b_1b_2}$ 的取值范围是 $(-\infty,0]\cup[4,+\infty)$.

   (1)x,a_1,a_2,y 成等差数列;

(2) x, b_1, b_2, y 成等比数列.

9. 在等差数列 $\{a_n\}$ 中, $a_3=2$, $a_{11}=6$; 数列 $\{b_n\}$ 是等比数列, 若 $b_2=a_3$, $b_3=\dfrac{1}{a_2}$, 则满足 $b_n>\dfrac{1}{a_{26}}$ 的 n 的最大值是(　　).

(A) 2　　　　(B) 3　　　　(C) 4　　　　(D) 5　　　　(E) 6

10. 有 4 个数, 前 3 个数成等差数列, 它们的和为 12, 后 3 个数成等比数列, 它们的和是 19, 则这 4 个数的和为(　　).

(A) 21　　　(B) 21 或 37　　(C) 37　　　(D) 45　　　(E) 21 或 45

11. 设等差数列 $\{a_n\}$ 的公差 d 不为 0, $a_1=9d$, 若 a_k 是 a_1 与 a_{2k} 的等比中项, 则 $k=$(　　).

(A) 2　　　　(B) 4　　　　(C) 6　　　　(D) 8　　　　(E) 9

12. $x=y=z$.

(1) $x^2+y^2+z^2-xy-yz-xz=0$;

(2) x, y, z 既是等差数列, 又是等比数列.

13. 已知数列 $\{a_n\}$ 的通项公式为 $a_n=2^n$, 数列 $\{b_n\}$ 的通项公式为 $b_n=3n+2$. 若数列 $\{a_n\}$ 和 $\{b_n\}$ 的公共项顺序组成数列 $\{c_n\}$, 则数列 $\{c_n\}$ 的前 3 项之和为(　　).

(A) 248　　(B) 168　　(C) 128　　(D) 19　　(E) 以上选项均不正确

14. $a:b=1:2$.

(1) a, x, b, $2x$ 是等比数列中相邻的四项;

(2) a, x, b, $2x$ 是等差数列中相邻的四项.

15. 有 4 个数, 前 3 个数成等差数列, 后 3 个数成等比数列, 且第一个数与第四个数之和是 16, 第二个数和第三个数之和是 12, 则这 4 个数的和为(　　).

(A) 42　　　(B) 38　　　(C) 28　　　(D) 32　　　(E) 34

16. 设 $\{a_n\}$ 是公比大于 1 的等比数列, S_n 是 $\{a_n\}$ 的前 n 项和, 已知 $S_3=7$, 且 a_1+3, $3a_2$, a_3+4 成等差数列, 则 $\{a_n\}$ 的通项公式 $a_n=$(　　).

(A) 2^n　　(B) 2^{n-1}　　(C) 3^n　　(D) 3^{n-1}　　(E) 以上选项均不正确

习题详解

1. (D)

【解析】当 $d=0$ 时, $S_8=8a_1=32$, 则 $a_1=4$, 故 $S_{10}=10a_1=40$.

当 $d\neq 0$ 时, 由 a_4 是 a_3 与 a_7 的等比中项, 故 $a_4^2=a_3\cdot a_7 \Rightarrow (a_1+3d)^2=(a_1+2d)(a_1+6d)$, 解得 $a_1=-\dfrac{3}{2}d$, 则

$$S_8=8a_1+\dfrac{8\times(8-1)}{2}d=8\times\left(-\dfrac{3}{2}d\right)+28d=16d=32,$$

解得 $d=2$, $a_1=-3$, 故

$$S_{10}=10a_1+\dfrac{10\times(10-1)}{2}d=60.$$

2. (E)

【解析】因为 $4a_1$, $2a_2$, a_3 成等差数列, 则 $4a_2=4a_1+a_3$, 即 $4a_1q=4a_1+a_1q^2$, 解得 $q=2$. 因此 $S_5=\dfrac{a_1(1-q^n)}{1-q}=\dfrac{1\times(1-2^5)}{1-2}=31$.

3. (B)

【解析】条件(1)：当$\{a_n\}$是公差为2的等差数列时，$\dfrac{a_1+a_3+a_9}{a_2+a_4+a_{10}}=\dfrac{3a_1+10d}{3a_1+13d}=\dfrac{3a_1+20}{3a_1+26}$，不充分．

条件(2)：当$\{a_n\}$是公比为2的等比数列时，$\dfrac{a_1+a_3+a_9}{a_2+a_4+a_{10}}=\dfrac{a_1+a_3+a_9}{a_1q+a_3q+a_9q}=\dfrac{1}{q}=\dfrac{1}{2}$，充分．

4. (B)

【解析】条件(1)：$(a_4+a_6)-(a_1+a_3)=6d=2-10=-8$，故$d=-\dfrac{4}{3}$，代入$a_1+a_3=10$可知$a_1=\dfrac{19}{3}$，故$a_4=\dfrac{19}{3}+3\times\left(-\dfrac{4}{3}\right)=\dfrac{7}{3}\neq 1$，条件(1)不充分．

条件(2)：$\dfrac{a_4+a_6}{a_1+a_3}=q^3=\dfrac{\frac{5}{4}}{10}=\dfrac{1}{8}$，得$q=\dfrac{1}{2}$，代入$a_1+a_3=10$可知$a_1=8$，故$a_4=8\times\left(\dfrac{1}{2}\right)^3=1$，条件(2)充分．

5. (B)

【解析】a_2为a_1和a_5的等比中项，则$a_2^2=a_1a_5$，因为$a_1=1$，所以$a_2^2=a_5$，即$(a_1+d)^2=a_1+4d\Rightarrow a_1^2+2a_1d+d^2=a_1+4d\Rightarrow d^2-2d=0\Rightarrow d=2$. 故
$$S_{10}=10a_1+\dfrac{10\times(10-1)d}{2}=100.$$

6. (A)

【解析】a_1，a_3，a_6成等比数列，故$a_3^2=a_1a_6$，即$(a_1+2d)^2=a_1(a_1+5d)$，将$a_1=2$代入此方程，可得$4d^2-2d=0\Rightarrow d=\dfrac{1}{2}$，故$S_n=\dfrac{n(n-1)}{4}+2n=\dfrac{n^2}{4}+\dfrac{7n}{4}$.

7. (A)

【解析】由-1，a_1，a_2，-4成等差数列，知公差为$d=\dfrac{-4-(-1)}{3}=-1$，故$a_1=-2$，$a_2=-3$. 由-1，b_1，b_2，b_3，-4成等比数列，知$b_2^2=(-1)\times(-4)=4$，且b_2与-1，-4同号，故$b_2=-2$. 所以$\dfrac{a_2-a_1}{b_2}=\dfrac{-3-(-2)}{-2}=\dfrac{1}{2}$.

8. (C)

【解析】条件(1)、(2)显然单独都不充分，联立之：
由条件(1)得$a_1+a_2=x+y$；由条件(2)得$b_1b_2=xy$，
若x，y同号，则$\dfrac{(a_1+a_2)^2}{b_1b_2}=\dfrac{(x+y)^2}{xy}\geq\dfrac{4xy}{xy}=4$，
若x，y异号，则$\dfrac{(a_1+a_2)^2}{b_1b_2}=\dfrac{(x+y)^2}{xy}\leq 0$，
所以两个条件联立起来充分．

9. (C)

【解析】等差数列的公差$d=\dfrac{a_{11}-a_3}{11-3}=\dfrac{1}{2}$，故
$$a_{26}=a_{11}+(26-11)d=\dfrac{27}{2}\Rightarrow\dfrac{1}{a_{26}}=\dfrac{2}{27}.$$

又有 $b_2=a_3=2$，$b_3=\dfrac{1}{a_2}=\dfrac{2}{3}\Rightarrow q=\dfrac{1}{3}$，$b_1=6$，则

$$b_n=b_1q^{n-1}=6\left(\dfrac{1}{3}\right)^{n-1}>\dfrac{2}{27}\Rightarrow n<5,$$

所以 n 最大值为 4.

10. (B)

【解析】设这 4 个数为 a，b，c，d，则前 3 个数之和 $a+b+c=3b=12\Rightarrow b=4$；

后 3 个数之和 $b+c+d=4+c+\dfrac{c^2}{4}=19\Rightarrow c=6$ 或 -10.

当 $c=6$ 时，$a=2$，$d=9$，有 $a+b+c+d=2+4+6+9=21$；

当 $c=-10$ 时，$a=18$，$d=25$，有 $a+b+c+d=18+4-10+25=37$.

11. (B)

【解析】特殊值法.

令 $d=1$，则 $a_1=9$，$a_k=k+8$，$a_{2k}=2k+8$.

a_k 是 a_1 与 a_{2k} 的等比中项，则 $a_k^2=(k+8)^2=9\times(2k+8)$，解得 $k=4$，$k=-2$ (舍去).

12. (D)

【解析】条件(1)：原式两边同时乘以 2，得 $(x-y)^2+(x-z)^2+(y-z)^2=0$，故 $x=y=z$，条件(1)充分.

条件(2)：既是等差数列，又是等比数列的数列为非零的常数列，故 $x=y=z$，条件(2)充分.

13. (B)

【解析】方法一：穷举法.

$\{a_n\}$ 的前几项依次为：2，4，8，16，32，64，128，…

$\{b_n\}$ 的前几项依次为：5，8，11，14，17，20，23，26，29，32，…

公共项前两项为 8，32.

令 $3n+2=64$，解得 $n=\dfrac{62}{3}$，不成立.

令 $3n+2=128$ 时，解得 $n=42$，是整数，成立.

故第三个公共项是 128，前三项之和为 $8+32+128=168$.

方法二：求解整数不定方程.

设公共项为：$a_n=b_m$，则有 $2^n=3m+2$，得 $m=\dfrac{2^n-2}{3}$.

穷举可知：当 $n=3$，5，7 时，m 为整数. 故公共项为 $2^3=8$，$2^5=32$，$2^7=128$.

前三项之和为 $8+32+128=168$.

14. (A)

【解析】条件(1)：由中项公式得：$x^2=ab$，$b^2=2x^2$，得 $x^2=ab=\dfrac{b^2}{2}$，

因为等比数列中的项不为 0，故 $b\neq 0$，$a:b=1:2$，条件(1)充分.

条件(2)：由中项公式得 $2x=a+b$，$2b=3x$，得 $x=\dfrac{a+b}{2}=\dfrac{2b}{3}$，解得 $a:b=1:3$，条件(2)不充分.

15. (C)

【解析】设第一个数为 x，则第四个数为 $16-x$；设第二个数为 y，则第三个数为 $12-y$.

前 3 个数成等差数列：$2y = x + 12 - y$；

后 3 个数成等比数列：$(12-y)^2 = y(16-x)$；

解得 $x = 0$，$y = 4$ 或 $x = 15$，$y = 9$.

所以四个数分别是 0，4，8，16 或 15，9，3，1，故和为 $0+4+8+16 = 15+9+3+1 = 28$.

【快速得分法】由于第一个数与第四个数之和是 16，第二个数和第三个数之和是 12，所以这四个数的和等于 $16+12=28$.

16．(B)

【解析】由 $a_1+3, 3a_2, a_3+4$ 成等差数列，得

$$2 \times 3a_2 = (a_1+3) + (a_3+4),$$

左右两边加 a_2 得

$$7a_2 = a_1 + a_2 + a_3 + 7 = S_3 + 7 = 14,$$

故 $a_2 = 2$.

$$a_1 + a_3 = 7 - a_2 = 5, \quad a_1 a_3 = a_2^2 = 4,$$

解得 $a_1 = 1$，$a_3 = 4$，故 $q = 2$.

故 $a_n = 1 \times 2^{n-1} = 2^{n-1}$.

【快速得分法】选项代入法．

(A)项，$a_1 = 2$，$a_2 = 4$，$a_3 = 8$，故 $S_3 \neq 7$，显然不成立．

(B)项，$a_1 = 1$，$a_2 = 2$，$a_3 = 4$，故 $S_3 = 7$，$a_1 + 3 = 4$，$3a_2 = 6$，$a_3 + 4 = 8$，显然成立．

(C)项，$a_1 = 3$，$a_2 = 9$，$a_3 = 27$，故 $S_3 \neq 7$，显然不成立．

(D)项，$a_1 = 1$，$a_2 = 3$，$a_3 = 9$，故 $S_3 \neq 7$，显然不成立．

题型 55 数列与函数、方程的综合题

母题精讲

母题 56 等比数列 $\{a_n\}$ 中，$a_4 = 2$，$a_5 = 5$，则数列 $\{\lg a_n\}$ 的前 8 项和等于（　　）．

(A) 0　　　　(B) 2　　　　(C) 4　　　　(D) 8　　　　(E) 12

【解析】设数列 $\{a_n\}$ 的首项为 a_1，公比为 q，

由已知可知，$\begin{cases} a_1 q^3 = 2, \\ a_1 q^4 = 5, \end{cases}$ 解得 $\begin{cases} a_1 = \dfrac{16}{125}, \\ q = \dfrac{5}{2}, \end{cases}$ 故

$$a_n = \frac{16}{125} \times \left(\frac{5}{2}\right)^{n-1} = 2 \times \left(\frac{5}{2}\right)^{n-4},$$

因此

$$\lg a_n = \lg 2 + (n-4) \lg \frac{5}{2},$$

所以数列 $\{\lg a_n\}$ 的前 8 项和为

$$8\lg 2 + (-3-2-1+0+1+2+3+4)\lg\frac{5}{2} = 8\lg 2 + 4\lg\frac{5}{2} = 4\lg\left(4 \times \frac{5}{2}\right) = 4.$$

【快速得分法】$\lg a_1 + \lg a_2 + \cdots + \lg a_8 = \lg a_1 a_2 \cdots a_8 = \lg(a_1 a_8)(a_2 a_7)(a_3 a_6)(a_4 a_5) = \lg 10^4 = 4$.

【答案】（C）

老吕施法

常见以下命题方式：
(1)韦达定理与数列综合题.
(2)根的判别式与数列综合题.
(3)指数、对数与数列综合题.

习题精练

1. $\lg a_1 + \lg a_2 + \cdots + \lg a_{20} = 30$ 成立.

    (1)在等比数列$\{a_n\}$中，$a_9 \cdot a_{12} = 10^3$;

    (2)在等比数列$\{a_n\}$中，$a_7^2 \cdot a_{14}^2 = 10^3$.

2. a，b，c 成等比数列.

    (1)方程$\frac{a}{4}x^2 + bx + c = 0$ 有两个相等实根，且$b \neq 0$，$c \neq 0$;

    (2)正整数a，c 互质，且最小公倍数为b^2.

3. 等差数列$\{a_n\}$的前n项和为S_n，已知$a_{m-1} + a_{m+1} - a_m^2 = 0$，$S_{2m-1} = 38$，则$m=$（   ）.

    (A)38   (B)20   (C)10   (D)9   (E)8

4. 等差数列$\{a_n\}$中，$a_1 = 1$，a_n，a_{n+1}是方程$x^2 - (2n+1)x + \frac{1}{b_n} = 0$的两个根，则数列$\{b_n\}$的前$n$项和$S_n = $（   ）.

    (A)$\frac{1}{2n+1}$ (B)$\frac{1}{n+1}$ (C)$\frac{n}{2n+1}$ (D)$\frac{n}{n+1}$ (E)$\frac{1}{n}$

5. 方程$(a^2+c^2)x^2 - 2c(a+b)x + b^2 + c^2 = 0$ 有实根.

    (1)a，b，c 成等差数列；   (2)a，c，b 成等比数列.

6. 已知a，b，c 既成等差数列又成等比数列，设α，β是方程$ax^2 + bx - c = 0$的两根，且$\alpha > \beta$，则$\alpha^3\beta - \alpha\beta^3$为（   ）.

    (A)$\sqrt{2}$ (B)$\sqrt{5}$ (C)$2\sqrt{2}$ (D)$2\sqrt{5}$ (E)无法确定

7. 数列6，x，y，16 前三项成等差数列，能确定后三项成等比数列.

    (1)$4x + y = 0$;   (2)x，y是方程$x^2 + 3x - 4 = 0$的两个根.

8. 可以确定数列$\left\{a_n - \frac{2}{3}\right\}$是等比数列.

    (1)α，β是方程$a_n x^2 - a_{n-1}x + 1 = 0$的两根，且满足$6\alpha - 2\alpha\beta + 6\beta = 3$;

    (2)a_n是等比数列$\{b_n\}$的前n项和，其中$q = -\frac{1}{2}$，$b_1 = 1$.

9. 若方程$(a^2 + c^2)x^2 - 2c(a+b)x + b^2 + c^2 = 0$ 有实根，则（   ）.

    (A)a，b，c 成等比数列   (B)a，c，b 成等比数列
    (C)b，a，c 成等比数列   (D)a，b，c 成等差数列
    (E)b，a，c 成等差数列

习题详解

1. (E)

【解析】条件(1)与条件(2)都无法保证 $a_n > 0$，均不满足 $\lg a_n$ 的定义域，故两个条件都不充分，联立起来也不充分，选(E).

2. (D)

【解析】a，b，c 成等比数列，则 $b^2 = ac$.

条件(1)：$\Delta = b^2 - ac = 0$，故 $b^2 = ac$，充分.

条件(2)：互质的两个数的最小公倍数为这两个数的乘积，得到 $b^2 = ac$，充分.

3. (C)

【解析】由题意可得 $a_{m-1} + a_{m+1} - a_m^2 = 2a_m - a_m^2 = 0 \Rightarrow a_m = 2$ 或 0(舍去)，

$$S_{2m-1} = \frac{a_1 + a_{2m-1}}{2} \times (2m-1) = a_m(2m-1) = 38 \Rightarrow m = 10.$$

4. (D)

【解析】由韦达定理，得 $a_n + a_{n+1} = 2n + 1$，即

$$a_1 + (n-1)d + a_1 + (n+1-1)d = 2 + (2n-1)d = 2n+1,$$

由等号两边对应相等，得 $d = 1$，故 $a_n = n$.

又 $a_n a_{n+1} = \frac{1}{b_n}$，故 $b_n = \frac{1}{n(n+1)}$，因此 $S_n = b_1 + b_2 + \cdots + b_n = 1 - \frac{1}{n+1} = \frac{n}{n+1}$.

5. (B)

【解析】根的判别式：

$$\begin{aligned}\Delta &= 4c^2(a+b)^2 - 4(a^2+c^2)(b^2+c^2)\\&= 4a^2c^2 + 8abc^2 + 4b^2c^2 - 4a^2b^2 - 4a^2c^2 - 4b^2c^2 - 4c^4\\&= -4a^2b^2 + 8abc^2 - 4c^4\\&= -4(ab-c^2)^2 \leqslant 0,\end{aligned}$$

若方程有实根，则必有 $\Delta = -4(ab-c^2)^2 = 0$，即 $ab - c^2 = 0$，$c^2 = ab$，则 a，c，b 成等比数列.
故条件(1)不充分，条件(2)充分.

6. (B)

【解析】既成等差数列又成等比数列的数列为非零的常数列，故 $a = b = c$.
故 $ax^2 + bx - c = 0$ 可化为 $ax^2 + ax - a = 0$，即 $x^2 + x - 1 = 0$.
由韦达定理，得 $\alpha + \beta = -1$，$\alpha \cdot \beta = -1$. 故

$$\alpha^3\beta - \alpha\beta^3 = \alpha\beta(\alpha^2 - \beta^2) = \alpha\beta(\alpha+\beta)(\alpha-\beta) = \alpha - \beta = \sqrt{(\alpha+\beta)^2 - 4\alpha\beta} = \sqrt{5}.$$

7. (D)

【解析】因为 6，x，y 成等差数列，故有 $2x = 6 + y$.

条件(1)：联立方程 $2x = 6 + y$ 和 $4x + y = 0$，解得 $x = 1$，$y = -4$.
后三项为 1，-4，16，是等比数列，条件(1)充分.

条件(2)：x，y 是方程 $x^2 + 3x - 4 = 0$ 的两个根，$x = 1$，$y = -4$ 或 $x = -4$，$y = 1$(不满足 $2x = 6 + y$，舍)，故后三项也为 1，-4，16，是等比数列，条件(2)也充分.

8. (D)

【解析】 条件(1)：由韦达定理，得 $\alpha+\beta=\dfrac{a_{n-1}}{a_n}$，$\alpha\beta=\dfrac{1}{a_n}$，代入 $6\alpha-2\alpha\beta+6\beta=3$，得 $6\cdot\dfrac{a_{n-1}}{a_n}-\dfrac{2}{a_n}=3$，

整理，得 $\left(a_n-\dfrac{2}{3}\right)=2\left(a_{n-1}-\dfrac{2}{3}\right)$. 故 $\left\{a_n-\dfrac{2}{3}\right\}$ 是等比数列，条件(1)充分.

条件(2)：$\{b_n\}$ 是等比数列，$b_n=b_1\cdot q^{n-1}=\left(-\dfrac{1}{2}\right)^{n-1}$，$a_n=S_n=\dfrac{1-\left(-\dfrac{1}{2}\right)^n}{1+\dfrac{1}{2}}=\dfrac{2}{3}-\dfrac{2}{3}\cdot\left(-\dfrac{1}{2}\right)^n$，

故 $a_n-\dfrac{2}{3}=-\dfrac{2}{3}\times\left(-\dfrac{1}{2}\right)^n$，故 $\left\{a_n-\dfrac{2}{3}\right\}$ 是等比数列，条件(2)也充分.

【快速得分法】 对于条件(2)可以使用特殊值法，求出 a_1,a_2,a_3 验证.

9. (B)

【解析】 由题意，得
$$\Delta=[2c(a+b)]^2-4(a^2+c^2)(b^2+c^2)\geqslant 0,$$
即 $2abc^2-a^2b^2-c^4\geqslant 0$，即 $(c^2-ab)^2\leqslant 0$，得 $c^2=ab$，

故 a,c,b 成等比数列.

题型 56 递推公式问题

母题精讲

母题 56 如果数列 $\{a_n\}$ 的前 n 项的和 $S_n=\dfrac{3}{2}a_n-3$，那么这个数列的通项公式是（　　）.

(A) $a_n=2(n^2+n+1)$ 　　(B) $a_n=3\times 2^n$ 　　(C) $a_n=3n+1$

(D) $a_n=2\times 3^n$ 　　(E) 以上选项均不正确

【解析】 类型 4，S_n-S_{n-1} 法.

令 $n=1$，则 $a_1=S_1=\dfrac{3}{2}a_1-3$，所以 $a_1=6$.

当 $n\geqslant 2$ 时，$a_n=S_n-S_{n-1}=\dfrac{3}{2}a_n-3-\dfrac{3}{2}a_{n-1}+3$，得 $\dfrac{a_n}{a_{n-1}}=3$.

所以数列 $\{a_n\}$ 是首项为 6，公比为 3 的等比数列，通项公式为 $a_n=2\times 3^n$.

【快速得分法】 特殊值法.

令 $n=1$，得 $a_1=6$；令 $n=2$，得 $a_2=18$，代入选项验证即可.

【答案】 (D)

老吕施法

已知递推公式求 a_n 的问题，是一类重点题型，有以下几种出题模型：

模型 1. 形如 $a_{n+1}-a_n=f(n)$，用叠加法.

模型 2. 形如 $a_{n+1}=a_n\cdot f(n)$，用叠乘法.

模型 3. 形如 $a_{n+1}=A \cdot a_n+B$，用设 t 凑等比法，可得 $a_n+\dfrac{B}{A-1}$ 为等比数列．

模型 4. 形如 $S_n=f(a_n)$，用 S_n-S_{n-1} 法．

若已知数列 $\{a_n\}$ 的前 n 项和 S_n，求数列的通项公式 a_n，则

$$a_n=\begin{cases} S_1, & n=1, \\ S_n-S_{n-1}, & n\geqslant 2. \end{cases}$$

模型 5. 周期数列．

若 $S_{n+t}-S_n$ 为定值，则 a_n 为周期为 t 的周期数列，任一个周期的和为定值．

模型 6. 直接计算法．

【**快速解题法**】几乎所有递推公式都可以用令 $n=1,2,3$ 法，排除选项得到答案．

习题精练

1. $a_1=\dfrac{1}{3}$．

    (1) 在数列 $\{a_n\}$ 中，$a_3=2$；

    (2) 在数列 $\{a_k\}$ 中，$a_2=2a_1$，$a_3=3a_2$．

2. 若数列 $\{a_n\}$ 中，$a_n\neq 0(n\geqslant 1)$，$a_1=\dfrac{1}{2}$，前 n 项和 S_n 满足 $a_n=\dfrac{2S_n^2}{2S_n-1}$ $(n\geqslant 2)$，则 $\left\{\dfrac{1}{S_n}\right\}$ 是（　　）．

    (A) 首项为 2，公比为 $\dfrac{1}{2}$ 的等比数列　　　　(B) 首项为 2，公比为 2 的等比数列

    (C) 既非等差数列也非等比数列　　　　　　(D) 首项为 2，公差为 $\dfrac{1}{2}$ 的等差数列

    (E) 首项为 2，公差为 2 的等差数列

3. $x_n=1-\dfrac{1}{2^n}$ $(n=1,2,3\cdots)$．

    (1) $x_1=\dfrac{1}{2}$，$x_{n+1}=\dfrac{1}{2}(1-x_n)$ $(n=1,2,3,\cdots)$；

    (2) $x_1=\dfrac{1}{2}$，$x_{n+1}=\dfrac{1}{2}(1+x_n)$ $(n=1,2,3,\cdots)$．

4. 已知数列 $\{a_n\}$ 满足 $a_{n+1}=\dfrac{a_n+2}{a_n+1}$ $(n=1,2,\cdots)$，则 $a_2=a_3=a_4$．

    (1) $a_1=\sqrt{2}$；　　　　　　　　　　(2) $a_1=-\sqrt{2}$．

5. 已知数列 $\{a_n\}$ 满足 $a_1=0$，$a_{n+1}=\dfrac{a_n-\sqrt{3}}{\sqrt{3}a_n+1}$ $(n\in\mathbf{N}^*)$，则 $a_{20}=$（　　）．

    (A) 0　　　　(B) $-\sqrt{3}$　　　　(C) $\sqrt{3}$　　　　(D) $\dfrac{\sqrt{3}}{2}$　　　　(E) 1

6. 数列 $\{a_n\}$ 的通项公式可以确定．

    (1) 在数列 $\{a_n\}$ 中有 $a_{n+1}=a_n+n$ 成立；

    (2) 在数列 $\{a_n\}$ 中，$a_3=4$．

7. S_n为$\{a_n\}$的前n项和，$a_1=3$，$S_n+S_{n+1}=3a_{n+1}$，则$S_n=($ $)$.
   (A)3^n　　　　(B)3^{n+1}　　　　(C)2×3^n　　　　(D)$3\times 2^{n-1}$　　　　(E)2^{n+1}

8. 若平面内有10条直线，其中任何两条都不平行，且任何三条不共点（即不相交于一点），则这10条直线将平面分成了(   ).
   (A)21部分　　　(B)32部分　　　(C) 43部分　　　(D) 56部分　　　(E)77部分

习题详解

1. (C)

   【解析】类型6，直接计算法．

   两个条件单独显然不成立，联立两个条件：

   由条件(2)得，$a_1=\dfrac{a_2}{2}=\dfrac{a_3}{6}$，由条件(1)得 $a_3=2$，所以，$a_1=\dfrac{1}{3}$.

   故两条件联立起来充分．

2. (E)

   【解析】类型4，S_n-S_{n-1}法．

   当$n=1$时，$\dfrac{1}{S_n}=\dfrac{1}{a_1}=2$;

   当$n\geqslant 2$时，
   $$2a_nS_n-a_n=2S_n^2\Rightarrow 2(S_n-S_{n-1})S_n-(S_n-S_{n-1})=2S_n^2$$
   $$\Rightarrow S_n-S_{n-1}=-2S_{n-1}S_n$$
   $$\Rightarrow \dfrac{1}{S_n}-\dfrac{1}{S_{n-1}}=2,$$

   故$\left\{\dfrac{1}{S_n}\right\}$是首项为2，公差为2的等差数列．

   【快速得分法】特殊值法．

   当$n=1$时，$\dfrac{1}{S_n}=\dfrac{1}{a_1}=2$;

   当$n=2$时，$a_2=\dfrac{2S_2^2}{2S_2-1}$，解得$\dfrac{1}{S_2}=4$;

   同理，可得$\dfrac{1}{S_3}=6$.

   由数学归纳法知，$\left\{\dfrac{1}{S_n}\right\}$是首项为2，公差为2的等差数列．

3. (B)

   【解析】类型3，设t凑等比法．

   条件(1)和(2)显然不能推出同一个通项公式，所以两个条件不可能都充分．

   条件(1)：令$n=1$，则$x_2=\dfrac{1}{2}(1-x_1)=\dfrac{1}{4}$，

   将$n=2$代入$x_n=1-\dfrac{1}{2^n}$，可得$x_2=1-\dfrac{1}{2^2}=\dfrac{3}{4}\neq\dfrac{1}{4}$.

   所以条件(1)不充分．

条件(2)：$x_{n+1}=\dfrac{1}{2}(1+x_n)$，即 $2x_{n+1}=x_n+1$，

左右两边减 2，得 $2(x_{n+1}-1)=x_n-1$，故 $\dfrac{1-x_{n+1}}{1-x_n}=\dfrac{1}{2}$.

所以 $\{1-x_n\}$ 是首项为 $\dfrac{1}{2}$，公比为 $\dfrac{1}{2}$ 的等比数列.

通项公式为 $1-x_n=\dfrac{1}{2^n}$，即 $x_n=1-\dfrac{1}{2^n}$ $(n=1,2,3,\cdots)$，条件(2)充分.

【快速得分法】特殊值法，令 $n=1,2,3$ 验证即可，从略.

4. (D)

【解析】类型 6，直接计算法.

条件(1)：将 $a_1=\sqrt{2}$ 代入 $a_{n+1}=\dfrac{a_n+2}{a_n+1}$，得 $a_2=\dfrac{a_1+2}{a_1+1}=\sqrt{2}$，同理可知 $a_2=a_3=a_4=\sqrt{2}$，充分.

条件(2)：将 $a_1=-\sqrt{2}$ 代入 $a_{n+1}=\dfrac{a_n+2}{a_n+1}$，得 $a_2=\dfrac{a_1+2}{a_1+1}=-\sqrt{2}$，同理可知 $a_2=a_3=a_4=-\sqrt{2}$，充分.

5. (B)

【解析】类型 5，周期数列.

由 $a_1=0$，$a_{n+1}=\dfrac{a_n-\sqrt{3}}{\sqrt{3}a_n+1}$ $(n\in\mathbf{N}^*)$，得

$$a_2=-\sqrt{3},\ a_3=\sqrt{3},\ a_4=0,\ \cdots$$

由此可知，数列 $\{a_n\}$ 是每 3 项为周期循环，故 $a_{20}=a_2=-\sqrt{3}$.

6. (C)

【解析】类型 1，使用叠加法.

条件(1)：

$$a_2=a_1+1,$$
$$a_3=a_2+2,$$
$$\vdots$$
$$a_n=a_{n-1}+n-1,$$

左右两边分别相加，可得

$$a_n=a_1+1+2+3+\cdots+n-1=a_1+\dfrac{n(n-1)}{2}.$$

由条件(1)无法确定 a_1，故条件(1)不充分.

条件(2)显然不充分.

联立两个条件，由条件(2)得 $a_3=a_1+1+2=4$，故 $a_1=1$.

所以，$a_n=1+\dfrac{n(n-1)}{2}$，可以确定 $\{a_n\}$ 的通项公式，联立起来充分.

7. (D)

【解析】特殊值法.

$$S_1+S_2=3a_2=a_1+a_1+a_2,\ a_2=3;$$
$$S_2+S_3=3a_3=a_1+a_2+a_1+a_2+a_3,\ a_3=6,$$

$S_1=a_1=3$，$S_2=a_1+a_2=6$，$S_3=a_1+a_2+a_3=12$，代入四个选项只有(D)符合．

8. （D）

【解析】类型1 叠加法．

用数学归纳法，从1条开始找规律：

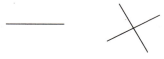 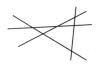

1条时：可以分为2个部分；
2条时：可以分为$2+2=4$个部分；
3条时：可以分为$4+3=7$个部分；
4条时：可以分为$7+4=11$个部分；
规律：现有n条线时，每增加1条线，那么划分的区域就增加$n+1$个；
故1至10条线划分的部分各为2、4、7、11、16、22、29、37、46、56；
故10条直线将平面分成了56部分．

方法二：设直线的条数为n，将平面分为a_n部分，由以上分析可得：

$$a_1=2$$
$$a_2-a_1=2$$
$$a_3-a_2=3$$
$$a_4-a_3=4$$
$$\vdots$$
$$a_n-a_{n-1}=n$$

叠加得

$$a_n=2+2+3+4+5+\cdots+n=1+\frac{n(1+n)}{2},$$

故 $a_{10}=1+\dfrac{10\times(1+10)}{2}=56.$

微模考四　数列

（共 25 题，每题 3 分，限时 60 分钟）

一、问题求解：第 1~15 小题，每小题 3 分，共 45 分．下列每题给出的(A)、(B)、(C)、(D)、(E)五个选项中，只有一项是符合试题要求的，请在答题卡上将所选项的字母涂黑．

1. 已知数列 $\{a_n\}$ 的通项公式为 $a_n = \dfrac{2n+1+(-1)^{n+1}}{4}$，则数列 $\{a_n\}$ 的前 50 项和 $S_{50} = (\quad)$．

    (A) 460　　(B) 570　　(C) 625　　(D) 650　　(E) 662.5

2. 一个等差数列共有 30 项，奇数项和偶数项之和分别为 60 和 45，则该数列的公差为（　　）．

    (A) 1　　(B) -1　　(C) $\dfrac{1}{2}$　　(D) $-\dfrac{1}{2}$　　(E) 2

3. 已知 $\{a_n\}$ 是等差数列，$a_1+a_3+a_5=51, a_2+a_4+a_6=45$，$\{a_n\}$ 的前 n 项和为 S_n，则 S_n 取最大值时 $n=(\quad)$．

    (A) 9　　(B) 10　　(C) 11　　(D) 10 或 11　　(E) 11 或 12

4. 等比数列 $\{a_n\}$ 的前 n 项和为 S_n，若 $S_{30}=124, S_{60}=310$，则 $S_{90}=(\quad)$．

    (A) 480　　(B) 520　　(C) 589　　(D) 635　　(E) 671

5. S_n 是等差数列 $\{a_n\}$ 的前 n 项和，且 $a_1=\dfrac{S_{102}}{102}-\dfrac{S_{100}}{100}=2$，则数列 $\left\{\dfrac{1}{S_n}\right\}$ 的前 20 项和为（　　）．

    (A) $\dfrac{1}{20}$　　(B) $\dfrac{20}{21}$　　(C) $\dfrac{1}{21}$　　(D) $\dfrac{19}{20}$　　(E) 1

6. 设无穷递减等比数列 $\{a_n\}$ 的前 n 项和为 S_n，所有项之和为 T，若 $T=S_n+4a_n$，则公比 $q=(\quad)$．

    (A) $\dfrac{1}{3}$　　(B) $\dfrac{2}{3}$　　(C) $\dfrac{3}{4}$　　(D) $\dfrac{1}{5}$　　(E) $\dfrac{4}{5}$

7. 实数 a, b, c, d 成等比数列，前 3 个数的积为 1，后 3 个数的积为 $\dfrac{125}{27}$，则公比 $q=(\quad)$．

    (A) $\dfrac{2}{3}$　　(B) $\dfrac{5}{4}$　　(C) $\dfrac{6}{5}$　　(D) $\dfrac{5}{3}$　　(E) $\dfrac{4}{5}$

8. 已知数列 $\{a_n\}$ 的首项 $a_1=0, a_{n+1}=a_n+2n+1, a_{12}=(\quad)$．

    (A) 97　　(B) 102　　(C) 123　　(D) 131　　(E) 143

9. 设 $\{a_n\}$ 是等差数列，$\{b_n\}$ 是各项均为正数的等比数列，且 $a_1=b_1=1, a_3+b_3=9, a_5+b_5=25$，则 $\dfrac{a_n}{b_n}=(\quad)$．

    (A) $\dfrac{2n-1}{2^{n-1}}$　　(B) $\dfrac{2n}{2^{n-1}}$　　(C) $\dfrac{2n-1}{2^n}$　　(D) $\dfrac{n}{2^{n-1}}$　　(E) $\dfrac{3n}{2^{n-1}}$

10. 若 $\{a_n\}$ 是等比数列，其公比为整数，且 $a_3+a_8=62, a_2a_9=-128$，则 $a_{13}=(\quad)$．

    (A) -512　　(B) $-1\,024$　　(C) $-2\,048$　　(D) $-3\,072$　　(E) $-3\,824$

11. 无穷等比数列 $\{a_n\}$ 的首项为 4，公比为 $m-3$，若数列 $\{a_n\}$ 的各项之和为 m，则 m 的值

(A)1　　(B)−1　　(C)−2　　(D)2　　(E)$\frac{1}{2}$

12. $S_n = \frac{2}{3}a_n + \frac{1}{3}$ 是数列 $\{a_n\}$ 的前 n 项和，则数列 $\{a_n\}$ 的通项公式为(　　).

(A)$(-2)^{n-1}$　(B)2^{n-1}　(C)3^{n-1}　(D)$2^n - 1$　(E)$(-2)^n + 1$

13. 等差数列 $\{a_n\}$ 中，a_2, a_7 是方程 $3x^2 + 9x - 24 = 0$ 的两个根，则数列 $\{a_n\}$ 的前 8 项和 $S_8 = (\quad)$.

(A)10　　(B)−12　　(C)12　　(D)−16　　(E)16

14. 已知 $\{a_n\}$ 为各项均为正的等比数列，取其偶数项所组成的新数列的前 n 项和 $S_n = 2 \times (4^n - 1)$，则原数列的通项公式为(　　).

(A)2^{n-1}　(B)3×2^n　(C)$\frac{1}{3} \times 2^{n-1}$　(D)$3 \times 2^{n+1}$　(E)$3 \times 2^{n-1}$

15. 若 $k, 3, b$ 三个数成等差数列，则直线 $y = kx + b$ 恒过定点(　　).

(A)(1, 2)　(B)(1, 3)　(C)(2, 4)　(D)(1, 6)　(E)(3, 5)

二、条件充分性判断：第 16~25 小题，每小题 3 分，共 30 分．要求判断每题给出的条件(1)和(2)能否充分支持题干所陈述的结论．(A)、(B)、(C)、(D)、(E)五个选项为判断结果，请选择一项符合试题要求的判断，并在答题卡上将所选项的字母涂黑．

(A)条件(1)充分，但条件(2)不充分．

(B)条件(2)充分，但条件(1)不充分．

(C)条件(1)和条件(2)单独都不充分，但条件(1)和(2)联合起来充分．

(D)条件(1)充分，条件(2)也充分．

(E)条件(1)和条件(2)单独都不充分，条件(1)和(2)联合也不充分．

16. 等差数列 $\{a_n\}$ 的首项 $a_1 = \frac{1}{3}$，则 $a_n = 33$．

(1) $a_6 - a_3 = 2, n = 50$；

(2) $a_2 + a_4 = 10, n = 15$．

17. 若 $\{a_n\}$ 是等比数列，则 $\{a_n\}$ 的公比为 3．

(1) $a_{66} = 9a_{64}$；

(2) 数列 $\{a_n a_{n+1}\}$ 的公比为 9．

18. 已知 a, b, c, d 四个数成等比数列，则 $ad = 2$．

(1) c, a, d 成等差数列；

(2) 方程 $x^2 - 6x + 2 = 0$ 的两根为 $x_1 = b, x_2 = c$．

19. 已知 a, b, c 均为实数，则有 $\frac{a}{c} + \frac{c}{a} = \frac{34}{15}$．

(1) $3a, 4b, 5c$ 成等比数列；

(2) $\frac{1}{a}, \frac{1}{b}, \frac{1}{c}$ 成等差数列．

20. $a_1 + a_3 + a_5 = 14$．

(1) $\{a_n\}$ 为等差数列，$a_2 + a_4 = \frac{28}{3}$；

(2)等式 $(2x-1)^3 = a_0x^5 + a_1x^4 + a_2x^3 + a_3x^2 + a_4x + a_5$ 对任意实数 x 成立.

21. 已知 $\{a_n\}$ 是等差数列，则有 $S_{20} = 160$.

    (1) $a_3 + a_{18} = 16$；

    (2) $S_8 = 15, S_{12} = 47$.

22. 已知数列 $\{a_n\}$ 的前 n 项和为 S_n，则 $S_n = 2^n - 1$.

    (1) 数列 $\{a_n\}$ 的通项公式为 $a_n = 2^{n-1}$；

    (2) 数列 $\{a_n\}$ 各项均为正，且数列 $\{a_n^2\}$ 的前 n 项和 $T_n = \dfrac{4^n - 1}{3}$.

23. 已知 a, b, c, d 成等比数列，公比为 q，则 $a+b, b+c, c+d$ 也成等比数列.

    (1) $q = 1$；

    (2) $q = -1$.

24. $a_1 a_6 < a_3 a_4$.

    (1) $\{a_n\}$ 为等差数列，且首项 $a_1 > 0$；

    (2) $\{a_n\}$ 为等差数列，且公差 $d \neq 0$.

25. 设数列 $\{a_n\}$ 的首项 $a_1 < 0$，则 $a_6 > 0$.

    (1) $\{a_n\}$ 为等差数列，$S_3 = S_7$；

    (2) $\{a_n\}$ 为等比数列，$S_8 = 0$.

微模考四　答案详解

一、问题求解

1.（D）

【解析】母题 45·等差数列基本问题

$$S_{50} = \frac{1}{4} \times (3+1+5-1+\cdots+101-1)$$
$$= \frac{1}{4} \times (3+5+7+\cdots+99+101)$$
$$= \frac{1}{4} \times \left[\frac{50 \times (3+101)}{2}\right]$$
$$= 650.$$

2.（B）

【解析】母题 47·奇数项、偶数项的关系

等差数列中奇数项和偶数项都有 15 项，则有 $S_{偶} - S_{奇} = 45 - 60 = -15 = 15d$，解得 $d = -1$.

3.（C）

【解析】母题 49·等差数列前 n 项和的最值

$(a_2+a_4+a_6) - (a_1+a_3+a_5) = 3d = -6$，解得 $d = -2$，

又 $a_1+a_3+a_5 = 3a_1+6d = 51$，解得 $a_1 = 21$，S_n 的对称轴为 $\frac{1}{2} - \frac{a_1}{d} = \frac{1}{2} + \frac{21}{2} = 11$，

所以当 $n = 11$ 时，S_n 取最大值.

4.（C）

【解析】母题 52·等比数列连续等长片段和

根据等比数列的性质，S_{30}，$S_{60}-S_{30}$，$S_{90}-S_{60}$ 也成等比数列，

$S_{30} \times (S_{90}-S_{60}) = (S_{60}-S_{30})^2$，解得 $S_{90} = 589$.

5.（B）

【解析】母题 45·等差数列基本问题

等差数列前 n 项和为 $S_n = na_1 + \frac{n(n-1)d}{2}$，

$a_1 = \frac{S_{102}}{102} - \frac{S_{100}}{100} = a_1 + \frac{101}{2}d - a_1 - \frac{99}{2}d = d = 2$，则 $S_n = na_1 + \frac{n(n-1)d}{2} = n(n+1)$.

数列 $\left\{\frac{1}{S_n}\right\}$ 的通项公式为 $\frac{1}{S_n} = \frac{1}{n} - \frac{1}{n+1}$，所以 $\frac{1}{S_1} + \frac{1}{S_2} + \cdots + \frac{1}{S_{20}} = \frac{20}{21}$.

6.（E）

【解析】母题 51·无穷等比数列

由题意知，无穷递减等比数列所有项之和 $T = \frac{a_1}{1-q}$.

又 $T = S_n + 4a_n$，令 $n = 1$ 可得 $\frac{a_1}{1-q} = a_1 + 4a_1$，解得 $q = \frac{4}{5}$.

7. (D)

【解析】母题 50·等比数列基本问题

设公比为 q，四个数分别表示为 a, aq, aq^2, aq^3，

由题意，得 $\begin{cases} a^3 q^3 = 1, \\ a^3 q^6 = \dfrac{125}{27}, \end{cases}$ 解得 $q = \dfrac{5}{3}$。

8. (E)

【解析】母题 56·递推公式问题

由题干可得

$$a_2 - a_1 = 2 \times 1 + 1 = 3,$$
$$a_3 - a_2 = 2 \times 2 + 1 = 5,$$
$$a_4 - a_3 = 2 \times 3 + 1 = 7,$$
$$\vdots$$
$$a_n - a_{n-1} = 2(n-1) + 1 = 2n - 1,$$

故 $a_n = 3 + 5 + 7 + \cdots + 2n - 1 + a_1 = n^2 - 1$，

则 $a_{12} = 12^2 - 1 = 143$。

9. (A)

【解析】母题 54·等差和等比数列综合题

由 $a_1 = b_1 = 1, a_3 + b_3 = 9, a_5 + b_5 = 25$，可得

$$\begin{cases} q^2 + 2d = 8, \\ q^4 + 4d = 24, \end{cases}$$

解得 $\begin{cases} q = 2 \text{ 或 } q = -2(\text{舍去}), \\ d = 2. \end{cases}$

故 $\{a_n\}$ 的通项公式为 $a_n = 2n - 1$，$\{b_n\}$ 的通项公式为 $b_n = 2^{n-1}$，所以 $\dfrac{a_n}{b_n} = \dfrac{2n-1}{2^{n-1}}$。

10. (C)

【解析】母题 50·等比数列基本问题

由题干得

$$\begin{cases} a_3 + a_8 = 62, \\ a_2 a_9 = a_3 a_8 = -128, \end{cases} \text{解得} \begin{cases} a_3 = -2, \\ a_8 = 64, \end{cases} \text{或} \begin{cases} a_3 = 64, \\ a_8 = -2 \end{cases} (\text{舍去}).$$

故 $a_{13} = a_8 q^5 = a_8 \times \left(\dfrac{a_8}{a_3}\right) = -2\,048$。

11. (D)

【解析】母题 51·无穷等比数列

已知无穷等比数列 $\{a_n\}$ 的首项为 4，公比为 $m - 3$，则 $\{a_n\}$ 的各项之和为

$$S = \dfrac{4}{1 - (m - 3)} = m,$$

解得 $m = 2$。

12. (A)

【解析】母题 56·递推公式问题

当 $n=1$ 时，有 $a_1 = \frac{2}{3}a_1 + \frac{1}{3}$，解得 $a_1 = 1$；

当 $n \geqslant 2$ 时，有 $a_n = S_n - S_{n-1} = \frac{2}{3}a_n - \frac{2}{3}a_{n-1}$，解得 $a_n = -2a_{n-1}$，

又 $a_1 = 1$，故 $a_n = (-2)^{n-1}(n \geqslant 2)$，令 $n=1$，有 $a_1 = (-2)^{1-1} = 1$，满足上述公式，

所以，$\{a_n\}$ 的通项公式为 $a_n = (-2)^{n-1}$.

13. (B)

【解析】 母题 55·数列与函数、方程的综合题

由韦达定理可得 $a_2 + a_7 = -\frac{9}{3} = -3$，则 $S_8 = \frac{8(a_2 + a_7)}{2} = -12$.

14. (E)

【解析】 母题 50·等比数列基本问题

由题干可知 $a_2 + a_4 + \cdots + a_{2n} = S_n$，$S_n = 2 \times (4^n - 1)$，

则由 $a_{2n} = \begin{cases} S_1(n=1), \\ S_n - S_{n-1}(n \geqslant 2), \end{cases}$ 解得 $a_{2n} = 3 \times 2^{2n-1}$，

所以，原数列的通项公式为 $a_n = 3 \times 2^{n-1}$.

15. (D)

【解析】 母题 55·数列与函数、方程的综合题

由 $k,3,b$ 三个数成等差数列，可得 $k+b=6$，令 $x=1$，可得 $y=kx+b=k+b=6$.

所以，直线 $y=kx+b$ 恒过定点 $(1,6)$.

二、条件充分性判断

16. (D)

【解析】 母题 45·等差数列基本问题

条件(1)，由 $a_6 - a_3 = 2$ 可得 $d = \frac{2}{3}$，则 $a_{50} = a_1 + 49d = \frac{1}{3} + 49 \times \frac{2}{3} = 33$，条件(1)充分.

条件(2)，由 $a_2 + a_4 = 10$ 可得 $d = \frac{7}{3}$，则 $a_{15} = a_1 + 14d = \frac{1}{3} + 14 \times \frac{7}{3} = 33$，条件(2)充分.

17. (E)

【解析】 母题 50·等比数列基本问题

条件(1)，由 $a_{66} = 9a_{64}$ 可得 $q^2 = 9$，$\{a_n\}$ 的公比为 ± 3，不充分.

条件(2)，由数列 $\{a_n a_{n+1}\}$ 的公比为 9，可得 $q^2 = 9$，$\{a_n\}$ 的公比为 ± 3，不充分.

18. (B)

【解析】 母题 55·数列与函数、方程的综合题

条件(1)，由题干得 $\begin{cases} c+d = 2a, \\ ad = bc, \end{cases}$ 无法求解，条件(1)不充分.

条件(2)，由韦达定理可得 $bc = 2$，故 $ad = bc = 2$，条件(2)充分.

19. (C)

【解析】 母题 54·等差与等比数列综合题

条件(1)，有 $3a \times 5c = (4b)^2$，可得 $15ac = 16b^2$，条件(1)不充分.

条件(2)，有 $\frac{1}{a} + \frac{1}{c} = \frac{2}{b}$，条件(2)也不充分.

联立，$\begin{cases} 15ac = 16b^2, \\ \dfrac{1}{a} + \dfrac{1}{c} = \dfrac{2}{b} \end{cases}$，可得 $\dfrac{a}{c} + \dfrac{c}{a} = \dfrac{34}{15}$，联立充分．

20. (A)

【解析】 母题 55·数列与函数、方程的综合题

条件(1)，由 $a_2 + a_4 = \dfrac{28}{3}$ 可得 $a_3 = \dfrac{14}{3}$，则 $a_1 + a_3 + a_5 = 3a_3 = \dfrac{14}{3} \times 3 = 14$，条件(1)充分．

条件(2)，令 $x = 1$，得
$$a_0 + a_1 + a_2 + a_3 + a_4 + a_5 = 1,$$
令 $x = -1$，得
$$-a_0 + a_1 - a_2 + a_3 - a_4 + a_5 = -27,$$
两式相加，可解得 $a_1 + a_3 + a_5 = -26$，条件(2)不充分．

21. (D)

【解析】 母题 46·等差数列连续等长片段和

条件(1)，可得 $S_{20} = 10(a_3 + a_{18}) = 160$，条件(1)充分．

条件(2)，由于 $\{a_n\}$ 是等差数列，则 $S_4, S_8 - S_4, S_{12} - S_8, S_{16} - S_{12}, S_{20} - S_{16}$ 也成等差数列，得 $S_{20} = S_4 + (S_8 - S_4) + (S_{12} - S_8) + (S_{16} - S_{12}) + (S_{20} - S_{16}) = 5 \times (S_{12} - S_8) = 160$，故条件(2)也充分．

22. (D)

【解析】 母题 50·等比数列基本问题

条件(1)，数列 $\{a_n\}$ 的通项公式为 $a_n = 2^{n-1}$，首项 $a_1 = 1, q = 2$，则数列 $\{a_n\}$ 的前 n 项和为 $S_n = 2^n - 1$，条件(1)充分．

条件(2)，数列 $\{a_n^2\}$ 的前 n 项和 $T_n = \dfrac{4^n - 1}{3}$，可得 $a_n^2 = 4^{n-1}$，则 $a_n = 2^{n-1}$，同条件(1)，也充分．

23. (A)

【解析】 母题 50·等比数列基本问题

条件(1)，由 $q = 1$ 可得 $a = b = c = d$，可得 $a + b, b + c, c + d$ 也成等比数列，条件(1)充分．
条件(2)，由 $q = -1$ 可得 $a + b = 0$，条件(2)不充分．

24. (B)

【解析】 母题 45·等差数列基本问题

$\{a_n\}$ 为等差数列，则由 $a_1 a_6 < a_3 a_4$ 化简可得 $6d^2 > 0$，只要满足 $d \neq 0$，上述不等式即成立，故条件(2)充分，条件(1)不充分．

25. (D)

【解析】 母题 54·等差和等比数列综合题

条件(1)，由 $\{a_n\}$ 为等差数列，$S_3 = S_7$，可得 $3a_1 + 3d = 7a_1 + 21d$，解得 $a_1 = -\dfrac{9}{2}d$，则 $a_6 = a_1 + 5d = \dfrac{1}{2}d > 0$，条件(1)充分．

条件(2)，$\{a_n\}$ 为等比数列且 $S_8 = 0$，可得 $\dfrac{a_1(1 - q^8)}{1 - q} = 0$，解得 $q = -1$，则 $a_6 = a_1 q^5 = -a_1 > 0$，条件(2)充分．

第五章 应用题

本章题型网

(一)应用题
- 1. 简单算术问题
- 2. 平均值问题
  - (1)十字交叉法
  - (2)其他平均值问题
- 3. 工程问题
  - (1)一般工程问题
  - (2)给水排水问题
- 4. 行程问题
  - (1)一般行程问题
    - ①相遇
    - ②追及
    - ③迟到早到
  - (2)相对速度问题
    - ①航行问题
    - ②其他相对速度问题
  - (3)火车问题
    - ①火车钻洞
    - ②火车过点
    - ③两列火车
- 5. 比例问题
  - (1)简单比例问题
  - (2)增长率问题 → 常用赋值法
  - (3)利润率问题
- 6. 溶液问题
  - (1)一般溶液问题 → 溶质守恒定律
  - (2)溶液配比问题 → 十字交叉法
- 7. 集合问题
  - (1)二饼图问题 → $A \cup B = A + B - A \cap B$
  - (2)三饼图问题 → $A \cup B \cup C = A + B + C - A \cap B - A \cap C - B \cap C + A \cap B \cap C$
- 8. 最优解问题
  - (1)最值问题 → 一元二次函数、均值不等式
  - (2)线性规划问题
- 9. 阶梯价格问题
  - (1)阶梯水价、电价
  - (2)阶梯税率

题型 57　简单算术问题

母题精讲

母题 57　今年父亲的年龄是儿子年龄的 10 倍，6 年后父亲的年龄是儿子年龄的 4 倍，那么 2 年前父亲比儿子大(　　).

(A)25 岁　　(B)26 岁　　(C)27 岁　　(D)28 岁　　(E)29 岁

【解析】母题 57·简单算术应用题.

设今年父亲和儿子的年龄分别为 x,y,

则有

$\begin{cases} x=10y, \\ x+6=4\times(y+6), \end{cases}$ 解得 $\begin{cases} x=30, \\ y=3. \end{cases}$ 即父亲比儿子大 27 岁.

【答案】(C)

老吕施法

(1)最简单的一类应用题，但考的题目并不少．一般位于试卷的前 4 题，属于必拿分！

(2)常用约数、倍数法，迅速得解．

习题精练

1. 某投资者以 2 万元购买甲、乙两种股票，甲股票的价格为 8 元/股，乙股票的价格为 4 元/股，它们的投资额之比是 4∶1. 在甲、乙股票价格分别为 10 元/股和 3 元/股时，该投资者全部抛出这两种股票，他共获利(　　).

   (A)3 000 元　　(B)3 889 元　　(C)4 000 元　　(D)5 000 元　　(E)2 300 元

2. 甲仓存粮 30 吨，乙仓存粮 40 吨，要再往甲仓和乙仓共运去粮食 80 吨，使甲仓粮食是乙仓粮食数量的 1.5 倍，应运往乙仓的粮食是(　　).

   (A)15 吨　　(B)20 吨　　(C)25 吨　　(D)30 吨　　(E)35 吨

3. 工厂人员由技术人员、行政人员和工人组成，共有男职工 420 人，是女职工的 $\frac{4}{3}$ 倍，其中行政人员占全体职工的 20%，技术人员比工人少 $\frac{1}{25}$，那么该工厂有工人(　　).

   (A)200 人　　(B)250 人　　(C)300 人　　(D)350 人　　(E)400 人

4. 某商场举行周年让利活动，单件商品满 300 减 180 元，满 200 元减 100 元，满 100 元减 40 元；若不参加活动则打 5.5 折．小王买了价值 360 元、220 元、150 元的商品各一件，最少需要(　　)元．

   (A)360　　(B)382.5　　(C)401.5　　(D)410　　(E)420

习题详解

1. (A)

【解析】甲股票的投资数量为 $\dfrac{20\,000\times\dfrac{4}{5}}{8}=2\,000$(股).

乙股票的投资数量为 $\dfrac{20\,000\times\dfrac{1}{5}}{4}=1\,000$(股).

故获利总额为 $2\,000\times(10-8)-1\,000\times(4-3)=3\,000$(元).

2. (B)

【解析】设应运往乙仓的粮食为 x 吨,则运往甲仓的粮食为 $(80-x)$ 吨,根据题意得
$$\dfrac{30+(80-x)}{40+x}=1.5,$$
解得 $x=20$.

3. (C)

【解析】总职工人数为 $420\div\dfrac{4}{3}+420=735$,设有工人 x 人,可得
$$x+\left(1-\dfrac{1}{25}\right)x=735\times(1-20\%),$$
解得 $x=300$.

4. (B)

【解析】打折:$360\times0.55=198$,$220\times0.55=121$,$150\times0.55=82.5$;

返现金:$360-180=180$,$220-100=120$,$150-40=110$.

所以 360 与 220 的选返现金,150 的选择打折,最少需要 $180+120+82.5=382.5$(元).

题型 58　平均值问题

母题精讲

母题 58 公司有职工 50 人,理论知识考核平均成绩为 81 分,按成绩将公司职工分为优秀与非优秀两类,优秀职工的平均成绩为 90 分,非优秀职工的平均成绩是 75 分,则非优秀职工的人数为(　　).

(A)30 人　　(B)25 人　　(C)20 人　　(D)24 人　　(E)25 人

【解析】设所求为 x 人,根据题意得
$$75x+(50-x)\cdot 90=81\times 50,$$
解得 $x=30$,即非优秀职工有 30 人.

【快速得分法】十字交叉法.

所以，$\dfrac{\text{优秀}}{\text{非优秀}}=\dfrac{6}{9}=\dfrac{2}{3}$，所以非优秀职工占总人数的$\dfrac{3}{5}$，为 30 人．

【答案】（A）

老吕施法

(1)涉及两类对象的平均指标问题，常用十字交叉法．

(2)算术平均值公式：$\overline{x}=\dfrac{x_1+x_2+x_3+\cdots+x_n}{n}$．

习题精练

1. 某班有学生 36 人，期末各科平均成绩为 85 分以上的为优秀生，若该班优秀生的平均成绩为 90 分，非优秀生的平均成绩为 72 分，全班平均成绩为 80 分，则该班优秀生的人数是（　　）．
   (A)12　　　(B)14　　　(C)16　　　(D)18　　　(E)20

2. 五位选手在一次物理竞赛中共得 412 分，每人得分互不相等且均为整数，其中得分最高的选手得 90 分，那么得分最少的选手至多得（　　）分．
   (A)77　　　(B)78　　　(C)79　　　(D)80　　　(E)81

3. 某班同学在一次英语测验中，平均成绩为 81 分，其中男生人数比女生人数多 60%，而女生平均成绩比男生高 10%，那么女生平均成绩为（　　）．
   (A)80 分　　(B)82 分　　(C)84 分　　(D)85.8 分　　(E)90 分

4. 汤唯和老吕曾三次一同去买苹果，买法不同，由于市场波动，三次苹果价格不同，三次购买，汤唯购买的苹果平均价格要比老吕的低．
   (1)汤唯每次购买 1 元钱的苹果，老吕每次买 1 千克的苹果；
   (2)汤唯每次购买数量不等，老吕每次购买数量恒定．

5. 某国家派出一队运动员参加篮球、体操两个项目，则篮球运动员与体操运动员的人数之比为 7∶3．
   (1)篮球运动员平均身高为 192 厘米，体操运动员平均身高为 153 厘米；
   (2)这队运动员的平均身高为 180.3 厘米．

6. 可以确定 $x>y$．
   (1)王先生上午以每斤 x 元的价格买了 3 斤苹果，下午又以每斤 y 元的价格买了 2 斤苹果；
   (2)如果王先生以每斤 $\dfrac{x+y}{2}$ 的价格买下 5 斤苹果，会花更多的钱．

习题详解

1. （C）

【解析】设优秀生的人数为 x 人，则非优秀生为 $36-x$ 人，根据题意得
$$90x+72\times(36-x)=36\times 80,$$
解得 $x=16$．

【快速得分法】十字交叉法．

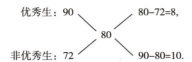

故 $\dfrac{\text{优秀生}}{\text{非优秀生}} = \dfrac{8}{10}$，优秀生人数为 16 人．

2. (C)

【解析】其余的四个人的平均成绩为 $\dfrac{412-90}{4}=80.5$（分），每位选手的得分互不相等且为整数，

故四个选手的得分可为 79，80，81，82．

故得分最少的选手至多得分为 79 分．

3. (D)

【解析】设女生人数 x，男生平均成绩为 y，则男生人数为 $1.6x$，女生平均成绩为 $1.1y$．

全班的平均成绩为 $\dfrac{1.6xy+1.1xy}{x+1.6x}=81$，解得 $y=78$，

故女生平均成绩为 $1.1y=1.1\times 78=85.8$（分）．

4. (A)

【解析】设三次购买苹果价格为 x 元/千克，y 元/千克，z 元/千克．

条件(1)：汤唯的平均价格为 $\dfrac{3}{\dfrac{1}{x}+\dfrac{1}{y}+\dfrac{1}{z}}$，老吕的平均价格为 $\dfrac{x+y+z}{3}$，

根据算术平均值≥几何平均值≥调和平均值，可知且在 x，y，z 不相等的情况下，

$$\dfrac{x+y+z}{3} > \dfrac{3}{\dfrac{1}{x}+\dfrac{1}{y}+\dfrac{1}{z}},$$

条件(1)充分．

条件(2)：汤唯的平均价格为 $\dfrac{ax+by+cz}{a+b+c}$，老吕的平均价格为 $\dfrac{x+y+z}{3}$．

由于 a，b，c 不定，所以不能判断二者的大小，条件(2)不充分．

【快速得分法】对于条件(1)可使用特殊值法判断．

5. (C)

【解析】设篮球队和体操队的人数分别为 x，y，则

$$192x+153y=180.3(x+y),$$

解得 $\dfrac{x}{y}=\dfrac{7}{3}$，由条件(1)(2)联立可得出人数比．

【快速得分法】十字交叉法

```
192            27.3
      180.3
153            11.7
```

则 $\dfrac{x}{y}=\dfrac{27.3}{11.7}=\dfrac{7}{3}$．

6. (E)

【解析】两条件明显单独不充分，考虑联立.

联立得
$$3x+2y<5\times\frac{x+y}{2},$$

解得 $x<y$，所以答案为(E).

题型 59　工程问题

母题精讲

母题59 甲乙两组工人合作一项工程，合作10天后，甲组因故提前退出，剩下的工作由乙组单独做2天才能完成．若这项工程交给两组单独完成，那么甲组完成后，乙组还需工作四天才能完成，那么乙组单独完成这项工程需要(　　)天．

(A)18　　(B)20　　(C)22　　(D)23　　(E)24

【解析】设乙组单独完成这项工程需要 x 天，则甲组需要 $x-4$ 天．

则 $\left(\dfrac{1}{x}+\dfrac{1}{x-4}\right)\times 10+\dfrac{2}{x}=1,$

解得 $x=24$ 或 $x=2$（舍去）．

【答案】(E)

老吕施法

(1)基本等量关系：工作效率 $=\dfrac{\text{工作量}}{\text{工作时间}}$.

(2)常用的等量关系：各部分的工作量之和＋没干完的工作量＝总工作量＝1.

(3)给水排水问题：原有水量＋进水量＝排水量＋余水量．

习题精练

1. 一批货物要运进仓库，由甲、乙两队合运9小时，可运进全部货物的50%，乙队单独运则要30小时才能运完，又知甲队每小时可运进3吨，则这批货物共有(　　)．

   (A)135吨　(B)140吨　(C)145吨　(D)150吨　(E)155吨

2. 甲、乙两队开挖一条水渠，甲队单独挖8天完成，乙队单独挖要12天完成．现在两队同时挖了几天后，乙队调走，余下的甲队在3天内完成．乙队挖了(　　)天．

   (A)1　　(B)2　　(C)3　　(D)4　　(E)5

3. 加工一批零件，甲单独做20天可以完工，乙单独做30天可以完工．现两队合作来完成这个任务，合作中甲休息了2.5天，乙休息了若干天，恰好14天完工．则乙休息了(　　)天．

   (A)$\dfrac{1}{2}$　(B)1　(C)$\dfrac{5}{4}$　(D)2　(E)$\dfrac{7}{4}$

4. 一项工程，甲先单独做2天，然后与乙合做7天，这样才能完成全工程的一半．已知甲、乙工效的比是2∶3．如果这项工程由乙单独做，需要（　　）天才能完成．

(A)24　　　　(B)25　　　　(C)26　　　　(D)27　　　　(E)28

5. 搬运一个仓库的货物，甲需10小时，乙需12小时，丙需15小时．有同样的仓库A和B，甲在A仓库，乙在B仓库同时开始搬运货物，丙开始帮助甲搬运，中途又转向帮助乙搬运，最后同时搬完两个仓库的货物．丙帮助甲、乙各搬运了（　　）小时．

(A)1，2　　　(B)2，3　　　(C)2，5　　　(D)3，5　　　(E)2，4

6. 一项工程，乙队先独做4天，继而甲、丙两队合做6天，剩下的工程甲队又独做9天才全部完成．已知乙队完成的是甲队的 $\frac{1}{3}$，丙队完成的是乙队的2倍．如果甲单独做，需要（　　）天．

(A)18　　　　(B)24　　　　(C)28　　　　(D)30　　　　(E)45

7. 公司的一项工程由甲、乙两队合作6天完成，公司需付8 700元，由乙、丙两队合作10天完成，公司需付9 500元，甲、丙两队合作7.5天完成，公司需付8 250元，若单独承包给一个工程队并且要求不超过15天完成全部工作，则公司付钱最少的队是（　　）．

(A)甲队　　　(B)丙队　　　(C)乙队　　　(D)不能确定　　(E)以上选项均不正确

8. 管径相同的三条不同管道甲、乙、丙可同时向某基地容积为1 000立方米的油罐供油．丙管道的供油速度比甲管道供油速度大．

(1)甲、乙同时供油10天可注满油罐；　　　(2)乙、丙同时供油5天可注满油罐．

9. 一池水，甲、乙两管同时开，5小时灌满，乙、丙两管同时开，4小时灌满．现在先开乙管6小时，还需甲、丙两管同时开2小时才能灌满．乙单独开需要（　　）小时可以灌满．

(A)12　　　　(B)18　　　　(C)20　　　　(D)30　　　　(E)40

10. 甲、乙两项工程分别由一、二工程队负责完成，晴天时，一队完成甲工程需要12天，二队完成乙工程需要15天，雨天时，一队的工作效率是晴天时的60%，二队的工作效率是晴天时的80%，结果两队同时开工并同时完成各自的工程，那么，在这段施工期间雨天的天数为（　　）．

(A)8　　　　(B)10　　　　(C)12　　　　(D)15　　　　(E)以上选项均不正确

11. 同时打开游泳池的甲、乙两个进水管，加满水需要90分钟，且甲管比乙管多进水180m³．若单独打开甲管，加满水需160分钟．则乙管每分钟进水（　　）m³．

(A)6　　　　(B)7　　　　(C)8　　　　(D)9　　　　(E)10

12. 甲、乙、丙三人完成某件工作，甲单独做，完成工作所用时间是乙、丙两人合作所需时间的5倍；乙单独做，完成工作所用时间与甲、丙两人合作所需时间相等．则丙单独做，完成工作所用时间是甲、乙两人合作所需时间的（　　）倍．

(A)$\frac{5}{3}$　　(B)$\frac{7}{5}$　　(C)2　　(D)$\frac{11}{5}$　　(E)3

习题详解

1. (A)

【解析】设共有货物 x 吨，乙队每小时可运 y 吨．则

$$\begin{cases} 9\times(y+3)=\frac{1}{2}x, \\ x=30y \end{cases} \Rightarrow x=135, y=4.5.$$

2. (C)

【解析】设乙队挖了 t 天，根据题意得

$$\left(\frac{1}{8}+\frac{1}{12}\right)t+\frac{1}{8}\times 3=1 \Rightarrow t=3.$$

3. (C)

【解析】由题意知，甲做了 11.5 天，设乙休息了 x 天，则有

$$\frac{1}{20}\times 11.5+\frac{1}{30}\times(14-x)=1 \Rightarrow x=\frac{5}{4}.$$

4. (C)

【解析】设甲的工效为 x，则乙的工效为 $\frac{3}{2}x$，由题意得

$$2x+7\times\left(x+\frac{3}{2}x\right)=\frac{1}{2},$$

解得 $x=\frac{1}{39}$，故乙的工效为 $\frac{1}{26}$，乙单独做这项工程需要 26 天完成．

5. (D)

【解析】可以看作甲、乙、丙合作搬运 A、B 两仓，可设总工作量为 2.

故总时间为 $2\div\left(\frac{1}{10}+\frac{1}{12}+\frac{1}{15}\right)=8$（小时）．

甲在 A 仓库运 8 小时，余下的是丙搬运的，乙在 B 仓库搬运 8 小时，余下的是丙搬运的．

丙运 A 仓库 $\left(1-\frac{1}{10}\times 8\right)\div\frac{1}{15}=3$（小时），丙运 B 仓库 $\left(1-\frac{1}{12}\times 8\right)\div\frac{1}{15}=5$（小时）．

6. (D)

【解析】设甲的工作效率为 x，乙的工作效率为 y，丙的工作效率为 z，根据题意得

$$\begin{cases}4y+6\times(x+z)+9x=1,\\ 4y=15x\times\frac{1}{3},\\ 6z=2\times 4y,\end{cases} \text{解得} \begin{cases}x=\frac{1}{30},\\ y=\frac{1}{24},\\ z=\frac{1}{18}.\end{cases}$$

故甲单独做需要 30 天．

7. (A)

【解析】设甲、乙、丙的工作效率分别为 x, y, z．则

$$\begin{cases}(x+y)\times 6=1,\\ (y+z)\times 10=1,\\ (x+z)\times 7.5=1,\end{cases} \text{解得} \begin{cases}x=\frac{1}{10},\\ y=\frac{1}{15},\\ z=\frac{1}{30}.\end{cases}$$

即甲完成工作需要 10 天，乙完成工作需要 15 天，丙完成工作需要 30 天．要求 15 天内完成工作，所以只能由甲队或乙队工作．

设甲队每天酬金 m 元，乙队每天 n 元，丙每天 k 元，可得

$$\begin{cases}(m+n)\times 6=8\,700,\\(k+n)\times 10=9\,500,\\(m+k)\times 7.5=8\,250,\end{cases}解得\begin{cases}m=800,\\n=650,\\k=300.\end{cases}$$

所以由甲队完成共需工程款 $800\times 10=8\,000$；

由乙队完成共需工程款 $650\times 15=9\,750$；

显然，$8\,000<9\,750$，因此由甲队单独完成此项工程花钱最少．

8. (C)

   【解析】两个条件单独显然不充分，联立之．

   设甲、乙、丙三条管道的供油效率分别为 x，y，z.

   由条件(1)：$x+y=\dfrac{1}{10}$，得 $x=\dfrac{1}{10}-y$.

   由条件(2)：$y+z=\dfrac{1}{5}$，得 $z=\dfrac{1}{5}-y$.

   显然 $z>x$，联立两个条件充分．

   【快速得分法】逻辑推理法．

   联立两个条件可知，乙和甲一起供油比乙和丙一起供油要慢，可见甲比丙要慢．

9. (C)

   【解析】设甲需 x 小时，乙需 y 小时，丙需 z 小时．根据题意，得

   $$\begin{cases}5\times\left(\dfrac{1}{x}+\dfrac{1}{y}\right)=1,\\4\times\left(\dfrac{1}{y}+\dfrac{1}{z}\right)=1,\\6\times\dfrac{1}{y}+2\times\left(\dfrac{1}{x}+\dfrac{1}{z}\right)=1,\end{cases}解得\begin{cases}x=\dfrac{20}{3},\\y=20,\\z=5.\end{cases}$$

   故乙单独开需要 20 小时．

10. (D)

    【解析】设晴天为 x 天，雨天为 y 天，根据题意得

    一队完成甲工程：$\dfrac{1}{12}x+\dfrac{1}{12}\times 60\%\times y=1$，二队完成乙工程：$\dfrac{1}{15}x+\dfrac{1}{15}\times 80\%\times y=1$，

    解得 $x=3$，$y=15$，故雨天为 15 天．

11. (B)

    【解析】设甲、乙两个进水管每分钟分别进水 $x\,\text{m}^3$，$y\,\text{m}^3$，根据题意得

    $$\begin{cases}90\times(x+y)=160x,\\90\times(x-y)=180,\end{cases}解得\begin{cases}x=9,\\y=7.\end{cases}$$

    所以，乙管每分钟进水 $7\,\text{m}^3$.

12. (C)

    【解析】设甲、乙、丙三人所需的时间分别为 x，y，z，根据题意，可得

    $$\begin{cases}\dfrac{1}{x}=\dfrac{1}{5}\times\left(\dfrac{1}{y}+\dfrac{1}{z}\right),\\\dfrac{1}{y}=\dfrac{1}{x}+\dfrac{1}{z},\end{cases}\Rightarrow\begin{cases}x=2z,\\y=\dfrac{2}{3}z,\end{cases}$$

故 $\left(\dfrac{1}{y}+\dfrac{1}{x}\right)t_1=\dfrac{1}{z}t_2$，即 $\dfrac{t_2}{t_1}=\dfrac{\dfrac{1}{y}+\dfrac{1}{x}}{\dfrac{1}{z}}=2.$

题型 60　行程问题

母题精讲

母题 60　快慢两列车长度分别为 160 米和 120 米，它们相向驶在平行轨道上，若坐在慢车上的人见整列快车驶过的时间是 4 秒，那么坐在快车上的人见整列慢车驶过的时间是(　　).

(A)3 秒　　(B)4 秒　　(C)5 秒　　(D)6 秒　　(E)以上选项均不正确

【解析】设快车速度为 a，慢车速度为 b，

$$\dfrac{160}{a+b}=4$$

解得 $a+b=\dfrac{160}{4}=40$，

所以快车上看见慢车驶过的时间为 $\dfrac{120}{a+b}=3.$

【答案】(A)

老吕施法

(1)行程问题的常用等量关系.
①基本等量关系：路程＝速度×时间.
②相遇：甲的速度×时间＋乙的速度×时间＝距离之和.
③追及：追及时间＝追及距离÷速度差.
④迟到：实际时间－迟到时间＝计划时间.
⑤早到：实际时间＋早到时间＝计划时间.

(2)相对速度问题.
①迎面而来，速度相加；同向而去，速度相减.
②航行问题.
顺水速度＝船速＋水速；逆水速度＝船速－水速.

(3)与火车有关的问题.
火车问题一般需要考虑车身的长度.
①火车穿过隧道.
火车通过的距离＝车长＋隧道长.
②快车超过慢车.
相对速度＝快车速度－慢车速度.(同向而去，速度相减)
相对距离＝快车长度＋慢车长度.
③两车相对而行.

> 相对速度＝快车速度＋慢车速度．(迎面而来，速度相加)
> 从相遇到离开的距离为两车长度之和．

习 题 精 练

1. 在有上、下行的轨道上，两列火车相向开来，若甲车长 187 米，每秒行驶 25 米，乙车长 173 米，每秒行驶 20 米，则从两车头相遇到两车尾离开，需要(　　)．
   (A)12 秒　　(B)11 秒　　(C)10 秒　　(D)9 秒　　(E)8 秒

2. 一列火车长 75 米，通过 525 米长的桥梁需要 40 秒，若以同样的速度穿过 300 米的隧道，则需要(　　)．
   (A)20 秒　　(B)约 23 秒　　(C)25 秒　　(D)约 27 秒　　(E)约 28 秒

3. 从甲地到乙地，水路比公路近 40 千米，上午 10：00，一艘轮船从甲地驶往乙地，下午 1：00，一辆汽车从甲地开往乙地，最后船、车同时到达乙地．若汽车的速度是每小时 40 千米，轮船的速度是汽车的 $\frac{3}{5}$，则甲乙两地的公路长为(　　)．
   (A)320 千米　　(B)300 千米　　(C)280 千米　　(D)260 千米　　(E)以上选项均不正确

4. 一列火车完全通过一个长为 1 600 米的隧道用了 25 秒，通过一根电线杆用了 5 秒，则该列火车的长度为(　　)．
   (A)200 米　　(B)300 米　　(C)400 米　　(D)450 米　　(E)500 米

5. 一辆大巴车从甲城以匀速 v 行驶可按预定时间到达乙城，但在距乙城还有 150 千米处因故停留了半小时，因此需要平均每小时增加 10 千米才能按预定时间到达乙城，则大巴车原来的速度 $v=$ (　　)．
   (A)45 千米/小时　　(B)50 千米/小时　　(C)55 千米/小时
   (D)60 千米/小时　　(E)以上选项均不正确

6. 甲、乙两人同时从同一地点出发，相背而行．1 小时后他们分别到达各自的终点 A 和 B 地．若从原地出发，互换彼此的目的地，则甲在乙到达 A 地之后 35 分钟到达 B 地．则甲的速度和乙的速度之比是(　　)．
   (A)3：5　　(B)4：3　　(C)4：5　　(D)3：4　　(E)以上选项均不正确

7. 某人以 6 千米/小时的平均速度上山，上山后立即以 12 千米/小时的平均速度原路返回，那么此人在往返过程中的每小时平均所走的千米数为(　　)．
   (A)9　　(B)8　　(C)7　　(D)6　　(E)以上选项均不正确

8. 甲、乙两辆汽车同时从 A，B 两站相向开出．第一次在离 A 站 60 千米的地方相遇．之后，两车继续以原来的速度前进．各自到达对方车站后都立即返回，又在距 B 站 30 千米处相遇．两站相距(　　)千米．
   (A)130　　(B)140　　(C)150　　(D)160　　(E)180

9. 设汽车分两次将 A 地的客人送往 B 地．当汽车送第一批客人出发时，第二批客人同时步行向 B 地走去，第二批是在第 8 分钟才登上返回迎接的汽车，再经 3 分钟在 B 地与第一批会合．那么，车速与步行速度之比为(　　)．
   (A)8：3　　(B)4：1　　(C)5：1　　(D)9：2　　(E)7：1

10. 甲、乙两人在长30米的泳池内游泳,甲每分钟游40米,乙每分钟游50米.每人同时分别从泳池的两端出发,相遇后原路返回,如是往返.如果不计转向的时间,则从出发开始计算的150秒内两人共相遇了(　　)次.
　　(A)1　　　　(B)2　　　　(C)3　　　　(D)4　　　　(E)5

11. 一列客车长250米,一列货车长350米,在平行的轨道上相向行驶,从两车头相遇到两车尾相离经过15秒,已知客车与货车的速度之比是5∶3,则两车的速度相差(　　).
　　(A)10米/秒　　(B)15米/秒　　(C)25米/秒　　(D)30米/秒　　(E)40米/秒

12. 某河的水流速度为每小时2千米,A,B两地相距36千米,一轮船从A地出发,逆流而上去B地,出航后1小时,机器发生故障,轮船随水向下漂移,30分钟后机器修复,继续向B地开去,但船速比修复前每小时慢了1千米,到达B地比预定时间迟了54分钟,则轮船在静水中起初的速度为(　　)千米/小时.
　　(A)7　　　　(B)9　　　　(C)12　　　　(D)14　　　　(E)15

13. A,B两个港口相距300千米,若甲船顺水自A驶向B,乙船同时自B逆水驶向A,两船在C处相遇,若乙船顺水自A驶向B,甲船同时自B逆水驶向A,两船在D处相遇.C,D相距30千米,已知甲船速度为27千米/小时,则乙船的速度为(　　)千米/小时.
　　(A)$\frac{243}{11}$　　(B)33　　(C)33或$\frac{243}{11}$　　(D)32　　(E)34

14. 有一个400米环形跑道,甲、乙两人同时从同一地点同方向出发.甲以0.8米/秒的速度步行,乙以2.4米/秒的速度跑步,乙在第2次追上甲时用了(　　)秒.
　　(A)200　　　(B)210　　　(C)230　　　(D)250　　　(E)500

15. 上午8时8分,小明骑自行车从家里出发.8分钟后他爸爸骑摩托车去追他.在离家4千米的地方追上了他,然后爸爸立即回家.到家后又立即回头去追小明.再追上他的时候,离家恰好是8千米,这时的时间是(　　).
　　(A)8∶32　　(B) 8∶25　　(C) 8∶40　　(D) 8∶30　　(E) 9∶00

习题详解

1. (E)

【解析】从两车头相遇到车尾离开,走的相对路程为两车长之和;相向而行,相对速度为两者速度之和,故所求时间为$\frac{187+173}{25+20}=8$(秒).

2. (C)

【解析】设通过300米的隧道需要t秒,根据速度不变,得
$$\frac{75+525}{40}=\frac{75+300}{t},$$
解得$t=25$.

3. (C)

【解析】设公路长为x千米,则水路长为$(x-40)$千米,轮船的速度为$40×\frac{3}{5}=24$(千米/小时),设轮船走了t小时,则车走了$(t-3)$小时,根据题意得

$$\begin{cases} 24t = x - 40, \\ 40 \times (t-3) = x, \end{cases} \text{解得} \begin{cases} t = 10, \\ x = 280. \end{cases}$$

4. (C)

   【解析】设火车长为 a 米,火车通过隧道和电线杆时的速度相等,即
   $$\frac{1\ 600 + a}{25} = \frac{a}{5} \Rightarrow a = 400.$$

5. (B)

   【解析】根据题意,得 $\frac{150}{v} = \frac{150}{v+10} + \frac{1}{2}$,即 $v^2 + 10v - 3\ 000 = 0$,解得 $v_1 = 50, v_2 = -60$(舍去).

6. (D)

   【解析】设甲的速度是 x 千米/小时,乙的速度是 y 千米/小时. 设甲从 P 地出发到 A 地,乙从 P 地出发到 B 地,一小时后到达目的地,如图 5-1 所示.

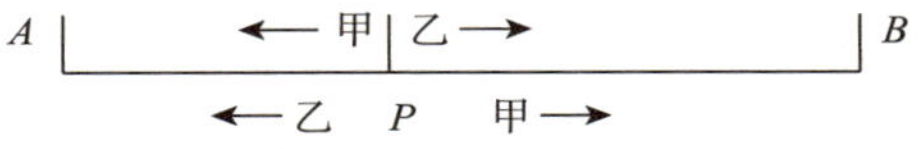

   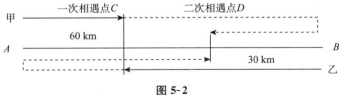

   图 5-1

   则 $|AP| = x$,$|BP| = y$,交换目的地之后,甲从 P 地出发到 B 地,乙从 P 地出发到 A 地,则 $\frac{x}{y} + \frac{35}{60} = \frac{y}{x}$,解得 $\frac{x}{y} = \frac{3}{4}$ 或 $-\frac{4}{3}$(舍去).

7. (B)

   【解析】设此人的平均速度为 x 千米/小时,上山和下山路程均为 1.

   可知上山所用时间 $t_1 = \frac{1}{6}$,下山所用时间 $t_2 = \frac{1}{12}$,

   所以 $x = \frac{2}{\frac{1}{6} + \frac{1}{12}} = 8$(千米/小时),即每小时走 8 千米.

8. (C)

   【解析】根据题意画图,如图 5-2 所示:

   图 5-2

   方法一:设 A,B 两地距离为 S,则第一次相遇时,两车路程之和为 S,从第一次相遇到第二次相遇,两车路程之和为 2S;

   第一次相遇时经过的时间为 t,因为两车速度始终不变,故从第一次相遇到第二次相遇的行驶时间为 $2t$;

   故 $|AC| = v_甲 t = 60$(千米),$|BC| + |BD| = v_甲 \cdot 2t = 120$(千米),$|BC| = 120 - |BD| = 120 - 30 = 90$(千米).

   故 $|AB| = |AC| + |BC| = 60 + 90 = 150$(千米).

   方法二:设 CD 的长度为 x 千米,两车的速度保持不变,故有

$$\frac{v_{甲}}{v_{乙}}=\frac{\frac{S_{甲}}{t}}{\frac{S_{乙}}{t}}=\frac{S_{甲}}{S_{乙}}=\frac{60}{30+x}=\frac{2\times 30+x}{60\times 2+x},$$

解得 $x=60$，故 $|AB|=60+60+30=150$（千米）．

9. (B)

【解析】设车速为 x，人速为 y．两地的距离是 S．

显然当汽车接第二批客人时，汽车和第二批客人各自走了 8 分钟，且一共走了 2 个 S．

则有 $\begin{cases} 8(x+y)=2S, \\ 3x+8y=S \end{cases} \Rightarrow x=4y$，故选 (B)．

10. (D)

【解析】两人的相对速度为 $40+50=90$（米/分），故 150 秒内两人一共游的路程为

$$90\times\frac{150}{60}=225\text{（米）}.$$

第一次相遇：两个分别从泳池的两端到相遇，一共游了 30 米；

第二次相遇：两个从相遇点分开到泳池的两端，到再次相遇，一共游了 60 米；

同理，第 3, 4 次相遇又各游了 60 米．

$30+60+60+60=210$（米），余下的 15 米不足以再次相遇，故一共相遇 4 次．

11. (A)

【解析】设客车的速度为 v，则货车的速度为 $\frac{3}{5}v$．路程为两车车长之和 $250+350=600$（米）．

故有 $600=15\times\left(v+\frac{3}{5}v\right)$，解得 $v=25$，所以 $v-\frac{3}{5}v=10$（米/秒），两车的速度相差 10 米/秒．

12. (C)

【解析】设轮船在发生故障前在静水中的速度为 x 千米/小时，54 分钟 $=0.9$ 小时，根据题意可知，实际航行时间＝计划时间＋迟到时间，故有

$$1+\frac{1}{2}+\frac{36-(x-2)\times 1+0.5\times 2}{x-2-1}=\frac{36}{x-2}+\frac{54}{60},$$

化简，得 $x^2-5x-84=0$，解得 $x=12$ 或 $x=-7$（舍去）．

13. (C)

【解析】设乙船的速度为 x 千米/小时，相遇时间为 t 小时．

若甲船速度 $<$ 乙船速度，则 $\begin{cases} 27t+xt=300, \\ xt-27t=30, \end{cases}$ 解得 $x=33$，$t=5$；

若甲船速度 $>$ 乙船速度，则 $\begin{cases} 27t+xt=300, \\ 27t-xt=30, \end{cases}$ 解得 $x=\frac{243}{11}$，$t=\frac{55}{9}$；

故乙船的速度为 33 或 $\frac{243}{11}$ 千米/小时．

14. (E)

【解析】乙第 2 次追上甲时，乙比甲多跑了 2 圈，即多跑了 800 米，

故所用时间为 $\frac{800}{2.4-0.8}=500$（秒）．

15. (A)

【解析】由 5-3 图可知，从爸爸第一次追上小明，到爸爸第 2 次追上小明，小明一共走了 4 千米，爸爸一共走了 12 千米，故爸爸的速度是小明的 3 倍．

设小明的速度为 x，则爸爸的速度为 $3x$，从小明出发到爸爸第一次追上小明的时间为 t，则有
$$x \cdot t = 3x \cdot (t-8),$$
解得 $t=12$，即小明走 4 千米用的时间为 12 分钟，小明一共走了 8 千米，故总时间为 24 分钟，即所求时间为 8：32．

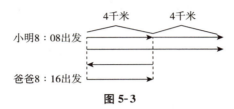

图 5-3

题型 61　简单比例问题

母题精讲

母题61 合唱团中男、女会员的人数是 3：2，分为甲、乙、丙三组，已知甲、乙、丙三组的人数比为 10：8：7，甲组中男、女会员的人数比是 3：1，乙组中男、女会员的人数比是 5：3．则丙组中男、女会员的人数比是（　　）．

(A) 3：4　　(B) 4：9　　(C) 5：9　　(D) 3：5　　(E) 6：11

【解析】甲乙丙三组人数之比为 10：8：7，故可设总人数为 25，分别算出丙组男女会员人数即可 $\left(25 \times \frac{3}{5} - 10 \times \frac{3}{4} - 8 \times \frac{5}{8}\right) : \left(25 \times \frac{2}{5} - 10 \times \frac{1}{4} - 8 \times \frac{3}{8}\right) = 5 : 9$．

【答案】(C)

老吕施法

(1) 连比数问题．
若甲：乙 $=a:b$，乙：丙 $=c:d$，则甲：乙：丙 $=ac:bc:bd$．
(2) 常用赋值法．

习题精练

1. 仓库中有甲、乙两种产品若干件，其中甲占总库存量的 45%，若再存入 160 件乙产品后，甲产品占新库存量的 25%，那么甲产品原有件数为（　　）．
(A) 80　　(B) 90　　(C) 100　　(D) 110　　(E) 以上选项均不正确

2. 第一季度甲公司比乙公司的产值低 20%．第二季度甲公司的产值比第一季度增长了 20%，乙公司的产值比第一季度增长了 10%．第二季度甲、乙两公司的产值之比是（　　）．
(A) 96：115　　(B) 92：115　　(C) 48：55　　(D) 24：25　　(E) 10：11

3. 某地连续举办三场国际商业足球比赛,第二场观众比第一场少了80%,第三场观众比第二场减少了50%,若第三场观众仅有2 500人,则第一场观众有( ).

   (A)15 000人　　(B)20 000人　　(C)22 500人

   (D) 25 000人　　(E)27 500人

4. 某商品打九折会使销售增加20%,则这一折扣会使销售额增加的百分比是( ).

   (A)18%　(B)10%　(C)8%　(D)5%　(E)2%

5. 一批图书放在两个书柜中,其中第一柜占55%,若从第一柜中取出15本放入第二柜内,则两书柜的书各占这批图书的50%,这批图书共有( ).

   (A)200本　(B)260本　(C)300本　(D)360本　(E)600本

6. 容器内装满铁质或木质的黑球与白球,其中30%是黑球,60%的白球是铁质的,则容器中木质白球的百分比是( ).

   (A)28%　(B)30%　(C)40%　(D)42%　(E)70%

7. 健身房中,某个周末下午3:00,参加健身的男士与女士人数之比为3:4,下午5:00,男士中有25%,女士中有50%离开了健身房,此时留在健身房内的男士与女士人数之比是( ).

   (A)10:9　(B)9:8　(C)8:9　(D)9:10　(E)以上选项均不正确

8. 某厂生产的一批产品经产品检验,优等品与二等品的比是5:2,二等品与次品的比是5:1,则该批产品的合格率(合格品包括优等品与二等品)为( ).

   (A)92%　(B)92.3%　(C)94.6%　(D)96%　(E)以上选项均不正确

9. 甲、乙两仓库储存的粮食重量之比为4:3,现从甲库中调出10万吨粮食,则甲、乙两仓库存粮吨数之比为7:6. 甲仓库原有粮食的万吨数为( ).

   (A)70　(B)78　(C)80　(D)85　(E)以上选项均不正确

10. 某国参加北京奥运会的男女运动员的比例原为19:12,由于先增加若干名女运动员,使男女运动员的比例变20:13,后又增加了若干名男运动员,于是男女运动员比例最终变为30:19,如果后增加的男运动员比先增加的女运动员多3人,则最后运动员的总人数为( ).

    (A)686　(B)637　(C)700　(D)661　(E)600

11. 某高速公路收费站对过往车辆收费标准是:大客车10元,小客车6元,小轿车3元. 某日通过此站共收费4 700元,则小轿车通过的数量为420辆.

    (1)大、小客车之比是5:6,小客车与小轿车之比为4:7;

    (2)大、小客车之比是6:5,小客车与小轿车之比为7:4.

12. 某工艺品商店有两件商品,现将其中一件涨价25%出售,而另一件则降价20%出售,这时两件商品的售价相同,则现在销售这两件商品的收益与按原售价销售所得收益之比为( ).

    (A) 40:41　(B)24:25　(C) 41:40　(D)25:24　(E)27:28

习题详解

1. (B)

   【解析】设原库存总量为x件,则原有甲产品$0.45x$件,根据题意,得

   $$(x+160)\times 25\%=0.45x,$$

   解得$x=200$,所以甲产品原有$0.45\times 200=90$(件).

2. (C)

【解析】设第一季度乙公司的产值为 100，则第一季度甲公司的产值为 80；

第二季度甲公司的产值：$80 \times 120\% = 96$；

第二季度乙公司的产值：$100 \times 110\% = 110$；

故甲：乙 $= 96：110 = 48：55$.

3. (D)

【解析】设第一场观众为 x 人，根据题意得
$$x(1-80\%)(1-50\%) = 2\,500,$$

解得 $x = 25\,000$.

4. (C)

【解析】赋值法，设原价为 1 元/件，销售 100 件，故原销售额为 100 元.

现打九折销售，为 0.9 元/件，销售量为 120 件，故销售额为 108 元.

故增加的百分比为 $\dfrac{108-100}{100} \times 100\% = 8\%$.

5. (C)

【解析】设这批图书共有 x 本，则 $0.55x - 15 = 0.45x + 15$，解得 $x = 300$.

6. (A)

【解析】赋值法，设共有 100 个球，则黑球为 30 个，白球为 70 个.

白球中 40% 是木质的，故木质白球为 $70 \times 40\% = 28$ 个，占 28%.

7. (B)

【解析】赋值法，设下午 3 点时，参加健身男士为 300 人、女士为 400 人，则下午 5 点时，

男士人数：$300 \times (1-25\%) = 225$（人）；女士人数：$400 \times (1-50\%) = 200$（人）.

故男女人数之比为 $\dfrac{225}{200} = \dfrac{9}{8}$.

8. (C)

【解析】取中间数的最小公倍数，列成如表 5-1 所示：

表 5-1

优等品	二等品	次品
5	2	
	5	1
25	10	2

故优等品：二等品：次品 $= 25：10：2$. 合格率为
$$\dfrac{25+10}{25+10+2} \times 100\% \approx 94.6\%.$$

9. (C)

【解析】甲、乙两仓库存粮重量比为 $4：3 = 8：6$，调出 10 万吨后成为 $7：6$，可见调出量为甲仓库原存量的 $\dfrac{1}{8}$，故甲仓库原有粮食 $10 \times 8 = 80$（万吨）.

10. (B)

【解析】设原来男运动员人数为 $19k$，女运动员人数为 $12k$，$k\in \mathbf{N}^*$，先增加 x 名女运动员，则后增加的男运动员是 $(x+3)$ 人，根据题意得

$$\begin{cases} \dfrac{19k}{12k+x}=\dfrac{20}{13}, \\ \dfrac{19k+x+3}{12k+x}=\dfrac{30}{19}, \end{cases}$$

解得 $k=20$，$x=7$. 则运动员总数为 $(19k+x+3)+(12k+x)=637$.

11. (A)

【解析】条件(1)：大、小客车与小轿车之比为 $20:24:42$；

设三种车的数量分别为 $20x$，$24x$，$42x$，则收费为

$$20x\times 10+24x\times 6+42x\times 3=470x=4\,700,$$

解得 $x=10$. 故小轿车数量为 $42\times 10=420$(辆)，条件(1)充分.

条件(2)：大、小客车与小轿车之比 $42:35:20$；

设三种车的数量分别为 $42x$，$35x$，$20x$，则收费为 $42x\times 10+35x\times 6+20x\times 3=690x=4\,700$，

解得 $x=\dfrac{470}{69}$. 故小轿车数量：$\dfrac{470}{69}\times 20\approx 136.2$(辆)，条件(2)不充分.

12. (A)

【解析】设现价为 100 元，则原来的价格分别为

$$\dfrac{100}{1+25\%}=80(元)，\dfrac{100}{1-20\%}=125(元)，$$

故收益比为 $\dfrac{100+100}{125+80}=\dfrac{40}{41}$.

题型 62 利润问题

母题精讲

母题62 甲、乙两商店某种商品的进货价格都是 200 元，甲店以高于进货价格 20% 的价格出售，乙店以高于进货价格 15% 的价格出售，结果乙店的售出件数是甲店的 2 倍. 扣除营业税后乙店的利润比甲店多 $5\,400$ 元. 若设营业税率是营业额的 5%，那么甲、乙两店售出该商品各为( )件.

(A)450，900   (B)500，1 000   (C)550，1 100
(D)600，1 200   (E)650，1 300

【解析】设甲店卖出 x 件，则乙店卖出 $2x$ 件，甲店的售价为 $1.2\times 200=240$(元)，乙店的售价为 $1.15\times 200=230$(元)，根据题意，得

$$(240-240\times 5\%-200)x+5\,400=(230-230\times 5\%-200)\times 2x,$$

解得 $x=600$. 故甲、乙两商品售出数量分别为 600 件、$1\,200$ 件.

【答案】(D)

老吕施法

(1) 利润 = 销售额 − 成本.

(2) 利润率 = $\dfrac{利润}{成本} \times 100\%$.

习题精练

1. 一商店把某商品按标价的九折出售,仍可获利 20%,若该商品的进价为每件 21 元,则该商品每件的标价为( ).
   (A)26 元   (B)28 元   (C)30 元   (D)32 元   (E)以上选项均不正确

2. 甲花费 5 万元购买了股票,随后他将这些股票转卖给乙,获利 10%,不久乙又将这些股票返卖给甲,但乙损失了 10%,最后甲按乙卖给他的价格的 9 折把这些股票卖掉了,不计交易费,甲在上述股票交易中( ).
   (A)不盈不亏   (B)盈利 50 元   (C)盈利 100 元   (D)亏损 50 元   (E)以上选项均不正确

3. 商店出售两套礼盒,均以 210 元售出,按进价计算,其中一套盈利 25%,而另一套亏损 25%,结果商店( ).
   (A)不赔不赚   (B)赚了 24 元   (C)亏了 28 元   (D)亏了 24 元   (E)以上选项均不正确

4. 某工厂生产某种新型产品,一月份每件产品销售的利润是出厂价的 25%(假设利润等于出厂价减去成本),二月份每件产品出厂价降低 10%,成本不变,销售件数比一月份增加 80%,则销售利润比一月份的销售利润增长( ).
   (A)6%   (B)8%   (C)15.5%   (D)25.5%   (E)以上选项均不正确

5. 某商品按原定价出售,每件利润是成本的 25%. 后来按原定价的 90% 出售,结果每天售出的件数是降价前的 1.5 倍. 问后来每天经营这种商品的总利润为降价前的( ).
   (A)20%   (B)25%   (C)45%   (D)60%   (E)75%

6. 售出一条甲商品比售出一件乙商品获利要高.
   (1) 售出 3 件甲商品,2 件乙商品共获利 46 万元;
   (2) 售出 2 件甲商品,3 件乙商品共获利 44 万元.

习题详解

1. (B)

   【解析】设商品标价为 x 元,根据题意得
   $$0.9x - 21 = 21 \times 20\% \Rightarrow x = 28.$$

2. (B)

   【解析】第一笔交易,甲卖给乙:甲获利 $50\,000 \times 10\% = 5\,000$(元),售价为 $55\,000$ 元;
   第二笔交易,乙卖给甲:售价为 $55\,000 \times (1-10\%) = 49\,500$(元);
   第三笔交易,甲售出:甲亏损 $49\,500 \times (1-90\%) = 4\,950$(元);
   故甲共获利:$5\,000 - 4\,950 = 50$(元).

3. (C)

【解析】盈利的礼盒进价为 $\dfrac{210}{1+25\%}=168$(元)；

亏损的礼盒进价为 $\dfrac{210}{1-25\%}=280$(元)；则 $210\times 2-168-280=-28$(元)，所以亏损了 28 元.

4. (B)

【解析】赋值法.

设一月份出厂价为 100 元，利润为每件 25 元，则成本价为 75 元，设一月份售出 10 件，则总利润为 250 元；

则二月份出厂价为 $100\times(1-10\%)=90$(元)，利润为每件 $90-75=15$ 元，售出 18 件，总利润为 270 元；

故利润增长率为 $\dfrac{270-250}{250}\times 100\%=8\%$.

5. (E)

【解析】赋值法.

设原成本与件数都是 100，则原定价为 125 元，降价前利润：$25\times 100=2\,500$(元)；

降价后定价 $90\%\times 125$，件数 $1.5\times 100=150$，降价后利润：$(125\times 0.9-100)\times 150=1\,875$(元)；

故所求比例为 $\dfrac{1\,875}{2\,500}\times 100\%=75\%$.

6. (C)

【解析】两个条件单独显然不成立，联立之.

设售出一件甲商品可获利 x 万元，售出一件乙商品可获利 y 万元. 单独看条件，则

$$\begin{cases}3x+2y=46,\\ 2x+3y=44,\end{cases}\text{解得}\begin{cases}x=10,\\ y=8.\end{cases}$$

售出一件甲商品比售出一件乙商品获利要高，联立起来充分.

【快速得分法】逻辑推理法.

同样卖 5 件产品，甲卖的多赚的就多，说明甲的单个利润高.

题型 63 增长率问题

母题精讲

母题 63 某城区 2001 年绿地面积较上年增加了 20%，人口却负增长，结果人均绿地面积比上年增长了 21%.

(1) 2001 年人口较上年下降了 8.26‰；

(2) 2001 年人口较上年下降了 10‰.

【解析】赋值法：设 2000 年人口数为 100，绿地面积为 100；

设 2001 年人口数为 $100-a$，绿地面积为 120，根据题意得

$$\dfrac{120}{100-a}-1=0.21,$$

解得，$a=8.26‰$.

【答案】(A)

老吕施法

设基础数量为 a,平均增长率为 x,增长了 n 期(n年、n月、n周等),期末值设为 b,则有
$$b=a(1+x)^n.$$

习题精练

1. 银行的一年期定期存款利率为 10%,某人于1991年1月1日存入 $10\,000$ 元,1994年1月1日取出,若按复利计算,他取出时所得的本金和利息共计是(   ).
   (A)$10\,300$ 元   (B)$10\,303$ 元   (C)$13\,000$ 元
   (D)$13\,310$ 元   (E)$14\,641$ 元

2. 某只股票第二天比第一天上涨 $x\%$,第三天比第二天也上涨 $x\%$,那么该股票第三天比第一天上涨(   ).
   (A)$(1+x\%)x\%$ (B)$2x\%$ (C)$(x\%)^2+1$
   (D)$(2+x\%)x\%$ (E)$2x\%+1$

3. 某种商品二月份的价格要比一月份的价格高,由于在三月初举办店庆活动,该商品八折出售,此时的价格是一月份的 94.4%,则二月份的比一月份的价格上涨(   ).
   (A)13% (B)15% (C)16%
   (D)18% (E)19%

4. 某商场对一套衣服进行了两次降价,那么这套衣服比原来的价格下降了 31%.
   (1)第一次降价 15%,第二次降价 20%;
   (2)第一次降价 25%,第二次降价 8%.

习题详解

1. (D)
   【解析】$10\,000\times(1+10\%)^3=13\,310$(元).

2. (D)
   【解析】由题干得 $(1+x\%)^2-1=(2+x\%)x\%$.

3. (D)
   【解析】设二月份的比一月份的价格上涨 x,
   则由题干得
   $$(1+x)\times 80\%=94.4\%,$$
   解得 $x=18\%$.

4. (B)
   【解析】设原价为 x.
   条件(1),现价$=x(1-15\%)(1-20\%)=0.68x$,
   商品价格下降了 32%,条件(1)不充分.
   条件(2),现价$=x(1-25\%)(1-8\%)=0.69x$,
   商品价格下降了 31%,条件(2)充分.

题型 64 溶液问题

母题精讲

母题 64 烧杯中盛有一定浓度的溶液若干，加入一定量的水后，浓度变为了 15%，第二次加入等量的水后浓度变为 12%，如果第三次再加入等量的水，浓度会变为(　　).

(A)6%　　(B)7%　　(C)8%　　(D)9%　　(E)10%

【解析】设每次加入的水为 x，第三次加水后浓度为 y，

由十字交叉法，可得

溶液量：加入的水 $=4:1$，设第一次加水后溶液量为 $4x$，则第三次加水后溶液量为 $6x$.
所以 $15\% \times 4x = y \times 6x$，解得 $y = 10\%$.

【答案】(E)

老吕施法

(1) 浓度 $= \dfrac{溶质}{溶液} \times 100\%$.

(2) 溶质守恒定律.
无论如何倒来倒去，溶质的量保持不变；
若添加了溶质(如纯药液)，水的量没变，则把水看作溶质，把溶质(纯药液)看作溶剂.

(3) 溶液配比问题.
将不同浓度的两种溶液，配成另外一种浓度的溶液，使用十字交叉法.

习题精练

1. 一满桶纯酒精倒出 10 升后，加满水搅匀，再倒出 4 升后，再加满水. 此时，桶中的纯酒精与水的体积之比是 2:3. 则该桶的容积是(　　)升.

(A)15　　(B)18　　(C)20　　(D)22　　(E)25

2. 一种溶液，蒸发掉一定量的水后，溶液的浓度为 10%；再蒸发掉同样多的水后，溶液的浓度变为 12%；第三次蒸发掉同样多的水后，溶液的浓度变为(　　).

(A)14%　　(B)15%　　(C)16%　　(D)17%　　(E)18%

3. 甲杯中有纯酒精 12 克，乙杯中有水 15 克，将甲杯中的部分纯酒精倒入乙杯，使酒精与水混合，然后将乙杯中的部分混合溶液倒入甲杯，此时，甲杯的浓度为 50%，乙杯的浓度为 25%. 则从乙杯倒入甲杯的混合溶液为(　　)克.

(A)13　　(B)14　　(C)15　　(D)16　　(E)17

4. 用含盐 10% 的甲盐水与含盐 16% 的乙盐水混合制成含盐 11% 的盐水 600 克,则用甲盐水(　　)克．
   (A)200　　(B)250　　(C)300　　(D)400　　(E)500

5. 已知甲桶中有 A 农药 50 L,乙桶中有 A 农药 40 L,则两桶农药混合,可以配成农药浓度为 40% 的溶液．
   (1)甲桶中有 A 农药的浓度为 20%,乙桶中 A 农药的浓度为 65%;
   (2)甲桶中有 A 农药的浓度为 30%,乙桶中 A 农药的浓度为 52.5%.

6. 某烧杯装有一定体积的纯酒精,倒出 50 mL 之后,加入纯水补充溶液至原体积,再倒出 30 mL,再加入纯水补充溶液至原体积,此时溶液的浓度为 75%．则烧杯开始装有的纯酒精有(　　)mL．
   (A)300　　(B)350　　(C)380　　(D)435　　(E)500

习 题 详 解

1. (C)

   【解析】设该桶的容积为 x 升,根据题意得
   $$\frac{x-10}{x} \times \frac{x-4}{x} = \frac{2}{5},$$
   解得 $x=20$.

2. (B)

   【解析】设浓度 10% 时,溶液的体积为 x,蒸发掉水分的体积为 y,根据题意得
   $$\frac{10\% \cdot x}{x-y} = 12\%,$$
   解得 $y=\frac{1}{6}x$. 根据溶质守恒定律,溶质的量始终为 $10\%x$,
   故再次蒸发掉同样多的水后,浓度为 $\frac{10\%x}{x-y-y} = \frac{10\%x}{x-\frac{x}{6}-\frac{x}{6}} = 15\%$.

3. (B)

   【解析】设从甲杯中倒入乙杯的酒精为 x 克,则有
   $$\frac{x}{x+15} = 25\% \Rightarrow x=5.$$
   设从乙杯倒入甲杯的混合溶液为 y 克,则有
   $$\frac{25\% \cdot y + (12-5)}{12-5+y} = 50\% \Rightarrow y=14.$$

4. (E)

   【解析】十字交叉法．

   所以 $\frac{甲}{乙} = \frac{5\%}{1\%} = \frac{500}{100}$,故用甲盐水 500 克,乙盐水 100 克．

5. (D)

【解析】条件(1)：混合后农药浓度为 $\dfrac{20\% \times 50 + 65\% \times 40}{40+50} \times 100\% = 40\%$，条件(1)充分．

条件(2)：混合后农药浓度为 $\dfrac{30\% \times 50 + 52.5\% \times 40}{40+50} \times 100\% = 40\%$，条件(2)充分．

6. (A)

【解析】设烧杯开始装有的酒精体积为 V，根据题干有 $\dfrac{V-50}{V} \times \dfrac{V-30}{V} = \dfrac{3}{4}$，解得 $V=20$（舍掉）或 $V=300$，所以烧杯装有酒精 300 mL．

题型 65 集合问题

母题精讲

母题 65 有一个班共 50 人，参加数学竞赛的有 22 人，参加物理竞赛有 18 人，同时参加两科竞赛的有 13 人，不参加竞赛的有（　　）人．

(A) 23 (B) 24 (C) 25 (D) 26 (E) 27

【解析】参加竞赛的人数为 $22+18-13=27$ 人．

不参加竞赛的人数为 $50-27=23$ 人．

【答案】(A)

老吕施法

1. 两饼图．（如图 5-4 所示）

公式：$A \cup B = A + B - A \cap B$．

2. 三饼图．（如图 5-5 所示）

公式：$A \cup B \cup C = A + B + C - A \cap B - A \cap C - B \cap C + A \cap B \cap C$．

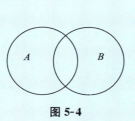

图 5-4

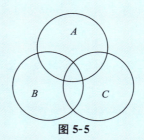

图 5-5

习题精练

1. 在一次颁奖典礼中，美国人和英国人共有 20 个人得奖，在得奖者中有 a 人不是美国人，有 b 人不是英国人，则该颁奖典礼获奖的总人数是 24 人．

   (1) $a=16, b=12$； (2) $a+b=28$．

2. 某学校举行运动会，对操场上的同学询问得知，参加短跑项目的有 24 人，参加铅球项目的有 27 人，参加跳远项目的有 19 人，同时参加短跑和铅球两项目的有 8 人，同时参加短跑和跳远项目的有7人,同时参加铅球和跳远项目的有6人;三个项目都参加的有3人.那么参加运动会的学生共有( )人.

(A)50 (B)51 (C)52 (D)53 (E)54

3. 某班有36名同学参加数学、物理、化学课外研究小组,每名同学至多参加两个小组,已知参加数学、物理、化学小组的人数分别为26,15,13,同时参加数学和物理小组的有6人,同时参加物理和化学小组的有4人,则同时参加数学和化学小组的有( ).

(A)6人 (B)7人 (C)8人 (D)9人 (E)10人

4. 某次学校组织的春游中,参加的学生中获得过院奖学金的有130人,得过校奖学金的学生有100人,得过国家奖学金的有30人.又知只得过一种奖学金的学生有120人,三种都得过的有20人,那么,恰好得过两种奖学金的学生有( )人.

(A)30 (B)35 (C)40 (D)50 (E)100

习题详解

1. (D)

【解析】英国+其他=a,美国+其他=b,则有
$$a+b+20=2\times(美国+英国+其他)=2\times 总人数.$$
$$总人数=\frac{a+b+20}{2}=24.$$

条件(1)、(2)均充分.

2. (C)

【解析】由公式$A\cup B\cup C=A+B+C-A\cap B-A\cap C-B\cap C+A\cap B\cap C$可得
$$总人数 K=24+27+19-8-7-6+3=52人.$$

3. (C)

【解析】由条件知,每名同学至多参加两个小组,故不可能出现一名同学同时参加数学、物理、化学课外研究小组.设同时参加数学和化学小组的有x人,根据容斥原理有
$$26+15+13-(6+4+x)=36,$$
解得$x=8$.

故同时参加数学和化学小组的有8人,应选(C).

4. (C)

【解析】设得过两种奖学金的有x人,则有
$$120+2x+20\times 3=130+100+30,$$
解得$x=40$.

题型 66 最值问题

母题精讲

母题 66 某种水果的进价为4元/千克,如果定价为6元/千克,每天可以卖出30千克,如果在此基础上,每千克涨价0.1元,则每天少卖1千克,每千克的定价为( )元,能使利润

最大化.

(A)5　　　(B)6.2　　　(C)6.3　　　(D)6.5　　　(E)6.8

【解析】设每千克该水果涨价 x 元,能使利润最大化.则由题干得

每天的利润 $y=(2+x)(30-10x)$,解得 $x=0.5$.

故当 $x=0.5$ 时,利润最大,此时商品的定价为 6.5 元/千克.

【答案】(D)

老吕施法

解最值应用题,常用以下方法:
(1)化为一元二次函数求最值.
(2)化为均值不等式求最值.
(3)极值法.

习题精练

1. 已知某厂生产 x 件产品的成本为 $C=25\,000+200x+\dfrac{1}{40}x^2$(元),若产品以每件 500 元售出,则使利润最大的产量是(　　).

   (A)2 000 件　　(B)3 000 件　　(C)4 000 件　　(D)5 000 件　　(E)6 000 件

2. 某产品的产量 Q 与原材料 A,B,C 的数量 x,y,z(单位均为:吨)满足 $Q=0.05xyz$,已知 A,B,C 每吨的价格分别是 3,2,4(百元).若用 5 400 元购买 A,B,C 三种原材料,则使产量最大的 A,B,C 的采购量分别为(　　).

   (A)6,9,4.5 吨　　　　　　(B)2,4,8 吨　　　　　　(C)2,3,6 吨
   (D)2,2,2 吨　　　　　　(E)以上选项均不正确

3. 一辆中型客车的营运总利润 y(单位:万元)与营运年数 $x(x\in\mathbf{N})$ 的变化关系如表 5-2 所示,则客车的运输年数为(　　)时该客车的年平均利润最大.

   (A)4　　　(B)5　　　(C)6　　　(D)7　　　(E)8

表 5-2

x 年	4	6	8	⋯
$y=ax^2+bx+c$(单位:万元)	7	11	7	⋯

4. 如图 5-6 所示,在矩形 ABCD 中,$|AB|=6\text{cm}$,$|BC|=12\text{cm}$,点 P 从点 A 出发,沿 AB 边向点 B 以 1cm/s 的速度移动,同时点 Q 从点 B 出发沿 BC 边向点 C 以 2cm/s 的速度移动,如果 P,Q 两点同时出发,分别到达 B,C 两点后就停止移动,则五边形 APQCD 的面积的最小值为(　　).

   (A)48　　(B)52　　(C)60　　(D)63　　(E)69

5. 如图 5-7 所示,在一个直角△MBN 的内部作一个长方形 ABCD,其中 AB 和 BC 分别在两直角边上,设 $|AB|=x$ m,长方形的面积为 y m²,要使长方形的面积最大,其边长 x 应为(　　).

   (A)3 m　　(B)6 m　　(C)15 m　　(D)2.5 m　　(E)9 m

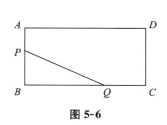

图 5-6

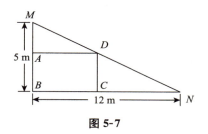

图 5-7

6. 某单位用 2 160 万元购得一块空地, 计划在该地块上建造一栋至少 10 层、每层 2 000 平方米的楼房. 经测算, 如果将楼房建为 x ($x \geqslant 10$) 层, 则每平方米的平均建筑费用为 $560 + 48x$ (单位: 元). 为了使楼房每平方米的平均综合费用最少, 该楼房应建为( )层. (注: 平均综合费用=平均建筑费用+平均购地费用, 平均购地费用=$\dfrac{\text{购地总费用}}{\text{建筑总面积}}$)

(A)10   (B)12   (C)13   (D)15   (E)16

7. 某汽车 4S 店每辆 20 万元的价格从厂家购入一批汽车, 若每辆车的售价为 m 万元, 则每个月可以卖出 $(300 - 10m)$ 辆汽车, 但由于国资委对汽车行业进行反垄断调查, 规定汽车的零售价不能超过进价的 120%, 该 4S 店计划每月从该种汽车的销售中赚取至少 90 万元, 则其定价最低应设为( )万元.

(A)21   (B)22   (C)23   (D)24   (E)25

8. 某工厂生产一种产品的固定成本为 2 000 元, 已知每生产一件这样的产品需要再增加可变成本 10 元, 又知总收入 K 是单位产品数 Q 的函数, $K(Q) = 40Q - Q^2$, 则总利润 $L(Q)$ 最大时, 应该生产该产品( ).

(A)5 件   (B)10 件   (C)15 件   (D)20 件   (E)25 件

9. 今年春季, 教育局召集 100 名青年教师志愿前去 7 所西部小学支教, 规定每个人只能去一所学校, 每所学校至少有一名老师前往, 已知每所学校的青年教师人数各不相同, 那么接收青年教师人数排第四的学校最多有( )人.

(A)25   (B)24   (C)23   (D)22   (E)21

10. 某学生会举办活动需要采购一批物品作为奖品, 预计花费 1 730 元, 已知仙人掌每盆 25 元, 小台灯每台 35 元, KTV 代金券每张 50 元, 且要求台灯的数量是 KTV 代金券数量的两倍, 若要求采购的奖品数量最多, 则这三种奖品共有( )个.

(A)54   (B)58   (C)62   (D)72   (E)80

11. 某工程队有若干个甲、乙、丙三种工人. 现在承包了一项工程, 要求在规定时间内完成. 若单独由甲种工人来完成, 则需要 10 个人; 若单独由乙种工人来完成, 则需要 15 人; 若单独由丙种工人来完成, 则需要 30 人. 若在规定时间内恰好完工, 则该单位工人总数至少有 12 人.

(1) 甲种工人人数最多;

(2) 丙种工人人数最多.

习题详解

1. (E)

【解析】总利润为 $y = 500x - C = -\dfrac{1}{40}x^2 + 300x - 25\,000$,

当 $x=-\dfrac{300}{-\dfrac{1}{40}\times 2}=6\,000$ 时，y 有最大值，

故最大利润产量为 $6\,000$ 件．

2. (A)

【解析】设 A，B，C 的采购量分别为 x 吨、y 吨、z 吨，由题意可得 $3x+2y+4z=54$，由均值不等式，可知

$$Q=0.05xyz=\dfrac{1}{20}\times\dfrac{1}{24}\times 3x\times 2y\times 4z\leqslant\dfrac{1}{480}\times\left(\dfrac{3x+2y+4z}{3}\right)^3=12.15,$$

当 $3x=2y=4z$ 时等号成立，解得 $x=6$，$y=9$，$z=4.5$．

3. (B)

【解析】由题干可知二次函数 $y=ax^2+bx+c$ 过三点 $(4,7)$、$(6,11)$、$(8,7)$，故有

$$\begin{cases}7=a\cdot 4^2+4\cdot b+c,\\ 11=a\cdot 6^2+6\cdot b+c,\\ 7=a\cdot 8^2+8\cdot b+c,\end{cases}\text{解得}\begin{cases}a=-1,\\ b=12,\\ c=-25.\end{cases}$$

故有 $y=-x^2+12x-25$．

因此，平均利润为 $R=\dfrac{y}{x}=-x+12-\dfrac{25}{x}=-\left(x+\dfrac{25}{x}\right)+12\leqslant-10+12=2$，

当 $x=\dfrac{25}{x}$ 时，即 $x=5$ 时，取到最值．

4. (D)

【解析】$S_{\triangle BPQ}=\dfrac{1}{2}\cdot(6-t)\cdot 2t=-t^2+6t,$

$S_{\text{五边形}APQCD}=6\times 12-(-t^2+6t)=t^2-6t+72=(t-3)^2+63\ (0<t<6),$

故当 $t=3$ 时，$S_{\text{五边形}APQCD}$ 的最小值为 63．

5. (D)

【解析】$|AB|=x$ m，$|AD|=b$ m，长方形的面积为 y m^2，因为 $AD\parallel BC$，故 $\triangle MAD\backsim\triangle MBN$，

所以 $\dfrac{|AD|}{|BN|}=\dfrac{|MA|}{|MB|}$，即 $\dfrac{b}{12}=\dfrac{5-x}{5}$，$b=\dfrac{12}{5}(5-x)$，则

$$y=xb=x\times\dfrac{12}{5}\times(5-x)=-\dfrac{12}{5}\times(x^2-5x),$$

当 $x=2.5$ 时，y 有最大值．

6. (D)

【解析】设楼房每平方米的平均综合费为 $f(x)$ 元，则

$$f(x)=(560+48x)+\dfrac{2\,160\times 10\,000}{2\,000x}$$

$$=560+48x+\dfrac{10\,800}{x}$$

$$\geqslant 560+2\sqrt{48x\cdot\dfrac{10\,800}{x}}=2\,000,$$

当 $48x=\dfrac{10\,800}{x}$，即 $x=15$ 时，$f(x)$ 最小．

第五章 应用题

7. (A)

【解析】设最低定价为 x 万元，由题意知

$$\begin{cases} x \leqslant 20 \times 120\%, \\ (x-20)(300-10x) \geqslant 90 \end{cases} \Rightarrow \begin{cases} x \leqslant 24, \\ x^2 - 50x + 609 \leqslant 0 \end{cases} \Rightarrow \begin{cases} x \leqslant 24, \\ 21 \leqslant x \leqslant 29 \end{cases} \Rightarrow 21 \leqslant x \leqslant 24,$$

故最低定价应该为 21 万元．

8. (C)

【解析】由题意得，利润为

$$L(Q) = 40Q - Q^2 - 2\,000 - 10Q = -Q^2 + 30Q - 2\,000,$$

对称轴为 $-\dfrac{30}{2\times(-1)} = 15$，故应该生产 15 件．

9. (D)

【解析】用极值法，要求排第四的学校人数最多，其余学校之和必须最少，

因此排名第 5、6、7 的三所学校人数应为 3，2，1．

故前 4 名的人数之和为 $100 - (1+2+3) = 94$；

要想使第 4 名尽量多，则前 3 名应该尽量少，故前 4 名应该尽量接近，故有 $94 \div 4 = 23.5$．
又由每所学校的人数互不相同，

所以排名 1、2、3、4 的四所学校的人数应为 25，24，23，22．

【答案】(D)

10. (C)

【解析】设购买的仙人掌的数量为 x，小台灯的数量为 $2y$，KTV 代金券的数量为 y．
则由题干得

$$25x + 35 \times 2y + 50y = 1\,730,$$

即 $x = \dfrac{1\,730 - 120y}{25}$．

故三种商品的购买总数为

$$x + 2y + y = \dfrac{1\,730 - 120y}{25} + 3y = 69 + \dfrac{1-9y}{5},$$

因此 y 越小，购买的总数量越多，

则 $y > 0$，且 $\dfrac{1-9y}{5}$ 为整数，

所以 $y = 4$，奖品总数为 $69 + \dfrac{1 - 9 \times 4}{5} = 62$．

11. (B)

【解析】设规定时间为 1，则甲、乙、丙种工人的效率分别为 $\dfrac{1}{10}$，$\dfrac{1}{15}$，$\dfrac{1}{30}$．

设需要甲、乙、丙种工人的人数分别为 x，y，z，则有

$$\dfrac{1}{10}x + \dfrac{1}{15}y + \dfrac{1}{30}z = 1, \qquad ①$$

$$x + y + z \geqslant 12. \qquad ②$$

将①式代入②式得

$$x+y+z \geqslant 12 \times \left(\frac{1}{10}x+\frac{1}{15}y+\frac{1}{30}z\right),$$

整理得

$$y+3z \geqslant x, \quad ③$$

条件(1): x 最大,无法判断③式是否成立,不充分.

条件(2): $z \geqslant x$,则必有 $y+3z \geqslant x$,充分.

题型 67 线性规划问题

母题精讲

母题67 某公司计划运送180台电视机和110台洗衣机下乡,现在两种货车,甲种货车每辆最多可载40台电视机和10台洗衣机,乙种货车每辆最多可载20台电视机和20台洗衣机,已知甲、乙种货车的租金分别是每辆400元和360元,则最少的运费是( ).

(A) 2 560元   (B) 2 600元   (C) 2 640元   (D) 2 580元   (E) 2 720元

【解析】设用甲种货车 x 辆,乙种货车 y 辆,总费用为 z,则有

$$\begin{cases} 40x+20y \geqslant 180, \\ 10x+20y \geqslant 110, \\ z=400x+360y, \end{cases} \text{即} \begin{cases} 2x+y \geqslant 9, \\ x+2y \geqslant 11, \\ z=400x+360y, \end{cases}$$

看边界,直接解方程组 $\begin{cases} 2x+y=9, \\ x+2y=11, \end{cases}$ 解得 $x=\frac{7}{3}$,$y=\frac{13}{3}$.

取整数:

若 $x=2$,$y=5$,费用为 $800+360 \times 5 = 2\,600$(元);

若 $x=3$,$y=4$,费用为 $1\,200+360 \times 4 = 2\,640$(元);

可知用甲车2辆,乙车5辆时,费用最低,是2 600元.

【答案】(B)

老吕施法

(1)"先看边界后取整数"法.(推荐)

第一步:将不等式直接取等号,求得未知数的解;

第二步:若所求解为整数,则此整数解即为方程的解;若所求解为小数,则取其左右相邻的整数,验证是否符合题意即可.

(2)图像法.

已知条件写出约束条件,并做出可行域,进而通过平移直线在可行域内求线性目标函数的最优解.

习题精练

1.某农户计划种植黄瓜和韭菜,种植面积不超过50亩,投入资金不超过54万元,假设种植黄瓜

和韭菜的产量、成本和售价见表 5-3：

表 5-3

	年产量(吨·亩$^{-1}$)	年种植成本(万元·亩$^{-1}$)	售价(万元·吨$^{-1}$)
黄瓜	4	1.2	0.55
韭菜	6	0.9	0.3

为使一年的种植总利润最大，那么黄瓜和韭菜的种植面积(单位：亩)分别为(　　).
(A)50，0　　(B)30，20　　(C)20，30　　(D)0，50　　(E)以上选项均不正确

2. 某公司每天至少要运送 270 吨货物. 公司有载重为 6 吨的 A 型卡车和载重为 10 吨的 B 型卡车，A 型卡车每天可往返 4 次，B 型卡车可往返 3 次，A 型卡车每天花费 300 元，B 型卡车每天花费 500 元，若最多可以调用 10 辆车，则该公司每天花费最少为(　　).
(A)2 560 元　　(B)2 800 元　　(C)3 500 元　　(D)4 000 元　　(E)48 00 元

3. 某公司每天至少要运送 180 吨货物. 公司有 8 辆载重为 6 吨的 A 型卡车和 4 辆载重为 10 吨的 B 型卡车，A 型卡车每天可往返 4 次，B 型卡车可往返 3 次，A 型卡车每天花费 320 元，B 型卡车每天花费 504 元，若最多可以调用 10 辆车，则该公司每天花费最少为(　　).
(A)2 560 元　　(B)2 800 元　　(C)3 500 元　　(D)4 000 元　　(E)4 800 元

4. 某糖果厂生产 A，B 两种糖果，A 种糖果每箱获利润 40 元，B 种糖果每箱获利润 50 元，其生产过程分为混合、烹调、包装三道工序，表 5-4 为每箱糖果生产过程中所需平均时间(单位：分钟)

表 5-4

	混合	烹调	包装
A	1	5	3
B	2	4	1

每种糖果的生产过程中，混合的设备至多能用机器 12 小时，烹调的设备至多只能用机器 30 小时，包装的设备至多只能用机器 15 小时，则该公司获得最大利润时，应该生产 B 糖果(　　)箱.
(A)200　　(B)260　　(C)280　　(D)300　　(E)320

习题详解

1. (B)

【解析】设用 x 亩地种黄瓜，y 亩地种韭菜，利润为 z，则有
$$\begin{cases} 1.2x+0.9y\leqslant 54, \\ x+y\leqslant 50, \end{cases}$$
利润 $z=0.55x+0.3y-54$.
将不等式取等号可解得，$x=30$，$y=20$.

2. (D)

【解析】设用 A 型卡车 x 辆，B 型卡车 y 辆，根据题意有
$$\begin{cases} x+y\leqslant 10, \\ 24x+30y\geqslant 270, \end{cases} 即 \begin{cases} x+y\leqslant 10, \\ 4x+5y\geqslant 45, \end{cases}$$

目标函数为 $z=300x+500y$.

用先取边界后取整数法，将不等式取等号得

$$\begin{cases} x+y=10, \\ 4x+5y=45, \end{cases} 解得 \begin{cases} x=5, \\ y=5. \end{cases}$$

故每天最少花费为 $z_{\min}=300\times5+500\times5=4\,000(元)$.

3. (A)

【解析】设用 A 型卡车 x 辆，B 型卡车 y 辆，根据题意有

$$\begin{cases} 0\leqslant x\leqslant 8, \\ 0\leqslant y\leqslant 4, \\ x+y\leqslant 10, \\ 24x+30y\geqslant 180, \end{cases} 即 \begin{cases} 0\leqslant x\leqslant 8, \\ 0\leqslant y\leqslant 4, \\ x+y\leqslant 10, \\ 4x+5y\geqslant 30, \end{cases}$$

目标函数为 $z=320x+504y$. 可行域为图 5-8 中阴影区域.

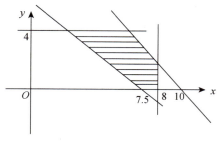

图 5-8

作直线 l'：$320x+504y=0$. 在可行域中打上网格，找出 $(8,0)$、$(8,1)$、$(8,2)$、$(7,1)$、$(7,2)$、$(7,3)$等整数点.

作 l：$320x+504y=t$ 与 l' 平行，可见当 l 过 $(8,0)$ 时 t 最小，即

$$z_{\min}=8\times320=2\,560(元).$$

4. (D)

【解析】用图像法求可行域.

设生产 A 种糖果 x 箱，B 种糖果 y 箱，可获得利润 z 元，且 12 小时 $=720$ 分钟，30 小时 $=1\,800$ 分钟，15 小时 $=900$ 分钟. 则约束条件为

$$\begin{cases} x+2y\leqslant 720, \\ 5x+4y\leqslant 1\,800, \\ 3x+y\leqslant 900, \\ x\geqslant 0, \\ y\geqslant 0, \end{cases}$$

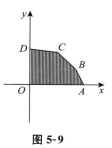

图 5-9

即在图 5-9 所示阴影部分内，求目标函数 $z=40x+50y$ 的最大值.

整理得 $y=-\dfrac{4}{5}x+\dfrac{z}{50}$，它表示斜率为 $-\dfrac{4}{5}$，截距为 $\dfrac{z}{50}$ 的平行直线系，当此直线过 C 点时，纵截距最大，故此时 z 有最大值. 解方程组

$$\begin{cases} x+2y=720, \\ 5x+4y=1\,800 \end{cases} \Rightarrow C(120,300).$$

故 $z_{max} = 40 \times 120 + 50 \times 300 = 19\,800$(元).

即生产 A 种糖果 120 箱,生产 B 种糖果 300 箱,可得最大利润 19 800 元.

【快速得分法】利用先取边界后取整数法,可直接将不等式取等号,联立两组方程,直接求 B,C 点的坐标,代入目标函数,哪个点更好,哪个点就是最优解.

题型 68 阶梯价格问题

母题精讲

母题 68 某自来水公司的消费标准如下:每户每月用水不超过 5 吨的,每吨收费 4 元,超过 5 吨的,收较高的费用. 已知 9 月份张家的用水量比李家多 50%,张家和李家的水费分别为 90 元和 55 元,则用水量超过 5 吨时的收费标准是(   )元/吨.

(A)5   (B)5.5   (C)6   (D)6.5   (E)7

【解析】每户消费的前 5 吨水的费用为 20 元,可见张家和李家 9 月用水量都超过了 5 吨. 设超过 5 吨时的收费标准是 x,9 月李家用水量为 y 吨,则张家用水量为 $1.5y$ 吨.

根据题意,得
$$\begin{cases} 20+(1.5y-5)x=90, \\ 20+(y-5)x=55, \end{cases}$$

解得 $x=7$,$y=10$,所以超过 5 吨时的收费标准为 7 元/吨.

【答案】(E)

老吕施法

阶梯价格问题的基本原理为分段求和.

习题精练

1. 某商场在一次活动中规定:一次购物不超过 100 元时没有优惠;超过 100 元而没有超过 200 元时,按该次购物全额 9 折优惠;超过 200 元时,其中 200 元按 9 折优惠,超过 200 元的部分按 8.5 折优惠. 若甲、乙两人在该商场购买的物品分别付费 94.5 元和 197 元,则两人购买的物品在举办活动前需要的付费总额是(   )元.
   (A)291.5   (B)314.5   (C)325   (D)291.5 或 314.5   (E)314.5 或 325

2. 税务部门规定个人稿费纳税办法是:不超过 1 000 元的部分不纳税,超过 1 000 而不超过 3 000 元的部分按 5% 纳税,超过 3 000 元的部分按稿酬的 10% 纳税,一人纳税 450 元,则此人的稿费为(   )元.
   (A)6 500   (B)5 500   (C)5 000   (D)4 500   (E)4 000

3. 某市居民用电的价格为:每户每月不超过 50 度的部分,按 0.5 元 1 度收费;超过 50 度不到 80 度的部分,按照 0.6 元 1 度收费;80 度以上的部分,按 0.8 元 1 度收费;隔壁老王这个月一共交了电费 139 元,则这个月老王一共用电(   )度.
   (A)180   (B)200   (C)210   (D)220   (E)225

习题详解

1. (E)

【解析】甲有两种情况：

(1) 甲没有得到优惠，则甲的购物全额为 94.5 元；

(2) 甲得到了 9 折优惠，则甲的购物全额为 $\dfrac{94.5}{0.9}=105$(元)；

乙的 200 元得到了 9 折优惠，实际付款 180 元；

余下的部分按 8.5 折优惠，故此部分的购物全额为 $\dfrac{197-180}{0.85}=20$(元)；

故乙的购物全额为 $200+20=220$(元)；

所以两人在活动前需要付费总额为 $94.5+220=314.5$(元)，或者，$105+220=325$(元)．

2. (A)

【解析】超过 1 000 不超过 3 000 的部分需纳税：$2\,000\times5\%=100$(元)；

说明超过 3 000 元的部分此人交了 350 元的税，故 $\dfrac{350}{10\%}=3\,500$(元)；

所以此人的稿费为 $1\,000+2\,000+3\,500=6\,500$(元)．

3. (B)

【解析】不超过 50 度的部分：$50\times0.5=25$(元)；

50 度以上到 80 度的部分：$30\times0.6=18$(元)．

可知，80 度以上的部分，老王花费：$139-25-18=96$(元)．

故 80 度以上的部分，老王用电：$\dfrac{96}{0.8}=120$(度)，

故老王一共用电：$50+30+120=200$(度)．

微模考五　应用题

（共 25 题，每题 3 分，限时 60 分钟）

一、问题求解：第 1～15 小题，每小题 3 分，共 45 分．下列每题给出的(A)、(B)、(C)、(D)、(E) 五个选项中，只有一项是符合试题要求的，请在答题卡上将所选项的字母涂黑．

1. 某商场有种洗衣机若以定价的 7.5 折出售，每台会亏损 175 元，若每台以 9.5 折出售则会获利 525 元，则每台洗衣机的进价为(　　)元．
　(A)1 500　　(B)2 200　　(C)2 500　　(D)2 800　　(E)3 500

2. 有 3 kg 浓度为 70% 和 2 kg 浓度为 55% 的酒精溶液，现从两个容器中分别取出等量的酒精溶液，倒入对方容器中，混合后两个容器中的酒精溶液浓度相等，则从每个容器中取出的溶液质量为(　　)．
　(A)1 kg　　(B)1.2 kg　　(C)1.5 kg　　(D)1.6 kg　　(E)1.75 kg

3. 王先生租某超市中的一个摊位，租金采用阶梯法计算，详细计算方法见表 5-5，已知王先生本月需要上交 870 元的租金，则王先生本月的销售额为(　　)．

表 5-5

月营业额不超过 5 000 元	不缴纳租金
月营业额大于 5 000 不超过 8 000 的部分	按 5% 缴纳
月营业额大于 8 000 不超过 10 000 的部分	按 10% 缴纳
月营业额大于 10 000 的部分	按 13% 缴纳

　(A)14 000　　(B)15 000　　(C)16 500　　(D)17 600　　(E)18 000

4. 有一堆糖果，分给甲班同学其中的 $\frac{1}{3}$ 再加 3 颗，分给乙班剩下的 $\frac{1}{3}$ 再加 21 颗，最后两班分得的糖果一样多，则这堆糖果共有(　　)颗．
　(A)142　　(B)150　　(C)153　　(D)167　　(E)180

5. 一个水池有甲、乙两个进水管，先打开甲水管注水 24 分钟后，再打开乙管，共同注水 10 分钟后关闭甲水管，再需要 17 分钟才能注满水池，若甲、乙两个水管同时注水 30 分钟能够将水池注满，则只打开乙水管，需要(　　)分钟．
　(A)42　　(B)52.5　　(C)58　　(D)63.5　　(E)70

6. 一辆货车从甲地开往乙地，要想准时到达，需保持平均速度为 70 km/h，若以 90 km/h 平均速度行驶则能提前两小时到达目的地，则甲、乙两地相距(　　)km．
　(A)480　　(B)540　　(C)560　　(D)630　　(E)720

7. 某商场以 3 000 元的价格出售甲、乙两种液晶电视各一台，已知甲液晶电视盈利 20%，乙液晶电视亏损 20%，则售出这两台液晶电视，该商场共(　　)．
　(A)盈利 150 元　　　　(B)盈利 250 元　　　　(C)亏损 150 元

(D)亏损200元　　　　　　　(E)亏损250元

8. 一艘船从甲港口到乙港口顺水，需要3小时到达，返回时逆水，需要5小时返回甲港口，已知顺水时的速度为30 km/h，则水流的速度为(　　).
   (A)6 km/h　　(B)8 km/h　　(C)12 km/h　　(D)16 km/h　　(E)24 km/h

9. 学校安排120名中学生选修课程，有物理、化学、生物三门课程可供选择，已知有82人选择了物理，95人选择了化学，73人选择了生物，三门都选的有60人，则至少选择两门的学生共(　　)人.
   (A)52　　(B)62　　(C)70　　(D)73　　(E)78

10. 甲队单独修建一个车间需要30天，乙队单独修建同样的一个车间需要20天，丙队单独修建同样的一个车间需要24天.现有2个车间交给甲、乙、丙三队共同完成，乙、丙两队分别单独负责一个车间，甲队先帮乙队修建，再帮丙队修建，最后两个车间同时完工，则甲队帮乙队修建(　　)天.
    (A)4　　(B)5　　(C)6　　(D)7　　(E)8

11. 烧杯中有1 L纯酒精，倒出一定量的酒精后，再用水补充至原体积，然后再倒出和第一次一样多的酒精溶液，再用水补充至原体积，此时烧杯中酒精溶液的浓度变为64%，则两次共补充水的体积为(　　).
    (A)0.15 L　　(B)0.25 L　　(C)0.3 L　　(D)0.35 L　　(E)0.4 L

12. 某学校包括小学和初中两个分部，下半年学校因为资金紧张要削减开支，若小学分部开支降低18%，初中分部开支降低12%，则学校总开支会减少15万元；若小学分部开支降低14%，初中分部开支降低8%，则学校总开支会降低11%.则学校每年的总开支为(　　)万元.
    (A)50　　(B)75　　(C)100　　(D)105　　(E)125

13. 若甲、乙两台不同的设备共同加工一批零件，则需要9小时能够完成，若先让甲设备加工10小时后，乙设备才开始加工，则还需要3小时才能完成.若甲设备每小时比乙设备多加工540个零件，则这批零件共有(　　)个.
    (A)20 000　　(B)24 300　　(C)25 200　　(D)26 400　　(E)27 200

14. 有一圆形跑道，甲从A点、乙从B点同时出发反向而行，8分钟后两人相遇，再过6分钟甲到达B点，又过去14分钟两人再次相遇，则甲绕跑道跑一周需要(　　)分钟.
    (A)20　　(B)24　　(C)28　　(D)32　　(E)35

15. 滴滴打船公司拥有船只100辆.若每艘船每月租金为30 000元，可全部租出.月租金每增加500元，则会少租出一艘船.租出的船每艘每月需要1 500元维护费，未租出的船每艘每月需要500元维护费，则该公司每艘船每月租金定价为(　　)元可使月收入最高.
    (A)30 500　　(B)31 000　　(C)40 500　　(D)41 000　　(E)41 500

二、条件充分性判断：第16～25小题，每小题3分，共30分.要求判断每题给出的条件(1)和(2)能否充分支持题干所陈述的结论.(A)、(B)、(C)、(D)、(E)五个选项为判断结果，请选择一项符合试题要求的判断，并在答题卡上将所选项的字母涂黑.

(A)条件(1)充分，但条件(2)不充分.

(B)条件(2)充分，但条件(1)不充分.

(C)条件(1)和条件(2)单独都不充分，但条件(1)和条件(2)联合起来充分.

(D)条件(1)充分，条件(2)也充分.

(E)条件(1)和条件(2)单独都不充分,条件(1)和条件(2)联合起来也不充分.

16. 甲、乙、丙三个学校,则甲、丙两个学校人数之和与乙学校人数之比为 22∶9.
    (1)甲、乙两个学校人数之和与丙学校人数之比为 16∶15;
    (2)乙、丙两个学校人数之和与甲学校人数之比为 24∶7.

17. 有一圆形跑道,甲、乙两人同时同地同向出发,若甲比乙快,则可以确定甲、乙的速度比为 3∶2.
    (1)当甲第一次从背后追上乙的时候,甲已经跑了 3 圈;
    (2)当甲第一次从背后追上乙的时候,甲立即掉头朝反方向跑去,当两人再次相遇时,甲又跑了 0.6 圈.

18. 某学校原规定综合成绩处于班级前 $\frac{1}{3}$ 的同学可以得到奖状,其余同学无法得到奖状,今年实行新规定,综合成绩处于班级前 $\frac{1}{5}$ 的同学才能得到奖状. 已知某班共有 30 人,则按照原规定得到奖状同学的平均分比未得奖状同学的平均分高 9 分.
    (1)实施新规定与原规定相比,得奖状同学的平均分提高 2 分,未得奖状同学的平均分提高 1 分;
    (2)实施新规定与原规定相比,得奖状同学的平均分提高 3 分,未得奖状同学的平均分提高 1 分.

19. 今年父亲年龄与儿子年龄之和为 52 岁,能确定 3 年后父亲年龄是儿子年龄的 3 倍.
    (1)7 年后父亲年龄是儿子年龄的 2 倍;
    (2)5 年前儿子年龄是父亲年龄的 $\frac{1}{5}$.

20. 现有若干甲、乙两种不同浓度的盐水,则乙盐水的浓度为 6%.
    (1)取甲盐水 300g 和乙盐水 100g 混合得到的盐水浓度为 3%;
    (2)取甲盐水 100g 和乙盐水 300g 混合得到的盐水浓度为 5%.

21. 甲、乙两队共同修建一座桥需要 20 天可以完成,则由乙队单独完成需要 60 天.
    (1)甲队单独修建这座桥需要 30 天完成;
    (2)乙队单独修建 15 天后,甲队加入,两队共同修建 15 天才完成.

22. 过去五年,某市粮食总产量增长 20%,而人均粮食产量却减少 20%.
    (1)过去五年该市人口增长 40%;
    (2)过去五年该市人口增长 50%.

23. 已知 A,B 两地相距 560 km,甲、乙两车分别从 A,B 两地同时出发,相向而行,甲车的速度为 30 km/h,乙车的速度为 50 km/h,则经过 T 小时两车相距 40 km.
    (1) $T = 6.5$;   (2) $T = 7.5$.

24. 甲、乙两台机器共同生产这批产品需要 24 个小时.
    (1)甲机器生产 5 小时,乙机器生产 10 小时,可完成总工作量的 $\frac{7}{24}$;
    (2)甲机器生产 10 小时,乙机器生产 15 小时,可完成总工作量的一半.

25. 甲、乙两辆货车分别从 A,B 两地同时出发前往对方城市,第一次在距离 A 地 45 km 处相遇,相遇后两车继续前行,并在到达目的地后立刻返回,然后在距离 A 地 57 km 处再次相遇,则 A,B 两地相距 S km.
    (1) $S = 96$;   (2) $S = 99$.

微模考五　答案详解

一、问题求解

1.（D）

【解析】母题 62 • 利润问题

设进价为 x，定价为 y，由题意得

$$\begin{cases} x - 175 = 0.75y, \\ x + 525 = 0.95y, \end{cases} \text{解得} \begin{cases} x = 2\,800, \\ y = 3\,500. \end{cases}$$

故每台洗衣机的进价为 2 800 元.

2.（B）

【解析】母题 64 • 溶液问题

从每个容器中取出的溶液质量为 x 千克，则有

$$\frac{3 \times 0.7 - 0.7x + 0.55x}{3} = \frac{2 \times 0.55 + 0.7x - 0.55x}{2},$$

解得 $x = 1.2$.

3.（A）

【解析】母题 68 • 阶梯价格问题

分段求解：

① 月营业额大于 5 000 不超过 8 000 的部分，最多交租金 $3\,000 \times 5\% = 150$ 元；

② 月营业额大于 8 000 不超过 10 000 的部分，最多交租金 $2\,000 \times 10\% = 200$ 元；

王先生交 870 元的租金，大于 $350 \times (150 + 200)$，故本月营业额超过 10 000 元，则有

$$(870 - 350) \div 13\% + 10\,000 = 14\,000(\text{元}),$$

所以，王先生本月的销售额为 14 000 元.

4.（C）

【解析】母题 57 • 简单算术问题

设这堆糖果共有 x 颗.

由题干得

$$\frac{1}{3}x + 3 = \frac{1}{3} \times \left(\frac{2}{3}x - 3\right) + 21,$$

解得 $x = 153$.

5.（B）

【解析】母题 59 • 工程问题

设甲、乙两个水管单独需要 x, y 分钟注满，则有

$$\begin{cases} \dfrac{1}{x} + \dfrac{1}{y} = \dfrac{1}{30}, \\ (24 + 10) \cdot \dfrac{1}{x} + (10 + 17) \cdot \dfrac{1}{y} = 1, \end{cases} \text{解得} \begin{cases} x = 70, \\ y = 52.5. \end{cases}$$

所以，只打开乙水管，需要52.5分钟．

6. (D)

【解析】母题60·行程问题

设甲、乙两地相距x千米，则有$\dfrac{x}{70}-\dfrac{x}{90}=2$，解得$x=630$．

7. (E)

【解析】母题62·利润问题

售价＝成本×(1＋利润率)，则有

出售甲液晶电视产生的盈利为$3\,000-\dfrac{3\,000}{(1+20\%)}=500$(元)；

出售乙液晶电视产生的亏损为$\dfrac{3\,000}{(1-20\%)}-3\,000=750$(元)；

所以售出这两台液晶电视，该商场共亏损250元．

8. (A)

【解析】母题60·行程问题

由题干得

$$\begin{cases} v_{船}+v_{水}=30, \\ 5\times(v_{船}-v_{水})=3\times(v_{船}+v_{水}), \end{cases}$$

解得 $\begin{cases} v_{船}=24, \\ v_{水}=6. \end{cases}$

9. (C)

【解析】母题65·集合问题

由公式$A\cup B\cup C=A+B+C-A\cap B-A\cap C-B\cap C+A\cap B\cap C$，

至少选择两门，即

$$A\cap B+A\cap C+B\cap C-2A\cap B\cap C=A+B+C-A\cup B\cup C-A\cap B\cap C$$
$$=82+95+73-120-60=70.$$

10. (C)

【解析】母题59·工程问题

甲、乙、丙三队共同修建两个车间，共需要时间为

$$\dfrac{2}{\dfrac{1}{30}+\dfrac{1}{20}+\dfrac{1}{24}}=16,$$

乙队16天可以完成$16\times\dfrac{1}{20}=\dfrac{4}{5}$，甲队需完成$\dfrac{1}{5}$，

所以甲队需要帮乙队修建6天．

11. (E)

【解析】母题64·溶液问题

设每次倒出的溶液体积为a L，则有

$$1\times100\%\times\dfrac{1-a}{1}\times\dfrac{1-a}{1}=1\times64\%,$$

解得$a=0.2$．

所以，两次共补充水的体积为 0.4 L．

【快速得分法】 设每次倒出的体积占总体积的比为 x，根据题意知
$$1\times(1-x)^2=64\%,$$
解得 $x=0.2$，故倒出来的体积为 $1\times 0.2=0.2$．

所以两次共补充水的体积为 0.4L．

12. (C)

【解析】 母题 63·增长率问题

设小学分部的开支为 x，中学分部的开支为 y．

则由题干得
$$\begin{cases}18\%x+12\%y=15,\\14\%x+8\%y=11\%\times(x+y),\end{cases}\text{解得 } x=y=50.$$

所以学校每年的总开支为 100 万元．

13. (B)

【解析】 母题 59·工程问题

设甲设备单独需要 x 小时，乙设备单独需要 y 小时能够加工完成这批零件，

则由题干得
$$\begin{cases}\dfrac{1}{x}+\dfrac{1}{y}=\dfrac{1}{9},\\ \dfrac{13}{x}+\dfrac{3}{y}=1,\end{cases}\text{解得}\begin{cases}x=15,\\y=22.5.\end{cases}$$

所以共有 $540\div\left(\dfrac{1}{15}-\dfrac{1}{22.5}\right)=24\,300$ 个零件．

14. (E)

【解析】 母题 60·行程问题

由题意得，乙走了 8 分钟的路程甲走了 6 分钟，则甲、乙的速度比为 4∶3．

设跑道一周路程为 S，从第一次相遇到第二次相遇共用 20 分钟，故甲、乙速度之和为 $\dfrac{S}{20}$，

甲的速度为 $\dfrac{S}{20}\times\dfrac{4}{7}=\dfrac{S}{35}$．

所以甲绕跑道跑一周需要 35 分钟．

15. (C)

【解析】 母题 66·最值问题

设每艘船每月租金应涨价 x 个 500 元，则月收入为
$$f(x)=(30\,000+500x-1\,500)(100-x)-500x,$$
解得 $x=21$ 时 $f(x)$ 最大．

故定价应该为 $30\,000+500x=40\,500$．

二、条件充分性判断

16. (C)

【解析】 母题 61·简单比例问题

两条件单独明显不充分，考虑联立．

设甲、乙、丙三个学校的人数分别为 x,y,z，
由题干得

$$\begin{cases} \dfrac{x+y}{z} = \dfrac{16}{15}, \\ \dfrac{y+z}{x} = \dfrac{24}{7}, \end{cases} \text{解得} \begin{cases} x = \dfrac{7}{15}z, \\ y = \dfrac{3}{5}z, \end{cases}$$

故 $\dfrac{x+z}{y} = \dfrac{\frac{7}{15}z + z}{\frac{3}{5}z} = \dfrac{22}{9}.$

17. (D)

【解析】母题 60·行程问题

设圆形跑道周长为 s，甲、乙的速度分别为 $v_甲$、$v_乙$，第一次相遇经过的时间为 t.

条件(1)，由题干得 $\begin{cases} 3s = v_甲 t, \\ 2s = v_乙 t, \end{cases}$ 解得 $v_甲 : v_乙 = 3:2$，条件充分.

条件(2)，甲掉头之后，到两人再次相遇，两人共跑了 1 圈，甲跑了 $0.6s$，乙跑了 $0.4s$，故 $v_甲 : v_乙 = 3:2$，条件充分.

18. (A)

【解析】母题 58·平均值问题

设按原规定得奖状同学的平均分为 x，未得奖状同学的平均分为 y.

条件(1)，由题意得 $10x + 20y = 6 \times (x+2) + 24 \times (y+1)$，解得 $x - y = 9$，条件充分.

同理可得，条件(2)不充分.

19. (E)

【解析】母题 57·简单算术问题

条件(1)，7 年后，父子两人年龄和为 $52+14=66$(岁)，则父亲的年龄为 44(岁)，儿子的年龄为 22 岁. 3 年后父亲的年龄为 $44-4=40$(岁)，儿子的年龄为 $22-4=18$(岁)，条件不充分.

条件(2)，5 年前，父子两人年龄之和为 $52-10=42$(岁)，则父亲的年龄为 35(岁)，儿子的年龄为 7 岁. 3 年后父亲的年龄为 $35+8=43$(岁)，儿子的年龄为 $7+8=15$(岁)，条件不充分.

20. (C)

【解析】母题 64·溶液问题

两条件单独明显不充分，考虑联立.

设甲盐水的浓度为 x，乙盐水的浓度为 y，由题意得

$$\begin{cases} 300x + 100y = 3\% \times 400, \\ 100x + 300y = 5\% \times 400, \end{cases} \text{解得} \begin{cases} x = 2\%, \\ y = 6\%. \end{cases}$$

所以两条件联立充分.

21. (D)

【解析】母题 59·工程问题

条件(1)，由题意得，乙队每天的修建速度为 $\dfrac{1}{20} - \dfrac{1}{30} = \dfrac{1}{60}$，条件充分.

条件(2)，由题意得，乙队每天的修建速度为 $\left(\dfrac{20-15}{20}\right) \div 15 = \dfrac{1}{60}$，条件充分.

22. (B)

【解析】 母题63·增长率问题

条件(1)，设五年前该市粮食总产量为 x，人口数为 y，则现在的人均粮食产量为
$$\frac{(1+20\%)x}{(1+40\%)y} \approx 0.857 \times \frac{x}{y},$$

条件不充分．同理，可得条件(2)充分．

23. (D)

【解析】 母题60·行程问题

条件(1)，6.5 小时后，两车共行驶 $(30+50) \times 6.5 = 520$ km，此时两车相距 40 km，条件充分．

条件(2)，7.5 小时后，两车共行驶 $(30+50) \times 7.5 = 600$ km，此时两车相遇后又共同行驶 40 km，条件充分．

24. (C)

【解析】 母题59·工程问题

两条件单独明显不充分，考虑联立．

设甲单独生产需要 x 天能够完成，乙单独生产需要 y 天能够完成．

由两条件联立得

$$\begin{cases} \dfrac{5}{x} + \dfrac{10}{y} = \dfrac{7}{24}, \\ \dfrac{10}{x} + \dfrac{15}{y} = \dfrac{1}{2}, \end{cases} \text{解得} \begin{cases} x = 40, \\ y = 60. \end{cases}$$

所以甲、乙两台机器共同生产这批产品需要 $\dfrac{1}{\dfrac{1}{40}+\dfrac{1}{60}} = 24$ 天．

25. (A)

【解析】 母题60·行程问题

由题意知，在第一次相遇时两人共行驶 S，甲一共行驶 45 km；

第二次相遇时，两人共行驶 $2S$，乙一共行驶 $45+57=102$ km.

则在一个 S 中，乙行驶 51 km，故 $S = 45 + 51 = 96$．

第六章 几何

📋 **本章题型网**

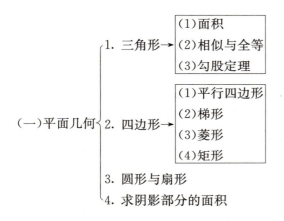

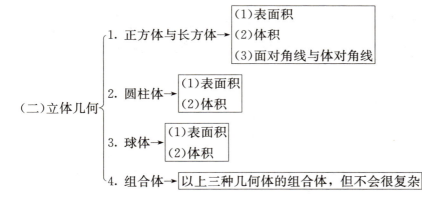

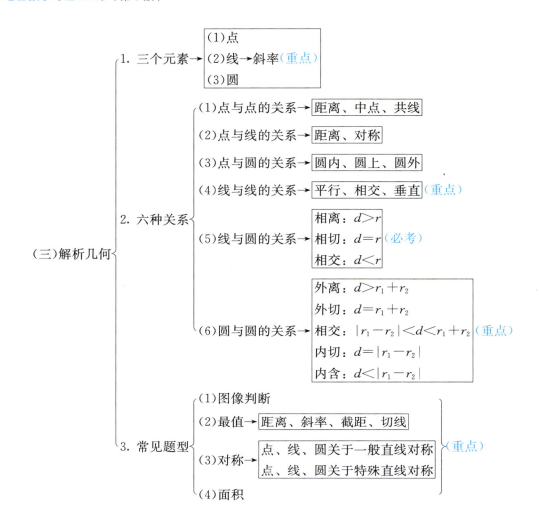

第一节 平面几何

题型 69 与三角形有关的问题

母题精讲

母题69 在图6-1中，若△ABC的面积为1，△AEC，△DEC，△BED 的面积相等，则△AED 的面积是(　　).

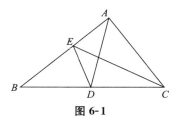

图 6-1

(A) $\dfrac{1}{3}$ (B) $\dfrac{1}{6}$ (C) $\dfrac{1}{5}$ (D) $\dfrac{1}{4}$ (E) $\dfrac{2}{5}$

【解析】等底等高，面积相等；半底等高，面积一半；以此类推．

$S_{\triangle AEC} = \dfrac{1}{3} \Rightarrow |AE| = \dfrac{1}{3}|AB|$，$S_{\triangle BED} = S_{\triangle CED} \Rightarrow |BD| = \dfrac{1}{2}|BC|$，故 $S_{\triangle AED} = S_{\triangle ABD} - S_{\triangle BED} = \dfrac{1}{2} - \dfrac{1}{3} = \dfrac{1}{6}$．

【答案】(B)

老吕施法

(1)求三角形的面积．

①公式：$S = \dfrac{1}{2}ah = \dfrac{1}{2}ab\sin C = \sqrt{p(p-a)(p-b)(p-c)} = rp = \dfrac{abc}{4R}$，

其中，h 是 a 边上的高，C 是 a，b 边所夹的角，$p = \dfrac{1}{2}(a+b+c)$，r 为三角形内切圆的半径，R 为三角形外接圆的半径．

②等底等高的两个三角形面积相等．

(2)三角形的相似．

考试重点，常考两种用法，一是求直线的长度，二是面积比等于相似比的平方．

①三角形的全等．

②折叠问题．

③勾股定理：$a^2 + b^2 = c^2$．

勾股定理虽然简单，但是考试常考．

习题精练

1. 方程 $x^2 - (3+\sqrt{34})x + 3\sqrt{34} = 0$ 的两个根分别为直角三角形的斜边和一个直角边，则该直角三角形的面积是(　　)．

    (A) $\dfrac{3\sqrt{34}}{2}$ (B) $\dfrac{15}{2}$ (C) $\dfrac{5\sqrt{34}}{2}$ (D) $\dfrac{3\sqrt{34}}{4}$ (E) $\dfrac{5\sqrt{34}}{4}$

2. 直角三角形的一条直角边长度等于斜边长度的一半，则它的外接圆面积与内切圆面积的比值为(　　)．

    (A) 9   (B) 4   (C) $\sqrt{26}$ (D) $1+\sqrt{3}$ (E) $4+2\sqrt{3}$

3. 如图 6-2 所示，已知 $|AE| = 3|AB|$，$|BF| = 2|BC|$．若 $\triangle ABC$ 的面积是 2，则 $\triangle AEF$ 的面积为(　　)．

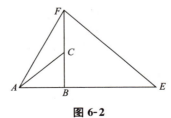

图 6-2

   (A) 14   (B) 12   (C) 10   (D) 8   (E) 6

4. 如图 6-3 所示，在△ABC 中，AD⊥BC 于 D，|BC|=10，|AD|=8，E，F 分别为 AB 和 AC 的中点，那么△EBF 的面积等于（　　）.

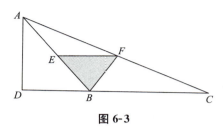

图 6-3

(A) 6　　　　(B) 7　　　　(C) 8　　　　(D) 9　　　　(E) 10

5. 如图 6-4 所示，ABCD 为正方形，A，E，F，G 在同一条直线上，并且 |AE|=5 厘米，|EF|=3 厘米，那么 |FG|=（　　）厘米.

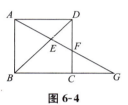

图 6-4

(A) $\dfrac{16}{3}$　　　(B) 4　　　(C) $\dfrac{17}{5}$　　　(D) $\dfrac{17}{3}$　　　(E) $\dfrac{16}{5}$

6. 如图 6-5 所示，矩形 ABCD 中，E，F 分别是 BC，CD 上的点，且 $S_{\triangle ABE}=2$，$S_{\triangle CEF}=3$，$S_{\triangle ADF}=4$，则 $S_{\triangle AEF}=$（　　）.

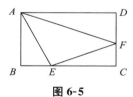

图 6-5

(A) $\dfrac{9}{2}$　　　(B) 6　　　(C) $\dfrac{13}{2}$　　　(D) 7　　　(E) 8

7. 如图 6-6 所示，D，E 是△ABC 中 BC 边的三等分点，F 是 AC 的中点，AD 与 EF 交于 O，则 OF∶OE=（　　）.

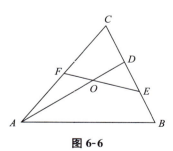

图 6-6

(A) $\dfrac{1}{2}$　　　(B) $\dfrac{1}{3}$　　　(C) $\dfrac{3}{4}$　　　(D) $\dfrac{9}{10}$　　　(E) $\dfrac{2}{3}$

8. 如图 6-7 所示，在梯形 $ABCD$ 中，AD 平行于 BC，$AD:BC=1:2$，若 $\triangle ABO$ 的面积是 2，则梯形 $ABCD$ 的面积是(　　).

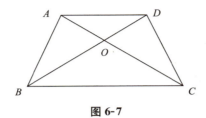

图 6-7

(A)6　　　　(B)8　　　　(C)9　　　　(D)10　　　　(E)11

习题详解

1. (B)

【解析】原方程可化为 $(x-3)(x-\sqrt{34})=0$，解得 $x_1=3$，$x_2=\sqrt{34}$. 所以直角三角形的斜边和一个直角边的长度分别为 3，$\sqrt{34}$，另一直角边为 $\sqrt{34-3^2}=5$.

所以三角形的面积为 $\dfrac{1}{2}\times 5\times 3=\dfrac{15}{2}$.

2. (E)

【解析】根据题意，可知该直角三角形中，有一个锐角为 30°.

设内切圆的半径为 1，可计算得 30°角所对的直角边长为 $\sqrt{3}+1$，外接圆半径为三角形斜边的一半，故外接圆半径为 $1+\sqrt{3}$，

故面积比为 $\dfrac{\pi(1+\sqrt{3})^2}{\pi\times 1^2}=4+2\sqrt{3}$.

3. (B)

【解析】等底等高，面积相等；半底等高，面积一半；以此类推. 可知

$$S_{\triangle ABC}=\dfrac{1}{2}S_{\triangle ABF}=\dfrac{1}{2}\times\dfrac{1}{3}S_{\triangle AEF}=2\Rightarrow S_{\triangle AEF}=12.$$

4. (E)

【解析】由题意知，$EF \underline{\underline{\parallel}} \dfrac{1}{2}BC$，点 B 到 EF 的距离 $h=\dfrac{1}{2}|AD|=4$，所以

$$S_{\triangle EBF}=\dfrac{1}{2}\cdot|EF|\cdot h=\dfrac{1}{2}\times 5\times 4=10.$$

5. (A)

【解析】由图 6-4，可知，$\dfrac{|AE|}{|EF|}=\dfrac{|BE|}{|ED|}=\dfrac{|EG|}{|AE|}=\dfrac{|EF|+|FG|}{|AE|}$，故

$$|FG|=\dfrac{|AE|^2}{|EF|}-|EF|=\dfrac{5^2}{3}-3=\dfrac{16}{3}(\text{厘米}).$$

6. (D)

【解析】设 $|AB|=x$，$|BC|=y$，

由 $S_{\triangle ABE}=2$，可知 $\frac{1}{2}\cdot|AB|\cdot|BE|=2$，$|BE|=\frac{4}{x}$.

由 $S_{\triangle ADF}=4$，可知 $\frac{1}{2}\cdot|AD|\cdot|DF|=4$，$|DF|=\frac{8}{y}$.

故 $|CE|=y-\frac{4}{x}$，$|CF|=x-\frac{8}{y}$.

又由 $S_{\triangle CEF}=3$，得

$$\frac{1}{2}\cdot|CE|\cdot|CF|=\frac{1}{2}\cdot\left(y-\frac{4}{x}\right)\cdot\left(x-\frac{8}{y}\right)=3,$$

解得 $xy=2$（舍去）或 $xy=16$，即矩形面积为 16，$S_{\triangle AEF}=16-2-3-4=7$.

7. (A)

【解析】连接 AE，由于 F 是 AC 的中点，D 是 CE 的中点，

因此 O 是 $\triangle CAE$ 的重心，

所以，$OF:OE=1:2$.

8. (C)

【解析】母题 69·三角形及其他基本图形问题

有梯形性质可得 $AD:BC=AO:CO=S_{\triangle ADO}:S_{\triangle CDO}=1:2$，

设 $S_{\triangle ADO}=x$，则有 $S_{\triangle ABO}=S_{\triangle CDO}=2x$，

故 $x=1$，又 $S_{\triangle ABD}=S_{\triangle BCD}=1:2$，

因此，$S_{\triangle BOC}=4x$.

所以，梯形 $ABCD$ 的面积为 $9x=9$.

题型 70 阴影部分面积

母题精讲

母题 70 如图 6-8 所示，正方形 $ABCD$ 的边长为 4，分别以 A、C 为圆心，4 为半径画圆弧，则阴影部分的面积是（   ）.

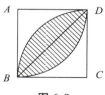

图 6-8

(A) $16-8\pi$　　(B) $8\pi-16$　　(C) $4\pi-8$　　(D) $32-8\pi$　　(E) $8\pi-32$

【解析】一半阴影部分的面积 = 扇形 ABD 的面积 - 三角形 ABD 的面积，

故，阴影部分面积为 $S=2\times\left(\frac{\pi\times4^2}{4}-\frac{1}{2}\times4^2\right)=8\pi-16$.

【答案】(B)

老吕施法

(1)重点题型，几乎每年都考一道，常用割补法，将不规则的图形转化为规则图形．
(2)注意图形之间的等量关系．
(3)真题中出现的图形，一定是准确的，所以用尺子或量角器量一下，再进行估算是简单有效的办法．
(4)根据对称性解题也是常见方法．

习题精练

1. 如图 6-9 所示，在△ABC 中，AD⊥BC 于 D 点，BD＝CD，若 BC＝6，AD＝5，则图中阴影部分的面积为(   )．

   (A)3　　　　(B)7.5　　　　(C)15
   (D)30　　　 (E)5.5

图 6-9

2. 在直角三角形 ABC 中，以点 A 为圆心作弧 DF，交 AB 于点 D，交 AC 延长线于点 F，交 BC 于点 E，则 AC：AF＝$\sqrt{\pi}$：2．
   (1)AC＝BC；
   (2)图 6-10 中两个阴影部分面积相等．

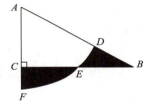

图 6-10

3. 如图 6-11 所示，在长方形 ABCD 中，三角形 AOB 是直角三角形且面积为 54，OD＝16，那么长方形 ABCD 的面积为(   )．

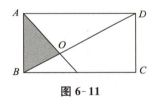

图 6-11

   (A)150　　(B)200　　(C)300　　(D)340　　(E)380

4. 两个等腰三角形如图 6-12 所示叠放在一块，已知 BD＝6，DC＝4，则重合部分的阴影面积为(   )．

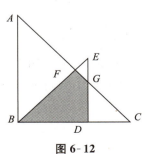

图 6-12

   (A)13　　(B)14　　(C)15　　(D)16　　(E)17

5. 如图 6-13 所示，三个圆的半径是 5 厘米，这三个圆两两相交于圆心．则三个阴影部分的面积之和为( )平方厘米.

(A) $\dfrac{25\pi}{2}$ (B) $\dfrac{23\pi}{2}$ (C) 12π (D) 13π (E) 11π

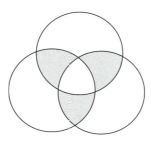

图 6-13

6. 如图 6-14 所示，圆的周长是 12π，圆的面积与长方形的面积相等，阴影面积等于( ).

图 6-14

(A) 27π (B) 28π (C) 29π (D) 30π (E) 36π

7. 如图 6-15 所示，正方形 $ABCD$ 的对角线 $|AC|=2$ 厘米，扇形 ACB 是以 AC 为直径的半圆，扇形 DAC 是以 D 为圆心，AD 为半径的圆的一部分，则阴影部分的面积为( ).

(A) $\pi-1$ (B) $\pi-2$ (C) $\pi+1$ (D) $\pi+2$ (E) π

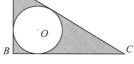

图 6-15

8. 如图 6-16 所示，$\triangle ABC$ 中，$\angle B=90°$，$BC=8$，$AB=6$，圆 O 内切于 $\triangle ABC$，则阴影部分面积为( ).

(A) $16+2\pi$ (B) $24-2\pi$ (C) $24-4\pi$
(D) $20-4\pi$ (E) $30-4\pi$

图 6-16

9. 如图 6-17 所示，在 $\triangle ABC$ 中，$|AB|=|AC|$，$|AB|=5$，$|BC|=8$，分别以 AB，AC 为直径作圆，则图中阴影部分的面积是( ).

(A) $\dfrac{25\pi}{4}-12$ (B) $\dfrac{25\pi}{4}$ (C) $\dfrac{25\pi}{4}+12$
(D) $\dfrac{25\pi}{8}-12$ (E) $\dfrac{25\pi}{8}+12$

10. 图 6-18 是一个边长为 10 的正方形和半圆所组成的图形，其中 P 为半圆周的中点，Q 为正方形一边上的中点，则阴影部分的面积为( ).

(A) $\dfrac{25}{2}(\pi-1)$ (B) $\dfrac{25}{2}\pi$ (C) $\dfrac{25}{2}(1+\pi)$
(D) $\dfrac{25}{2}(2+\pi)$ (E) $\dfrac{25}{2}(\pi-2)$

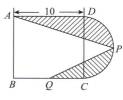

图 6-17

图 6-18

习题详解

1. (B)

【解析】阴影部分面积问题．

由 $AD \perp BC$，$BD = CD$ 可知，$\triangle ABC$ 是等腰三角形，所以三角形左边阴影部分和右边的白色部分的面积相等．

故图中阴影部分的面积为 $S_{\triangle ADC} = \dfrac{1}{2} S_{\triangle ABC} = \dfrac{1}{2} \times \dfrac{1}{2} \cdot AD \cdot BC = \dfrac{1}{2} \times \dfrac{1}{2} \times 6 \times 5 = 7.5$．

2. (C)

【解析】两个条件显然单独都不充分，联立两条件．

因为 $Rt\triangle ABC$ 中 $AC = BC$，则 $\angle A = \dfrac{\pi}{4}$，则 $S_{扇形ADF} = \dfrac{1}{2} \times \dfrac{\pi}{4} AF^2$．

因为两个阴影部分的面积相等，所以设其中一个的面积为 $S_{阴影}$，则有

$S_{扇形} - S_{阴影} = S_{空白} = S_{\triangle ABC} - S_{阴影}$，即 $S_{扇形} = S_{\triangle ABC}$．

所以 $S_{扇形} = \dfrac{1}{2} \times \dfrac{\pi}{4} AF^2 = \dfrac{1}{2} AC^2$，故 $AC : AF = \sqrt{\pi} : 2$．

3. (C)

【解析】阴影部分面积问题．

根据三角形相似可得 $\dfrac{AO}{OD} = \dfrac{BO}{AO}$，即 $AO^2 = BO \cdot OD$．

由于 $\dfrac{1}{2} \cdot AO \cdot BO = 54$，$OD = 16$，则 $BO = \dfrac{108}{AO}$．

所以 $AO^2 = BO \cdot OD = \dfrac{108}{AO} \cdot 16$，解得 $AO = 12$，$BO = 9$．

所以 $S_{ABCD} = 2 \cdot \dfrac{1}{2} \cdot AO \cdot BD = 12 \times (9 + 16) = 300$．

4. (E)

【解析】由图像可知，BF 平分三角形 ABC，故

$S_{阴影} = \dfrac{1}{2} S_{\triangle ABC} - S_{\triangle GDC} = \dfrac{1}{2} \times \dfrac{1}{2} \times 10^2 - \dfrac{1}{2} \times 4^2 = 17$．

5. (A)

【解析】如图 6-19 所示，连接其中一个阴影部分的三点构成一个等边三角形，从图中会发现：每一块阴影部分面积＝正三角形面积＋两个弓形面积－一个弓形面积＝扇形面积．所以可求出以这个小阴影部分为主的扇形面积，再乘 3，就是阴影的总面积．

扇形面积为 $S = \dfrac{1}{6} \pi \cdot 5^2 = \dfrac{25}{6} \pi$（平方厘米），

故阴影面积为 $S_{阴影} = 3 \cdot \dfrac{25}{6} \pi = \dfrac{25}{2} \pi$（平方厘米）．

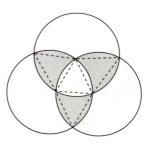

图 6-19

6. (A)

【解析】圆的周长：$2\pi r = 12\pi \Rightarrow r = 6 \Rightarrow S_{阴} = \dfrac{3}{4} S_{圆} = \dfrac{3}{4} \cdot \pi \cdot 6^2 = 27\pi$．

7. (B)

【解析】$AD=\frac{\sqrt{2}}{2}AC=\sqrt{2}$;

$$S_{阴影}=S_{半圆ACB}-S_{\triangle ABC}+S_{弓形AC}$$
$$=\frac{1}{2}\pi\cdot 1^2-\frac{1}{2}\cdot\sqrt{2}\cdot\sqrt{2}+\left(\frac{1}{4}\cdot\pi\cdot(\sqrt{2})^2-\frac{1}{2}\cdot\sqrt{2}\cdot\sqrt{2}\right)$$
$$=\pi-2.$$

8. (C)

【解析】设内切圆的半径为 x,如图 6-20 所示,则有
$$(6-x)+(8-x)=10,$$
解得 $x=2$.
所以 $S_{阴影}=S_{\triangle ABC}-S_{圆}=\frac{6\times 8}{2}-\pi\times 2^2=24-4\pi.$

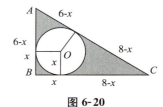

图 6-20

9. (A)

【解析】由题意,可得
$$S_{阴影}=S_{以AB为直径的半圆}+S_{以AC为直径的半圆}-S_{\triangle ABC}$$
$$=\frac{1}{2}\pi\times\left(\frac{5}{2}\right)^2+\frac{1}{2}\pi\times\left(\frac{5}{2}\right)^2-\frac{1}{2}\times 8\times\sqrt{5^2-4^2}$$
$$=\frac{25\pi}{4}-12.$$

10. (C)

【解析】连 PD,PC 将阴影部分转换为两个三角形和两个弓形.
$$S_{阴影}=S_{\triangle APD}+S_{\triangle QPC}+S_{弓形PD}+S_{弓形PC}$$
$$=\frac{1}{2}\times 10\times 5+\frac{1}{2}\times 5\times 5+(S_{半圆}-S_{\triangle CDP})$$
$$=25+\frac{25}{2}+\left(\frac{1}{2}\pi\times 25-\frac{1}{2}\times 10\times 5\right)$$
$$=\frac{25}{2}\times(1+\pi).$$

第二节 立体几何

题型 71 立体几何基本问题

母题精讲

母题 71 图 6-21 所示为一个几何体的三视图,根据图中数据,可得该几何体的表面积是( ).

(A)9π (B)10π (C)11π (D)12π (E)13π

【解析】可以看出该几何体是由一个球和一个圆柱组合而成的,其表面积为 $S=4\pi\times 1^2+\pi\times 1^2\times 2+2\pi\times 1\times 3=12\pi.$

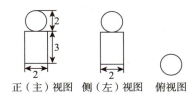

图 6-21

【答案】(D)

老吕施法

(1)长方体.(如图 6-22 所示)

若长方体三条边长分别为 a,b,c,则

体积 $V=abc$.

全面积 $F=2\times(ab+ac+bc)$.

体对角线 $d=\sqrt{a^2+b^2+c^2}$.

(2)圆柱体.(如图 6-23 所示)

设圆柱体的高为 h,底面半径为 r,则

①体积 $V=\pi r^2 h$.

②侧面积 $S=2\pi rh$.

③全面积 $F=2\pi r^2+2\pi rh$.

(3)球体.(如图 6-24 所示)

设球的半径是 R,则

①体积 $V=\dfrac{4}{3}\pi R^3$.

②表面积 $S=4\pi R^2$.

图 6-22

图 6-23

图 6-24

习题精练

1. 长方体体对角线长为 a,则表面积为 $2a^2$.

    (1)棱长之比为 $1:2:3$ 的长方体; (2)长方体的棱长均相等.

2. 一个圆柱形容器的轴截面尺寸如图 6-25 所示,将一个实心球放入该容器中,球的直径等于圆柱的高,现将容器注满水,然后取出该球(假设原水量不受损失),则容器中水面的高度为( ).

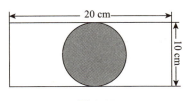

图 6-25

(A)$5\dfrac{1}{3}$ cm   (B)$6\dfrac{1}{3}$ cm   (C)$7\dfrac{1}{3}$ cm   (D)$8\dfrac{1}{3}$ cm   (E)$9\dfrac{1}{3}$ cm

3. 一个圆柱的侧面展开图是正方形，那么它的侧面积是下底面积的（　　）倍．

　　(A)2　　　　(B)4　　　　(C)4π　　　　(D)π　　　　(E)2π

4. 长方体 $ABCD-A_1B_1C_1D_1$ 中，$|AB|=4$，$|BC|=3$，$|BB_1|=5$，从点 A 出发沿表面运动到 C_1 点的最短路线长为（　　）．

　　(A)$3\sqrt{10}$　　(B)$4\sqrt{5}$　　(C)$\sqrt{74}$　　(D)$\sqrt{57}$　　(E)$5\sqrt{2}$

5. 圆柱轴截面的周长为12，则圆柱体积最大值为（　　）．

　　(A)6π　　　(B)8π　　　(C)9π　　　(D)10π　　　(E)12π

6. 现有一大球一小球，若将大球中的 $\dfrac{1}{8}$ 溶液倒入小球中，正巧可装满小球，那么大球与小球的半径之比等于（　　）．

　　(A)2∶1　　(B)3∶1　　(C)2∶$\sqrt[3]{2}$　　(D)$\sqrt[3]{5}$∶$\sqrt[3]{2}$　　(E)4∶1

7. 如图 6-26 所示，一个底面半径为 R 的圆柱形量杯中装有适量的水．若放入一个半径为 r 的实心铁球，水面高度恰好升高 r，则 $\dfrac{R}{r}$ 为（　　）．

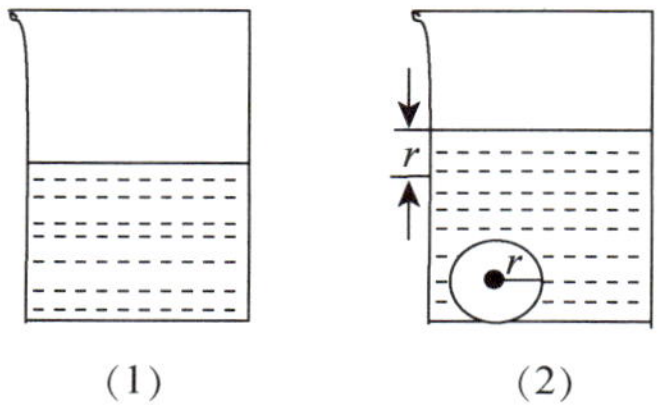

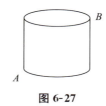

图 6-26

　　(A)$\dfrac{2\sqrt{3}}{3}$　　(B)$\dfrac{4\sqrt{3}}{3}$　　(C)$\dfrac{\sqrt{3}}{3}$　　(D)$\dfrac{5\sqrt{3}}{3}$　　(E)$\dfrac{7\sqrt{3}}{3}$

8. 如图 6-27 所示，有一圆柱，高 $h=12$ 厘米，底面半径 $r=3$ 厘米，在圆柱下底面的点 A 处有一只蚂蚁，沿圆柱表面爬行到同一纵切面的斜上方的 B 点，则蚂蚁沿侧面爬行时最短路程是（　　）．($\pi \approx 3$)

图 6-27

　　(A)12　　　(B)13　　　(C)14　　　(D)15　　　(E)16

9. 如图 6-28 所示，有一圆柱，高 $h=3$ 厘米，底面半径 $r=3$ 厘米，在圆柱下底面的点 A 处有一只蚂蚁，沿圆柱表面爬行到同一纵切面的斜上方的 B 点，则蚂蚁沿表面爬行时最短路程是（　　）．($\pi \approx 3$)

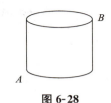

图 6-28

(A) $2\sqrt{14}$　　(B) 8　　(C) 9　　(D) $3\sqrt{10}$　　(E) $3\sqrt{7}$

10. 如果底面直径和高相等的圆柱的侧面积是 S，那么圆柱的体积等于(　　).

(A) $\dfrac{S}{2}\sqrt{S}$　　(B) $\dfrac{S}{2}\sqrt{\dfrac{S}{\pi}}$　　(C) $\dfrac{S}{4}\sqrt{S}$　　(D) $\dfrac{S}{4}\sqrt{\dfrac{S}{\pi}}$　　(E) 以上选项均不正确

习 题 详 解

1. (B)

【解析】设长方体长、宽、高分别为 x，y，z，体对角线长 $a=\sqrt{x^2+y^2+z^2}$.
表面积 $S=2xy+2xz+2yz=2a^2 \Rightarrow xy+yz+xz=x^2+y^2+z^2 \Rightarrow x=y=z$，即长方体各边相等，为正方体，故条件(1)不充分，条件(2)充分.

2. (D)

【解析】由图 6-24 可知，圆柱的底面半径为 10，高为 10. 球的体积与下降水的体积相等，设水面高度为 h，则有
$$\dfrac{4}{3}\pi r_{球}^3=\pi r_{柱}^2(10-h) \Rightarrow h=8\dfrac{1}{3}.$$

3. (C)

【解析】由题意，设圆柱的高为 h，半径为 r，则 $h=2\pi r$，故 $\dfrac{S_{侧}}{S_{底}}=\dfrac{2\pi\cdot r\cdot h}{\pi\cdot r^2}=4\pi$.

4. (C)

【解析】定理：若长方体长宽高为 a，b，c，且 $a>b>c$，那么从点 A 出发沿表面运动到 C_1 点的最短路线长为 $\sqrt{c^2+(a+b)^2}$. 故此题答案为 $\sqrt{5^2+(3+4)^2}=\sqrt{74}$.

5. (B)

【解析】设圆柱的半径为 r，高为 h，则 $2r+h=6$，体积为
$$V=\pi r^2 h=\pi r^2(6-2r)=\pi\cdot r\cdot r\cdot(6-2r)\leqslant \pi\cdot\left(\dfrac{r+r+6-2r}{3}\right)^3=8\pi.$$

6. (A)

【解析】因为 $\dfrac{V_{大}}{V_{小}}=\dfrac{\dfrac{4}{3}\pi R^3}{\dfrac{4}{3}\pi r^3}=\left(\dfrac{R}{r}\right)^3=\dfrac{8}{1} \Rightarrow \dfrac{R}{r}=2$，即 $R:r=2:1$.

7. (A)

【解析】量杯中水上升的体积等于球的体积，得 $\pi R^2 r=\dfrac{4}{3}\pi r^3 \Rightarrow \dfrac{R}{r}=\dfrac{2\sqrt{3}}{3}$.

8. (D)

【解析】将圆柱的侧面展开，连接 AB，如图 6-29 所示.

由题意可知，AC 为原圆柱的高，B 为 CD 的中点，则 AB 的路径最短为
$$|AB|=\sqrt{|AC|^2+|CB|^2}=\sqrt{h^2+(\pi r)^2}\approx\sqrt{12^2+9^2}=15.$$

9. (C)

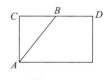

图 6-29

【解析】 同上题，可知当蚂蚁沿侧面爬行到 B 点时的距离为：
$$\sqrt{|AC|^2+|CB|^2}=\sqrt{3^2-(\pi r)^2}=3\sqrt{10}$$

当蚂蚁沿 AC 到上底面，再沿上底面直径爬到 B 点，则 $|AC|+2R=3+6=9<3\sqrt{10}$

故，最短路程是经 AC 到上底面，再沿直径 CB 爬行，路程为 9.

10. (D)

【解析】 设圆柱高为 h，则底面半径为 $\dfrac{h}{2}$，故侧面积 $S=2\pi\times\dfrac{h}{2}\times h=\pi h^2$，得 $h=\sqrt{\dfrac{S}{\pi}}$. 故
$$V=\pi\left(\dfrac{h}{2}\right)^2\cdot h=\dfrac{S}{4}\sqrt{\dfrac{S}{\pi}}.$$

题型 72 几何体的"接"与"切"

母题精讲

母题72 棱长为 a 的正方体内切球、外接球、外接半球的半径分别为（　　）.

(A) $\dfrac{a}{2}, \dfrac{\sqrt{2}}{2}a, \dfrac{\sqrt{3}}{2}a$ (B) $\sqrt{2}a, \sqrt{3}a, \sqrt{6}a$ (C) $a, \dfrac{\sqrt{3}a}{2}, \dfrac{\sqrt{6}a}{2}$

(D) $\dfrac{a}{2}, \dfrac{\sqrt{2}}{2}a, \dfrac{\sqrt{6}}{2}a$ (E) $\dfrac{a}{2}, \dfrac{\sqrt{3}}{2}a, \dfrac{\sqrt{6}}{2}a$

【解析】 如图 6-30 所示：正方体的边长等于内切球的直径，故内切球半径为 $r=\dfrac{a}{2}$；

如图 6-31 所示：正方体的体对角线 $L=2r=\sqrt{3}a$，故 $r=\dfrac{\sqrt{3}}{2}a$；

如图 6-32 所示：正方体外接半球的半径 $R=\sqrt{a^2+r^2}=\sqrt{a^2+\left(\dfrac{\sqrt{2}}{2}a\right)^2}=\dfrac{\sqrt{6}}{2}a.$

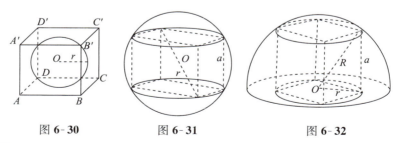

图 6-30　　　　　图 6-31　　　　　图 6-32

【答案】 (E)

老吕施法

组合体问题的关键是找到等量关系，常见以下等量关系：
(1)长方体、正方体、圆柱体的外接球.
长方体外接球的直径＝长方体的体对角线长；
正方体外接球的直径＝正方体的体对角线长；
圆柱体外接球的直径＝圆柱体的体对角线.
(2)正方体的内切球.
内切球直径＝正方体的棱长.
(3)圆柱体的内切球.（当且仅当圆柱体的底面直径与高相等时，才有内切球）
内切球的直径＝圆柱体的高；
内切球的横切面＝圆柱体的底面.

习题精练

1. 棱长为 a 的正方体的外接球与内切球的表面积之比为 $3:1$.
   (1) $a=1$；　　　　　　　　　(2) $a=2$.

2. 若球的半径为 R，则这个球的内接正方体表面积是 72.
   (1) $R=3$；　　　　　　　　　(2) $R=\sqrt{3}$.

3. 长方体的各顶点均在同一球的球面上，且一个顶点上的三条棱的长分别为 1，2，3，则此球的表面积为( )．
   (A) 8π　　　(B) 10π　　　(C) 12π　　　(D) 14π　　　(E) 16π

4. 已知轴截面是正方形的圆柱的高与球的直径相等，则圆柱的全面积与球的表面积的比是( )．
   (A) $6:5$　　　(B) $5:4$　　　(C) $4:3$　　　(D) $3:2$　　　(E) $5:2$

习题详解

1. (D)

   【解析】内切球直径为正方体边长 a，外接球直径为正方体的体对角线 $\sqrt{3}a$，可知 $r_内=\dfrac{a}{2}$，$r_外=\dfrac{\sqrt{3}}{2}a$，表面积之比等于半径之比的平方，即 $3:1$，故不论棱长为多少，比值均为 $3:1$，两个条件都充分.

2. (A)

   【解析】球的内接正方体的体对角线就是球的直径，由此得出正方体的棱长，即可求出表面积.
   正方体的棱长为 $\dfrac{2}{\sqrt{3}}R$，表面积为 $6\times\left(\dfrac{2}{\sqrt{3}}R\right)^2=8R^2=72\Rightarrow R=3$.
   故条件(1)充分，条件(2)不充分.

3. (D)

【解析】长方体外接球直径长等于长方体体对角线，即 $2R=\sqrt{1^2+2^2+3^2}=\sqrt{14}$.
故 $S=4\pi R^2=14\pi$.

4. (D)

【解析】赋值法，设圆柱体底面半径 $r=1$，则高 $h=2r=2$，
故圆柱的全面积 $S_{圆柱}=2\pi r^2+2\pi rh=6\pi$.
球体半径 $R=1$，故球的表面积 $S_{球}=4\pi R^2=4\pi$.
故 $\dfrac{S_{圆柱}}{S_{球}}=\dfrac{6\pi}{4\pi}=\dfrac{3}{2}$.

第三节　解析几何

题型 73　点与点的关系

母题精讲

母题 73 已知三个点 $A(x,5)$，$B(-2,y)$，$C(1,1)$，若点 C 是线段 AB 的中点，则（　　）.
(A) $x=4$，$y=-3$　　(B) $x=0$，$y=3$　　(C) $x=0$，$y=-3$
(D) $x=-4$，$y=-3$　　(E) $x=3$，$y=-4$

【解析】点 C 是线段 AB 的中点，根据中点坐标公式，得

$$\begin{cases} 1=\dfrac{1}{2}\times(x-2), \\ 1=\dfrac{1}{2}\times(5+y) \end{cases} \Rightarrow \begin{cases} x=4, \\ y=-3. \end{cases}$$

【答案】(A)

老吕施法

(1) 若有两点 (x_1,y_1)，(x_2,y_2)，则有
① 中点坐标公式：$\left(\dfrac{x_1+x_2}{2},\dfrac{y_1+y_2}{2}\right)$.
② 斜率公式：$k=\dfrac{y_1-y_2}{x_1-x_2}$.
③ 两点间的距离公式：$d=\sqrt{(x_1-x_2)^2+(y_1-y_2)^2}$.
(2) 若三角形三个顶点的坐标分别为 (x_1,y_1)，(x_2,y_2)，(x_3,y_3)，则三角形的重心坐标为 $\left(\dfrac{x_1+x_2+x_3}{3},\dfrac{y_1+y_2+y_3}{3}\right)$.
(3) 三点共线：任取两点，斜率相等.

习题精练

1. 已知三角形 ABC 的三个顶点的坐标分别为 $(0,2)$、$(-2,4)$、$(5,0)$，则这个三角形的重心坐标为( ).

   (A)$(1,2)$　　　(B)$(1,3)$　　　(C)$(-1,2)$　　　(D)$(0,1)$　　　(E)$(1,-1)$

2. 已知线段 AB 的长为 12，点 A 的坐标是 $(-4,8)$，点 B 横、纵坐标相等，则点 B 的坐标为( ).

   (A)$(-4,-4)$　　　　　(B)$(8,8)$　　　　　(C)$(4,4)$ 或 $(8,8)$

   (D)$(-4,-4)$ 或 $(8,8)$　　　(E)$(4,4)$ 或 $(-8,-8)$

3. 过点 $P(-2,m)$ 和 $Q(m,4)$ 的直线斜率等于 1.

   (1)$m=1$；　　　　　　　　(2)$m=-1$.

4. 已知三点 $A(a,2)$，$B(5,1)$，$C(-4,2a)$ 在同一直线上，则 a 的值为( ).

   (A)2　　　(B)3　　　(C)$-\dfrac{7}{2}$　　　(D)2 或 $\dfrac{7}{2}$　　　(E)2 或 $-\dfrac{7}{2}$

习题详解

1. (A)

   【解析】横坐标为 $\dfrac{x_1+x_2+x_3}{3}=\dfrac{0-2+5}{3}=1$，

   纵坐标为 $\dfrac{y_1+y_2+y_3}{3}=\dfrac{2+4+0}{3}=2$，

   故重心坐标为 $(1,2)$.

2. (D)

   【解析】设点 B 的坐标为 (x,x)，根据两点间的距离公式，得
   $$d=\sqrt{(x+4)^2+(x-8)^2}=12,$$
   解得 $x=-4$ 或 $x=8$，故 B 点的坐标为 $(-4,-4)$ 或 $(8,8)$.

3. (A)

   【解析】过 P,Q 两点的直线斜率为 $k=\dfrac{m-4}{-2-m}=1$，解得 $m=1$，故条件(1)充分，条件(2)不充分.

4. (D)

   【解析】A,B 两点连线的斜率为 $k_{AB}=\dfrac{2-1}{a-5}$，B,C 两点连线的斜率为 $k_{BC}=\dfrac{2a-1}{-4-5}$.

   又 A,B,C 三点共线，所以 $\dfrac{2-1}{a-5}=\dfrac{2a-1}{-4-5}$，解得 $a_1=2$，$a_2=\dfrac{7}{2}$.

题型 74　点与直线的位置关系

母题精讲

母题74 设点 $A(7,-4)$，$B(-5,6)$，则线段 AB 的垂直平分线的方程为( ).

(A)$5x-4y-1=0$　　　　(B)$6x-5y+1=0$　　　　(C)$6x-5y-1=0$

(D)$7x-5y-2=0$　　　　(E)$2x-5y-7=0$

【解析】方法一：

AB 所在直线的斜率为 $k_1 = \dfrac{6-(-4)}{-5-7} = -\dfrac{5}{6}$，$AB$ 的垂直平分线的斜率为 $k_2 = \dfrac{6}{5}$。

AB 的中点坐标为 $x = \dfrac{7+(-5)}{2} = 1$，$y = \dfrac{-4+6}{2} = 1$，即中点为 $(1, 1)$，

根据直线的点斜式方程可得 $y - 1 = \dfrac{6}{5} \times (x-1)$，即 $6x - 5y - 1 = 0$。

方法二：

设点 $P(x, y)$ 为 AB 的垂直平分线上任意一点，则 $|PA| = |PB|$，

可得，$(x-7)^2 + (y+4)^2 = (x+5)^2 + (y-6)^2$，即 $6x - 5y - 1 = 0$。

【答案】(C)

老吕施法

(1) 直线方程的五种形式.

① 点斜式：已知直线过点 (x_0, y_0)，斜率为 k，则直线的方程为
$$y - y_0 = k(x - x_0).$$

② 斜截式：已知直线过点 $(0, b)$，斜率为 k，则直线的方程为
$$y = kx + b, \quad b \text{ 为直线在 } y \text{ 轴上的纵截距}.$$

③ 两点式：已知直线过 $P_1(x_1, y_1)$，$P_2(x_2, y_2)$ 两点，$x_2 \neq x_1$，则直线的方程为
$$\dfrac{y - y_1}{y_2 - y_1} = \dfrac{x - x_1}{x_2 - x_1}.$$

④ 截距式：已知直线过点 $A(a, 0)$ 和 $B(0, b)$ $(a \neq 0, b \neq 0)$，则直线的方程为
$$\dfrac{x}{a} + \dfrac{y}{b} = 1.$$

⑤ 一般式：$Ax + By + C = 0$（A，B 不同时为零）.

【易错点】 使用直线的截距式方程，必须首先讨论直线是否过原点.

(2) 点与直线的位置关系.

① 点在直线上，则可将点的坐标代入直线方程.

② 点到直线的距离公式.

若直线 l 的方程为 $Ax + By + C = 0$，点 (x_0, y_0) 到直线 l 的距离为
$$d = \dfrac{|Ax_0 + By_0 + C|}{\sqrt{A^2 + B^2}}.$$

③ 两点关于直线对称，见对称问题.

习题精练

1. 已知直线 l 经过点 $(4, -3)$ 且在两坐标轴上的截距绝对值相等，则直线 l 的方程为 (　　).

   (A) $x + y - 1 = 0$　　　　　　(B) $x - y - 7 = 0$　　(C) $x + y - 1 = 0$ 或 $x - y - 7 = 0$

   (D) $x + y - 1 = 0$ 或 $x - y - 7 = 0$ 或 $3x + 4y = 0$　　　(E) $3x + 4y = 0$

2. 已知点 $A(1, -2)$，$B(m, 2)$，且线段 AB 的垂直平分线的方程是 $x + 2y - 2 = 0$，则实数 m 的

值是( ).
(A) -2 (B) -7 (C) 3 (D) 1 (E) 2

3. 已知点 $C(2,-3)$，$M(1,2)$，$N(-1,-5)$，则点 C 到直线 MN 的距离等于( ).

(A) $\dfrac{17\sqrt{53}}{53}$ (B) $\dfrac{17\sqrt{55}}{55}$ (C) $\dfrac{19\sqrt{53}}{53}$ (D) $\dfrac{18\sqrt{53}}{53}$ (E) $\dfrac{20\sqrt{53}}{53}$

4. 点 $A(3,4)$，$B(2,-1)$ 到直线 $y=kx$ 的距离之比为 $1:2$.

(1) $k=\dfrac{9}{4}$；　　　　　　　(2) $k=\dfrac{7}{8}$.

5. 点 $P(m-n,n)$ 到直线 l 的距离为 $\sqrt{m^2+n^2}$.

(1) 直线 l 的方程为 $\dfrac{x}{n}+\dfrac{y}{m}=-1$；

(2) 直线 l 的方程为 $\dfrac{x}{m}+\dfrac{y}{n}=1$.

习题详解

1. (D)

【解析】设直线在 x 轴与 y 轴上的截距分别为 a，b.

$a\neq 0$，$b\neq 0$ 时，设直线方程为 $\dfrac{x}{a}+\dfrac{y}{b}=1$，直线经过点 $(4,-3)$，故 $\dfrac{4}{a}-\dfrac{3}{b}=1$.

又由 $|a|=|b|$，得 $\begin{cases}a=1,\\b=1\end{cases}$ 或 $\begin{cases}a=7,\\b=-7,\end{cases}$ 故直线方程为 $x+y-1=0$ 或 $x-y-7=0$.

当 $a=b=0$ 时，则直线经过原点及 $(4,-3)$，故直线方程为 $3x+4y=0$.

综上，所求直线方程为 $x+y-1=0$ 或 $x-y-7=0$ 或 $3x+4y=0$.

2. (C)

【解析】线段 AB 的中点 $\left(\dfrac{1+m}{2},0\right)$ 在直线上，代入可得

$$\dfrac{1+m}{2}-2=0,$$

解得 $m=3$.

3. (A)

【解析】利用直线的两点式方程，可得 $\dfrac{y+5}{x+1}=\dfrac{2+5}{1+1}$，整理，得 $7x-2y-3=0$.

故点 C 到直线 MN 的距离为

$$\dfrac{|2\times 7+2\times 3-3|}{\sqrt{7^2+(-2)^2}}=\dfrac{17}{\sqrt{53}}=\dfrac{17\sqrt{53}}{53}.$$

4. (D)

【解析】条件 (1)：将 $k=\dfrac{9}{4}$ 代入直线方程，得 $y=\dfrac{9}{4}x$，即 $9x-4y=0$.

点 A 到直线的距离 $d_A=\dfrac{|27-16|}{\sqrt{9^2+4^2}}=\dfrac{11}{\sqrt{97}}$，点 B 到直线的距离 $d_B=\dfrac{|18+4|}{\sqrt{9^2+4^2}}=\dfrac{22}{\sqrt{97}}=2d_A$，条件 (1) 充分.

条件(2)：将 $k=\dfrac{7}{8}$ 代入直线方程，得 $y=\dfrac{7}{8}x$，即 $7x-8y=0$．

点 A 到直线的距离 $d_A=\dfrac{|21-32|}{\sqrt{7^2+8^2}}=\dfrac{11}{\sqrt{113}}$，点 B 到直线的距离 $d_B=\dfrac{|14+8|}{\sqrt{7^2+8^2}}=\dfrac{22}{\sqrt{113}}=2d_A$，条件(2)充分．

5. (A)

【解析】条件(1)：直线可化为 $mx+ny+mn=0$．

根据点到直线的距离公式有
$$d=\dfrac{|m(m-n)+n^2+mn|}{\sqrt{m^2+n^2}}=\sqrt{m^2+n^2}.$$

所以，条件(1)充分．

条件(2)：直线可化为 $nx+my-mn=0$．

根据点到直线的距离公式有
$$d=\dfrac{|n(m-n)+mn-mn|}{\sqrt{m^2+n^2}}=\dfrac{|mn-n^2|}{\sqrt{m^2+n^2}}.$$

所以，条件(2)不充分．

题型 75 直线与直线的位置关系

母题精讲

母题75 $m=-3$．

(1)过点 $A(-1,m)$ 和点 $B(m,3)$ 的直线与直线 $3x+y-2=0$ 平行；

(2)直线 $mx+(m-2)y-1=0$ 与直线 $(m+8)x+my+3=0$ 垂直．

【解析】条件(1)：两条直线互相平行，说明其斜率相等且截距不相等．

故有 $\dfrac{3-m}{m+1}=-3$，解得 $m=-3$，解得直线 AB 的方程为 $3x+y+6=0$，两条直线不重合，故条件(1)充分．

条件(2)：斜率存在时，斜率相乘等于 -1，即 $-\dfrac{m}{m-2}\cdot\left(-\dfrac{m+8}{m}\right)=-1$，解得 $m=-3$；

斜率不存在时，$m=0$ 时，两直线分别为 $y=-\dfrac{1}{2}$，$x=-\dfrac{3}{8}$，相互垂直．

故 $m=-3$ 或 $m=0$ 时，两直线均垂直．故条件(2)不充分．

【答案】(A)

老吕施法

(1)平行．

①若两条直线的斜率相等且截距不相等，则两条直线互相平行．

② 若两条平行直线的方程分别为 l_1：$Ax+By+C_1=0$，l_2：$Ax+By+C_2=0$，那么 l_1 与 l_2 之间的距离为

$$d=\frac{|C_1-C_2|}{\sqrt{A^2+B^2}}.$$

(2) 相交.

① 联立两条直线的方程可以求交点.

② 若两条直线 l_1：$y=k_1x+b_1$ 与 l_2：$y=k_2x+b_2$，且两条直线不是互相垂直的，则两条直线的夹角 α 满足如下关系

$$\tan\alpha=\left|\frac{k_1-k_2}{1+k_1k_2}\right|.$$

(3) 垂直.

若两条直线互相垂直，有如下两种情况：

① 其中一条直线的斜率为 0，另外一条直线的斜率不存在；即一条直线平行于 x 轴，另一条直线平行于 y 轴.

② 两条直线的斜率都存在，则斜率的乘积等于 -1.

以上两种情况可以用下述结论代替：

若两条直线 l_1：$A_1x+B_1y+C_1=0$，l_2：$A_2x+B_2y+C_2=0$ 互相垂直，则 $A_1A_2+B_1B_2=0$.

习题精练

1. 已知直线 l_1：$(a+2)x+(1-a)y-3=0$ 和直线 l_2：$(a-1)x+(2a+3)y+2=0$ 互相垂直，则 a 等于 ( ).

   (A) -1　　　　(B) 1　　　　(C) ± 1　　　　(D) $-\dfrac{3}{2}$　　　　(E) 0

2. $(m+2)x+3my+1=0$ 与 $(m-2)x+(m+2)y-3=0$ 相互垂直.

   (1) $m=\dfrac{1}{2}$；　　　　(2) $m=-2$.

3. 直线 l_1：$x+ky+y+k-2=0$ 与直线 l_2：$kx+2y+8=0$ 平行.

   (1) $k=1$；
   (2) $k=-2$.

4. $-\dfrac{2}{3}<k<2$.

   (1) 直线 L_1：$y=kx+k+2$ 与 L_2：$y=-2x+4$ 的交点在第一象限；
   (2) 直线 L_1：$2x+y-2=0$ 与直线 L_2：$kx-y+1=0$ 的夹角为 $45°$.

5. $a=4$，$b=2$.

   (1) 点 $A(a+2,b+2)$ 与点 $B(b-4,a-6)$ 关于直线 $4x+3y-11=0$ 对称；
   (2) 直线 $y=ax+b$ 垂直于直线 $x+4y-1=0$，在 x 轴上的截距为 $-\dfrac{1}{2}$.

6. $mn^4=3$.

   (1) 直线 $mx+ny-2=0$ 与直线 $3x+y+1=0$ 相互垂直；

(2)当 a 为任意实数时，直线 $(a-1)x+(a+2)y+5-2a=0$ 恒过定点 (m, n).

习题详解

1. (C)

   【解析】根据两条直线垂直，得到 $(a+2)(a-1)+(1-a)(2a+3)=0$，解得 $a=\pm 1$.

2. (D)

   【解析】两条直线垂直，即 $(m+2)(m-2)+3m(m+2)=0$，

   整理得 $(m+2)(m-2+3m)=0$，解得 $m=\dfrac{1}{2}$ 或 -2，故两个条件都充分.

3. (A)

   【解析】直线与直线的位置关系.

   条件(1)：$k=1$ 时，直线方程为 $l_1: x+2y-1=0$，$l_2: x+2y+8=0$.
   两直线斜率相等且截距不相等，故两直线平行，即条件(1)充分.

   条件(2)：$k=-2$ 时，直线方程为 $l_1: x-y-4=0$，$l_2: x-y-4=0$.
   两直线重合，故条件(2)不充分.

4. (A)

   【解析】直线与直线的位置关系.

   条件(1)：联立两条直线 L_1, L_2，则
   $$\begin{cases} y=kx+k+2, \\ y=-2x+4, \end{cases}$$
   解得 $\begin{cases} x=\dfrac{2-k}{2+k}, \\ y=\dfrac{6k+4}{2+k}. \end{cases}$ 故两条直线交点为 $\left(\dfrac{2-k}{2+k}, \dfrac{6k+4}{2+k}\right)$.

   因交点在第一象限，则 $\begin{cases} x=\dfrac{2-k}{2+k}>0, \\ y=\dfrac{6k+4}{2+k}>0, \end{cases}$ 解得 $-\dfrac{2}{3}<k<2$，故条件(1)充分.

   条件(2)：设直线 L_1, L_2 的斜率分别为 k_1, k_2，则他们的夹角的正切值 $\tan\varphi=\left|\dfrac{k_2-k_1}{1+k_1k_2}\right|$.

   故 $\tan 45°=\left|\dfrac{k-(-2)}{1+(-2)k}\right|=1 \Rightarrow k=-\dfrac{1}{3}$ 或 3，所以条件(2)不充分.

5. (D)

   【解析】条件(1)：$\begin{cases} 4\times\dfrac{a+2+b-4}{2}+3\times\dfrac{b+2+a-6}{2}-11=0, \\ \dfrac{a-6-(b+2)}{b-4-(a+2)}\times\left(-\dfrac{4}{3}\right)=-1, \end{cases}$ 解得 $a=4, b=2$，充分.

   条件(2)：斜率乘积为 -1，得 $a=4$；在 x 轴上的截距为 $-\dfrac{1}{2}$，故其应过点 $\left(-\dfrac{1}{2}, 0\right)$，则 $b=2$，条件(2)也充分，故选(D).

6. (B)

   【解析】条件(1)：由直线互相垂直，得 $3m+n=0$，无法同时确定 m, n 的值，不充分.

条件(2)：$(x+y-2)a-x+2y+5=0$，故有
$$\begin{cases} x+y-2=0, \\ -x+2y+5=0, \end{cases}$$
解得 $x=3$，$y=-1$. 故有 $m=3$，$n=-1$，则 $mn^4=3$，充分.

题型 76 点、直线与圆的位置关系

母题精讲

母题76 直线 l 是圆 $x^2-2x+y^2+4y=0$ 的一条切线.
(1) l：$x-2y=0$；　　　　(2) l：$2x-y=0$.

【解析】圆 $x^2-2x+y^2+4y=0$ 的圆心为 $(1,-2)$，半径为 $\sqrt{5}$.

条件(1)：圆心到直线的距离为 $\dfrac{|1-2\times(-2)|}{\sqrt{1+4}}=\sqrt{5}$，所以条件(1)充分.

条件(2)：圆心到直线的距离为 $\dfrac{|2-(-2)|}{\sqrt{4+1}}=\dfrac{4}{\sqrt{5}}$，所以条件(2)不充分.

【答案】(A)

老吕施法

(1)点与圆的位置关系.
点 $P(x_0,y_0)$，圆：$(x-a)^2+(y-b)^2=r^2$.
①点在圆内：$(x_0-a)^2+(y_0-b)^2<r^2$.
②点在圆上：$(x_0-a)^2+(y_0-b)^2=r^2$.
③点在圆外：$(x_0-a)^2+(y_0-b)^2>r^2$.
(2)直线与圆有以下三种位置关系(设圆心到直线的距离为 d，圆的半径为 r).
①相离：$d>r$.
②相切：$d=r$.
③相交：$d<r$；相交时，直线被圆截得的弦长为 $l=2\sqrt{r^2-d^2}$.
(3)求圆的切线方程时，常设切线的方程为 $Ax+By+C=0$ 或 $y=k(x-a)+b$，再利用点到直线的距离等于半径，即可确定切线方程.

习题精练

1. 若点 $(a,2a)$ 在圆 $(x-1)^2+(y-1)^2=1$ 的内部，则实数 a 的取值范围是(　　).
(A) $\dfrac{1}{5}<a<1$　　　(B) $a>1$ 或 $a<\dfrac{1}{5}$　　　(C) $\dfrac{1}{5}\leqslant a\leqslant 1$
(D) $a\geqslant 1$ 或 $a\leqslant \dfrac{1}{5}$　　　(E)以上选项均不正确

2. 直线 $3x+y+a=0$ 平分圆 $x^2+y^2+2x-4y=0$.
(1) $a=1$；　　　　(2) $a=-1$.

3. 若 $3x-y+4=0$ 与 $6x-2y-1=0$ 是圆的两条平行切线，则此圆的面积为( ).

(A) $\frac{64}{39}\pi$ (B) $\frac{81}{40}\pi$ (C) $\frac{81}{160}\pi$ (D) $\frac{64}{125}\pi$ (E) $\frac{55}{120}\pi$

4. 若圆 $(x-3)^2+(y+5)^2=r^2$ 上有且只有两个点到直线 $4x-3y-2=0$ 的距离等于 1，则半径 r 的取值范围是( ).

(A) $(3, 5)$ (B) $[3, 5]$ (C) $(4, 6)$ (D) $[4, 6]$ (E) $[3, 6]$

5. 自点 $A(-1, 0)$ 作圆 $(x-1)^2+(y-2)^2=1$ 的切线，切点为 P，则切线段 AP 的长为( ).

(A) 1   (B) 2   (C) $\sqrt{5}$ (D) $\sqrt{7}$ (E) 3

6. 若直线 $y=x+b$ 与曲线 $x=\sqrt{1-y^2}$ 恰有一个公共点，则 b 的取值范围是( ).

(A) $(-1, 1]$ 或 $-\sqrt{2}$ (B) $(-1, 1]$ 或 $\sqrt{2}$ (C) $(-1, 1)$ 或 $-\sqrt{2}$

(D) $\pm\sqrt{2}$ (E) 以上选项均不正确

7. 直线 $y=-\sqrt{3}x+2\sqrt{3}$ 被圆 $x^2+y^2=4$ 所截得的弦长为( ).

(A) 1   (B) 2   (C) $\sqrt{2}$ (D) $2\sqrt{2}$ (E) $2\sqrt{3}$

8. 直线 $y=kx+3$ 与圆 $(x-2)^2+(y-3)^2=4$ 相交于 M, N 两点，若 $|MN|\geqslant 2\sqrt{3}$，则 k 的取值范围是( ).

(A) $\left[-\frac{3}{4}, 0\right]$ (B) $\left[-\sqrt{3}, \sqrt{3}\right]$ (C) $\left[-\frac{\sqrt{3}}{3}, \frac{\sqrt{3}}{3}\right]$

(D) $\left[-\frac{2}{3}, 0\right]$ (E) $\left[-\frac{2}{3}, -\frac{3}{4}\right]$

9. 过点 $(3, 1)$ 作圆 $(x-1)^2+y^2=1$ 的两条切线，切点分别为 A, B，则直线 AB 的方程为( ).

(A) $2x+y-3=0$ (B) $2x-y-3=0$ (C) $4x-y-3=0$

(D) $4x+y-3=0$ (E) 以上选项均不正确

10. 圆 $x^2+y^2=4$ 上有且只有四个点到直线 $12x-5y+c=0$ 的距离为 1.

(1) $c\in(-13, 13)$；   (2) $c\in(-13, 0)$.

11. 直线 $x-2y+m=0$ 向左平移一个单位后，与圆 $C: x^2+y^2+2x-4y=0$ 相切，则 m 的值为( ).

(A) -9 或 1   (B) -9 或 -1 (C) 9 或 -1 (D) $\frac{1}{9}$ 或 -1 (E) 9 或 1

习题详解

1. (A)

【解析】点在圆的内部，故 $(a-1)^2+(2a-1)^2<1$，整理得 $5a^2-6a+1<0$，解得 $\frac{1}{5}<a<1$.

2. (A)

【解析】由圆的一般方程可知，圆心坐标为 $(-1, 2)$.

直线平分圆，说明直线过圆的圆心，将圆心坐标代入直线方程，得

$$-3+2+a=0,$$

解得 $a=1$.

故条件(1)充分，条件(2)不充分．

3. (C)

【解析】两条平行直线的距离即圆的直径 $d=\dfrac{\left|4-\left(-\dfrac{1}{2}\right)\right|}{\sqrt{3^2+(-1)^2}}=\dfrac{9\sqrt{10}}{20}$. 所以圆的面积为 $S=\pi\left(\dfrac{d}{2}\right)^2=\left(\dfrac{9\sqrt{10}}{40}\right)^2\pi=\dfrac{81}{160}\pi$.

4. (C)

【解析】圆心到直线距离
$$d=\dfrac{|4\times3-3\times(-5)-2|}{\sqrt{4^2+3^2}}=5.$$
若圆的半径为 4，直线与圆相离，圆上有 1 个点到直线的距离为 1；
若圆的半径为 6，直线与圆相交，圆上有 3 个点到直线的距离为 1；
故半径 $r\in(4,6)$ 时，直线与圆有 2 个交点.

5. (D)

【解析】设圆心为 O，则 $|AO|=\sqrt{(1+1)^2+(2-0)^2}=2\sqrt{2}$，$|PO|=r=1$.
AOP 为直角三角形，故切线段 $|AP|=\sqrt{|AO|^2-|PO|^2}=\sqrt{8-1}=\sqrt{7}$.

6. (A)

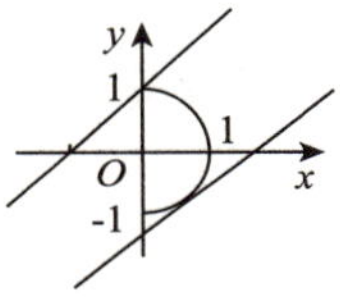

【解析】如图 6-33 所示，$x=\sqrt{1-y^2}$ 为圆 $x^2+y^2=1$ 的右半圆.
b 为直线的截距，由图可知，当 $-1<b\leqslant1$ 时，直线与半圆有 1 个交点；当 $b=-\sqrt{2}$ 时，直线与半圆相切，也只有一个交点，故有 $-1<b\leqslant1$ 或 $b=-\sqrt{2}$.

图 6-33

7. (B)

【解析】直线方程可以整理为 $\sqrt{3}x+y-2\sqrt{3}=0$.
圆心到直线的距离：
$$d=\dfrac{|0\times\sqrt{3}+0\times1-2\sqrt{3}|}{\sqrt{3+1}}=\sqrt{3},$$
故弦长为 $2\sqrt{r^2-d^2}=2\sqrt{2^2-(\sqrt{3})^2}=2$.

8. (C)

【解析】由题意可得图 6-34.

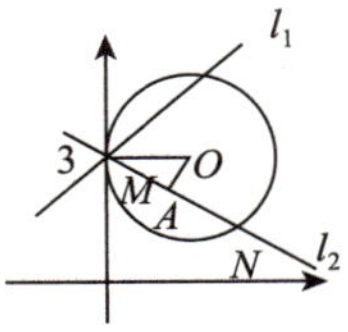

图 6-34

直线 $y=kx+3$ 与圆 O 相交的弦长 $|MN|\geqslant2\sqrt{3}$，故直线的旋转空间为 l_1 到 l_2 之间.
在 Rt△OAM 中，$OM=r=2$，$AM=\sqrt{3}$，利用勾股定理可得 $OA=1$，
即圆心 O 到直线 $y=kx+3$ 的距离为

$$d=\frac{|2k+3-3|}{\sqrt{k^2+1}}\leqslant 1,$$

所以 $k\in\left[-\frac{\sqrt{3}}{3},\frac{\sqrt{3}}{3}\right]$.

9. (A)

【解析】方法一：设点 $P(3,1)$，圆心为 C，设过点 P 的圆 C 的切线方程为 $y-1=k(x-3)$. 由题意得 $\frac{|2k-1|}{\sqrt{1+k^2}}=1$，解得 $k=0$ 或 $\frac{4}{3}$，切线方程为 $y=1$ 或 $4x-3y-9=0$，

联立得 $\begin{cases} y=1, \\ (x-1)^2+y^2=1, \end{cases}$ 所以其中一个切点为 $(1,1)$.

又因为 $k_{PC}=\frac{1-0}{3-1}=\frac{1}{2}$，所以 $k_{AB}=-\frac{1}{k_{PC}}=-2$，

即弦 AB 所在直线方程为 $y-1=-2(x-1)$，即 $2x+y-3=0$.

方法二：设点 $P(3,1)$，圆心为 C，以 PC 为直径的圆的方程为

$$(x-3)(x-1)+y(y-1)=0,$$

整理得

$$x^2-4x+y^2-y+3=0,$$

联立得

$$\begin{cases} x^2-4x+y^2-y+3=0, \\ (x-1)^2+y^2=1, \end{cases}$$

两式相减得 $2x+y-3=0$.

10. (D)

【解析】由题意可得图 6-35：

欲使得圆 $x^2+y^2=4$ 上有且只有四个点到直线 $12x-5y+c=0$ 的距离为 1，需 $BC>1$，即圆心到直线的距离 $d=AB<1$，由点到直线的距离公式可得

$$d=\frac{|c|}{13}<1\Rightarrow c\in(-13,13),$$

故条件(1)，(2)均充分.

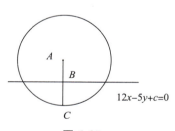

图 6-35

11. (C)

【解析】依题意得，向左平移一个单位后，直线的方程为 $x+1-2y+m=0$.

圆心到直线的距离为 $\frac{|m-4|}{\sqrt{5}}=\sqrt{5}$，解得 $m=9$ 或 -1.

题型 77　圆与圆的位置关系

母题精讲

母题 77　圆 $C_1:\left(x-\frac{3}{2}\right)^2+(y-2)^2=r^2$ 与圆 $C_2:x^2-6x+y^2-8y=0$ 有交点.

(1) $0 < r < \dfrac{5}{2}$; (2) $r > \dfrac{15}{2}$.

【解析】 两圆有交点，即两圆的位置关系为相切或相交，故应有 $|r_1 - r_2| \leqslant d \leqslant r_1 + r_2$，圆 C_2 可化为 $(x-3)^2 + (y-4)^2 = 5^2$，圆心为 $(3, 4)$，半径为 5.

圆 C_1 的圆心为 $\left(\dfrac{3}{2}, 2\right)$，半径为 r，故有

$$|r - 5| \leqslant \sqrt{\left(3 - \dfrac{3}{2}\right)^2 + (4-2)^2} \leqslant r + 5,$$

解得 $\dfrac{5}{2} \leqslant r \leqslant \dfrac{15}{2}$.

所以，条件(1)、(2)均不充分，联立起来也不充分.

【答案】 (E)

老吕施法

(1) 圆与圆的位置关系.
① 外离: $d > r_1 + r_2$.
② 外切: $d = r_1 + r_2$.
③ 相交: $|r_1 - r_2| < d < r_1 + r_2$.
④ 内切: $d = |r_1 - r_2|$.
⑤ 内含: $d < |r_1 - r_2|$.

【易错点】
① 如果题干中说两个圆相切，一定要注意可能有两种情况，即内切和外切.
② 两圆位置关系为相交、内切、内含时，涉及两个半径之差，如果已知半径的大小，则直接用大半径减小半径，如果不知半径的大小，则必须加绝对值符号.

习题精练

1. 圆 C_1 和圆 C_2 相交.
   (1) 圆 C_1 的半径为 2，圆 C_2 的半径为 3；
   (2) 圆 C_1 和圆 C_2 的圆心距 d 满足 $d^2 - 6d + 5 < 0$.

2. $a = 4$.
   (1) 两圆的圆心距是 9，两圆的半径是方程 $2x^2 - 17x + 35 = 0$ 的两根，两圆有 a 条公切线；
   (2) 圆外一点 P 到圆上各点的最大距离为 5，最小距离为 1，圆的半径为 a.

3. 已知圆 $C_1: (x+1)^2 + (y-1)^2 = 1$，圆 C_2 与 C_1 关于直线 $x - y - 1 = 0$ 对称，则圆 C_2 的方程为（　　）.
   (A) $(x+2)^2 + (y-2)^2 = 1$ (B) $(x-2)^2 + (y+2)^2 = 1$
   (C) $(x+2)^2 + (y+2)^2 = 1$ (D) $(x-2)^2 + (y-2)^2 = 1$
   (E) 以上选项均不正确

4. 圆 $x^2 + y^2 = r^2$ 与 $x^2 + y^2 + 2x - 4y + 4 = 0$ 有两条外公切线.
   (1) $0 < r < \sqrt{5} + 1$; (2) $\sqrt{5} - 1 < r < \sqrt{5} + 1$.

习题详解

1. (C)

【解析】两个条件单独显然不充分，故联立．

由条件(2)，得 $1<d<5$．

由条件(1)，得半径之和为5，半径之差为1，故两圆相交，联立起来充分．

2. (A)

【解析】条件(1)：解方程 $2x^2-17x+35=0$，得 $x_1=r_1=\dfrac{7}{2}$，$x_2=r_2=5$，两圆的圆心距大于半径之和，故两圆外离，有4条公切线，条件(1)充分．

条件(2)：设 P 点到圆心的距离为 d，则 P 到圆上的最大距离为 $d+r=5$，P 到圆上的最短距离为 $d-r=1$，解得半径 $r=a=2$，条件(2)不充分．

3. (B)

【解析】圆 C_2 与圆 C_1 的圆心关于直线 $x-y-1=0$ 对称，点 (x,y) 关于 $x-y+c=0$ 的对称点为 $(y-c,x+c)$，

故 $(-1,1)$ 关于直线 $x-y-1=0$ 对称的点为 $(1+1,-1-1)$，即 C_2 的圆心为 $(2,-2)$．

故圆 C_2 的方程为 $(x-2)^2+(y+2)^2=1$．

4. (D)

【解析】圆 $x^2+y^2+2x-4y+4=0$ 可化为 $(x+1)^2+(y-2)^2=1$，圆心为 $(-1,2)$，半径为1．

圆 $x^2+y^2=r^2$ 的圆心为 $(0,0)$，半径为 r．

两圆的圆心距为 $\sqrt{(-1-0)^2+(2-0)^2}=\sqrt{5}$．

两圆有两条外公切线，说明两个圆的位置关系为相交、外切或相离，即圆心距大于半径之差即可，即 $|r-1|<\sqrt{5}$，解得 $-\sqrt{5}+1<r<\sqrt{5}+1$．又因为半径不能为负，所以 $0<r<\sqrt{5}+1$．

故两个条件都充分，选(D)．

题型 78 图像的判断

母题精讲

母题78 直线 $y=kx+b$ 经过第三象限的概率是 $\dfrac{5}{9}$．

(1) $k\in\{-1,0,1\}$，$b\in\{-1,1,2\}$；

(2) $k\in\{-2,-1,2\}$，$b\in\{-1,0,2\}$．

【解析】穷举法．

条件(1)：以下5种情况过第三象限：

$k=-1$，$b=-1$；$k=0$，$b=-1$；$k=1$，$b=-1$；$k=1$，$b=1$；$k=1$，$b=2$；

概率为 $P=\dfrac{5}{9}$，故条件(1)充分．

条件(2)：以下5种情况过第三象限：

$k=-2$，$b=-1$；$k=-1$，$b=-1$；$k=2$，$b=-1$；$k=2$，$b=0$；$k=2$，$b=2$；

概率为 $P=\dfrac{5}{9}$，故条件(2)充分.

【答案】 (D)

老吕施法

> 图像的判断常见以下命题方式：
> (1)直线的图像.
> 直线 $Ax+By+C=0$ 过某些象限，求直线方程系数的符号.
> 已知直线方程系数的符号，判断直线的图像过哪些象限.
> (2)两条直线.
> 方程 $Ax^2+Bxy+Cy^2+Dx+Ey+F=0$ 的图像是两条直线，则可利用双十字相乘法化为 $(A_1x+B_1y+C_1)(A_2x+B_2y+C_2)=0$ 的形式.
> (3)正方形或菱形.
> 若有 $|Ax-a|+|By-b|=C$，则当 $A=B$ 时，函数的图像所围成的图形是正方形；当 $A\neq B$ 时，函数的图像所围成的图形是菱形；无论是正方形还是菱形，面积均为 $S=\dfrac{2C^2}{AB}$.
> (4)圆的一般方程.
> 方程 $x^2+y^2+Dx+Ey+F=0$ 表示圆的前提为 $D^2+E^2-4F>0$.
> (5)半圆.
> 若圆的方程为 $(x-a)^2+(y-b)^2=r^2$，则
> ①右半圆的方程为 $(x-a)^2+(y-b)^2=r^2$ $(x\geqslant a)$，或者 $x=\sqrt{r^2-(y-b)^2}+a$.
> ②左半圆的方程为 $(x-a)^2+(y-b)^2=r^2$ $(x\leqslant a)$，或者 $x=-\sqrt{r^2-(y-b)^2}+a$.
> ③上半圆的方程为 $(x-a)^2+(y-b)^2=r^2$ $(y\geqslant b)$，或者 $y=\sqrt{r^2-(x-a)^2}+b$.
> ④下半圆的方程为 $(x-a)^2+(y-b)^2=r^2$ $(y\leqslant b)$，或者 $y=-\sqrt{r^2-(x-a)^2}+b$.

习题精练

1. 直线 l：$ax+by+c=0$ 恒过一、二、三象限．
   (1)$ab<0$ 且 $bc<0$；　　　　　　　(2)$ab<0$ 且 $ac>0$．
2. 如果圆 $(x-a)^2+(y-b)^2=1$ 的圆心在第二象限，那么直线 $ax+by+1=0$ 不过(　　)．
   (A)第一象限　　　　　(B)第二象限　　　　　(C)第三象限
   (D)第四象限　　　　　(E)以上选项均不正确
3. 方程 $x^2+axy+16y^2+bx+4y-72=0$ 表示两条平行直线．
   (1)$a=-8$；　　　　　　　(2)$b=-1$．
4. 方程 $|x-1|+|y-1|=1$ 所表示的图形是(　　)．
   (A)一个点　　(B)四条直线　　(C)正方形　　(D)四个点　　(E)圆
5. 由曲线 $|x|+|2y|=4$ 所围图形的面积为(　　)．
   (A)12　　　　(B)14　　　　(C)16　　　　(D)18　　　　(E)8
6. 方程 $x^2+y^2+4mx-2y+5m=0$ 表示圆的充分必要条件是(　　)．

(A) $\dfrac{1}{4}<m<1$ (B) $m<\dfrac{1}{4}$ 或 $m>1$ (C) $m<\dfrac{1}{4}$

(D) $m>1$ (E) $1<m<4$

7. 若圆的方程是 $x^2+y^2=1$，则它的右半圆(在第一象限和第四象限内的部分)的方程式为( )．

(A) $y-\sqrt{1-x^2}=0$ (B) $x-\sqrt{1-y^2}=0$ (C) $y+\sqrt{1-x^2}=0$

(D) $x+\sqrt{1-y^2}=0$ (E) $x^2+y^2=\dfrac{1}{2}$

8. 若 $\dfrac{a+b}{c}=\dfrac{a+c}{b}=\dfrac{c+b}{a}=k$，$\sqrt{m-2}+n^2+9=6n$，则直线 $y=kx+(m+n)$ 一定经过第( )象限．

(A) 一、三 (B) 一、二 (C) 一、二、三 (D) 二、三 (E) 一、四

习 题 详 解

1. (D)

【解析】$ax+by+c=0 \Rightarrow y=-\dfrac{a}{b}x-\dfrac{c}{b}$．

因为图像过一、二、三象限，可知斜率大于0，故有 $-\dfrac{a}{b}>0 \Rightarrow ab<0$．

纵截距大于0，故有 $-\dfrac{c}{b}>0 \Rightarrow bc<0$．

故条件(1)、(2)都充分，选(D)．

2. (B)

【解析】圆心坐标为 (a,b)，因为圆心在第二象限，故 $a<0$，$b>0$．

直线方程可化为 $y=-\dfrac{a}{b}x-\dfrac{1}{b}$，故斜率 $-\dfrac{a}{b}>0$，纵截距 $-\dfrac{1}{b}<0$．

故直线过一、三、四象限，不过第二象限．

3. (C)

【解析】两个条件单独显然不充分，联立两个条件，用双十字相乘法，可知
$$x^2-8xy+16y^2-x+4y-72=(x-4y+8)(x-4y-9)=0,$$
表示的是两条平行直线，联立起来充分，选(C)．

4. (C)

【解析】方法一：分类讨论法．

方程 $|x-1|+|y-1|=1$ 所表示的图形为

$$\begin{cases} x+y-3=0, & x\geqslant 1, y\geqslant 1, \\ x-y-1=0, & x\geqslant 1, y\leqslant 1, \\ y-x-1=0, & x<1, y\geqslant 1, \\ 1-x-y=0, & x<1, y<1. \end{cases}$$

在平面直角坐标系中画出这四条线，会围成一个以 $(1,1)$ 为中心的正方形．

方法二：若有 $|Ax-a|+|By-b|=C$，则当 $A=B$ 时，函数的图像所围成的图形是正方形，显然选(C)．

5. (C)

【解析】$|x|+|2y|=4$ 表示一个菱形，其面积为 $S=\dfrac{2\times 4^2}{2}=16$.

6. (B)

【解析】圆的一般式方程表示圆的条件为 $D^2+E^2-4F>0$，故有 $(4m)^2+(-2)^2-4\times 5m>0$，整理得 $4m^2+1-5m>0$，解得 $m<\dfrac{1}{4}$ 或 $m>1$.

7. (B)

【解析】$x^2+y^2=1$ 的右半圆，即为 $x^2+y^2=1$，且 $x\geqslant 0$. 整理得 $x^2=1-y^2$，又 $x\geqslant 0$，故 $x=\sqrt{1-y^2}$，即 $x-\sqrt{1-y^2}=0$.

8. (B)

【解析】$\dfrac{a+b}{c}=\dfrac{a+c}{b}=\dfrac{c+b}{a}=k$，在等式的每一部分都加 1，得

$$\dfrac{a+b+c}{c}=\dfrac{a+b+c}{b}=\dfrac{a+b+c}{a}=k+1,$$

故当 $a+b+c=0$ 时，$k=-1$；

当 $a+b+c\neq 0$ 时，$a=b=c$，故 $k+1=3$，$k=2$.

又由 $\sqrt{m-2}+n^2+9=6n$，得 $\sqrt{m-2}+(n-3)^2=0$，即 $m=2$，$n=3$.

故 $y=kx+(m+n)$ 可化为 $y=-x+5$ 或 $y=2x+5$，画图像可知图像必过第一、二象限.

题型 79　过定点与曲线系

母题精讲

母题79 方程 $(a-1)x-y+2a+1=0$ $(a\in\mathbf{R})$ 所表示的直线(　　).

(A)恒过定点 $(-2,3)$　　　　　　　　(B)恒过定点 $(2,3)$

(C)恒过点 $(-2,3)$ 和点 $(2,3)$　　　　(D)都是平行直线

(E)以上选项均不正确

【解析】方法一：直线 $(a-1)x-y+2a+1=0$，可以理解为两条直线 $a(x+2)=0$ 与 $x+y-1=0$ 所成的直线系，恒过两直线的交点 $(-2,3)$.

方法二：令 $a=1$，可得 $y=3$；再令 $a=0$，即 $-x-y+1=0$，可得 $x=-2$，可知直线恒过点 $(-2,3)$.

【答案】(A)

老吕施法

(1)过两条直线交点的直线系方程.

若有两条直线 $A_1x+B_1y+C_1=0$ 和 $A_2x+B_2y+C_2=0$ 相交，则过这两条直线交点的直线系方程为 $(A_1x+B_1y+C_1)\lambda+(A_2x+B_2y+C_2)=0$；

反之，$(A_1x+B_1y+C_1)\lambda+(A_2x+B_2y+C_2)=0$ 的图像，必过直线 $A_1x+B_1y+C_1=0$ 和 $A_2x+B_2y+C_2=0$ 的交点.

(2)两个圆的公共弦所在直线方程.

若圆 C_1：$x^2+y^2+D_1x+E_1y+F_1=0$ 与圆 C_2：$x^2+y^2+D_2x+E_2y+F_2=0$ 相交于两点，则过这两个点的直线方程为 $(D_1-D_2)x+(E_1-E_2)y+(F_1-F_2)=0$（即两圆的方程相减）.

(3)过两个曲线交点的曲线系方程.

过 $f_1(x,y)=0$ 和 $f_2(x,y)=0$ 交点的曲线系方程是 $f_1(x,y)+\lambda f_2(x,y)=0$ $(\lambda\in\mathbf{R})$ 或者 $\alpha f_1(x,y)+\beta f_2(x,y)=0$ $(\alpha^2+\beta^2\neq 0)$.

(4)过定点问题的解法.

方法一：先整理成形如 $a\lambda+b=0$ 的形式，再令 $a=0$，$b=0$；

方法二：直接把 λ 取特殊值，如 0，1，代入组成方程，即可求解.

习题精练

1. 直线 $(2\lambda-1)x-(\lambda-2)y-(\lambda+4)=0$ 恒过定点（　　）.
   (A)$(0,0)$　　(B)$(2,3)$　　(C)$(3,2)$　　(D)$(-2,3)$　　(E)$(3,-2)$

2. 设 A，B 是两个圆 $(x-2)^2+(y+2)^2=3$ 和 $(x-1)^2+(y-1)^2=2$ 的交点，则过 A，B 两点的直线方程为（　　）.
   (A)$2x+4y-5=0$　　　　(B)$2x-6y-5=0$　　　　(C)$2x-6y+5=0$
   (D)$2x+6y-5=0$　　　　(E)$4x-2y-5=0$

3. 直线 l：$3mx-y-6m-3=0$ 和圆 C：$(x-3)^2+(y+6)^2=25$ 相交.
   (1)$m>-3$；　　　　(2)$m<3$.

4. 曲线 $ax^2+by^2=1$ 通过 4 个定点.
   (1)$a+b=1$；　　　　(2)$a+b=2$.

习题详解

1. (B)

   【解析】方法一：将原方程整理为 $(2x-y-1)\lambda-(x-2y+4)=0$，故有
   $$\begin{cases}2x-y-1=0,\\ x-2y+4=0,\end{cases}\text{解得}\begin{cases}x=2,\\ y=3.\end{cases}$$

   方法二：特殊值法.

   令 $\lambda=\dfrac{1}{2}$，得 $y=3$；令 $\lambda=2$，得 $x=2$，故定点为 $(2,3)$.

2. (B)

   【解析】$\begin{cases}x^2+y^2-4x+4y+5=0,\\ x^2+y^2-2x-2y=0,\end{cases}$ 两式相减得 $2x-6y-5=0$.

3. (D)

   【解析】直线方程可化为
   $$(3x-6)m-(y+3)=0,$$
   故直线恒过点 $(2,-3)$，将该点带入圆的方程可得
   $$(2-3)^2+(-3+6)^2=10<25,$$

故点在圆内.

所以无论 m 取何值,直线始终与圆相交,即两个条件都充分.

4. (D)

【解析】条件(1):将 $a+b=1$ 代入 $ax^2+by^2=1$,得
$ax^2+by^2=a+b$,即 $a(x^2-1)+b(y^2-1)=0$,
故当 $x^2=1$,$y^2=1$ 时,不论 a,b 取何值,上式都成立.
所以图像必过 $(1,1)$、$(1,-1)$、$(-1,1)$、$(-1,-1)$ 四个定点,条件(1)充分.

条件(2):同理可知,图像必过 $\left(\frac{\sqrt{2}}{2},\frac{\sqrt{2}}{2}\right)$、$\left(\frac{\sqrt{2}}{2},-\frac{\sqrt{2}}{2}\right)$、$\left(-\frac{\sqrt{2}}{2},\frac{\sqrt{2}}{2}\right)$、$\left(-\frac{\sqrt{2}}{2},-\frac{\sqrt{2}}{2}\right)$ 四个定点,条件(2)充分.

题型 80 面积问题

母题精讲

母题80 在直角坐标系中,若平面区域 D 中所有点的坐标 (x,y) 均满足: $0 \leqslant x \leqslant 6$,$0 \leqslant y \leqslant 6$,$|y-x| \leqslant 3$,$x^2+y^2 \geqslant 9$,则 D 的面积是( ).

(A) $\frac{9}{4} \times (1+4\pi)$

(B) $9 \times \left(4-\frac{\pi}{4}\right)$

(C) $9 \times \left(3-\frac{\pi}{4}\right)$

(D) $\frac{9}{4} \times (2+\pi)$

(E) $\frac{9}{4} \times (1+\pi)$

【解析】画图象可知,D 为图 6-36 中的阴影部分,故面积为

$$36-2 \times \frac{1}{2} \times 3 \times 3 - \frac{1}{4}\pi \times 3^2 = 27 - \frac{9}{4}\pi.$$

【答案】(C)

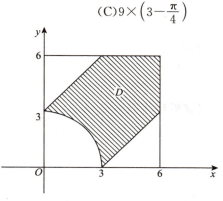

图 6-36

老吕施法

重点题型,常见以下问题

(1)求直线构成的三角形面积,求出交点坐标即可.

(2)求正方形或菱形面积,通过交点求出边长即可.

(3)求组合图形的面积,用割补法.

习题精练

1. 如图 6-37 所示,在直角坐标系 xOy 中,矩形 $OABC$ 的顶点 B 的坐标是 $(6,4)$,则直线 l 将矩形 $OABC$ 分成了面积相等的两部分.

   (1) l: $x-y-1=0$;
   (2) l: $x-3y+3=0$.

2. 直线 $y=\frac{x}{k}+1$ 与两坐标所围成的三角形面积是 3.

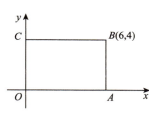

图 6-37

(1) $k=6$;   (2) $k=-6$.

3. 曲线 $y=|x|$ 与圆 $x^2+y^2=4$ 所围成区域的最小面积为(　　).

(A) $\dfrac{\pi}{4}$ (B) $\dfrac{3\pi}{4}$ (C) π (D) 4   (E) 6

4. 曲线 $|xy|+1=|x|+|y|$ 所围成的图形的面积为(　　).

(A) $\dfrac{1}{4}$ (B) $\dfrac{1}{2}$ (C) 1   (D) 2   (E) 4

5. 已知 $0<k<4$,直线 $l_1:kx-2y-2k+8=0$ 和直线 $l_2:2x+k^2y-4k^2-4=0$ 与两坐标轴围成一个四边形,则这个四边形面积最小值为(　　).

(A) $\dfrac{127}{8}$ (B) $\dfrac{127}{16}$ (C) 8   (D) $\dfrac{1}{8}$ (E) 16

习题详解

1. (D)

【解析】矩形是中心对称的图形,所以只需要直线经过矩形的中心即可,中心坐标为 $(3,2)$,代入条件(1)和条件(2)的方程验证,均充分.

2. (D)

【解析】直线 $y=\dfrac{x}{k}+1$ 与两坐标轴的交点为 $(0,1),(-k,0)$.

故围成的面积为 $\dfrac{1}{2}\times 1\times|-k|=3$,解得 $k=\pm 6$,故两个条件都充分.

3. (C)

【解析】曲线 $y=|x|=\begin{cases}x,&x\geqslant 0,\\-x,&x<0\end{cases}$ 与圆 $x^2+y^2=4$ 所围面积为圆的四分之一;

故所围成的面积为 $\dfrac{1}{4}\pi r^2=\pi$.

4. (E)

【解析】将曲线方程进行整理,可得

$$|xy|+1=|x|+|y|$$
$$\Leftrightarrow |x|\cdot|y|-|x|-|y|+1=0$$
$$\Leftrightarrow (|x|-1)(|y|-1)=0$$
$$\Leftrightarrow x=\pm 1 \text{ 或 } y=\pm 1.$$

可得图像如图 6-38 所示:

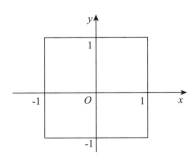

图 6-38

是一个边长为 2 的正方形, 故面积为 4.

5. (B)

【解析】l_1 的方程可化为 $k(x-2)-2y+8=0$, 不论 k 取何值, 直线恒过定点 $M(2, 4)$, l_1 与两坐标轴的交点坐标是 $A\left(\dfrac{2k-8}{k}, 0\right)$, $B(0, 4-k)$;

l_2 的方程可化为 $(2x-4)+k^2(y-4)=0$, 不论 k 取何值, 直线恒过定点 $M(2, 4)$, 与两坐标轴的交点坐标是 $C(2k^2+2, 0)$, $D\left(0, 4+\dfrac{4}{k^2}\right)$;

又有 $0<k<4$, 故四边形为 $OBMC$, 如图 6-39 所示.

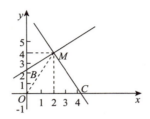

图 6-39

$$S_{四边形 OBMC} = S_{\triangle OMB} + S_{\triangle OMC}$$
$$= \dfrac{1}{2} \times (4-k) \times 2 + \dfrac{1}{2}(2k^2+2) \times 4$$
$$= 4k^2 - k + 8.$$

故 $k = \dfrac{1}{8}$ 时, 四边形的最小面积为 $\dfrac{127}{16}$.

题型 81 对称问题

母题精讲

母题 81 点 $P(-3, -1)$, 关于直线 $3x+4y-12=0$ 的对称点 P' 是( ).

(A) (2, 8)　　(B) (1, 3)　　(C) (8, 2)　　(D) (3, 7)　　(E) (7, 3)

【解析】设 P' 为 (x_0, y_0), 根据关于直线对称的条件, 有

$$\begin{cases} 3 \times \dfrac{x_0-3}{2} + 4 \times \dfrac{y_0-1}{2} - 12 = 0, \\ \dfrac{y_0+1}{x_0+3} \times \left(-\dfrac{3}{4}\right) = -1, \end{cases}$$

解得 $\begin{cases} x_0 = 3, \\ y_0 = 7. \end{cases}$ 故 P' 坐标为 $(3, 7)$.

【答案】(D)

老吕施法

(1) 两点关于直线对称.

已知直线 l：$Ax+By+C=0$，求点 $P_1(x,y)$ 关于直线 l 的对称点 $P_2(X,Y)$. 有两个关系：线段 P_1P_2 的中点在对称轴 l 上，P_1P_2 与直线 l 互相垂直，可得方程组

$$\begin{cases} A\left(\dfrac{x+X}{2}\right)+B\left(\dfrac{y+Y}{2}\right)+C=0, \\ \dfrac{y-Y}{x-X}=\dfrac{B}{A}, \end{cases} \quad (\text{其中 } A\neq 0, x\neq X)$$

解得 $\begin{cases} X=x-2A\cdot\dfrac{Ax+By+C}{A^2+B^2}, \\ Y=y-2B\cdot\dfrac{Ax+By+C}{A^2+B^2}. \end{cases}$

(2) 直线关于直线对称.

求直线 l_1：$A_1x+B_1y+C_1=0$ 关于直线 l：$Ax+By+C=0$ 的对称直线，采用以下办法：

第一步：求直线 l_1 和 l 的交点 P；

第二步：在直线 l_1 上任取一点 Q，求 Q 关于直线 l 的对称点 Q'；

第三步：利用直线的两点式方程，求出 PQ' 的方程，即为所求直线方程.

【注意】对于选择题来说，把图像画准确一点儿，判断斜率的大体范围，即可排除几个选项，余下的选项利用交点排除，一般可迅速得解.

(3) 圆关于直线对称.

求圆 $(x-a)^2+(y-b)^2=r^2$ 关于直线 $Ax+By+C=0$ 的对称圆，只需求出圆心 (a,b) 关于直线的对称点 (a',b')，则对称圆的方程为 $(x-a')^2+(y-b')^2=r^2$.

(4) 曲线关于特殊直线对称(**重点，请背熟**).

① 点 (x,y) 关于直线 $x+y+c=0$ 的对称点的坐标为 $(-y-c,-x-c)$.

② 点 (x,y) 关于直线 $x-y+c=0$ 的对称点的坐标为 $(y-c,x+c)$.

③ 曲线 $f(x,y)=0$ 关于直线 $x+y+c=0$ 对称的曲线为 $f(-y-c,-x-c)=0$；即把原式中的 x 替换为 $-y-c$，把原式中的 y 替换为 $-x-c$ 即可.

④ 曲线 $f(x,y)=0$ 关于直线 $x-y+c=0$ 对称的曲线为 $f(y-c,x+c)=0$；即把原式中的 x 替换为 $y-c$，把原式中的 y 替换为 $x+c$ 即可.

习题精练

1. 点 $M(-5,1)$ 关于 y 轴的对称点 M' 与点 $N(1,-1)$ 关于直线 l 对称，则直线 l 的方程是（　　）.

(A) $y=-\dfrac{1}{2}(x-3)$ (B) $y=\dfrac{1}{2}(x-3)$ (C) $y=-2(x-3)$

(D) $y=\dfrac{1}{2}(x+3)$ (E) $y=-2(x+3)$

2. 光线经过点 $P(2,3)$ 照射在 $x+y+1=0$ 上，反射后经过点 $Q(3,-2)$，则反射光线所在的直线方程为（　　）.

(A)$7x+5y+1=0$ (B)$x+7y-17=0$ (C)$x-7y+17=0$
(D)$x-7y-17=0$ (E)$7x-5y+1=0$

3. 直线 l_1：$x-y-2=0$ 关于直线 l_2：$3x-y+3=0$ 的对称直线 l_3 的方程为( ).
   (A)$7x-y+22=0$ (B)$x+7y+22=0$ (C)$x-7y-22=0$
   (D)$7x+y+22=0$ (E)$7x-y-22=0$

4. 以直线 $y+x=0$ 为对称轴且与直线 $y-3x=2$ 对称的直线方程为( ).
   (A)$y=\dfrac{x}{3}+\dfrac{2}{3}$ (B)$y=-\dfrac{x}{3}+\dfrac{2}{3}$ (C)$y=-3x-2$
   (D)$y=-3x+2$ (E) 以上选项均不正确

5. 圆 C_1 是圆 C_2：$x^2+y^2+2x-6y-14=0$ 关于直线 $y=x$ 的对称圆．
   (1)圆 C_1：$x^2+y^2-2x-6y-14=0$； (2)圆 C_1：$x^2+y^2+2y-6x-14=0$.

6. 已知圆 $x^2+y^2=4$ 与圆 $x^2+y^2-6x+6y+14=0$ 关于直线 l 对称，则直线 l 的方程是( ).
   (A)$x-2y+1=0$ (B)$2x-y-1=0$ (C)$x-y+3=0$
   (D)$x-y-3=0$ (E)$x+y+3=0$

7. 直线 $2x-3y+1=0$ 关于直线 $x=1$ 对称的直线方程是( ).
   (A)$2x-3y+1=0$ (B)$2x+3y-5=0$ (C)$3x+2y-5=0$
   (D)$3x-2y+5=0$ (E)$3x-2y-5=0$

习题详解

1. (C)

   【解析】M' 的坐标为 $(5,1)$，故 $M'N$ 的中点坐标为 $\left(\dfrac{5+1}{2},\dfrac{1-1}{2}\right)$，即 $(3,0)$.

   $M'N$ 的斜率为 $\dfrac{1-(-1)}{5-1}=\dfrac{1}{2}$，故直线 l 与 $M'N$ 互相垂直，故斜率为 -2.

   直线 l 过 $M'N$ 的中点 $(3,0)$，由点斜式方程可得 $y=-2(x-3)$.

2. (D)

   【解析】根据光的反射原理，先找点 P 关于直线 $x+y+1=0$ 的对称点，即 $P'(-4,-3)$.

   故 $P'Q$ 所在的直线方程就是反射线所在的方程为 $\dfrac{x+4}{3+4}=\dfrac{y+3}{-2+3}$，整理得 $x-7y-17=0$.

3. (D)

   【解析】由 $\begin{cases}x-y-2=0,\\3x-y+3=0,\end{cases}$ 解得 l_1 与 l_2 的交点为 $\left(-\dfrac{5}{2},-\dfrac{9}{2}\right)$.

   任取 l_1 上的一点 $(2,0)$，设对称点为 (x_0,y_0)，根据对称条件，得

   $$\begin{cases}3\times\dfrac{2+x_0}{2}-\dfrac{y_0}{2}+3=0,\\ \dfrac{y_0}{x_0-2}\times 3=-1,\end{cases}$$

   解得对称点为 $\left(-\dfrac{17}{5},\dfrac{9}{5}\right)$.

   据直线的两点式方程可得 l_3 的方程为

$$\frac{y+\frac{9}{2}}{\frac{9}{5}+\frac{9}{2}}=\frac{x+\frac{5}{2}}{-\frac{17}{5}+\frac{5}{2}},$$

整理得 $7x+y+22=0$.

4. (A)

【解析】曲线 $f(x)$ 关于 $x+y+c=0$ 的对称曲线为 $f(-y-c, -x-c)$,

所以 $y-3x=2$ 关于 $x+y=0$ 的对称直线为 $-x+3y=2$, 即 $y=\frac{x}{3}+\frac{2}{3}$.

5. (B)

【解析】曲线 $f(x, y)=0$ 关于直线 $y=x$ 的对称曲线为 $f(y, x)=0$,

即将圆 C_2 方程中的 x, y 互换即为圆 C_1 的方程: $x^2+y^2+2y-6x-14=0$,

所以条件(1)不充分, 条件(2)充分.

6. (D)

【解析】两圆关于直线 l 对称, 则直线 l 为两圆圆心连线的垂直平分线.

两圆的圆心分别为 $O(0, 0), P(3, -3)$, 故线段 OP 的中点为 $Q\left(\frac{3}{2}, -\frac{3}{2}\right)$.

OP 的斜率 $k_{OP}=\dfrac{-\frac{3}{2}-0}{\frac{3}{2}-0}=-1$, 则直线 l 的斜率为 $k=1$.

故直线 l 的方程为 $y=1\times\left(x-\frac{3}{2}\right)-\frac{3}{2}$, 整理得 $x-y-3=0$.

7. (B)

【解析】设点 (x, y) 在所求直线上, 该点关于 $x=1$ 对称的点为 $(2-x, y)$,

由于点 $(2-x, y)$ 在直线 $2x-3y+1=0$ 上, 所以有 $2\times(2-x)-3y+1=0$, 化简得 $2x+3y-5=0$.

题型 82 最值问题

母题精讲

母题 82 曲线 $x^2-2x+y^2=0$ 上的点到直线 $3x+4y-12=0$ 的最短距离是( ).

(A) $\dfrac{3}{5}$ (B) $\dfrac{4}{5}$ (C) 1 (D) $\dfrac{4}{3}$ (E) $\sqrt{2}$

【解析】曲线可整理为 $(x-1)^2+y^2=1$, 圆心坐标为 $(1, 0)$, 半径为 1.

圆心到直线的距离为

$$d=\frac{|3-12|}{\sqrt{3^2+4^2}}=\frac{9}{5}>1,$$

可知直线与圆相离, 圆上的点到直线的最短距离为 $\dfrac{9}{5}-1=\dfrac{4}{5}$.

【答案】(B)

老吕施法

解析几何中的最值问题，常见以下类型：

(1) 求 $\dfrac{y-b}{x-a}$ 的最值.

设 $k=\dfrac{y-b}{x-a}$，转化为求定点 (a,b) 到动点 (x,y) 的斜率的范围.

(2) 求 $ax+by$ 的最值.

设 $ax+by=c$，即 $y=-\dfrac{a}{b}x+\dfrac{c}{b}$，转化为求动直线截距的最值.

(3) 求 $(x-a)^2+(y-b)^2$ 的最值.

设 $d^2=(x-a)^2+(y-b)^2$，即 $d=\sqrt{(x-a)^2+(y-b)^2}$，转化为求定点 (a,b) 到动点 (x,y) 的距离的范围.

(4) 求圆上的点到直线距离的最值.

求出圆心到直线的距离，再根据圆与直线的位置关系，求解. 一般是距离加半径或距离减半径是其最值.

(5) 求两圆上的点的距离的最值.

求出圆心距，再减半径或加半径即可.

(6) 转化为一元二次函数求最值.

(7) 与圆有关的最值问题，往往与切线或直径、半径有关.

习题精练

1. 设 A，B 分别是圆周 $(x-3)^2+(y-\sqrt{3})^2=3$ 上使得 $\dfrac{y}{x}$ 取到最大值和最小值的点，O 是坐标原点，则 $\angle AOB$ 的大小为（   ）.

   (A) $\dfrac{\pi}{2}$ (B) $\dfrac{\pi}{3}$ (C) $\dfrac{\pi}{4}$ (D) $\dfrac{\pi}{6}$ (E) $\dfrac{5\pi}{12}$

2. 动点 $P(x,y)$ 在圆 $x^2+y^2-1=0$ 上，则 $\dfrac{y+1}{x+2}$ 的最大值是（   ）.

   (A) $\sqrt{2}$ (B) $-\sqrt{2}$ (C) $\dfrac{1}{2}$ (D) $-\dfrac{1}{2}$ (E) $\dfrac{4}{3}$

3. 已知直线 $ax-by+3=0$（$a>0$，$b>0$）过圆 $x^2+4x+y^2-2y+1=0$ 的圆心，则 ab 的最大值为（   ）.

   (A) $\dfrac{9}{16}$ (B) $\dfrac{11}{16}$ (C) $\dfrac{3}{4}$ (D) $\dfrac{9}{8}$ (E) $\dfrac{9}{4}$

4. 若 x，y 满足 $x^2+y^2-2x+4y=0$，则 $x-2y$ 的最大值为（   ）.

   (A) $\sqrt{5}$ (B) 10   (C) 9   (D) $5+2\sqrt{5}$ (E) 0

5. 在圆 $x^2+y^2=4$ 上，与直线 $4x+3y-12=0$ 距离最小的点坐标是（   ）.

   (A) $\left(\dfrac{8}{5},\dfrac{6}{5}\right)$ (B) $\left(\dfrac{8}{5},-\dfrac{6}{5}\right)$ (C) $\left(-\dfrac{8}{5},\dfrac{6}{5}\right)$

(D) $\left(-\dfrac{8}{5}, -\dfrac{6}{5}\right)$ (E) $\left(\dfrac{6}{5}, \dfrac{8}{5}\right)$

6. 已知两点 $A(-2, 0)$, $B(0, 2)$, 点 C 是圆 $x^2+y^2-4x+4y+6=0$ 上任意一点, 则点 C 到直线 AB 距离的最小值是 (　　).

(A) $2\sqrt{2}$　　(B) $3\sqrt{2}$　　(C) $\sqrt{2}$　　(D) $4\sqrt{2}$　　(E) $5\sqrt{2}$

7. 已知实数 x, y 满足 $x^2+y^2-2x+ay-11=0$, 则 x^2+y^2 的最小值为 $21-8\sqrt{5}$.
(1) $a=6$;　　　　　　(2) $a=4$.

8. 点 P 在圆 O_1 上, 点 Q 在圆 O_2 上, 则 $|PQ|$ 的最小值是 $3\sqrt{5}-3-\sqrt{6}$.
(1) $O_1: x^2+y^2-8x-4y+11=0$;
(2) $O_2: x^2+y^2+4x+2y-1=0$.

9. 圆 $x^2+y^2-8x-2y+10=0$ 中过 $M(3, 0)$ 点的最长弦和最短弦所在直线方程分别是 (　　).

(A) $x-y-3=0$, $x+y-3=0$　　　　(B) $x-y-3=0$, $x-y+3=0$
(C) $x+y-3=0$, $x-y-3=0$　　　　(D) $x+y-3=0$, $x-y+3=0$
(E) 以上选项均不正确

10. 已知点 $A(-2, 2)$ 及点 $B(-3, -1)$, P 是直线 $L: 2x-y-1=0$ 上的一点, 则 $|PA|^2+|PB|^2$ 取最小值时 P 点的坐标为 (　　).

(A) $\left(\dfrac{1}{10}, -\dfrac{4}{5}\right)$　　(B) $\left(\dfrac{1}{8}, -\dfrac{3}{4}\right)$　　(C) $\left(\dfrac{1}{6}, -\dfrac{2}{3}\right)$
(D) $\left(\dfrac{1}{4}, -\dfrac{1}{2}\right)$　　(E) $\left(\dfrac{1}{2}, 0\right)$

习题详解

1. (B)

【解析】转化为斜率.

圆心坐标为 $(3, \sqrt{3})$, 半径为 $\sqrt{3}$. 令 $k=\dfrac{y}{x}=\dfrac{y-0}{x-0}$, 可知, $\dfrac{y}{x}$ 为过原点且与圆有交点的直线的斜率, 当直线与圆相切时取到最值, 图像如图 6-40 所示

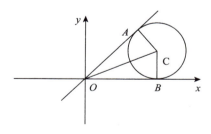

图 6-40

可知 BC 与 OB 垂直, 故 $\tan\angle BOC=\dfrac{BC}{OB}=\dfrac{\sqrt{3}}{3}$, 所以 $\angle BOC=\dfrac{\pi}{6}$, $\angle AOB=\dfrac{\pi}{3}$.

2. (E)

【解析】转化为斜率.

因为 $\dfrac{y+1}{x+2}=\dfrac{y-(-1)}{x-(-2)}$，可以看作是点 $P(x,y)$ 和定点 $A(-2,-1)$ 所在直线的斜率．如图 6-41 所示，可知，当 P 落在点 C 处时，斜率最大．

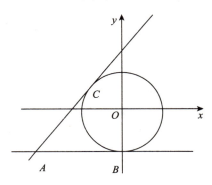

图 6-41

设直线 AC 的方程为 $y+1=k(x+2)$，圆心 $(0,0)$ 到直线 AC 的距离为半径 1，故
$$d=\dfrac{|2k-1|}{\sqrt{k^2+1^2}}=1,$$
解得 $k=\dfrac{4}{3}$ 或 0．所以 $\dfrac{y+1}{x+2}$ 的最大值为 $\dfrac{4}{3}$．

3. (D)

【解析】转化为一元二次函数求最值．

根据圆的一般方程可知圆心坐标为 $(-2,1)$，代入直线方程得
$$-2a-b+3=0,\ 即\ b=3-2a,$$
$$ab=a(3-2a)=-2a^2+3a,$$
根据抛物线的顶点坐标公式可知，顶点坐标为 $\left(\dfrac{3}{4},\dfrac{9}{8}\right)$，故 ab 的最大值为 $\dfrac{9}{8}$．

4. (B)

【解析】转化为截距．

令 $x-2y=k$，即 $y=\dfrac{x}{2}-\dfrac{k}{2}$，可见，欲让 k 的取值最大，直线的纵截距必须最小．

又因为 (x,y) 既是直线上的点，又是圆上的点，所以当直线与圆相切时，直线的纵截距最小，此时，圆心到直线的距离等于半径，即
$$d=\dfrac{|1+2\times 2-k|}{\sqrt{1+2^2}}=r=\sqrt{5},$$
解得 $k=10$ 或 $k=0$．所以 $x-2y$ 的最大值为 10．

5. (A)

【解析】设所求点为 $A(x_0,y_0)$，圆心为 O，则 A 点在圆上，OA 垂直于直线 $4x+3y-12=0$，故
$$\begin{cases}x_0^2+y_0^2=4,\\ \dfrac{y_0-0}{x_0-0}=\dfrac{3}{4},\end{cases}\ 解得\ \begin{cases}x_0=\dfrac{8}{5},\\ y_0=\dfrac{6}{5}\end{cases}\ 或\ \begin{cases}x_0=-\dfrac{8}{5},\\ y_0=-\dfrac{6}{5}.\end{cases}$$

故距离最小的点的坐标为 $\left(\dfrac{8}{5}, \dfrac{6}{5}\right)$，距离最大的点的坐标为 $\left(-\dfrac{8}{5}, -\dfrac{6}{5}\right)$.

6. (A)

【解析】圆的方程可化为 $(x-2)^2+(y+2)^2=2$，故圆心为 $(2,-2)$，半径为 $r=\sqrt{2}$. 直线 AB 的方程为

$$\dfrac{y-0}{x-(-2)}=\dfrac{2-0}{0-(-2)},$$

整理，得 $x-y+2=0$.

故圆心到直线 AB 的距离为 $d=\dfrac{|2-(-2)+2|}{\sqrt{1+1}}=3\sqrt{2}>r$，直线 AB 和圆相离.

点 C 到直线 AB 距离的最小值为 $3\sqrt{2}-r=3\sqrt{2}-\sqrt{2}=2\sqrt{2}$.

7. (B)

【解析】转化为距离的平方.

方程化为圆：$(x-1)^2+\left(y+\dfrac{a}{2}\right)^2=12+\dfrac{a^2}{4}$，原点在圆内，$x^2+y^2$ 为原点到圆上各点距离的平方，原点到圆上各点的最小距离为原点到圆心的距离减去半径，即

$$\left[\sqrt{12+\dfrac{a^2}{4}}-\sqrt{(1-0)^2+\left(-\dfrac{a}{2}-0\right)^2}\right]^2=21-8\sqrt{5},$$

$$\left(\sqrt{12+\dfrac{a^2}{4}}-\sqrt{1+\dfrac{a^2}{4}}\right)^2=21-8\sqrt{5}.$$

条件(1)：将 $a=6$ 代入上式，不充分.

条件(2)：将 $a=4$ 代入上式，充分.

8. (C)

【解析】条件(1)、(2)单独显然不充分，联立可得

$$O_1:(x-4)^2+(y-2)^2=9,\ O_2:(x+2)^2+(y+1)^2=6,$$

圆心距：$\sqrt{6^2+3^2}=3\sqrt{5}>3+\sqrt{6}$，所以两圆相离.

$|PQ|$ 最小值为 $3\sqrt{5}-3-\sqrt{6}$. 故两条件联立起来充分.

9. (A)

【解析】根据圆的一般方程可知，圆心坐标为 $C(4,1)$，最长弦即过 M 点的直径，此弦必过圆心 C 和 M 点，方程为

$$\dfrac{x-3}{4-3}=\dfrac{y-0}{1-0},\quad 即\ x-y-3=0,$$

最短弦垂直于 CM，其斜率为 -1，根据点斜式方程可知，方程为

$$y=-(x-3),\quad 即\ x+y-3=0.$$

10. (A)

【解析】由 $2x-y-1=0$ 得，$y=2x-1$，故 P 点的坐标可以写为 $(x,2x-1)$.

由两点间的距离公式可得

$$|PA|^2+|PB|^2=(x+2)^2+(2x-1-2)^2+(x+3)^2+(2x-1+1)^2=10x^2-2x+22,$$

故当 $x=-\dfrac{b}{2a}=-\dfrac{-2}{20}=\dfrac{1}{10}$，$|PA|^2+|PB|^2$ 取最小值，故点 P 的坐标为 $\left(\dfrac{1}{10},-\dfrac{4}{5}\right)$.

微模考六　几何

（共 25 题，每题 3 分，限时 60 分钟）

一、问题求解：第 1～15 小题，每小题 3 分，共 45 分．下列每题给出的(A)、(B)、(C)、(D)、(E) 五个选项中，只有一项是符合试题要求的，请在答题卡上将所选项的字母涂黑．

1. 如图 6-42 所示，扇形 AOB 中，$AO=BO=2$，$\angle AOB=90°$，扇形内两个半圆分别以 AO,BO 为直径，并交于点 C，则阴影部分面积为(　　)．

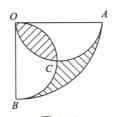

图 6-42

(A) $\pi-1$ (B) $\dfrac{\pi}{2}-2$ (C) $\pi-2$ (D) $\dfrac{\pi}{2}-1$ (E) $\dfrac{\pi-1}{2}$

2. 已知一球体的体积为 $\dfrac{\pi}{6}$，一正方体的各个顶点都在球上，则正方体的表面积为(　　)．

(A) $\dfrac{1}{3}$ (B) $\dfrac{\sqrt{3}}{4}$ (C) 2 (D) $\dfrac{1}{2}$ (E) $\dfrac{\pi}{2}$

3. 以点 $O(3,a)$ 为圆心的圆与坐标轴交于点 $A(0,1),B(0,7)$ 两点，则圆心 O 到坐标原点的距离为(　　)．

(A) $\sqrt{5}$ (B) $2\sqrt{3}$ (C) $\sqrt{13}$ (D) 3 (E) 5

4. 如图 6-43 所示，$\triangle ABC$ 的面积为 a，若 $S_{\triangle ABE}=S_{\triangle EBD}=S_{\triangle EDC}$，则 $S_{\triangle ADE}=$ (　　)．

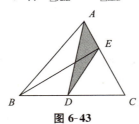

图 6-43

(A) $\dfrac{1}{2}a$ (B) $\dfrac{1}{3}a$ (C) $\dfrac{1}{4}a$ (D) $\dfrac{1}{5}a$ (E) $\dfrac{1}{6}a$

5. 直线 $x+2y-1=0$ 关于 $y=1$ 的对称的直线方程是(　　)．
   (A) $x-2y+3=0$ (B) $x-2y+5=0$
   (C) $x-2y-3=0$ (D) $2x-y-3=0$
   (E) $x+2y+3=0$

6. 如图 6-44 所示，AC,BP 将矩形分为四部分，已知 $\triangle AOP$ 的面积为 6，$\triangle AOB$ 的面积为 9，则

阴影部分面积为( ).

(A) 15 (B) $\frac{31}{2}$ (C) $\frac{33}{2}$

(D) $\frac{28}{3}$ (E) 16

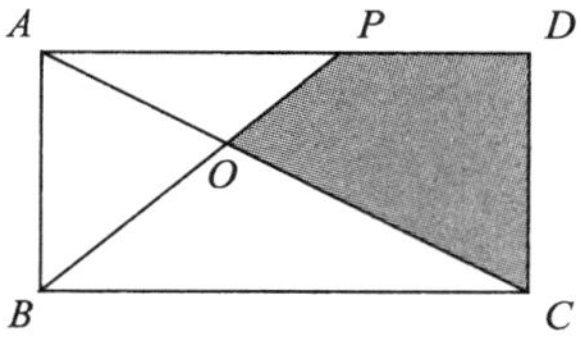

图 6-44

7. 若一正方体的体积为 V，有一圆柱体的高等于正方体的棱长，且侧面积等于正方体的侧面积，则该圆柱体的体积为( ).

(A) $\frac{3}{4}V$ (B) $\frac{3}{2}V$ (C) $\frac{\pi}{3}V$ (D) $\frac{\pi}{4}V$ (E) $\frac{4}{\pi}V$

8. 已知直线 $l_1: mx - y = 2m - x$ 与直线 $l_2: (m^2-1)x + (m-1)y = 15$ 平行，则实数 $m = ($ $)$.

(A) -2 (B) -1 (C) 0 (D) 1 (E) ± 1

9. 直线 $l: x + y = 3$ 与圆 $C: x^2 + y^2 - 2x + 4y - k = 0$ 交于点 A,B，圆 C 的圆心为 O，若 AO 垂直于 BO，则 $k = ($ $)$.

(A) -1 (B) 4 (C) 11 (D) 16 (E) 20

10. 已知直线 $\frac{x}{a} + \frac{y}{b} = 1$ 过点 $(2,3)$，且 a,b 均大于零，则直线与坐标轴所围成三角形的面积最小为( ).

(A) 8 (B) 9 (C) 11 (D) 12 (E) 16

11. 一圆柱体的高增加到原来的 3 倍，底面半径也增加到原来的 3 倍，则其外接球的体积增加为原来的(   )倍.

(A) 8 (B) 9 (C) 16 (D) 25 (E) 27

12. 坐标系中 M,N 两条直线，位置关系如图 6-45 所示，两直线方程分别表示为 $M: x + ay + b = 0, N: x + cy + d = 0$，则有( ).

(A) $a > c, b > 0, d > 0$ (B) $a > c, b < 0, d > 0$
(C) $a < c, b < 0, d < 0$ (D) $a < c, b < 0, d > 0$
(E) $a > c, b > 0, d < 0$

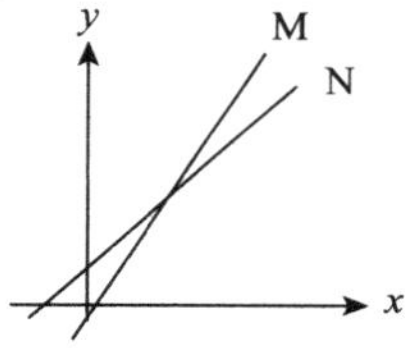

图 6-45

13. 若直线 $M: kx - y - 2k = 0$ 与直线 N 关于点 $(1,3)$ 对称，则直线 N 恒过定点( ).

(A) $(0,6)$ (B) $(1,2)$ (C) $(1,4)$ (D) $(2,3)$ (E) $(3,6)$

14. 正三棱柱内有一内切球，半径为 R，则这个正三棱柱的体积为( ).

(A) $2\sqrt{3}R^3$ (B) $3\sqrt{2}R^3$ (C) $6\sqrt{3}R^3$ (D) $6\sqrt{2}R^3$ (E) $3\sqrt{3}R^3$

15. 圆 $O: x^2 + y^2 - 4x + 3 = 0$ 上有一动点 $P(x,y)$，则 $\frac{y}{x}$ 的最大值为( ).

(A) 1 (B) $\sqrt{2}$ (C) $\frac{1}{2}$ (D) $\frac{\sqrt{3}}{2}$ (E) $\frac{\sqrt{3}}{3}$

二、条件充分性判断：第 16～25 小题，每小题 3 分，共 30 分．要求判断每题给出的条件(1)和(2)能否充分支持题干所陈述的结论．(A)、(B)、(C)、(D)、(E)五个选项为判断结果，请选择一项符合试题要求的判断，并在答题卡上将所选项的字母涂黑．

(A)条件(1)充分，但条件(2)不充分．

(B)条件(2)充分，但条件(1)不充分．

(C)条件(1)和条件(2)单独都不充分,但条件(1)和条件(2)联合起来充分.

(D)条件(1)充分,条件(2)也充分.

(E)条件(1)和条件(2)单独都不充分,条件(1)和条件(2)联合起来也不充分.

16. $a=3$.

(1)直线 $2x+y-2=0$ 和圆 $(x-1)^2+y^2=4-a$ 交于 M,N 两点,O 为坐标原点,则有 $OM \perp ON$;

(2)点 $P(3,1)$ 到直线 l 的距离为 $\sqrt{5}-\sqrt{2}$,点 $Q(1,2)$ 到直线 l 的距离为 $\sqrt{2}$,则满足条件的直线共有 a 条.

17. 直线 $l:x-y+3=0$ 被圆 $O:(x-a)^2+(y-2)^2=4$ 截得的弦长为 $2\sqrt{3}$.

(1) $a=\sqrt{2}-1$;

(2) $a=-\sqrt{2}-1$.

18. 封闭曲线所围成图形的面积为 2.

(1) $|x|+|y| \leqslant 1(x,y \in \mathbf{R})$;

(2)封闭曲线围成一个正方形,且正方形有两条边分别在直线 $x+y-2=0$ 和 $x+y=0$ 上.

19. 圆 O 的方程为 $(x+1)^2+(y-2)^2=9$.

(1)圆 O 关于直线 $x-y+2=0$ 对称的圆的方程为 $x^2+y^2-2y-8=0$;

(2)圆 O 关于直线 $x-y+2=0$ 对称的圆的方程为 $x^2+y^2-2x-8=0$.

20. 圆 $C_1:(x-1)^2+(y-2)^2=r^2(r>0)$ 与圆 $C_2:(x-3)^2+(y-4)^2=25$ 相切.

(1) $r=5\pm 2\sqrt{3}$;

(2) $r=5\pm 2\sqrt{2}$.

21. 两圆柱体的体积之比为 $4:9$;

(1)两圆柱体的侧面积相等,底面半径之比为 $4:9$;

(2)两圆柱体的侧面积相等,底面半径之比为 $2:3$.

22. 直线 l 的方程为 $x-\sqrt{3}y+2=0$.

(1)过点 $\left(-\dfrac{1}{2},\dfrac{\sqrt{3}}{2}\right)$ 作圆 $x^2+y^2=1$ 的切线为 l;

(2)过点 $(1,\sqrt{3})$ 作圆 $x^2+y^2=1$ 的切线为 l.

23. 已知直线 l 过点 $(-2,0)$,斜率为 k,则直线 l 与圆 $(x-1)^2+y^2=1$ 有两个交点.

(1) $0<k<\dfrac{1}{5}$;

(2) $-\dfrac{1}{4}<k<\dfrac{1}{4}$.

24. 曲线所围成的封闭图形的面积为 16.

(1)曲线方程为 $|xy|+4=|x|+4|y|$;

(2)曲线方程为 $|xy|+3=|x|+3|y|$.

25. 球的表面积与正方体的表面积之比为 $\pi:2$.

(1)球与正方体的每个面都相切;

(2)正方体的八个顶点均在球面上.

微模考六 答案详解

一、问题求解

1. (C)

【解析】母题70·阴影部分面积

利用割补法，可知阴影部分面积为扇形减去 $\triangle AOB$ 的面积，即

$$S = \frac{1}{4}\pi \times 2^2 - \frac{1}{2} \times 2^2 = \pi - 2.$$

2. (C)

【解析】母题72·几何体的接与切

由球的体积 $V = \frac{4}{3}\pi R^3 = \frac{\pi}{6}$，解得 $R = \frac{1}{2}$.

设正方体的长为 a，则体对角线为 $\sqrt{3}a$，球的直径为正方体的体对角线，故有 $\sqrt{3}a = 2R$，得 $a = \frac{\sqrt{3}}{3}$.

正方体的表面积为 $S = 6a^2 = 2$.

3. (E)

【解析】母题76·点、直线与圆的位置关系

由题意知 $a = \frac{1+7}{2} = 4$，所以点 O 的坐标为 $(3, 4)$，所以，圆心 O 到坐标原点的距离为 5.

4. (E)

【解析】母题70·阴影部分面积

由题干知 $S_{\triangle ABE} = S_{\triangle EBD} = S_{\triangle EDC} = \frac{1}{3}a$，

由 $S_{\triangle EBD} = S_{\triangle EDC}$，可知 $BD = DC$，

故 $S_{\triangle ABD} = S_{\triangle ADC} = \frac{1}{2}a$，

所以 $S_{\triangle ADE} = S_{\triangle ACD} - S_{\triangle EDC} = \frac{1}{2}a - \frac{1}{3}a = \frac{1}{6}a$.

5. (A)

【解析】母题81·对称问题

设所求直线上任意一点为 (x, y)，则该点关于直线 $y = 1$ 的对称点为 $(x, 2-y)$，且点 $(x, 2-y)$ 在直线 $x + 2y - 1 = 0$ 上，代入可得 $x + 2(2-y) - 1 = 0$，化简得 $x - 2y + 3 = 0$.

6. (C)

【解析】母题70·阴影部分面积

由 $\triangle AOP$ 的面积为 6，$\triangle AOB$ 的面积为 9，可得 $OP : BO = 2 : 3$.

又 △AOP 与 △BOC 相似，可知 $S_{\triangle AOP} : S_{\triangle BOC} = 4 : 9$，故 $S_{\triangle BOC} = \dfrac{9}{4} S_{\triangle AOP} = \dfrac{27}{2}$.

所以阴影部分的面积为 $S_{四边形POCD} = S_{\triangle ABC} - S_{\triangle AOP} = 9 + \dfrac{27}{2} - 6 = \dfrac{33}{2}$.

7. (E)

【解析】 母题71 · 立体几何基本问题

设正方体的棱长为 a，圆柱体底面半径为 r，则圆柱体的高也为 a.

由题意得 $2\pi r a = 4a^2$，得 $r = \dfrac{2a}{\pi}$.

所以 $V_{柱} = \pi r^2 a = \pi \left(\dfrac{2a}{\pi} \right)^2 a = \dfrac{4}{\pi} a^3 = \dfrac{4}{\pi} V$.

8. (B)

【解析】 母题75 · 直线与直线的位置关系

由两直线平行可得
$$(m+1)(m-1) = (-1)(m^2 - 1),$$
解得 $m = \pm 1$，当 $m = 1$ 时，直线 l_2 不存在，所以 $m = -1$.

9. (C)

【解析】 母题76 · 点、直线与圆的位置关系

圆 C 的圆心为 $O(1, -2)$，半径 $r = \sqrt{5+k}$，圆心到直线的距离
$$d = \dfrac{|1 - 2 - 3|}{\sqrt{2}} = 2\sqrt{2},$$

截得的弦长为
$$AB = 2\sqrt{r^2 - d^2} = 2\sqrt{5+k-8},$$

又 AO 垂直于 BO，根据勾股定理有 $OA^2 + OB^2 = AB^2$，即
$$(\sqrt{5+k})^2 + (\sqrt{5+k})^2 = (2\sqrt{5+k-8})^2,$$

可得
$$2 \times (5+k) = 4 \times (5+k-8),$$

解得 $k = 11$.

10. (D)

【解析】 母题82 · 最值问题

由直线 $\dfrac{x}{a} + \dfrac{y}{b} = 1$ 过点 $(2,3)$，可得
$$\dfrac{2}{a} + \dfrac{3}{b} = 1.$$

又 a, b 均大于零，由均值不等式得
$$\dfrac{2}{a} + \dfrac{3}{b} \geqslant 2\sqrt{\dfrac{6}{ab}},$$

即 $1 \geqslant 2\sqrt{\dfrac{6}{ab}}$，解得 $ab \geqslant 24$.

所以三角形的面积为 $S = \dfrac{1}{2} ab \geqslant 12$.

11. (E)

【解析】母题71·立体几何基本问题

设原来圆柱体的高为h，底面半径为r，外接球的半径为R，则有

$$R = \frac{1}{2}\sqrt{h^2+(2r)^2},$$

变化后圆柱体的高变为$3h$，底面半径变为$3r$，则现在外接球的半径为

$$R' = \frac{1}{2}\sqrt{(3h)^2+(6r)^2} = 3R,$$

故球的体积变为原来的27倍.

【快速得分法】特值，令原来圆柱体的高为1，底面半径为1，可迅速求解.

12. (B)

【解析】母题78·图像的判断

两直线方程可化简为

$$M:y = -\frac{1}{a}x - \frac{b}{a}, \quad N:y = -\frac{1}{c}x - \frac{d}{c},$$

由图像可得

$$\begin{cases} -\frac{1}{a} > -\frac{1}{c} > 0, \\ -\frac{b}{a} < 0, \\ -\frac{d}{c} > 0, \end{cases} \quad 即 \begin{cases} 0 > a > c, \\ b < 0, \\ d > 0, \end{cases}$$

所以选项(B)正确.

13. (A)

【解析】母题79·过定点与曲线系

直线$M:kx-y-2k=0$恒过定点$(2,0)$，点$(2,0)$关于点$(1,3)$的对称点为$(0,6)$；

所以，直线N恒过定点$(0,6)$.

14. (C)

【解析】母题72·几何体的接与切

由内切球半径为R可知，三棱柱的高为$2R$，底面边长为$2\sqrt{3}R$；

所以正三棱柱的体积为$V = \frac{1}{2} \times 2\sqrt{3}R \times 3R \times 2R = 6\sqrt{3}R^3$.

15. (E)

【解析】母题82·最值问题

$\frac{y}{x}$即表示动点P与原点所在直线的斜率，令$k=\frac{y}{x}$，即$y=kx$；

可知，当直线$y=kx$与圆O相切时，斜率取得最值.

根据圆心到直线的距离，有$\frac{|2k|}{\sqrt{k^2+1}}=1$，解得$k=\pm\frac{\sqrt{3}}{3}$.

所以$\frac{y}{x}$的最大值为$\frac{\sqrt{3}}{3}$.

二、条件充分性判断

16. (D)

【解析】 母题76·点、直线与圆的位置关系＋母题74·点与直线的位置关系

条件(1)，圆心 $(1,0)$ 在直线 $2x+y-2=0$ 上，故线段 MN 为圆的直径．

又 $OM\perp ON$，可知原点 O 在圆上，代入圆的方程可得 $a=3$，条件(1)充分．

条件(2)，P,Q 两点间的距离为 $\sqrt{(3-1)^2+(1-2)^2}=\sqrt{5}$，

恰好等于两点到直线 l 的距离之和，相当于求分别以点 P,Q 为圆心的两相切圆的公切线，

所以共有3条公切线，$a=3$，条件(2)充分．

17. (D)

【解析】 母题74·点与直线的位置关系

由题干知，圆心为 $O(a,2)$，半径为 r，圆心到直线 l 的距离为

$$d=\frac{|a-2+3|}{\sqrt{1^2+(-1)^2}}=\frac{|a+1|}{\sqrt{2}},$$

则有

$$2\sqrt{3}=2\sqrt{(2)^2-\left(\frac{|a+1|}{\sqrt{2}}\right)^2},$$

解得 $a=\pm\sqrt{2}-1$，所以条件(1)、(2)都充分．

18. (D)

【解析】 母题80·面积问题

条件(1)，$|x|+|y|\leqslant 1(x,y\in \mathbf{R})$ 恰好围成一个面积为2的正方形，条件(1)充分．

条件(2)，两直线平行，且两直线间的距离为 $\sqrt{2}$，故正方形的边长为 $\sqrt{2}$，故正方形的面积为2，条件(2)充分．

19. (A)

【解析】 母题81·对称问题

圆 O 的圆心为 $(-1,2)$，则其关于直线 $x-y+2=0$ 对称圆的圆心为 $(0,1)$．

条件(1)，可化简为 $x^2+(y-1)^2=9$，圆心对称，半径相等，条件充分．

同理，条件(2)不充分．

20. (B)

【解析】 母题77·圆与圆的位置关系

两圆的圆心距为 $d=\sqrt{(3-1)^2+(4-2)^2}=2\sqrt{2}$．

分情况讨论：

①当两圆外切时，有 $r+5=2\sqrt{2}$，又 $r>0$，故不存在．

②当两圆内切时，有 $|r-5|=2\sqrt{2}$，解得 $r=5\pm 2\sqrt{2}$．

所以条件(1)不充分，条件(2)充分．

21. (A)

【解析】 母题71·立体几何基本问题

条件(1)，两圆柱体的侧面积相等，底面半径之比为 $4:9$．

由 $2\pi r_1 h_1 = 2\pi r_2 h_2$，可得高之比为 $9:4$，故体积之比为 $\dfrac{V_1}{V_2} = \dfrac{\pi r_1^2 h_1}{\pi r_2^2 h_2} = \dfrac{4}{9}$，条件充分.

同理，可得条件(2)不充分.

22. (A)

【解析】母题 76·点、直线与圆的位置关系

条件(1)，可求得切线为 $l: -\dfrac{1}{2}x + \dfrac{\sqrt{3}}{2}y = 1$，化简得 $x - \sqrt{3}y + 2 = 0$，条件充分.

条件(2)，过圆外一点有两条切线，可求得切线为 $x - \sqrt{3}y + 2 = 0$ 或 $x = 1$，条件不充分.

23. (D)

【解析】母题 76·点、直线与圆的位置关系

设直线方程为 $kx - y + 2k = 0$，圆心为 $(1, 0)$，直线与圆有两个交点，可得

$$d = \dfrac{|k - 0 + 2k|}{\sqrt{k^2 + 1}} < 1,$$

解得 $-\dfrac{\sqrt{2}}{4} < k < \dfrac{\sqrt{2}}{4}$，所以两条件都充分.

24. (A)

【解析】母题 80·面积问题

条件(1)，$|xy| + 4 = |x| + 4|y|$，因式分解得 $(|x| - 4)(|y| - 1) = 0$，解得 $|x| = 4$ 或 $|y| = 1$，所围成图形为长为 8，宽为 2 的矩形，所以，面积为 16，条件充分.

同理可得，条件(2)中所围成的面积为 12，不充分.

25. (B)

【解析】母题 72·几何体的接与切

条件(1)，球为正方体的内切球，设正方体的棱长为 a，则球的半径 $r = \dfrac{1}{2}a$，得

$$\dfrac{S_{球}}{S_{方}} = \dfrac{4\pi \times \left(\dfrac{1}{2}a\right)^2}{6a^2} = \dfrac{\pi}{6},$$

条件不充分.

条件(2)，球为正方体的外接球，设正方体的棱长为 a，则球的半径 $r = \dfrac{\sqrt{3}}{2}a$，得

$$\dfrac{S_{球}}{S_{方}} = \dfrac{4\pi \times \left(\dfrac{\sqrt{3}}{2}a\right)^2}{6a^2} = \dfrac{\pi}{2},$$

条件充分.

第七章　数据分析

📋 **本章题型网**

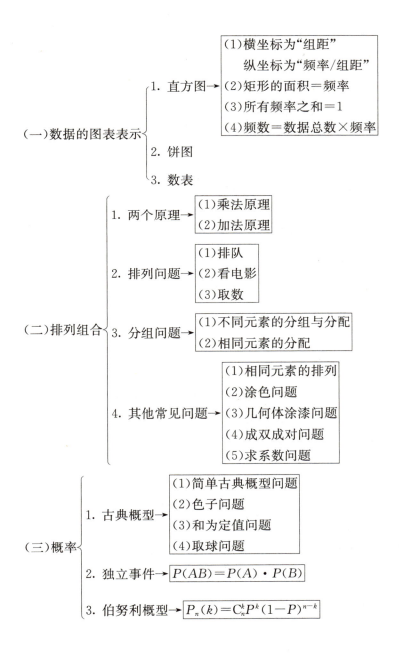

第一节 图表分析

题型 83 数据的图表分析

母题精讲

母题 83 甲、乙、丙三个地区的公务员参加一次测评,其人数和考分情况如表 7-1 所示:

表 7-1

人数\分数 地区	6	7	8	9
甲	10	10	10	10
乙	15	15	10	20
丙	10	10	15	15

三个地区按平均分由高到低的排名顺序为( ).

(A)乙、丙、甲   (B)乙、甲、丙   (C)甲、丙、乙

(D)丙、甲、乙   (E)丙、乙、甲

【解析】甲地区的平均分:$\dfrac{6\times10+7\times10+8\times10+9\times10}{40}=7.5$;

乙地区的平均分:$\dfrac{6\times15+7\times15+8\times10+9\times20}{60}\approx7.58$;

丙地区的平均分:$\dfrac{6\times10+7\times10+8\times15+9\times15}{50}=7.7$;

显然丙>乙>甲.

【答案】(E)

老吕施法

(1)频率分布直方图需要掌握:
① 横坐标为"组距",纵坐标为"频率/组距".
② 矩形的面积=频率.
③ 所有频率之和为 1.
④ 频数=数据总数×频率.

(2)数表问题单独出题的可能性较小,很可能将应用题的已知条件用表格的形式展示,这是重点题型.

习题精练

1. 100 辆汽车通过某一段公路时的时速的频率分布直方图如图 7-1 所示，则时速在 [60，80) 的汽车大约有（　　）.

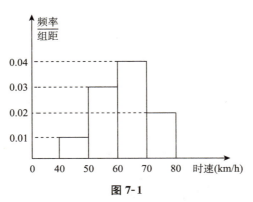

图 7-1

(A) 30 辆　　(B) 40 辆　　(C) 60 辆　　(D) 80 辆　　(E) 100 辆

2. 从某小学随机抽取 100 名同学，将他们的身高（单位：cm）数据绘制成频率分布直方图（如图 7-2 所示）则身高在 [120，140) 内的学生人数为（　　）人.

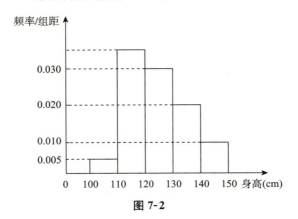

图 7-2

(A) 30　　(B) 40　　(C) 50　　(D) 55　　(E) 60

3. 如图 7-3 所示，从参加环保知识竞赛的学生中抽出 60 名，将其成绩（均为整数）整理后画出的频率分布直方图如下，则这次环保知识竞赛的及格率为（　　）.

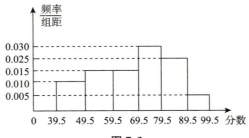

图 7-3

(A) 0.5　　(B) 0.6　　(C) 0.7　　(D) 0.75　　(E) 0.9

4. 为了解某校高三学生的视力情况，随机地抽查了该校 100 名高三学生的视力情况，得到频率分布直方图 7-4，由于不慎将部分数据丢失，但知道前 4 组的频数成等比数列，后 6 组的频数成等差数列，设最大频率为 a，视力在 4.6 到 5.0 之间的学生数为 b，则 a，b 的值分别为(　　).

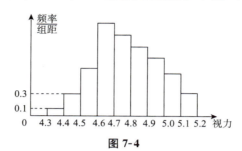

图 7-4

(A) 0.27，78　　　　　　　(B) 0.27，83　　　　　　　(C) 2.7，78
(D) 27，83　　　　　　　　(E) 27，84

5. 某班级参加业余兴趣小组的人数如图 7-5 所示，则 $m=25$.

图 7-5

(1)共 60 人，喜欢足球的人数为 m 人；
(2)喜欢篮球的有 75 人，喜欢排球的人数为 m 人.

习 题 详 解

1. (C)

【解析】频率 $=(0.02+0.04)\times10=0.6$，故汽车数为 $0.6\times100=60$(辆).

2. (C)

【解析】$m=(10\times0.03+10\times0.02)\times100=50$(人).

3. (D)

【解析】后四组的频率之和即为及格率：$(0.015+0.03+0.025+0.005)\times10=0.75$.

4. (A)

【解析】第 1 组的频率为 $0.1\times0.1=0.01$；第 2 组的频率为 $0.3\times0.1=0.03$；
由于前 4 组成等比数列，故第 3 组的频率为 0.09；第 4 组的频率为 $a=0.27$；
故后 6 组的频率之和为 $1-0.01-0.03-0.09=0.87$；
后 6 组成等差数列，首项为 0.27(视力在 4.6 至 4.7 之间)；
故有 $S_6=6a_1+\dfrac{6\times5}{2}d=6\times0.27+\dfrac{6\times5}{2}d=0.87$，解得 $d=-0.05$.
故第 5 组的频率为 $0.27-0.05=0.22$；
第 6 组的频率为 $0.22-0.05=0.17$；

第 7 组的频率为 $0.17-0.05=0.12$；

视力在 4.6 到 5.0 之间的学生数为 $(0.27+0.22+0.17+0.12)\times100=78$，即 $b=78$.

5. (B)

【解析】条件(1)：喜欢足球的人数为 $60\times\dfrac{1}{4}=15$(人)，不充分.

条件(2)：总人数为 $75\times2=150$(人)，故喜欢排球的人数为 $150\times\dfrac{1}{6}=25$(人)，充分.

第二节　排列组合

题型 84　加法原理、乘法原理

母题精讲

母题 84 有 5 人报名参加 3 项不同的培训，每人都只报一项，则不同的报法有(　　).

(A)243 种　　　　　(B)125 种　　　　　(C)81 种

(D)60 种　　　　　(E)以上选项均不正确

【解析】乘法原理，每个人都有 3 种选择，所以不同的报法有 $3^5=243$(种).

【答案】(A)

老吕施法

(1)住店问题.

n 个不同人(不能重复使用元素)，住进 m 个店(可以重复使用元素)，那么第 1、第 2、…、第 n 个人都有 m 种选择，则总共排列种数是 m^n 个.

(2)合理分类与分步.

习题精练

1. 在一次运动会上有 4 项比赛的冠军在甲、乙、丙 3 人中产生，那么不同的夺冠情况共有(　　)种.

   (A)A_4^3　　(B)4^3　　(C)3^4　　(D)C_4^3　　(E)C_4^2

2. 一辆大巴上有 10 个人，沿途有 8 个车站，则不同的下车方法有(　　)种.

   (A)A_{10}^8　　(B)10^8　　(C)8^{10}　　(D)C_{10}^8　　(E)以上选项均不正确

3. 从 6 人中选 4 人分别到北京、上海、广州、武汉 4 个城市游览，要求每个城市各 1 人游览，每人只游览 1 个城市，且这 6 人中甲、乙两人不去北京游览，则不同的选择方案共有(　　).

   (A)300 种　　(B)240 种　　(C)114 种　　(D)96 种　　(E)36 种

习题详解

1. (C)

【解析】四项比赛的冠军依次在甲、乙、丙 3 人中选取,每项冠军都有 3 种选法,由乘法原理共有 $3 \times 3 \times 3 \times 3 = 3^4$(种).

【易错点】如果人去选冠军,可能会有两个人都想当某个项目的冠军,与题干没有并列冠军相矛盾,故必须是冠军去选人.

2. (C)

【解析】第 1 个人有 8 种下车方法,第 2 个人有 8 种下车方法,…,故总的下车方法有 8^{10} 种.

3. (B)

【解析】①选出的 4 人中不包含甲、乙,不同方案有 $A_4^4 = 24$(种);

②选出的 4 人中甲、乙中选 1 人,不同方案有 $C_2^1 \times C_4^3 \times 3 \times A_3^3 = 144$(种);

③选出的 4 人中甲、乙均包括,不同方案有 $C_2^2 \times C_4^2 \times 2 \times A_3^3 = 72$(种).

由加法原理得,不同的方案总数为 $24 + 144 + 72 = 240$(种).

方法二:

一共的可能性种数为 A_6^4,剔除甲或乙去北京的种数为 A_5^3,即 $A_6^4 - 2A_5^3 = 240$(种).

题型 85 排队问题

母题精讲

母题 85 甲、乙、丙、丁、戊、己 6 人排队,则在以下各要求下,各有多少种不同的排队方法?

(1)甲不在排头;

(2)甲不在排头并且乙不在排尾;

(3)甲乙两人相邻;

(4)甲乙两人不相邻;

(5)甲始终在乙的前面(可相邻也可不相邻).

【解析】假设 6 人一字排开,排入如下格子:

排头					排尾

(1)方法一:剔除法.

6 个人任意排,有 A_6^6 种方法;

甲在排头,其他人任意排,有 A_5^5 种方法;

故甲不在排头的方法有 $A_6^6 - A_5^5 = 600$(种).

方法二:特殊元素优先法.

第一步:甲有特殊要求,故让甲先排,甲除了排头外有 5 个格子可以选,即 C_5^1;

第二步:余下的 5 个人,还有 5 个位置可以选,没有任何要求,故可任意排,即 A_5^5.

故不同的排队方法有 $C_5^1 A_5^5 = 600$(种).

方法三：特殊位置优先法．

第一步：排头有特殊要求，先让排头选人，除了甲以外都可以选，故有 C_5^1；

第二步：余下的5个位置，还有5个人可以选，没有任何要求，故可任意排，即 A_5^5．

故不同的排队方法有 $C_5^1 A_5^5 = 600$（种）．

(2) 方法一：特殊元素优先法．

有两个特殊元素：甲和乙．如果我们先让甲挑位置，甲不能在排头，故甲可以选排尾和中间的4个位置．这时，如果甲占了排尾，则乙就变成了没有要求的元素；如果甲占了中间4个位置中的一个，则乙还有特殊要求：不能坐排尾；故按照甲的位置分为两类：

第一类：甲在排尾，其他人没有任何要求，故有 A_5^5．

第二类：甲从中间4个位置中选1个位置，即 C_4^1；再让乙选，不能在排尾，不能在甲占的位置，故还有4个位置可选，C_4^1；余下的4个人任意排，即 A_4^4；故有 $C_4^1 C_4^1 A_4^4$．

加法原理，不同排队方法有 $A_5^5 + C_4^1 C_4^1 A_4^4 = 504$（种）．

方法二：剔除法．

6个人任意排 A_6^6，减去甲在排头的 A_5^5，再减去乙在排尾的 A_5^5；

甲既在排头乙又在排尾的减了2次，故需要加上1次，即 A_4^4；

所以，不同排队方法有 $A_6^6 - A_5^5 - A_5^5 + A_4^4 = 504$（种）．

(3) 相邻问题用捆绑法．

第一步：甲乙两人必须相邻，故我们将甲乙两人用绳子捆起来，当作一个元素来处理，则此时有5个元素，可以任意排，即 A_5^5；

第二步：甲乙两人排一下序，即 A_2^2．

根据乘法原理，不同排队方法有 $A_5^5 A_2^2 = 240$（种）．

(4) 不相邻问题用插空法．

第一步：除甲乙外的4个人排队，即 A_4^4；

第二步：4个人中间形成了5个空，挑两个空让甲乙两人排进去，两人必不相邻，即 A_5^2；

根据乘法原理，不同排队方法有 $A_4^4 A_5^2 = 480$（种）．

(5) 定序问题用消序法．

第一步：6个人任意排，即 A_6^6；

第二步：因为甲始终在乙的前面，所以单看甲乙两人时，两人只有一种顺序，但是6个人任意排时，甲乙两人有 A_2^2 种排序，故需要消掉两人的顺序，用乘法原理的逆运算，即除法，故有 $\dfrac{A_6^6}{A_2^2}$．

故不同排队方法有 $\dfrac{A_6^6}{A_2^2} = 360$（种）．

【注意】若3人定序则除以 A_3^3，以此类推．

老吕施法

排队问题是最典型的排列问题，排列问题有以下常用方法，必须掌握：

(1) 特殊元素优先法．

(2)特殊位置优先法．
(3)剔除法．
(4)相邻问题捆绑法．
(5)不相邻问题插空法．
(6)定序问题消序法．

习题精练

1. 现有4个成年人和2个小孩，其中2人是母女；6人排成一排照相，要求每个小孩两边都是成年人，且1对母女要排在一起，则不同的排法有（　　）种．
   (A)56　　(B)60　　(C)72　　(D)84　　(E)96

2. 从10个不同的节目中选4个编成一个节目单，如果某独唱节目不能排在最后一个节目位置，则不同的排法有（　　）种．
   (A)4 536　　(B)756　　(C)504　　(D)1 512　　(E)2 524

3. 有5本不同的书排成一排，其中甲、乙必须排在一起，丙、丁不能排在一起，则不同的排法共有（　　）．
   (A)12种　　(B)24种　　(C)36种　　(D)48种　　(E)60种

4. 有5个人排队，甲、乙必须相邻，丙不能在两头，则不同的排法共有（　　）．
   (A)12种　　(B)24种　　(C)36种　　(D)48种　　(E)60种

5. 有7本互不相同的书，其中数学书2本、语文书2本、美术书3本，若将这些书排成一列放在书架上，则数学书恰好排在一起，同时语文书也恰好排在一起的排法共有（　　）种．
   (A)240　　(B)480　　(C)960　　(D)1 280　　(E)1 440

6. 5艘轮船停放在5个码头，已知甲船不能停放在A码头，乙船不能停放在B码头，则不同的停放方法有（　　）．
   (A)72种　　(B)78种　　(C)96种　　(D)120种　　(E)144种

7. 3位女生和2位男生站成一排，若男生甲不站两端，3位女生中有且只有两位女生相邻，则不同排法的种数是（　　）．
   (A)24　　(B)36　　(C)48　　(D)60　　(E)72

8. 三男三女排队上车，恰有两名女生相邻的排队方案共有（　　）种．
   (A)216　　(B)254　　(C)320　　(D)400　　(E)432

习题详解

1. (C)

   【解析】从其他3位成年人中选取1人和母亲排在女儿的两边（成母女），即 $C_3^1 A_2^2$．
   把"成母女"看作1个元素，与其他2个成年人排列，即 A_3^3．
   把另外一个小孩插入中间的2个空中，即 C_2^1．
   根据乘法原理，得 $C_3^1 A_2^2 A_3^3 C_2^1 = 3 \times 2 \times 6 \times 2 = 72$．

2. (A)

   【解析】特殊位置优先法．

第七章 数据分析   287

第一步：最后一个位置从 9 个节目中选一个，即 C_9^1；
第二步：从余下的 9 个节目中选 3 个排到前 3 个位置 A_9^3.
故不同的排法，得 $C_9^1 A_9^3 = 4\,536$(种).

3. (B)
   【解析】捆绑法、插空法.
   甲、乙捆绑作为 1 个元素，即 A_2^2；
   捆绑元素与除丙、丁外的元素排列，即 A_2^2；
   形成 3 个空，将丙丁插入其中两个空，即 A_3^2.
   根据乘法原理，得 $A_2^2 A_2^2 A_3^2 = 2 \times 2 \times 6 = 24$(种).

4. (B)
   【解析】
   甲、乙捆绑作为 1 个元素，即 A_2^2；
   除丙以外，3 个元素排列，即 A_3^3；
   中间有 2 个空，丙插进去，即 C_2^1.
   根据乘法原理，得 $A_2^2 A_3^3 C_2^1 = 2 \times 6 \times 2 = 24$(种).

5. (B)
   【解析】把数学书和语文书看作整体，与 3 本美术书排列，即 A_5^5；
   数学书全排列，即 A_2^2；语文书全排列，即 A_2^2.
   根据乘法原理，得 $A_5^5 A_2^2 A_2^2 = 480$.

6. (B)
   【解析】此题相当于 5 个人排队，甲不在排头且乙不在排尾，用剔除法.
   总数 − 甲在 A 码头 − 乙在 B 码头 + 甲在 A 且乙在 B = $A_5^5 - A_4^4 - A_4^4 + A_3^3 = 78$(种).

7. (C)
   【解析】第一步：从 3 名女生中任选 2 名捆绑记为元素 A，两人可以交换位置，
   故有 $C_3^2 A_2^2 = 6$；将单独的女生记为 B，设男生分别为甲、乙.
   方法一：
   第一类：A、B 在两端，男生甲、乙在中间：$6 A_2^2 A_2^2 = 24$.
   第二类：A 和男生乙在两端，则 B 和男生甲只有一种排法，故有 $6 A_2^2 = 12$ 种.
   第三类：B 和男生乙在两端，则 A 和男生甲也只有一种排法，故有 $6 A_2^2 = 12$ 种.
   故不同的排法种数为：$24 + 12 + 12 = 48$(种).
   方法二：
   第二步：A、B 和甲只能排成 "A 甲 B" 或 "B 甲 A"：$C_2^1 = 2$；
   第三步：将男生乙插空：$C_4^1 = 4$.
   故不同的排法种数为：$6 \times 2 \times 4 = 48$(种).

8. (E)
   【解析】先捆绑法，先选两名女生，捆绑到一块进行排列，共有 A_3^2 种可能；
   再排三名男生，共有 A_3^3 种可能；
   将两名女生的组合和另一位女生插空，共有 A_4^2 种可能；

所有共有 $A_3^2 A_3^3 A_4^2 = 432$(种).

题型 86 看电影问题

母题精讲

母题86 3个人去看电影,已知一排有10把椅子,在以下要求下,不同的坐法各有多少种?

(1)3个人相邻;   (2)3个人均不相邻.

【解析】

(1)方法一:既绑元素又绑椅子法.

第一步:3个人相邻,将3个人捆绑,变成1个大元素;本来有10把椅子,绑起3把看作1把椅子,故共8把椅子其中1把可坐3人,从8把椅子里面挑1把给3个人坐,即 C_8^1;

第二步:3个人排序,即 A_3^3.

根据乘法原理,则不同的坐法有 $C_8^1 A_3^3 = 48$(种).

方法二:穷举法.

1	2	3	4	5	6	7	8	9	10

如上格子所示,设这10把椅子的编号从左到右依次为1~10,则三个人相邻显然有以下组合:(1,2,3)、(2,3,4)、(3,4,5)、(4,5,6)、(5,6,7)、(6,7,8)、(7,8,9)、(8,9,10);从这8种组合里面挑一种,即 C_8^1;3个人排序,即 A_3^3;

根据乘法原理,则不同的坐法有 $C_8^1 A_3^3 = 48$(种).

(2)搬着椅子去插空法.

第一步:先把7把空椅子排成一排,只有1种方法;

第二步:每个人自带一把椅子,坐到7把空椅子两边的8个空里,故有 A_8^3.

根据乘法原理,则不同的坐法有 $1 \times A_8^3 = 336$(种).

老吕施法

看电影问题是排队问题的一种,与排队问题不同的是:

(1)相邻问题.

现有一排座位有 n 把椅子,m 个不同元素去坐,要求元素相邻,用"既绑元素又绑椅子法",也可以"穷举法"数一下,共有 $C_{n-m+1}^1 A_m^m$ 种不同坐法.

(2)不相邻问题.

现有一排座位有 n 把椅子,m 个不同元素去坐,要求元素不相邻,用"搬着椅子去插空法",共有 A_{n-m+1}^m 种不同坐法.

习题精练

1.有2排座位,前排11个座位,后排12个座位.现安排2个人就座,规定前排中间的3个座位不能坐,并且这 2 个人不左右相邻,那么不同排法的种数是( ).

(A)234 (B)346 (C)350 (D)363 (E)144

2. 电影院一排有 6 个座位,现在 3 人买了同一排的票,则每 2 人之间至少有一个空座位的不同的坐法有( )种.

(A)16 (B)18 (C)20 (D)22 (E)24

3. 电影院一排有 7 个座位,现在 4 人买了同一排的票,则恰有两个空座位相邻的不同坐法有( )种.

(A)160 (B)180 (C)240 (D)480 (E)960

4. 停车场上有一排 7 个停车位,现有 4 辆汽车需要停放,若要使三个空位连在一起,则停放方法数为( ).

(A)210 (B)120 (C)36 (D)720 (E)480

5. 现有 6 张同排连号的电影票,分给 3 名教师与 3 名学生,若要求师生相间而坐,则不同的分法有( )种.

(A)$A_3^3 \cdot A_4^3$ (B)$A_3^3 \cdot A_3^3$ (C)$A_4^3 \cdot A_4^3$ (D)$2A_3^3 \cdot A_3^3$ (E)$4A_3^3 \cdot A_3^3$

习题详解

1. (B)

【解析】将题干中的位置画表格如下:

前排

| 1 | 2 | 3 | 4 | 5 | 6 | 7 | 8 | 9 | 10 | 11 |

后排

| 1 | 2 | 3 | 4 | 5 | 6 | 7 | 8 | 9 | 10 | 11 | 12 |

使用剔除法,2 个人任意坐,总的方法有 A_{20}^2;

两个人相邻的坐法有:前排 $6A_2^2$,后排 $11A_2^2$.

故两人不相邻的排法有 $A_{20}^2 - 6A_2^2 - 11A_2^2 = 346$.

2. (E)

【解析】方法一:3 个人坐 5 张椅子的两头和中间位置,即 A_3^3;

任意插入一把空椅子,即 C_4^1.

根据乘法原理,得 $A_3^3 \cdot C_4^1 = 24$(种).

方法二:三把空椅子排成一排,中间形成 4 个空,3 个人插空,即 $A_4^3 = 24$.

3. (D)

【解析】4 个人任意排,即 A_4^4;

将相邻的 2 个空座捆绑,与另外 1 个空座一起插入 4 个人左右形成的 5 个空,即 A_5^2.

根据乘法原理有 $A_5^2 A_4^4 = 480$.

4. (B)

【解析】将 3 个空位看作一个元素,与 4 辆汽车排列,即 $A_5^5 = 120$.

5. (D)

【解析】假设编号为 1，2，3，4，5，6，则奇数坐教师、偶数坐学生或者奇数坐学生、偶数坐教师，则结果为 $2A_3^3 \cdot A_3^3$.

题型 87 数字问题

母题精讲

母题87 从 0，1，2，3，4，5 中取出 4 个数字，组成 4 位数，在以下要求时，各能组成多少个不同的数字？

(1)组成可以有重复数字的 4 位数；

(2)组成无重复数字的 4 位数；

(3)组成无重复数字的 4 位偶数；

(4)组成个位数字大于十位数字的无重复数字的 4 位数；

(5)组成个位数字大于千位数字的无重复数字的 4 位数．

【解析】

| 千位 | 百位 | 十位 | 个位 |

(1)千位不能选 0，故有 5 种选择；其余三位均有 6 种选择．故 $5 \times 6^3 = 1\,080$(个).

(2)特殊位置优先法．

第一步：千位选，不能选 0，故从 1~5 中任意选 1 个数字，即 C_5^1；

第二步：余下 5 个数字里面取 3 个，排入余下的 3 个位置，即 A_5^3.

根据乘法原理，不同的数字有 $C_5^1 A_5^3 = 300$(个).

(3)特殊位置优先法，分两类：

第一类：个位数是 0，则余下的 3 个位置可以在 5 个数中任选，即 A_5^3.

第二类：个位数是 2 或 4，C_2^1；0 不能在千位，故千位还有 4 个数可选，即 C_4^1；余下的 2 个位置从余下的 4 个数字中任选，即 A_4^2；据乘法原理，有 $C_2^1 C_4^1 A_4^2$.

根据加法原理，则不同的数字共有 $A_5^3 + C_2^1 C_4^1 A_4^2 = 156$(个).

(4)在所有的 4 位数中，要么个位数大于十位数，要么十位数大于个位数，两种情况是等可能的，所以，符合题意的数字一共有 $\dfrac{C_5^1 A_5^3}{2} = 150$(个).

(5)穷举法．

第一步：排个位和千位，有以下几种可能：

个位是 1 时，千位选不到数字；

个位是 2 时，千位可选 1；

个位是 3 时，千位可选 1，2；

个位是 4 时，千位可选 1，2，3；

个位是 5 时，千位可选 1，2，3，4；

故共有 10 种排法；

第二步：排百位和十位，从余下的4个数中任意选择2个排列，即 A_4^2.

根据乘法原理，不同的数字共有 $10A_4^2 = 120$（个）.

老吕施法

(1)要注意数字是否可重复.

(2)此类问题一般是排队问题，与排队问题的解法是相同的. 但个别时候也会考组合.

(3)整除问题.

①组成的数字能被2，5整除，一般先考虑个位，再考虑最高位.

②组成的数字能被3整除，则按每个数字除以3的余数进行分组，然后按照题意求解.

习题精练

1. 从0，1，2，3，5，7，11七个数中每次取两个相乘，不同的积有（　　）种.
   (A)12　　　　(B)13　　　　(C)14　　　　(D)16　　　　(E)31

2. 由1，2，3，4，5构成的无重复数字的五位数中，大于34 000的五位数有（　　）个.
   (A)36　　　　(B)48　　　　(C)60　　　　(D)72　　　　(E)90

3. 从1，2，…，9这九个数中，随机抽取3个不同的数，这3个数的和为偶数的取法有（　　）种.
   (A)36　　　　(B)44　　　　(C)60　　　　(D)72　　　　(E)90

4. 由数字0，1，2，3，4，5组成没有重复数字的6位数，其中个位数小于十位数字的6位数有（　　）个.
   (A)240　　　(B)280　　　(C)300　　　(D)600　　　(E)720

5. 从0，1，2，3，4，5中任取3个数字，组成能被3整除的无重复数字的3位数有（　　）个.
   (A)18　　　　(B)24　　　　(C)36　　　　(D)40　　　　(E)96

6. 在小于1 000的正整数中，不含数字2的正整数的个数是（　　）.
   (A)640　　　(B)700　　　(C)720　　　(D)728　　　(E)729

7. 用数字0，1，2，3，4，5组成没有重复数字的四位数，其中三个偶数连在一起的四位数有多少个（　　）.
   (A)20　　　　(B)28　　　　(C)30　　　　(D)36　　　　(E)40

8. 由1，2，3，4，5组成无重复的5位数中偶数有24个.
   (1)1与3不相邻；　　　　　　(2)3与5相邻.

9. 在1，2，3，4，5这五个数字组成的没有重复数字的三位数中，各位数字之和为奇数的共有（　　）.
   (A)24个　　(B)16个　　(C) 28个　　(D) 14个　　(E)30个

习题详解

1. (D)

【解析】乘法具有交换律，所以是组合问题.

(1)不取0，即 C_6^2；

(2)取0，只有一个积，为0.

故不同的积有 $C_6^2+1=16$(种).

2. (C)

   【解析】分两类：

   (1)最高位为3，则次高位只能为4或者5，故有 $C_2^1 A_3^3$；

   (2)最高位大于3，则后面4位可以任意选，即 $C_2^1 A_4^4$.

   故共有 $C_2^1 A_3^3 + C_2^1 A_4^4 = 60$(个).

3. (B)

   【解析】9个数中5个奇数4个偶数．3个数的和为偶数，分以下两类：

   第一类：2奇1偶，即 $C_5^2 C_4^1$.

   第二类：3个偶数，即 C_4^3.

   故总的取法有 $C_5^2 C_4^1 + C_4^3 = 44$(种).

4. (C)

   【解析】消序法．

   总的6位数的个数为 $C_5^1 A_5^5$. 但题目要求个位数小于十位数，故需要用消序法消掉个位和十位的顺序 A_2^2. 故不同的数字有 $\dfrac{C_5^1 A_5^5}{A_2^2} = 300$(个).

5. (D)

   【解析】将这6个数字按照除以3的余数分为三种情况：

   ①整除的：0，3；②余数为1的：1，4；③余数为2的：2，5.

   从上面三组数中各取一个数，组成三位数，必然能被3整除，分两类：

   第一类：第一组数取0时，0只能放在后2位，即 C_2^1；从另外两组数中各取1个，排在其余2个位置，即 $C_2^1 C_2^1 A_2^2$，故有 $C_2^1 C_2^1 C_2^1 A_2^2 = 16$.

   第二类：第一组数取3时，从另外两组数中各取1个，3个数任意排，即 $C_2^1 C_2^1 A_3^3 = 24$.

   故共有 $16+24=40$ 个不同的数．

6. (D)

   【解析】这个数可能为3位数、2位数或者1位数．

   若为3位数，百位不能取0和2，十位和个位不能取2，故有 $C_8^1 C_9^1 C_9^1 = 648$；

   若为2位数，十位数不能取0和2，个位数不能取2，故有 $C_8^1 C_9^1 = 72$；

   若为1位数，显然有8个．

   故不含数字2的正整数的个数为 $648+72+8=728$.

7. (C)

   【解析】分为两类：

   第一类：千位为奇数，先从3个奇数中选1个 C_3^1，3个偶数排序 A_3^3，故有 $C_3^1 A_3^3 = 18$(个)．

   第二类：千位为偶数，千位从2和4中选1个 C_2^1，余下的2个偶数在百位和十位排列 A_2^2，3个奇数选1个放在个位 C_3^1 个，故有 $C_2^1 A_2^2 C_3^1 = 12$(个)．

   故三个偶数连在一起的四位数有 $18+12=30$(个)．

8. (D)

   【解析】条件(1)：从2和4中选1个放在个位 C_2^1；1和3放在万位百位或者千位十位或者万位十位，即 C_3^1；1和3排列 A_2^2；余下的2个数字排入余下的2个位置 A_2^2.

故有 $C_2^1 C_3^1 A_2^2 A_2^2 = 24$(个). 条件(1)充分.

条件(2)：将3与5捆绑看作一个元素 A_2^2；个位数从2和4中选1个 C_2^1；捆绑元素和余下的2个数字排列 A_3^3，故有 $A_2^2 C_2^1 A_3^3 = 24$. 条件(2)充分.

9. (A)

【解析】若此3位数由3个奇数组成：A_3^3；

若此3位数由2个偶数和1个奇数组成：$C_2^2 C_3^1 A_3^3$.

故不同的数字有：$A_3^3 + C_2^2 C_3^1 A_3^3 = 24$(个).

题型 88 万能元素问题

母题精讲

母题88 在8名志愿者中，只能做英语翻译的有4人，只能做法语翻译的有3人，既能做英语翻译又能做法语翻译的有1人．现从这些志愿者中选取3人做翻译工作，确保英语和法语都有翻译的不同选法共有（　　）种．

(A)12　　(B)18　　(C)21　　(D)30　　(E)51

【解析】分为两类：

第一类：有人既懂英语又懂法语(有万能元素)，即 $C_1^1 C_7^2 = 21$；

第二类：没有人既懂英语又懂法语(无万能元素)，即 $C_4^1 C_3^2 + C_4^2 C_3^1 = 30$；

根据加法原理，不同的选法有51种．

【快速得分法】剔除法．

志愿者全是英语翻译，即 C_4^3；

志愿者全是法语翻译，即 C_3^3；

所以，不同的选法为 $C_8^3 - C_4^3 - C_3^3 = 51$(种).

【答案】(E)

老吕施法

万能元素是指一个元素同时具备多种属性，一般按照选与不选万能元素来分类．

习题精练

1. 6张卡片上写着1，2，3，4，5，6，从中任取3张卡片，其中6能当9用，则能组成无重复数字的3位数的个数是（　　）个．

(A)108　　(B)120　　(C)160　　(D)180　　(E)200

2. 现有7张卡片上写着0，1，2，3，4，5，6，从中任取3张卡片，其中6能当9用，则能组成无重复数字的3位数的个数是（　　）个．

(A)108　　(B)120　　(C)160　　(D)180　　(E)260

3. 有11名翻译人员，其中5名英语翻译员，4名日语翻译员，另两人英语、日语都精通，从中选出4人组成英语翻译组，4人组成日语翻译组．则不同的分配方案有（　　）．

(A)160　　　　　(B)185　　　　　(C)195　　　　　(D)240　　　　　(E)360

习题详解

1. (D)

【解析】分为三类：

第一类：无6和9，则其余5个数选3个任意排，即 A_5^3。

第二类：有6，则1，2，3，4，5中选2个，再与6一起任意排，即 $C_5^2 A_3^3$。

第三类：有9，则1，2，3，4，5中选2个，再与9一起任意排，即 $C_5^2 A_3^3$。

故总个数为 $A_5^3 + C_5^2 A_3^3 + C_5^2 A_3^3 = 180$（种）。

2. (E)

【解析】分为三类：

第一类：无6和9：百位不能选0，其余2位从余下的5个数中任意选，即 $C_5^1 A_5^2 = 100$（个）；

第二类：有6：①若6在百位，则十位个位可以从余下的6个数字中任意选，即 A_6^2；②若6在十位或个位，即 C_2^1；百位不能选0，即 C_5^1；余下一位可以从余下的5个数字中任意选，即 A_5^1。故有 $A_6^2 + C_2^1 C_5^1 A_5^1 = 80$（个）。

第三类，有9：同理有80个。

故不同的数字个数为 $100 + 80 + 80 = 260$（个）。

3. (B)

【解析】先安排英语翻译，再安排日语翻译，则可分三类：

第一类：从5名英语翻译中选4人，即 C_5^4；从2个万能翻译和4个日语翻译中选4人，即 C_6^4；故有 $C_5^4 C_6^4 = 75$（种）。

第二类：从5名英语翻译中选3人，从2名万能翻译中选1人，组成英语翻译组，即 $C_5^3 C_2^1$；从余下的1个万能翻译和4个日语翻译中选4人，即 C_5^4；故有 $C_5^3 C_2^1 C_5^4 = 100$（种）。

第三类：从5名英语翻译中选2人，2名万能翻译均到英语组，即 $C_5^2 C_2^2$；4个日语翻译中选4人，即 C_4^4；故有 $C_5^2 C_2^2 C_4^4 = 10$（种）。

故总方案数为 $75 + 100 + 10 = 185$（种）。

题型 89　简单组合问题

母题精讲

母题89 湖中有四个小岛，它们的位置恰好近似构成正方形的四个顶点，若要修建起三座桥将这四个小岛连接起来，则不同的建桥方案有(　　)种。

(A)12　　　　　(B)16　　　　　(C)18　　　　　(D)20　　　　　(E)24

【解析】如图7-6所示，在四个小岛中任意两个中间架桥，有6种方式，即正方形的四条边和对角线。故架3座桥总的不同方法有 C_6^3 种。

当三座桥分别构成△ABC，△ABD，△ACD，△BCD 的三条边时，不能将四个小岛连接起来。所以符合题意的建桥方案有 $C_6^3 - 4 = 16$（种）。

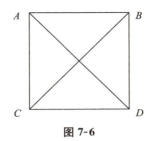

图 7-6

【答案】(B)

老吕施法

(1) $C_n^m = C_n^{n-m}$.

若已知 $C_n^a = C_n^b$, 则有两种可能:

① $a+b=n$.

② $a=b$(易遗忘此种情况), 其中, a,b 均为非负整数.

(2) 若从 n 个元素中取 m 个, 需要考虑 m 个元素的顺序, 则为排列问题, 用 A_n^m; 若从 n 个元素中取 m 个, 无须考虑 m 个元素的顺序, 则为组合问题, 用 C_n^m.

习题精练

1. 平面内有两组平行线, 一组有 m 条, 另一组有 n 条, 这两组平行线相交, 可以构成(　　)个平行四边形.

(A) C_n^2　　(B) C_m^2　　(C) $C_n^2 C_m^2$　　(D) $A_n^2 A_m^2$　　(E) $C_n^2 + C_m^2$

2. 有 1 元、2 元、5 元、10 元、50 元的人民币各一张, 取其中的一张或几张, 能组成(　　)种不同的币值.

(A) 20　　(B) 30　　(C) 31　　(D) 36　　(E) 41

3. 某种产品有 2 只次品和 3 只正品, 每只产品均不相同. 每次取出一只测试, 直到 2 只次品全部测出为止, 则最后一只次品恰好在第 4 次测试时发现的不同情况种数是(　　).

(A) 24　　(B) 36　　(C) 48　　(D) 72　　(E) 84

习题详解

1. (C)

【解析】分别从两组平行线中各取两条平行线, 一定能构成平行四边形, 故有 $C_m^2 C_n^2$.

2. (C)

【解析】任取一张、两张、三张、四张、五张均能组成不同的币值, 所以共能组成 $C_5^1 + C_5^2 + C_5^3 + C_5^4 + C_5^5 = 31$(种).

3. (B)

【解析】前 3 次测试包括 1 只次品和 2 只正品, 即 $C_2^1 \cdot C_3^2 \cdot A_3^3$; 第 4 次为次品, 即 C_1^1. 故有 $C_2^1 \cdot C_3^2 \cdot A_3^3 \cdot C_1^1 = 36$(种).

题型 90 不同元素的分组与分配

母题精讲

母题90 从10个人中选一些人,分成三组,在以下要求下,分别有多少种不同的方法?

(1)每组人数分别为2,3,4;

(2)每组人数分别为2,2,3;

(3)分成A组2人,B组3人,C组4人;

(4)分成A组2人,B组2人,C组3人;

(5)每组人数分别为2,3,4,分到三个不同的学校;

(6)每组人数分别为2,2,3,分到三个不同的学校.

【解析】

(1)不均匀分组,不需要考虑消序,即 $C_{10}^2 C_8^3 C_5^4$.

(2)均匀并且小组无名字,要消序,即 $\dfrac{C_{10}^2 C_8^2 C_6^3}{A_2^2}$.

(3)小组有名字,不管均匀不均匀,不需要消序,即 $C_{10}^2 C_8^3 C_5^4$.

(4)小组有名字,不管均匀不均匀,不需要消序,即 $C_{10}^2 C_8^2 C_6^3$.

(5)第一步,不均匀分组,即 $C_{10}^2 C_8^3 C_5^4$;

第二步,分配学校,即 A_3^3.

故有 $C_{10}^2 C_8^3 C_5^4 A_3^3$.

(6)第一步,均匀且小组无名称分组,即 $\dfrac{C_{10}^2 C_8^2 C_6^3}{A_2^2}$;

第二步,分配学校 A_3^3.

故有 $\dfrac{C_{10}^2 C_8^2 C_6^3}{A_2^2} A_3^3$.

老吕施法

(1)分组问题.

如果出现 m 个小组没有任何区别(小组无名字、小组人数相同),则需要消序,除以 A_m^m. 其他情况的分组不需要消序.

(2)分配问题.

先分组,再分配(排列).

习题精练

1. 三位教师分配到6个班级任教,若其中一人教1个班,一人教2个班,一人教3个班,则分配方法有(   ).

(A)720 种　　　(B)360 种　　　(C)120 种　　　(D)60 种　　　(E)以上选项均不正确

2. 将4封信投入3个不同的邮筒,若4封信全部投完,且每个邮筒至少投入一封信,则共有投法(   ).

(A)12 种 (B)21 种 (C)36 种 (D)42 种 (E)以上选项均不正确

3. 8 个不同的小球，分 3 堆，一堆 4 个，另外两堆各 2 个，则不同的分法有(　　).

   (A)210 种 (B)240 种 (C)300 种 (D)360 种 (E)480 种

4. 8 个不同的小球，分给 3 个人，一人 4 个，另外两人各 2 个，则不同的分法有(　　)种.

   (A)2 520 (B)1 240 (C)1 480 (D)1 260 (E)960

5. 按下列要求把 9 个人分成 3 个小组，共有 280 种不同的分法.

   (1)各组人数分别为 2，3，4 个；　　(2)平均分成 3 个小组.

6. 把 5 名辅导员分派到 3 个学科小组辅导课外科技活动，每个小组至少有 1 名辅导员的分派方法有(　　).

   (A)140 种 (B)84 种 (C)70 种 (D)150 种 (E)25 种

7. 某班有男生 20 名，女生 10 名，从中选出 3 男 2 女担任班委进行分工，则不同的班委会组织方案有(　　)种.

   (A)$C_{20}^3 C_{10}^2$　　　　　　　(B)$C_{20}^3 C_{10}^2 A_5^5$　　　　　　　(C)$C_{30}^5 A_5^5$

   (D)$\dfrac{C_{20}^3 C_{10}^2}{A_2^2} A_5^5$　　　　(E)以上选项均不正确

8. 某小组有 4 名男同学和 3 名女同学，从这小组中选出 4 人完成三项不同的工作，其中女同学至少选 2 名，每项工作要有人去做，那么不同的选派方法的总数是(　　).

   (A)540 (B)648 (C)792 (D)840 (E)1 048

9. 某学生要邀请 10 位同学中的 4 位参加一项活动，其中有 2 位同学要么都请，要么都不请，则不同的邀请方法有(　　)种.

   (A)48 (B)60 (C)72 (D)98 (E)120

10. 某小组有 8 名同学，从这小组男生中选 2 人，女生中选 1 人去完成三项不同的工作，每项工作应有 1 人，共有 180 种安排方法.

    (1)该小组中男生人数是 5 人；　　(2)该小组中男生人数是 6 人.

11. 从 5 个不同的黑球和 2 个不同的白球中，任选 3 个球放入 3 个不同的盒子中，每盒 1 球，其中至多有 1 个白球的不同放法共有(　　)种.

    (A)160 (B)165 (C)172 (D)180 (E)182

习题详解

1. (B)

   【解析】不同元素的分配问题.

   将 6 个班分成数量为 1、2、3 的三组，即 $C_6^1 C_5^2 C_3^3$，三位教师从三组班级中任选，即
   $$C_6^1 C_5^2 C_3^3 \cdot 3! = 360(\text{种}).$$

2. (C)

   【解析】先挑 2 封信组成一组，即 C_4^2，与剩下的两封信，投到 3 个邮筒里面，故有 $C_4^2 \cdot 3! = 36(\text{种}).$

3. (A)

   【解析】有两堆完全相同，故需要消序，即 $\dfrac{C_8^4 C_4^2 C_2^2}{A_2^2} = 210(\text{种}).$

4. (D)

   【解析】先分组，即 $\dfrac{C_8^4 C_4^2 C_2^2}{A_2^2}$，再分配，即 A_3^3，故有 $\dfrac{C_8^4 C_4^2 C_2^2}{A_2^2} \cdot A_3^3 = 1\,260$（种）．

5. (B)

   【解析】条件(1)：不均匀分组 $C_9^2 C_7^3 C_4^4 = 1\,260$（种），不充分．

   条件(2)：平均分组，需要消序 $\dfrac{C_9^3 C_6^3 C_3^3}{A_3^3} = 280$（种），充分．

6. (D)

   【解析】分成 3，1，1 三个小组，即 $C_5^3 A_3^3 = 60$；

   分成 2，2，1 三个小组，即 $\dfrac{C_5^2 C_3^2}{2} A_3^3 = 90$.

   总计有 $60+90=150$（种）．

7. (B)

   【解析】分三步：从 20 名男生中选出 3 人，从 10 名女生中选出 2 人，再进行分工（排列），故有 $C_{20}^3 \cdot C_{10}^2 \cdot A_5^5$．

8. (C)

   【解析】(1)分三步完成．

   第一步：选人，分为两类：

   2 男 2 女，即 $C_4^2 \cdot C_3^2$；

   1 男 3 女，即 $C_4^1 \cdot C_3^3$．

   第二步：将 4 个人分为 2 人，1 人，1 人三组，即 C_4^2．

   第三步：分配工作，即 A_3^3．

   据乘法原理有 $(C_3^2 \cdot C_4^2 + C_3^3 \cdot C_4^1) \cdot C_4^2 \cdot A_3^3 = 792$．

   (2)分两步完成．

   先从小组中选出 4 人，排列数为 $C_3^2 \cdot C_4^2 + C_3^3 \cdot C_4^1$ 选派方法为 $C_4^2 \cdot A_3^3$，

   则总共的选派数为 $(C_3^2 \cdot C_4^2 + C_3^3 \cdot C_4^1) \cdot C_4^2 \cdot A_3^3 = 792$．

9. (D)

   【解析】两个人都被邀请，则从另外 8 个人中选 2 个，即 C_8^2；

   两个人都未被邀请，则从另外 8 个人中选 4 个，即 C_8^4．

   故共有 $C_8^2 + C_8^4 = 98$（种）．

10. (D)

    【解析】条件(1)：先选人，即 $C_5^2 C_3^1$；再分配，即 A_3^3；故有 $C_5^2 C_3^1 A_3^3 = 180$，条件(1)充分．

    条件(2)：先选人，即 $C_6^2 C_2^1$；再分配，即 A_3^3；故有 $C_6^2 C_2^1 A_3^3 = 180$，条件(2)充分．

11. (D)

    【解析】没有白球：$C_5^3 A_3^3 = 60$（种）；只有一个白球：$C_5^2 C_2^1 A_3^3 = 120$（种）．

    故至多有一个白球的不同放法有 $60+120=180$（种）．

题型 91　相同元素的分配问题

母题精讲

母题91 若将10只相同的球随机放入编号为1，2，3，4的四个盒子中，则：

(1)每个盒子不空的投放方法有多少种？

(2)可以有空盒子的投放方法有多少种？

(3)1，2号盒子至少放一个小球，3，4号盒子至少放2个小球，则投放方法有多少种？

【解析】(1)直接使用挡板法．

10个球排成一列，中间形成9个空，任选3个空放上挡板，自然分为4组，每组放入一个盒子，故不同的分法有 $C_9^3 = \dfrac{9\times 8\times 7}{3\times 2\times 1} = 84$（种）．

(2)增加元素法．

增加4个小球，变成14个小球，每个盒子至少放1个，等价于10个小球每个盒子至少放0个，故14个小球排成一排，中间有13个空，取出3个空放上板子，即可分为4组放入4个盒子．则不同的放法有 $C_{13}^3 = \dfrac{13\times 12\times 11}{3\times 2\times 1} = 286$（种）．

(3)减少元素法．

先取2个小球，3号和4号盒子各放入一个小球，余下8个小球排成一排，中间形成7个空，放入3个板子即可，则不同的放法有 $C_7^3 = \dfrac{7\times 6\times 5}{3\times 2\times 1} = 35$（种）．

老吕施法

(1)挡板法．

将n个"相同的"元素分给m个对象，每个对象"至少分一个"的分法如下：

把这n个元素排成一排，中间有$n-1$个空，挑出$m-1$个空放上挡板，自然就分成了m组，所以分法一共有 C_{n-1}^{m-1} 种，这种方法称为挡板法．

要使用挡板法需要满足以下条件：

①所要分的元素必须完全相同；

②所要分的元素必须完全分完；

③每个对象至少分到1个元素．

(2)如果不满足第三个条件，则需要创造条件使用挡板法．

①每个对象至少分到0个元素(如可以有空盒子)，则采用增加元素法，增加m个元素(m为对象的个数，如盒子的个数)，此时一共有$n+m$个元素，中间形成$n+m-1$个空，选出$m-1$个空放上挡板即可，共有 C_{n+m-1}^{m-1} 种方法．

②每个对象可以分到多个元素，则用减少元素法，使题目满足条件③．

习题精练

1. 若将 15 只相同的球随机放入编号为 1，2，3，4 的四个盒子中，每个盒子中小球的数目，不少于盒子的编号，则不同的投放方法有( )种．
   (A) 56   (B) 84   (C) 96   (D) 108   (E) 120

2. 若将 15 只相同的球随机放入编号为 1，2，3，4 的四个盒子中，1 号盒可以为空，其余盒子中小球数目不小于盒子编号，则不同的投放方法有( )种．
   (A) 56   (B) 84   (C) 96   (D) 108   (E) 120

3. 已知 x, y, z 为自然数，则方程 $x+y+z=10$ 不同的解有( )组．
   (A) 36   (B) 66   (C) 84   (D) 108   (E) 120

习题详解

1. (A)

【解析】减少元素法．

第一步：先将 1，2，3，4 四个盒子分别放 0，1，2，3 个球．因为球是相同的球，故只有一种放法．

第二步：余下的 9 个球放入四个盒子，则每个盒子至少放一个，使用挡板法，即

$$C_8^3 = \frac{8 \times 7 \times 6}{3 \times 2 \times 1} = 56(种).$$

2. (B)

【解析】使用挡板法的第三个条件，需要满足每个盒子至少放 1 球．

1 号盒想要满足至少放 1 个小球，需要先放入 1 个小球，即球的总数要增加 1 个；

2，3，4 号盒想要满足至少放 1 个小球，需要先分别放入 1，2，3 个小球，故球的总数要减少 6 个；15+1-6=10，故此题相当于 10 个相同小球放入 4 个盒子，每个盒子至少放 1 个，故

$$C_9^3 = \frac{9 \times 8 \times 7}{3 \times 2 \times 1} = 84(种).$$

3. (B)

【解析】此题可以认为将 10 个相同的 1，分给 x, y, z 三个对象，每个对象至少分到 0 个 1；增加 3 个元素后使用挡板法，即 $C_{12}^2 = \frac{12 \times 11}{2 \times 1} = 66(种).$

题型 92　相同元素的排列问题

母题精讲

母题 92　信号兵把红旗与白旗从上到下挂在旗杆上表示信号，现有 3 面红旗、2 面白旗，把这 5 面旗都挂上去，可表示不同信号的种数是( )．
(A) 10 种   (B) 15 种   (C) 20 种   (D) 30 种   (E) 40 种

【解析】先看作不同的元素排列，再消序，不同的排法有 $\dfrac{A_5^5}{A_3^3 A_2^2} = 10(种).$

【答案】(A)

老吕施法

相同元素的排列问题，可先看作不同的元素进行排列，再消序(若有 m 个相同元素，则除以 A_m^m 即可).

习题精练

1. 可以组成 60 个不同的六位数.
   (1) 用 1 个数字 1，2 个数字 2 和 3 个数字 3；
   (2) 用 2 个数字 1，2 个数字 2 和 2 个数字 3.

习题详解

1. (A)

   【解析】条件(1)：$\dfrac{A_6^6}{A_3^3 A_2^2} = 60$，充分.

   条件(2)：$\dfrac{A_6^6}{A_2^2 A_2^2 A_2^2} = 90$，不充分.

题型 93 涂色问题

母题精讲

母题93 用五种不同的颜色涂在图7-7中的四个区域，每一区域涂上一种颜色，且相邻区域的颜色必须不同，则共有不同的涂法( ).

(A) 120 种　　(B) 140 种　　(C) 160 种　　(D) 180 种　　(E) 以上选项均不正确

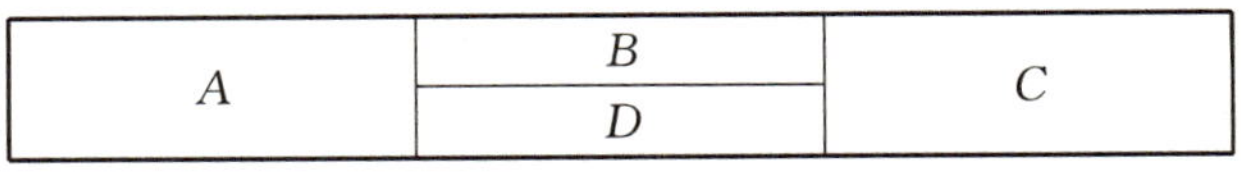

A	B	C
	D	

图 7-7

【解析】A，B，D，C 四个区域分别有 C_5^1，C_4^1，C_3^1，C_3^1 种涂法，根据乘法原理得
$$C_5^1 C_4^1 C_3^1 C_3^1 = 180 (种).$$

【答案】(D)

老吕施法

涂色问题分为以下三种：

(1) 直线涂色：简单的乘法原理.

(2) 环形涂色公式.

把一个环形区域分为 k 块，用 s 种颜色去涂，要求相邻两块颜色不同，则不同的涂色方法有
$$N = (s-1)^k + (s-1)(-1)^k.$$

其中，s 为颜色数(记忆方法：se 色)，k 为环形被分成的块数(记忆方法：kuai 块).

(3) 面涂色.

按照使用颜色的数目不同进行分类，比较复杂，考到的可能性不大.

习题精练

1. 如图 7-8 所示，现有一方形花坛，分为 4 个区域，有 5 种不同颜色的花，每个区域种一种颜色的花，要求相邻区域颜色不同，则不同的种法总数为（　　）．
   (A) 260　　　(B) 180　　　(C) 160　　　(D) 248　　　(E) 360

   图 7-8

2. 如图 7-9 所示，在一个正六边形的 6 个区域栽种观赏植物，求同一块中种同一种植物，相邻的两块种不同的植物．现有 4 种不同的植物可供选择，则有（　　）种栽种方案．
   (A) 196　　　(B) 284　　　(C) 360
   (D) 720　　　(E) 732

   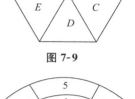

   图 7-9

3. 如图 7-10 所示，某城市在中心广场建造一个花圃，花圃分为 6 个部分，现要栽种 4 种不同颜色的花，每部分栽种一种且相邻部分不能栽种同样颜色的花，不同的栽种方法有（　　）种．
   (A) 96　　　(B) 120　　　(C) 160
   (D) 192　　　(E) 242

   图 7-10

4. 某人有 3 种颜色的灯泡，要在如图 7-11 所示的 6 个点 A, B, C, D, E, F 上，各装一个灯泡，要求同一条线段上的灯泡不同色，则每种颜色的灯泡至少用一个的安装方法有（　　）种．
   (A) 12　　　(B) 24　　　(C) 36
   (D) 48　　　(E) 60

   图 7-11

5. 四棱锥 $P-ABCD$（如图 7-12 所示），用 4 种不同的颜色涂在四棱锥的各个面上，要求相邻不同色，有（　　）种涂法．
   (A) 40　　　(B) 48　　　(C) 60
   (D) 72　　　(E) 90

6. 从给定的 6 种不同颜色中选用若干种颜色，将一个正方体的 6 个面涂色，每两个具有公共棱的面涂成不同的颜色，则不同的涂色方案共有（　　）种．
   (A) 120　　　(B) 240　　　(C) 230
   (D) 480　　　(E) 600

   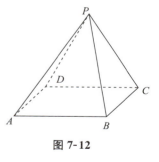

   图 7-12

习题详解

1. (A)

【解析】环形涂色问题．

方法一：分为两类．

(1) A, D 种相同的花，C_5^1；C 不能和 A, D 相同，故有 4 种选择；B 不能和 A, D 相同，故有 4 种选择；根据乘法原理，有 $C_5^1 \times 4 \times 4 = 80$（种）；

(2)A,D种不同的花A_5^2;C不能和A,D相同,故有3种选择;B不能和A,D相同,故有3种选择;根据乘法原理,有$A_5^2 \times 3 \times 3 = 180$(种).

根据加法原理,得$80 + 180 = 260$(种).

方法二:公式法.
$$N = (s-1)^k + (s-1)(-1)^k = (5-1)^4 + (5-1)(-1)^4 = 260(种).$$

2.(E)

【解析】环形涂色问题,使用公式,即
$$N = (s-1)^k + (s-1)(-1)^k = (4-1)^6 + (4-1)(-1)^6 = 732(种).$$

3.(B)

【解析】先栽种第1部分,有C_4^1种栽种方法;其余部分转化为用余下3种颜色的花,去栽种周围的5个部分,用环形涂色公式,即
$$N = (s-1)^k + (s-1)(-1)^k = (3-1)^5 + (3-1)(-1)^5 = 30.$$

根据乘法原理,不同的栽种方法有$4 \times 30 = 120$(种).

4.(A)

【解析】分以下两类:

(1)B,F同色:先装B,F,有3种选择;则C还有2种选择;因为A不能与B,C相同,只有1种选择;D不能和A,F同色,只有1种选择;E不能和D,F同色,只有1种选择;故一共有$3 \times 2 \times 1 \times 1 \times 1 \times 1 = 6$(种).

(2)B,F不同色:先装B,F,即A_3^2;E不能和B,F相同,只有1种选择;C不能和B,F相同,故只有1种选择;D不能和E,F相同,只有1种选择;A不能和B,C相同,只有1种选择;故一共有$A_3^2 \times 1 \times 1 \times 1 \times 1 = 6$(种).

根据加法原则,共有$6 + 6 = 12$(种).

5.(D)

【解析】转化为环形涂色问题,如图7-13所示.

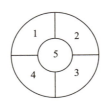

图7-13

区域1,2,3,4相当于四个侧面,区域5相当于底面.

先涂区域5,即C_4^1;

其余3种颜色涂周围4个区域,用环形涂色公式,即
$$N = (s-1)^k + (s-1)(-1)^k = (3-1)^4 + (3-1)(-1)^4 = 18.$$

根据乘法原理有$C_4^1 \times 18 = 72$(种).

6.(C)

【解析】显然,至少需要三种颜色,分成以下几类:

(1)用6种颜色,确定某种颜色所涂面为下底面,则上底颜色可有5种选择,在上、下底已涂

好后,再确定其余 4 种颜色中的某一种所涂面为左侧面,则其余 3 个面有 3! 种涂色方案,根据乘法原理,得

$$n_1 = 5 \times 3! = 30.$$

(2)共用五种颜色,选定五种颜色有 $C_6^5 = 6$ 种方法,必有两面同色(必为相对面),确定为上、下底面,其颜色可有 5 种选择,再确定一种颜色为左侧面,则其余 3 个面有 3! 种涂色方案,但由于上下底面可以互换位置,故消序:

$$n_2 = \frac{C_6^5 \times 3 \times 3!}{A_2^2} = 90.$$

(3)共用四种颜色,选定 4 种颜色有 C_6^4 种方法,从 4 种颜色中选 2 种颜色作为重复使用的颜色 C_4^2,同色的面为两组相对面,只有 1 种方法,不同色的面作为另外一组相对面,只有 1 种方法,根据乘法原理,得

$$n_3 = C_6^4 C_4^2 \times 1 \times 1 = 90.$$

(4)共用三种颜色,选定 3 种颜色有 C_6^3 种方法,作为 3 组相对面,只有 1 种方法,故

$$n_4 = C_6^3 = 20.$$

总的涂色方案有 $30 + 90 + 90 + 20 = 230$(种).

题型 94 不能对号入座问题

母题精讲

母题 94 某单位决定对 4 个部门的经理进行轮岗,要求每位经理必须轮换到 4 个部门中的其他部门任职,则不同的方案有( ).

(A)3 种   (B)6 种   (C)8 种   (D)9 种   (E)10 种

【解析】设 4 位部门经理分别为 1,2,3,4.

他们分别在一、二、三、四这 4 个部门中任职.

让经理 1 先选位置,可以在二、三、四中选一个,即 C_3^1;

假设他挑了部门二,则让经理 2 再选位置,他可以在一、三或四选一个,即 C_3^1;

无论经理 2 选 3 第几个部门,余下两个人只有 1 种选择.

故不同的方案有 $C_3^1 \times C_3^1 \times 1 = 9$(种).

【快速得分法】此题为不对号入座问题,直接记忆"老吕施法"中的规律即可,4 球不对号,选 9 种.

【答案】(D)

老吕施法

出题方式为:编号为 1,2,3,…,n 的小球,放入编号为 1,2,3,…,n 的盒子,每个盒子放一个,要求小球与盒子不同号.

此类问题不需要自己去做,直接记住下述结论即可:

当 $n = 2$ 时,有 1 种方法;

当 $n=3$ 时,有 2 种方法;

当 $n=4$ 时,有 9 种方法;

当 $n=5$ 时,有 44 种方法.

习题精练

1. 有 6 位老师,分别是 6 个班的班主任,期末考试时,每个老师监考一个班,恰好只有 2 位老师监考自己所在的班,则不同的监考方法有(   ).
   (A)135 种   (B)90 种   (C)240 种   (D)120 种   (E)84 种

2. 某班第一小组共有 12 位同学,现在要调换座位,使其中 3 个人都不坐自己原来的座位,其他 9 个人的座位不变,共有(   )种不同的调换方法.
   (A)300   (B)360   (C)420   (D)440   (E)480

3. 设有编号为 1,2,3,4,5 的 5 个球和编号为 1,2,3,4,5 的 5 个盒子,将 5 个小球放入 5 个盒子中(每个盒子中放入 1 个小球),则至少有 2 个小球和盒子编号相同的方法有(   ).
   (A)36 种   (B)49 种   (C)31 种   (D)28 种   (E)72 种

习题详解

1.（A）

【解析】6 位老师中选 2 位监考自己所在的班,即 C_6^2;

其余 4 人不对号入座,即 9.

根据乘法原理有 $C_6^2 \times 9 = 135$(种).

2.（D）

【解析】从 12 个同学中选 9 个位置不变,即 C_{12}^9;

3 个同学不对号入座,即 2.

根据乘法原理有 $C_{12}^9 \times 2 = 440$(种).

3.（C）

【解析】2 球对号入座,即 $C_5^2 \times 2 = 20$;

3 球对号入座,即 $C_5^3 \times 1 = 10$;

4 球对号入座不可能;

5 球对号入座,即 1.

故不同方法有 $20 + 10 + 1 = 31$(种).

题型 95　成双成对问题

母题精讲

母题 95 有 6 对夫妻参加一个娱乐节目,从中任选 4 人,则 4 人均非夫妻的取法有(   )种.
(A)96   (B)120   (C)240   (D)480   (E)560

【解析】第一步,从 6 对夫妻中选出 4 对,即 C_6^4;

第二步，从4对夫妻中各选1位，即 $C_2^1 C_2^1 C_2^1 C_2^1$.
故不同的取法有 $C_6^4 C_2^1 C_2^1 C_2^1 C_2^1 = 240$(种).

【答案】（C）

> **老吕施法**
>
> **出题方式为**：从鞋子、手套，夫妻中选出几个，要求成对或者不成对.
> **解题技巧**：无论是不是要求成对，第一步都先按成对的来选. 若要求不成对，再从不同的几对里面各选一个即可.

习题精练

1. 10双不同的鞋子，从中任意取出4只，4只鞋子没有成双的取法有（　　）种.
   (A)1 960　　　(B)1 200　　　(C)3 600　　　(D)3 360　　　(E)5 600

2. 10双不同的鞋子，从中任意取出4只，4只鞋子恰为两双的取法有（　　）种.
   (A)45　　　(B)90　　　(C)240　　　(D)480　　　(E)120

3. 10双不同的鞋子，从中任意取出4只，4只鞋子恰有1双的取法有（　　）种.
   (A)450　　　(B)960　　　(C)1 440　　　(D)480　　　(E)1 200

习题详解

1. （D）

   【解析】 从10双鞋子中选取4双，有 C_{10}^4 种取法，每双鞋中各取一只，分别有2种取法，所以共有 $C_{10}^4 \cdot 2^4 = 3\,360$(种).

2. （A）

   【解析】 从10双鞋子中选取2双，有 $C_{10}^2 = 45$ 种取法.

3. （C）

   【解析】 从10双鞋子中选取1双，有 C_{10}^1 种取法，再选两双，从每双鞋中各取一只，分别有2种取法，所以共有 $C_{10}^1 C_9^2 \times 2^2 = 1\,440$(种).

题型 96　求系数问题与二项式定理

母题精讲

母题96 $(x^2+1)(x-2)^7$ 的展开式中 x^3 项的系数是（　　）.
(A)$-1\,008$　　　(B)$1\,008$　　　(C)504　　　(D)-504　　　(E)280

【解析】 $(x-2)^7$ 的展开式中 x，x^3 的系数分别为 $C_7^1(-2)^6$ 和 $C_7^3(-2)^4$，故 $(x^2+1)(x-2)^7$ 的展开式中 x^3 项的系数为 $C_7^1(-2)^6 + C_7^3(-2)^4 = 1\,008$.

【答案】（B）

老吕说法

(1) 二项式定理：$(a+b)^n = C_n^0 a^n + C_n^1 a^{n-1}b + \cdots + C_n^k a^{n-k}b^k + \cdots + C_n^{n-1}ab^{n-1} + C_n^n b^n$，其中第 $k+1$ 项为 $T_{k+1} = C_n^k a^{n-k}b^k$，称为通项.

(2) 二项式定理在考试大纲里没有明确提出，但是在 2013 年 1 月的考试中出现了一道类似的题目，因此应该掌握.

(3) 请参考第二章题型 24.

习题精练

1. $(x-\sqrt{2}y)^{10}$ 的展开式中 $x^6 y^4$ 项的系数是（　　）.
   (A) 840　　(B) -840　　(C) 210　　(D) -210　　(E) 0

2. $\left(x-\dfrac{1}{\sqrt{x}}\right)^8$ 展开式中 x^5 的系数为（　　）.
   (A) 84　　(B) -28　　(C) 28　　(D) -21　　(E) 21

3. 在 $(1-x)^5 - (1-x)^6$ 的展开式中，含 x^3 的项的系数是（　　）.
   (A) -5　　(B) 5　　(C) -10　　(D) 10　　(E) 20

4. $(x-1)(x+1)^8$ 的展开式中 x^5 的系数是（　　）.
   (A) -14　　(B) 14　　(C) -28　　(D) 28　　(E) 36

习题详解

1. (A)

   【解析】在通项公式 $T_{r+1} = C_{10}^r (-\sqrt{2}y)^r x^{10-r}$ 中令 $r=4$，即得 $(x-\sqrt{2}y)^{10}$ 的展开式中 $x^6 y^4$ 项的系数为 $C_{10}^4 (-\sqrt{2})^4 = 840$.

2. (C)

   【解析】通项公式 $T_{r+1} = C_8^r x^{8-r} \left(-\dfrac{1}{\sqrt{x}}\right)^r = (-1)^r C_8^r x^{8-\frac{3}{2}r}$，由题意得 $8 - \dfrac{3}{2}r = 5$，则 $r=2$，故所求 x^5 的系数为 $(-1)^2 C_8^2 = 28$.

3. (D)

   【解析】$(1-x)^5$ 中 x^3 的系数 $-C_5^3 = -10$，$-(1-x)^6$ 中 x^3 的系数为 $-C_6^3 \cdot (-1)^3 = 20$，故 $(1-x)^5 - (1-x)^6$ 的展开式中 x^3 的系数为 10.

4. (B)

   【解析】$(x+1)^8$ 的展开式中 x^4，x^5 的系数分别为 C_8^4 和 C_8^5，故 $(x-1)(x+1)^8$ 展开式中 x^5 的系数为 $C_8^4 - C_8^5 = 14$.

第三节　概率

题型 97　古典概型

母题精讲

母题 97　9 名学生中有 2 位男生,将他们任意分成 3 个组,每组 3 人,则 2 位男生恰好被分在同一组的概率为(　　).

(A) $\dfrac{1}{15}$　　(B) $\dfrac{3}{5}$　　(C) $\dfrac{1}{4}$　　(D) $\dfrac{3}{4}$　　(E) $\dfrac{1}{12}$

【解析】选 1 位女生和 2 位男生在一组,其余 6 位女生分成 2 组:$\dfrac{C_7^1 C_6^3 C_3^3}{A_2^2}$;

9 人任意成 3 组:$\dfrac{C_9^3 C_6^3 C_3^3}{A_3^3}$.

故所求概率为 $\dfrac{\dfrac{C_7^1 C_6^3 C_3^3}{A_2^2}}{\dfrac{C_9^3 C_6^3 C_3^3}{A_3^3}} = \dfrac{1}{4}$.

【答案】(C)

老吕施法

(1) 古典概型公式:$P(A) = \dfrac{m}{n}$.

(2) 古典概型的本质实际上是排列组合问题,所以上一节课总结的排列组合的所有方法和题型,在此节都适用.

(3) 常用正难则反的思路(对立事件).

习题精练

1. 甲、乙、丙、丁、戊五名大学生被随机地分到 A,B,C,D 四个农村学校支教,每个岗位至少有一名志愿者.则甲、乙两人不分到同一所学校的概率为(　　).

   (A) $\dfrac{2}{3}$　　(B) $\dfrac{1}{5}$　　(C) $\dfrac{1}{10}$　　(D) $\dfrac{7}{8}$　　(E) $\dfrac{9}{10}$

2. 设有关于 x 的一元二次方程 $x^2 + 2ax + b^2 = 0$,若 a 是从 0,1,2,3 四个数中任取的一个数,b 是从 0,1,2 三个数中任取的一个数,则方程有实根的概率是(　　).

   (A) $\dfrac{1}{2}$　　(B) $\dfrac{3}{4}$　　(C) $\dfrac{4}{5}$　　(D) $\dfrac{5}{6}$　　(E) $\dfrac{6}{7}$

3. 甲、乙两人一起去游世博会,他们约定,各自独立从 1 到 6 号任选 4 个景点进行游览,则他们最后一个景点相同的概率是(　　).

(A) $\dfrac{1}{36}$　　(B) $\dfrac{1}{9}$　　(C) $\dfrac{5}{36}$　　(D) $\dfrac{1}{6}$　　(E) $\dfrac{2}{9}$

4. 锅中煮有芝麻馅汤圆 6 个，花生馅汤圆 5 个，豆沙馅汤圆 4 个，这三种汤圆的外部特征完全相同，从中任意舀取 4 个汤圆，则每种汤圆都至少取到 1 个的概率为（　　）.

(A) $\dfrac{8}{91}$　　(B) $\dfrac{25}{91}$　　(C) $\dfrac{48}{91}$　　(D) $\dfrac{60}{91}$　　(E) 以上选项均不正确

5. 5 名同学一起去 KTV，唱歌时都把手机放在了桌子上，在离开 KTV 时，由于光线太暗，5 名同学随机在桌子上拿走一部手机，则恰好有 2 名同学拿的是自己的手机的概率为（　　）.

(A) $\dfrac{1}{3}$　　(B) $\dfrac{1}{6}$　　(C) $\dfrac{2}{5}$　　(D) $\dfrac{1}{4}$　　(E) $\dfrac{1}{5}$

6. 从正方形四个顶点 A、B、C、D 及其中心 O 这 5 个点中，任取两个点，则这两点间的距离不小于该正方形边长的概率为（　　）.

(A) $\dfrac{1}{2}$　　(B) $\dfrac{3}{4}$　　(C) $\dfrac{2}{5}$　　(D) $\dfrac{3}{5}$　　(E) $\dfrac{7}{10}$

习题详解

1. (E)

   【解析】甲、乙两人分到同一所学校，即 A_4^4；
   总的基本事件个数，即 $C_5^2 A_4^4$.
   故甲乙不分到同一所学校的概率为 $1-\dfrac{A_4^4}{C_5^2 A_4^4}=1-\dfrac{1}{10}=\dfrac{9}{10}$.

2. (B)

   【解析】穷举法.
   方程有实根，即
   $$\Delta = 4a^2 - 4b^2 \geqslant 0,\ 即\ a^2 - b^2 \geqslant 0.$$
   故当 $a=0$ 时，$b=0$；
   当 $a=1$ 时，$b=0,1$；
   当 $a=2$ 时，$b=0,1,2$；
   当 $a=3$ 时，$b=0,1,2$.
   故方程有实根共有 9 种可能，所求概率为 $\dfrac{9}{C_4^1 C_3^1}=\dfrac{3}{4}$.

3. (D)

   【解析】两人任意选景点的方法共有 $A_6^4 A_6^4$ 种情况，两人最后一个景点相同的情况共有 $C_6^1 A_5^3 A_5^3$ 种，根据古典概型，可知概率 $P=\dfrac{C_6^1 A_5^3 A_5^3}{A_6^4 A_6^4}=\dfrac{1}{6}$.

4. (C)

   【解析】因为总的舀法而所求事件的取法分为三类：
   ①芝麻馅汤圆、花生馅汤圆、豆沙馅汤圆，取得个数分别为 1，1，2，
   共有 $C_6^1 C_5^1 C_4^2$ 种可能性；
   ②芝麻馅汤圆、花生馅汤圆、豆沙馅汤圆，取得个数分别为 1，2，1，
   共有 $C_6^1 C_5^2 C_4^1$ 种可能性；

③芝麻馅汤圆、花生馅汤圆、豆沙馅汤圆，取得个数分别为 2, 1, 1，共有 $C_6^2 C_5^1 C_4^1$ 种可能性.

故所求概率为 $\dfrac{48}{91}$.

5. （B）

【解析】三个元素不对号，共有 2 种方法，根据题干有：$P = \dfrac{C_5^2 \times 2}{A_5^5} = \dfrac{1}{6}$.

6. （D）

【解析】从 5 个点中选取 2 个点，共有 C_5^2 种情况，两点间的距离不小于该正方形边长的情况为 2 点的连线是正方形的边长和对角线，共有 6 种情况.

所以两点间的距离不小于该正方形边长的概率为 $P = \dfrac{6}{C_5^2} = \dfrac{3}{5}$.

题型 98 古典概型之色子问题

母题精讲

母题98 若以连续掷两枚骰子分别得到的点数 a 与 b 作为点 M 的坐标，则点 M 落入圆 $x^2 + y^2 = 18$ 内（不含圆周）的概率是（　　）.

(A) $\dfrac{7}{36}$　　　　(B) $\dfrac{2}{9}$　　　　(C) $\dfrac{1}{4}$　　　　(D) $\dfrac{5}{18}$　　　　(E) $\dfrac{11}{36}$

【解析】点 M 落入圆 $x^2 + y^2 = 18$ 内，即 $a^2 + b^2 < 18$ 即可.

则 $(a, b) = (1, 1)$、$(1, 2)$、$(1, 3)$、$(1, 4)$、$(2, 1)$、$(2, 2)$、$(2, 3)$、$(3, 1)$、$(3, 2)$、$(4, 1)$，共计 10 种；由 a，b 组成的坐标共有 $6 \times 6 = 36$（种）.

所以落在圆内的概率 $P = \dfrac{10}{36} = \dfrac{5}{18}$.

【答案】（D）

老吕施法

(1) 古典概型的基本公式：$P = \dfrac{m}{n}$.

(2) 掷色子问题一般使用穷举法.

(3) 常与解析几何结合考察，一般需要转化为不等式求解.

习题精练

1. 点 (s, t) 落入圆 $(x-a)^2 + (y-a)^2 = a^2$ 内的概率是 $\dfrac{1}{4}$.

   (1) s，t 是连续掷一枚骰子两次所得到的点数，$a = 3$；

   (2) s，t 是连续掷一枚骰子两次所得到的点数，$a = 2$.

2. 两次抛掷一枚骰子，两次出现的数字之和为奇数的概率为（　　）.

(A) $\dfrac{1}{4}$　　　　(B) $\dfrac{1}{2}$　　　　(C) $\dfrac{5}{18}$　　　　(D) $\dfrac{5}{9}$　　　　(E) $\dfrac{5}{36}$

3. 将一骰子连续抛掷三次，它落地时向上的点数依次成等差数列的概率为(　　).

(A) $\dfrac{1}{9}$　　　　(B) $\dfrac{1}{12}$　　　　(C) $\dfrac{1}{15}$　　　　(D) $\dfrac{1}{18}$　　　　(E) $\dfrac{1}{14}$

4. 甲、乙两同学投掷一枚骰子，用字母 p,q 分别表示两人各投掷一次的点数．满足关于 x 的方程 $x^2+px+q=0$ 有实数解的概率为(　　).

(A) $\dfrac{19}{36}$　　　　(B) $\dfrac{7}{36}$　　　　(C) $\dfrac{5}{36}$　　　　(D) $\dfrac{1}{36}$　　　　(E) $\dfrac{1}{18}$

习题详解

1. (B)

【解析】穷举法．

条件(1)：要使 (s,t) 落入 $(x-3)^2+(y-3)^2=3^2$ 内，则需满足

当 $s=1$ 时，$t=1,2,3,4,5$；当 $s=2$ 时，$t=1,2,3,4,5$；

当 $s=3$ 时，$t=1,2,3,4,5$；当 $s=4$ 时，$t=1,2,3,4,5$；

当 $s=5$ 时，$t=1,2,3,4,5$；当 $s=6$ 时，t 无解．

所以点 (s,t) 落入 $(x-a)^2+(y-a)^2=a^2$ 内的概率是 $\dfrac{25}{36}$．条件(1)不充分．

条件(2)：要使点 (s,t) 落入 $(x-2)^2+(y-2)^2=2^2$ 内，则需满足

当 $s=1$ 时，$t=1,2,3$；当 $s=2$ 时，$t=1,2,3$；

当 $s=3$ 时，$t=1,2,3$；当 $s=4,5,6$ 时，t 无解．

所以点 (s,t) 落入 $(x-a)^2+(y-a)^2=a^2$ 内的概率是 $\dfrac{9}{36}=\dfrac{1}{4}$．条件(2)充分．

2. (B)

【解析】两次之和为奇数，这可分为两种情况：

(1) 第一次为奇数，第二次为偶数时，有 $3\times3=9$(种)；

(2) 第一次为偶数，第二次为奇数时，有 $3\times3=9$(种)．

故概率为 $\dfrac{9+9}{36}=\dfrac{1}{2}$．

3. (B)

【解析】一骰子连续抛掷三次得到的数列共有 6^3 个，其中成等差数列有三类：

(1) 公差为 0 的有 6 个；

(2) 公差为 1 或 −1 的有 8 个；

(3) 公差为 2 或 −2 的有 4 个，共有 18 个．

故成等差数列的概率为 $\dfrac{18}{6^3}=\dfrac{1}{12}$．

4. (A)

【解析】使方程有实数解需要 $p^2-4q\geqslant0$，共有 19 种情况：

$p=6$ 时，$q=6,5,4,3,2,1$；

$p=5$ 时，$q=6,5,4,3,2,1$；

$p=4$ 时，$q=4,3,2,1$；

$p=3$ 时，$q=2,1$；

$p=2$ 时，$q=1$.

两人投掷骰子共有 36 种等可能情况，故其概率为 $\dfrac{19}{36}$.

题型 99 古典概型之几何体涂漆问题

母题精讲

母题 99 将一个白木质的正方体的六个表面都涂上红漆，再将它锯成 64 个小正方体．从中任取 3 个，其中至少有 1 个三面是红漆的小正方体的概率是(　　)．

(A) 0.065　　(B) 0.578　　(C) 0.563　　(D) 0.482　　(E) 0.335

【解析】3 面有红漆的小正方体位于大正方体的顶点上，有 8 个；

任取 3 个至少 1 个三面是红漆的反面描述是任取 3 个没有 1 个三面是红漆，故所求概率为

$$P = 1 - \dfrac{C_{56}^3}{C_{64}^3} = 1 - \dfrac{165}{248} \approx 0.335.$$

【答案】(E)

老吕施法

将一个正方体六个面涂成红色，然后切成 n^3 个小正方体，则

(1) 3 面红色的小正方体：8 个，位于原正方体角上．

(2) 2 面红色的小正方体：$12 \times (n-2)$ 个，位于原正方体棱上（不含角）．

(3) 1 面红色的小正方体：$6 \times (n-2)^2$ 个，位于原正方体面上（不在棱上的部分）．

(4) 没有红色的小正方体：$(n-2)^3$ 个，位于原正方体内部．

习题精练

1. 把若干个体积相等的正方体拼成一个大正方体，在表面涂上红色，已知一面涂色的小正方体有 96 个，则两面涂色的小正方体有(　　)个．

(A) 48　　(B) 60　　(C) 64　　(D) 24　　(E) 32

2. 一个棱长为 6 厘米的正方体木块，表面涂上红色，然后把它锯成边长为 1 厘米的小正方体，设一面红色的有 a 块，两面红色的有 b 块，三面红色的有 c 块，没有红色的有 d 块，则 a,b,c,d 的最大公约数为(　　)．

(A) 2　　(B) 4　　(C) 6　　(D) 8　　(E) 12

3. 将一个表面漆有红色的长方体分割成若干个体积为 1 立方厘米的小正方体，其中，一点红色也没有的小正方体有 4 块，那么原来的长方体的体积为(　　)立方厘米．

(A) 180　　(B) 54　　(C) 54 或 48　　(D) 64　　(E) 180 或 64

习题详解

1. (A)

   【解析】一面涂色的小正方体位于大正方体的面上(除去棱上的)，每个面有 $4\times 4=16$(个)，令小正方体的边长为 1，则大正方体的边长为 6；两面涂色的小正方体位于大正方体的棱上(除去 8 个角)，每条棱上有 4 个，故总个数为 $4\times 12=48$.

2. (D)

   【解析】3 面红色的小正方体，即 8 个；

   2 面红色的小正方体，即 $12\times(n-2)=12\times(6-2)=48$(个)；

   1 面红色的小正方体，即 $6\times(n-2)^2=6\times(6-2)^2=96$(个)；

   没有红色的小正方体，即 $(n-2)^3=(6-2)^3=64$(个).

   故最大公约数为 8.

3. (C)

   【解析】没有红色的小正方体位于原来的长方体的内部，这 4 个小正方体可能排成一字形或田字形；

   若为一字形：棱长分别为 $1,1,4$，故原长方体的长宽高为 $3,3,6$，体积为 $3\times 3\times 6=54$；

   若为田字形：棱长分别为 $2,2,1$，故原长方体的长宽高为 $4,4,3$，体积为 $4\times 4\times 3=48$.

题型 100　数字之和问题

母题精讲

母题100 若从原点出发的质点 M 向 x 轴的正向移动一个和两个坐标单位的概率分别是 $\dfrac{2}{3}$ 和 $\dfrac{1}{3}$，则该质点移动 3 个坐标单位，到达 $x=3$ 的概率是(　　).

(A) $\dfrac{19}{27}$　　　(B) $\dfrac{20}{27}$　　　(C) $\dfrac{7}{9}$　　　(D) $\dfrac{22}{27}$　　　(E) $\dfrac{23}{27}$

【解析】$3=1+2=2+1=1+1+1$，故可分为三类：

第一类：先移动 1 个单位，再移动 2 个单位，即 $P_1=\dfrac{2}{3}\times\dfrac{1}{3}$；

第二类：先移动 2 个单位，再移动一个单位，即 $P_2=\dfrac{1}{3}\times\dfrac{2}{3}$；

第三类：三次移动 1 个单位，即 $P_3=\left(\dfrac{2}{3}\right)^3$.

故到达 $x=3$ 的概率为 $P=P_1+P_2+P_3=\dfrac{20}{27}$.

【答案】(B)

老吕施法

(1) 求和为定值或者和满足某不等式的问题，称之为数字之和问题．
(2) 题目的条件一般可转化为
$$mx+ny=a;$$
$$mx+ny\leqslant a;$$
$$mx+ny\geqslant a.$$

习题精练

1. 某剧院正在上演一部新歌剧，前座票价为50元，中座票价为35元，后座票价为20元，如果购到任何一种票是等可能的，现任意购买到2张票，则其值不超过70元的概率是( )．

(A) $\dfrac{1}{3}$ (B) $\dfrac{1}{2}$ (C) $\dfrac{3}{5}$ (D) $\dfrac{2}{3}$ (E) 以上选项均不正确

2. 从1，2，3，4，5中随机取3个数(允许重复)组成一个三位数，取出的三位数的各位数字之和等于9的概率为( )．

(A) $\dfrac{5}{125}$ (B) $\dfrac{3}{25}$ (C) $\dfrac{5}{25}$ (D) $\dfrac{19}{125}$ (E) $\dfrac{8}{25}$

3. 一个袋中共装有形状一样的小球6个，其中红球1个、黄球2个、绿球3个，现有放回的取球3次，记取到红球得1分、取到黄球得0分、取到绿球得−1分，则3次取球总得分为0分的概率为( )．

(A) $\dfrac{1}{6}$ (B) $\dfrac{1}{27}$ (C) $\dfrac{1}{36}$ (D) $\dfrac{11}{54}$ (E) $\dfrac{11}{27}$

习题详解

1. (D)

【解析】从前、中、后三种票中任意买两张，共有前前、前中、前后、中前、中中、中后、后前、后中、后后9种可能，票价不超过70元的情况有6种，故概率 $P=\dfrac{6}{9}=\dfrac{2}{3}$．

2. (D)

【解析】满足条件的组合有(3, 3, 3)、(1, 4, 4)、(2, 2, 5)、(1, 3, 5)、(2, 3, 4)等5组组合；

再考虑顺序，则有 $1+2\times 3+2A_3^3=19$．

故概率为 $\dfrac{19}{5^3}=\dfrac{19}{125}$．

3. (D)

【解析】3球均为黄球，即 $2\times 2\times 2=8$(种)；

一红一黄一绿球，即 $1\times 2\times 3\times 3!=36$(种)．

故所求概率为 $P=\dfrac{8+36}{6\times 6\times 6}=\dfrac{11}{54}$．

题型 101　袋中取球问题

母题精讲

母题101 在一个不透明的布袋中装有2个白球、m个黄球和若干个黑球，它们只有颜色不同．则$m=3$．

(1) 从布袋中随机摸出一个球，摸到白球的概率是0.2；
(2) 从布袋中随机摸出一个球，摸到黄球的概率是0.3．

【解析】单独显然不充分，联立两个条件：

由条件(1)：摸到白球的概率，$P=\dfrac{2}{n}=0.2$，得$n=10$，可知一共有10个球；

由条件(2)：$P=\dfrac{m}{10}=0.3$，得$m=3$，可知黄球有3个．

故联立起来充分．

【答案】(C)

老吕施法

(1) 无放回取球模型．

设口袋中有a个白球，b个黑球，逐一取出若干个球，看后不再放回袋中，则恰好取了m ($m \leqslant a$)个白球，n ($n \leqslant b$)个黑球的概率是$P=\dfrac{C_a^m \cdot C_b^n}{C_{a+b}^{m+n}}$．

【拓展】抽签模型．

设口袋中有a个白球，b个黑球，逐一取出若干个球，看后不再放回袋中，则第k次取到白球的概率为$P=\dfrac{a}{a+b}$，与k无关．

(2) 一次取球模型．

设口袋中有a个白球，b个黑球，一次取出若干个球，则恰好取了m ($m \leqslant a$)个白球，n ($n \leqslant b$)个黑球的概率是$P=\dfrac{C_a^m \cdot C_b^n}{C_{a+b}^{m+n}}$；可见一次取球模型的概率与无放回取球相同．

(3) 有放回取球模型．

设口袋中有a个白球，b个黑球，逐一取出若干个球，看后放回袋中，则恰好取了k ($k \leqslant a$)个白球，$n-k$ ($n-k \leqslant b$)个黑球的概率是$P=C_n^k \left(\dfrac{a}{a+b}\right)^k \left(\dfrac{b}{a+b}\right)^{n-k}$．

上述模型可理解为伯努利概型：口袋中有a个白球，b个黑球，从中任取一个球，将这个试验做n次，出现了k次白球，$n-k$次黑球．

习题精练

1. 从口袋中摸出2个黑球的概率是$\dfrac{1}{2}$．

(1) 口袋中装有大小相同、编号不同的 2 个白球和 3 个黑球；

(2) 口袋中装有大小相同、编号不同的 1 个白球和 3 个黑球．

2. 从编号为 1，2，…，10 的球中任取 4 个，则所取 4 个球的最大号码是 6 的概率为(　　)．

(A) $\dfrac{1}{84}$　　　(B) $\dfrac{3}{5}$　　　(C) $\dfrac{2}{5}$　　　(D) $\dfrac{1}{21}$　　　(E) $\dfrac{1}{20}$

3. 一个坛子里有编号为 1，2，…，12 的 12 个大小相同的球，其中 1～6 号球是红球，其余的是黑球，若从中任取两个球，则取到的都是红球，且至少有 1 个球的号码是偶数的概率，其概率是(　　)．

(A) $\dfrac{1}{22}$　　　(B) $\dfrac{1}{11}$　　　(C) $\dfrac{3}{22}$　　　(D) $\dfrac{2}{11}$　　　(E) $\dfrac{3}{11}$

4. 一批产品中的一级品率为 0.2，现进行有放回的抽样，共抽取 10 个样品，则 10 个样品中恰有 3 个一级品的概率为(　　)．

(A) $(0.2)^3(0.8)^7$　　　(B) $(0.2)^7(0.8)^3$　　　(C) $C_{10}^3(0.2)^3(0.8)^7$

(D) $C_{10}^3(0.2)^7(0.8)^3$　　　(E) 以上选项均不正确

5. 袋中有红球、白球共 10 个，任取 3 个，至少有一个为红球的概率为 $\dfrac{5}{6}$．

(1) 白球有 5 个；　　　(2) 白球有 6 个．

6. 两只一模一样的铁罐里都装有大量的红球和黑球，其中一罐(取名"甲罐")内的红球数与黑球数之比为 2∶1，另一罐(取名"乙罐")内的黑球数与红球数之比为 2∶1．今任取一罐从中取出 50 只球，查得其中有 30 只红球和 20 只黑球，则该罐为"甲罐"的概率是该罐为"乙罐"的概率的(　　)．

(A) 154 倍　　(B) 254 倍　　(C) 438 倍　　(D) 798 倍　　(E) 1 024 倍

7. 甲盒内有红球 4 只，黑球 2 只，白球 2 只；乙盒内有红球 5 只，黑球 3 只；丙盒内有黑球 2 只，白球 2 只．从这三只盒子的任意一只中任取出一只球，它是红球的概率是(　　)．

(A) 0.562 5　　(B) 0.5　　(C) 0.45　　(D) 0.375　　(E) 0.225

习题详解

1. (B)

【解析】条件(1)：$\dfrac{C_3^2}{C_5^2}=\dfrac{3}{10}$，不充分．

条件(2)：$\dfrac{C_3^2}{C_4^2}=\dfrac{3}{6}=\dfrac{1}{2}$，充分．

2. (D)

【解析】4 个球中有一个球是 6，再从 1，2，3，4，5 中取 3 个球，故有 C_5^3；任取 4 个球共有 C_{10}^4，故所求概率 $P=\dfrac{C_5^3}{C_{10}^4}=\dfrac{1}{21}$．

3. (D)

【解析】从 6 个红球中任取 2 个，即 C_6^2；从 3 个奇数红球中任取 2 个，即 C_3^2，所以 6 个红球中任取 2 个，至少一个是偶数的取法为 $C_6^2-C_3^2=12$；从 12 个球中任取 2 个，即 $C_{12}^2=66$．

故所求概率为 $\dfrac{12}{66}=\dfrac{2}{11}$.

4. (C)

【解析】有放回取球，看作伯努利概型，故有 $C_{10}^{3}(0.2)^3(0.8)^7$.

5. (B)

【解析】条件(1)：$P=1-\dfrac{C_5^3}{C_{10}^3}=1-\dfrac{1}{12}=\dfrac{11}{12}$，不充分.

条件(2)：$P=1-\dfrac{C_6^3}{C_{10}^3}=1-\dfrac{1}{6}=\dfrac{5}{6}$，充分.

6. (E)

【解析】由题意可知：甲盒中取红球的概率始终为 $\dfrac{2}{3}$，取黑球的概率始终为 $\dfrac{1}{3}$；

乙盒中取红球的概率始终为 $\dfrac{1}{3}$，取黑球的概率始终为 $\dfrac{2}{3}$.

甲盒中取 30 个红球 20 个黑球的概率为 $C_{50}^{20}\times\left(\dfrac{2}{3}\right)^{30}\times\left(\dfrac{1}{3}\right)^{20}$.

乙盒中取 30 个红球 20 个黑球的概率为 $C_{50}^{20}\times\left(\dfrac{2}{3}\right)^{20}\times\left(\dfrac{1}{3}\right)^{30}$.

则两者概率之比为 1 024.

7. (D)

【解析】分两步，第一步从三个盒子中选一个盒子，第二步从选定的盒子中取出一只红球，所以取到红球的概率为 $\dfrac{1}{3}\times\dfrac{4}{8}+\dfrac{1}{3}\times\dfrac{5}{8}+\dfrac{1}{3}\times\dfrac{0}{4}=0.375$.

题型 102　独立事件的概率

母题精讲

母题 102　可得出某球员一次投篮的命中率为 $\dfrac{2}{3}$.

(1) 该球员连续投篮三次，只有第一次没有命中的概率为 $\dfrac{4}{27}$；

(2) 该球员连续投篮三次，至少命中一次的概率为 $\dfrac{26}{27}$.

【解析】条件(1)，设一次命中的概率为 P，

则有 $P^2(1-P)=\dfrac{4}{27}$，

解得 $P=\dfrac{2}{3}$，充分.

条件(2)，设一次命中的概率为 P，

则有 $1-(1-P)^3=\dfrac{26}{27}$，

解得 $P=\dfrac{2}{3}$，也充分.

【答案】(D)

> **老吕施法**
>
> 独立事件同时发生的概率公式：$P(AB)=P(A)P(B)$.

习题精练

1. 某单位有 3 辆汽车参加某种事故保险，假设每辆车最多只赔偿一次，这 3 辆车是否发生事故相互独立，则一年内该单位在此保险中获赔的概率为 $\dfrac{3}{11}$.

   (1) 3 辆车在一年内发生此种事故的概率分别为 $\dfrac{1}{10}$, $\dfrac{1}{11}$, $\dfrac{1}{12}$;

   (2) 3 辆车在一年内发生此种事故的概率分别为 $\dfrac{1}{9}$, $\dfrac{1}{10}$, $\dfrac{1}{11}$.

2. 甲、乙两人各自去破译一个密码，则密码能被破译的概率为 $\dfrac{3}{5}$.

   (1) 甲、乙两人能破译出的概率分别是 $\dfrac{1}{3}$, $\dfrac{1}{4}$;

   (2) 甲、乙两人能破译出的概率分别是 $\dfrac{1}{2}$, $\dfrac{1}{3}$.

3. 某同学逛街发现有一娱乐项目，该项目规定：十元钱一次，共有四个球，如果能够将三个球在一定距离外抛入木桶内可以获得一个小玩偶，如果能够将四个球全部抛入木桶，则可以获得一个大玩偶，只抛入一个或两个，可以获得一份精美小礼品．若该同学投进一球的概率为 0.95，则该同学获得玩偶的概率约为(　　).
   (A) 0.99　　(B) 0.97　　(C) 0.95　　(D) 0.93　　(E) 0.9

习题详解

1. (B)

   【解析】条件(1)：$1-\dfrac{9}{10}\times\dfrac{10}{11}\times\dfrac{11}{12}=\dfrac{1}{4}$，不充分.

   条件(2)：$1-\dfrac{8}{9}\times\dfrac{9}{10}\times\dfrac{10}{11}=\dfrac{3}{11}$，充分.

2. (E)

   【解析】密码能被破译，其反面为甲乙两人均为未译出，故

   条件(1)：$1-\dfrac{2}{3}\times\dfrac{3}{4}=\dfrac{1}{2}$，不充分.

   条件(2)：$1-\dfrac{1}{2}\times\dfrac{2}{3}=\dfrac{2}{3}$，不充分.

   两个条件无法联立.

3.（A）

【解析】事件的概率 $P=C_4^3\times0.95^3\times0.05+C_4^4\times0.95^4\approx0.99.$

题型 103 伯努利概型

母题精讲

母题103 小张同学投篮的命中率约为 0.4，在 5 次投篮测试中，命中 4 次及以上为优秀，则小张获得优秀的概率约为（　　）．

(A) 0.1　　　(B) 0.2　　　(C) 0.4　　　(D) 0.6　　　(E) 0.8

【解析】伯努利概型．

根据题意，显然可分为两种情况：

① 恰好命中四次，概率为 $P_1=C_5^4\times0.4^4\times0.6$；

② 恰好命中五次，概率为 $P_2=0.4^5$．

故为优秀的概率 $P=P_1+P_2=0.087\,04.$

【答案】（A）

老吕施法

(1) 伯努利概型公式：$P_n(k)=C_n^k P^k(1-P)^{n-k}$ $(k=1,2,\cdots,n)$．

(2) 独立地做一系列的伯努利试验，直到第 k 次试验时，事件 A 才首次发生的概率为
$$P_k=(1-P)^{k-1}P \quad (k=1,2,\cdots,n).$$

习题精练

1. 一头病牛服用某种药品后被治愈的可能性为 95%，则服用这种药的 4 头病牛中至少有 3 头被治愈的概率约为（　　）．

(A) 0.95　　　(B) 0.96　　　(C) 0.97　　　(D) 0.98　　　(E) 0.99

2. $P=\dfrac{3}{8}.$

(1) 先后投掷 3 枚均匀的硬币，出现 2 枚正面向上，一枚反面向上的概率为 P；

(2) 甲、乙两个人投宿 3 个旅馆，恰好两人住在同一个旅馆的概率为 P．

3. 某人投篮，每次投不中的概率稳定为 $a=3$，则在 4 次投篮中，至少投中 3 次的概率大于 0.8．

(1) $P=0.2$；

(2) $P=0.3$．

习题详解

1. （E）

【解析】4 头牛至少有 3 头被治愈，可分为两种情况：

① 3 头牛被治愈；

② 4 头牛被治愈．

又因为每头牛被治愈的概率为 0.95，故没被治愈的可能是 0.05.

所求概率为 $C_4^3 \cdot (0.95)^3 \times 0.05 + C_4^4 \cdot (0.95)^4 \times 0.05^0 \approx 0.99$.

2. (A)

【解析】古典概型＋伯努利概型.

条件(1)：根据伯努利概型，有概率 $P = C_3^2 \cdot \left(\dfrac{1}{2}\right)^2 \times \dfrac{1}{2} = \dfrac{3}{8}$，故条件(1)充分.

条件(2)：甲乙两人住同一旅馆的可能性有 3 种，甲任意选、乙任意选的可能性有 $3^2 = 9$ 种，故概率 $P = \dfrac{3}{9} = \dfrac{1}{3}$，条件(2)不充分.

3. (A)

【解析】至少投中 3 次，可分为两种情况：中 3 次或中 4 次，故 $P = C_4^3(1-P)^3 P + (1-P)^4$.

条件(1)：$P = C_4^3 0.8^3(1-0.8) + 0.8^4 = 0.4096 + 0.4096 > 0.8$，充分.

条件(2)：$P = C_4^3 0.7^3(1-0.7) + 0.7^4 = 0.4116 + 0.2401 < 0.8$，不充分.

题型 104　闯关和比赛问题

母题精讲

母题 104　一项活动需要选手依次参加五项挑战，成绩符合规定选手可以获得大奖，已知王先生参加每项挑战的成功率均为 $\dfrac{1}{2}$，那么他能获得大奖的概率为 $\dfrac{1}{2}$.

(1)活动规定：直到通过 3 项挑战为止，才可获得大奖；

(2)活动规定：连续通过三项挑战，才可获得大奖.

【解析】条件(1)：王先生取得大奖时，比赛的总场数可能是 3 场、4 场、5 场.

①总场数是 3 场时的概率为 $\left(\dfrac{1}{2}\right)^3$；

②总场数 4 场时，最后一场必为胜，获胜概率为 $C_3^1\left(\dfrac{1}{2}\right)^4$；

③总场数 5 场时，最后一场必为胜，获胜概率为 $C_4^2\left(\dfrac{1}{2}\right)^5$.

王先生取得大奖的概率为 $P = \left(\dfrac{1}{2}\right)^3 + C_3^1\left(\dfrac{1}{2}\right)^4 + C_4^2\left(\dfrac{1}{2}\right)^5 = \dfrac{1}{2}$，充分.

条件(2)：共有四种情况，

①前三场全胜，概率为 $\left(\dfrac{1}{2}\right)^3$；

②第一场输，第二、三、四场全胜，概率为 $\left(\dfrac{1}{2}\right)^4$；

③第一、二场输，第三、四、五场全胜，概率为 $\left(\dfrac{1}{2}\right)^5$；

④第一场赢，第二场输，第三、四、五场全胜，概率为 $\left(\dfrac{1}{2}\right)^5$.

王先生取得大奖的概率为 $P = \left(\dfrac{1}{2}\right)^3 + \left(\dfrac{1}{2}\right)^4 + 2 \times \left(\dfrac{1}{2}\right)^5 = \dfrac{1}{4}$，不充分.

【答案】(A)

老吕说法

(1)闯关问题一般符合独立事件的概率公式：$P(AB)=P(A)P(B)$.

(2)闯关问题一般前几关满足题干要求后，后面的关就不用闯了，因此未必是每关都试一下成功不成功．所以要根据题意进行合理分类．

(3)比赛问题，比如5局3胜，不代表一定打满5局，也可能会3局或4局内就已经分出胜负．

习题精练

1. 甲、乙依次轮流投掷一枚均匀硬币，若先投出正面者为胜，则甲获胜的概率是( ).

   (A)$\frac{2}{3}$ (B)$\frac{1}{3}$ (C)$\frac{1}{2}$ (D)$\frac{1}{4}$ (E)$\frac{3}{4}$

2. 甲、乙两人进行乒乓球比赛，采用"3局2胜"制，已知每局比赛中甲获胜的概率为0.6，则本次比赛甲获胜的概率是( ).

   (A)0.216   (B)0.36   (C)0.432   (D)0.648   (E)以上选项均不正确

3. 甲、乙、丙、丁4个足球队参加比赛，假设每场比赛各队取胜的概率相等，现任意将这4个队分成两个组（每组两个队）进行比赛，胜者再赛，则甲、乙相遇的概率为( ).

   (A)$\frac{1}{6}$ (B)$\frac{1}{4}$ (C)$\frac{1}{5}$ (D)$\frac{1}{3}$ (E)$\frac{1}{2}$

4. 甲、乙两队进行决赛，现在的情形是甲队只要再赢一局就获冠军，乙队需要再赢两局才能得冠军，若每局两队胜的概率均为$\frac{1}{2}$，则甲队获得冠军的概率为( ).

   (A)$\frac{1}{2}$ (B)$\frac{3}{5}$ (C)$\frac{2}{3}$ (D)$\frac{3}{4}$ (E)$\frac{4}{5}$

5. 某人将5个环一一投向一个木柱，直到有一个套中为止．若每次套中的概率为0.1，则至少剩下一个环未投的概率是( ).

   (A)$1-0.9^4$ (B)$1-0.9^3$ (C)$1-0.9^5$ (D)$1-0.1\times0.9^4$ (E)以上选项均不正确

习题详解

1. (A)

   【解析】 甲如果第1下就扔出正面，则后面就不用比了，以此类推．

   甲获胜：首次正面出现在第1，3，5，…次，概率为

   $$P_甲=\frac{1}{2}+\left(\frac{1}{2}\right)^3+\left(\frac{1}{2}\right)^5+\cdots=\frac{\frac{1}{2}}{1-\frac{1}{4}}=\frac{2}{3}.$$

2. (D)

   【解析】 甲以2∶0获胜的概率为$P_1=0.6^2=0.36$;

   甲以2∶1获胜的概率为$P_2=C_2^1\times0.6\times0.4\times0.6=0.288$.

故甲获胜的概率 $P=P_1+P_2=0.648$.

3.（E）

【解析】任意分为2组，每组2人的分法为 $\dfrac{C_4^2 C_2^2}{A_2^2}=3$（种）；

甲、乙在同一组的概率为 $P_1=\dfrac{1}{\frac{C_4^2 C_2^2}{A_2^2}}=\dfrac{1}{3}$；

甲、乙不在同一组的概率为 $\dfrac{2}{3}$，二人分别战胜各自对手的概率为 $\dfrac{1}{2}\times\dfrac{1}{2}=\dfrac{1}{4}$；

故甲、乙不在同一组且相遇的概率为 $P_2=\dfrac{2}{3}\times\dfrac{1}{4}=\dfrac{1}{6}$；

故甲、乙相遇的概率为 $P=\dfrac{1}{3}+\dfrac{1}{6}=\dfrac{1}{2}$.

4.（D）

【解析】方法一：

甲第一局取胜的概率为 $\dfrac{1}{2}$；甲第一局失败，第二局取胜的概率为 $\dfrac{1}{2}\times\dfrac{1}{2}=\dfrac{1}{4}$.

故甲获得冠军的概率为 $\dfrac{1}{2}+\dfrac{1}{4}=\dfrac{3}{4}$.

方法二：乙夺冠的概率 $\dfrac{1}{2}\times\dfrac{1}{2}=\dfrac{1}{4}$；故甲夺冠的概率为 $1-\dfrac{1}{4}=\dfrac{3}{4}$.

5.（A）

【解析】分为以下四种情况：

第1个中，后4个未投：0.1；

第1个没中，第2个中，后3个未投：0.9×0.1；

第1、2个没中，第3个中，后2个未投：$0.9^2\times 0.1$；

前3个没中，第4个中，最后1个未投：$0.9^3\times 0.1$.

故至少剩下一个环未投的概率为

$$P=0.1+0.9\times 0.1+0.9^2\times 0.1+0.9^3\times 0.1=\dfrac{0.1\times(1-0.9^4)}{1-0.9}=1-0.9^4.$$

微模考七 数据分析

（共25题，每题3分，限时60分钟）

一、问题求解：第1～15小题，每小题3分，共45分．下列每题给出的(A)、(B)、(C)、(D)、(E)五个选项中，只有一项是符合试题要求的，请在答题卡上将所选项的字母涂黑．

1. 在某次颁奖典礼上，有5个不同的奖项颁发给8位演员，每个奖项都有得主，且每人至多可获得一个奖项，则不同的获奖可能共有（　　）种．
   (A)A_8^5　　　(B)C_8^5　　　(C)C_5^5　　　(D)$5!$　　　(E)40

2. 从数字0，1，2，3，4，5中选出5个数字，组成无重复数字的5位数，其中能被5整除的个数为（　　）．
   (A)108　　　(B)120　　　(C)194　　　(D)216　　　(E)240

3. 某次围棋比赛，甲、乙两名同学进入决赛，裁判预测甲获胜的概率为$\frac{2}{5}$，平局的概率也是$\frac{2}{5}$，若采取三局两胜制，乙同学最终获胜的概率为（　　）．
   (A)$\frac{1}{3}$　　　(B)$\frac{1}{5}$　　　(C)$\frac{2}{25}$　　　(D)$\frac{11}{125}$　　　(E)$\frac{13}{125}$

4. 盒中装有15个大小相同的小球，有红、黄、蓝三种颜色，每次抽奖能够取出2个小球，且每个红球能够兑换一份纪念品，若抽奖一次获得纪念品的概率为$\frac{4}{7}$，则盒中共有红球（　　）个．
   (A)4　　　(B)5　　　(C)6　　　(D)7　　　(E)8

5. 某军训小组共有6人，排成前后两排，每排3人，其中甲、乙不在同一排，则共有（　　）种排法．
   (A)164　　　(B)186　　　(C)216　　　(D)236　　　(E)432

6. 将13块一样的糖果分给三个小朋友，每个小朋友至少3块糖果，则共有（　　）种分法．
   (A)15　　　(B)18　　　(C)21　　　(D)23　　　(E)32

7. 某公司财务处有甲、乙、丙、丁、戊五名职员，现进行换岗，随机抽取岗位，可与原岗位相同，则有且只有一人与原来的职位一样的概率为（　　）．
   (A)$\frac{1}{2}$　　　(B)$\frac{2}{5}$　　　(C)$\frac{3}{8}$　　　(D)$\frac{3}{5}$　　　(E)$\frac{5}{8}$

8. 从4名女老师和3名男老师中选出4人出国访学，要求4人中既有男老师又有女老师，则不同的选法共有（　　）种．
   (A)25　　　(B)34　　　(C)41　　　(D)43　　　(E)52

9. 令正方形$ABCD$的对角线交点为O，在以A,B,C,D,O中的三点构成的三角形中，任取两个，则取出三角形的面积不等的概率为（　　）．
   (A)$\frac{3}{7}$　　　(B)$\frac{4}{7}$　　　(C)$\frac{9}{14}$　　　(D)$\frac{11}{14}$　　　(E)$\frac{15}{28}$

10. 某同学参加体育考试，要求进行10次投篮，若该同学共投中5次，其中有4次连续命中，则该同学的投篮情况共有（　　）种可能．

(A) 20　　　　(B) 24　　　　(C) 30　　　　(D) 36　　　　(E) 42

11. 甲、乙、丙三人参加射击训练，已知三人命中目标的概率分别为 $\frac{1}{4}$，$\frac{1}{3}$，$\frac{2}{3}$，若每人射击一次，则至少一人命中目标的概率为(　　).

(A) $\frac{1}{6}$　　(B) $\frac{1}{3}$　　(C) $\frac{1}{2}$　　(D) $\frac{3}{4}$　　(E) $\frac{5}{6}$

12. 某国际旅游公司翻译部门有 3 人精通法语，4 人精通英语，1 人既精通法语又精通英语，现从中选出 4 人出席某项活动，要求 4 人中至少两人精通法语，两人精通英语，则不同的选择方案共有(　　)种.

(A) 48　　(B) 50　　(C) 54　　(D) 56　　(E) 72

13. 有 8 张反面一样的卡片，正面分别写着数字 1，2，…，8，先让所有卡片反面朝上，随机翻开 3 张，则翻开的 3 张卡片的数字之和小于 10 的概率为(　　).

(A) $\frac{1}{6}$　　(B) $\frac{2}{21}$　　(C) $\frac{1}{8}$　　(D) $\frac{7}{48}$　　(E) $\frac{3}{28}$

14. 某车间共有 7 名员工，现需要将他们分成三组，每组人数分别为 3，2，2，则员工甲、乙在同一组的概率为(　　).

(A) $\frac{5}{42}$　　(B) $\frac{4}{21}$　　(C) $\frac{2}{7}$　　(D) $\frac{5}{21}$　　(E) $\frac{5}{23}$

15. 现有 8 双各不相同的鞋，从中任取 4 只，则四只鞋中恰有一双的取法共有(　　)种.

(A) 420　　(B) 672　　(C) 802　　(D) 1 040　　(E) 1 440

二、条件充分性判断：第 16～25 小题，每小题 3 分，共 30 分. 要求判断每题给出的条件(1)和(2)能否充分支持题干所陈述的结论. (A)、(B)、(C)、(D)、(E)五个选项为判断结果，请选择一项符合试题要求的判断，并在答题卡上将所选项的字母涂黑.

(A) 条件(1)充分，但条件(2)不充分.

(B) 条件(2)充分，但条件(1)不充分.

(C) 条件(1)和条件(2)单独都不充分，但条件(1)和条件(2)联合起来充分.

(D) 条件(1)充分，条件(2)也充分.

(E) 条件(1)和条件(2)单独都不充分，条件(1)和条件(2)联合起来也不充分.

16. $N = 24$.

(1) 四封不同的信件投入三个不同的信箱，每个信箱至少一封信件，共有 N 种投递方案；

(2) 三封不同的信件投入四个不同的信箱，每个信箱至多一封信件，共有 N 种投递方案.

17. 任取一个正整数，其平方数的末尾数字是 k 的概率为 $\frac{1}{5}$.

(1) $k = 6$；　　　　　　　　　　(2) $k = 9$.

18. 已知一串钥匙串中共有 10 把钥匙，能打开保险箱的只有 n 把，在不知道哪把正确的前提下，进行不放回尝试，则恰好第三次才能打开的概率为 $\frac{7}{45}$.

(1) $n = 2$；　　　　　　　　　　(2) $n = 3$.

19. 某辆客车途径 X 个车站，任何两个车站间都有往返车票出售，则这班车共有 56 种车票可以出售.

(1) $X = 8$；　　　　　　　　　　(2) $X = 9$.

20. 某人连续射击三次，至少一次命中红心的概率为 0.488.

(1) 射击一次,命中红心的概率为 0.3;
(2) 射击一次,命中红心的概率为 0.2.

21. 袋中装有大小相同的白球、黑球、黄球共 12 个,则能够确定有多少个黄球.

    (1) 摸球一次摸到白球的概率为 $\frac{1}{4}$;

    (2) 一次摸出两个球,有黑球的概率为 $\frac{5}{11}$.

22. 将 5 份不同的礼物分给 4 个人,每人至少一份,则共有 90 种分配方法.
    (1) 已知甲分到一份礼物;
    (2) 已知甲分到两份礼物.

23. 某人投篮的命中率为 P,则他投篮 4 次至少命中一次的概率为 $\frac{65}{81}$.

    (1) 他投篮 4 次恰好命中 2 次的概率为 $\frac{8}{27}$;

    (2) 他投篮 4 次恰好命中 3 次的概率为 $\frac{8}{81}$.

24. 小王把 K 个相同的球放入甲、乙、丙三个盒子中,要求甲盒子可以为空,乙盒子至少放入 1 个球,丙盒子至少放入 2 个球,则不同的放法共有 36 种.
    (1) $K = 9$; (2) $K = 10$.

25. 5 名同学报名参加竞赛,有数学、英语、语文三个科目可以报考,则不同的报考方案共有 243 种.
    (1) 每名同学都报了数学,且没有人三个科目全报;
    (2) 每名同学只报名一个科目.

微模考七　答案详解

一、问题求解

1.（A）

【解析】母题90·不同元素的分组与分配

由于奖项是不同的，故有 A_8^5 种的可能.

2.（D）

【解析】母题87·数字问题

分情况讨论：

若末尾数字为0，则共有 A_5^4 种可能；

若末尾数字为5，则共有 $C_4^1 A_4^3$ 种可能.

所以共有 $A_5^4 + C_4^1 A_4^3 = 216$（个）.

3.（E）

【解析】母题104·闯关和比赛问题

由题干可知，单局比赛乙获胜的概率为 $\frac{1}{5}$，无法取胜的概率为 $\frac{4}{5}$.

分情况讨论：

①总共比赛两场，乙全胜，概率为 $\frac{1}{5} \times \frac{1}{5} = \frac{1}{25}$；

②总共比赛三场，乙胜两场，概率为 $C_2^1 \times \frac{1}{5} \times \frac{4}{5} \times \frac{1}{5} = \frac{8}{125}$.

所以乙获胜的概率为 $\frac{13}{125}$.

4.（B）

【解析】母题101·袋中取球问题

设盒中有 x 个红球，则有 $1 - \frac{C_{15-x}^2}{C_{15}^2} = \frac{4}{7}$，解得 $x = 5$.

5.（E）

【解析】母题85·排队问题

由题意知，共有 $C_6^1 C_3^1 A_4^4 = 432$ 种.

6.（A）

【解析】母题91·相同元素的分配问题

先给每个小朋友分2个糖果，则剩7个糖果未分配，题干转化为每个人至少分得一个糖果的情况.

利用挡板法，则共有 $C_6^2 = 15$ 种方法.

7.（C）

【解析】母题94·不能对号入座问题

五人随机换岗，共有 $A_5^5 = 120$ 种，有且只有一人与原来职位相同，则共有 $C_5^1 \times 9 = 45$ 种.

所以有且只有一人与原来的职位一样的概率为 $\dfrac{45}{120}=\dfrac{3}{8}$.

8. (B)

   【解析】母题 90·不同元素的分组与分配

   从反面求解,选出的 4 人中为同性的只有一种可能,即 4 名女老师入选.

   故题干所求的选法共有 $C_7^4-1=34$ 种.

9. (B)

   【解析】母题 97·古典概型

   点 A,B,C,D,O 构成的所有三角形共有 $C_5^3-2=8$ 种.

   面积等于正方形面积一半的三角形有:$\triangle ABC,\triangle ABD,\triangle ACD,\triangle BCD$;

   面积等于四分之一正方形面积的三角形有:$\triangle ABO,\triangle ADO,\triangle BCO,\triangle CDO$.

   则取出两个三角形面积不等的概率为 $\dfrac{C_4^1 C_4^1}{C_8^2}=\dfrac{16}{28}=\dfrac{4}{7}$.

10. (C)

    【解析】母题 85·排队问题

    先捆绑再插空,共有 $A_6^2=30$ 种可能.

11. (E)

    【解析】母题 102·独立事件概率

    三人射击相互独立,从反面求解,

    故 $P(A)=1-P(\overline{A})=1-\left(1-\dfrac{1}{4}\right)\left(1-\dfrac{1}{3}\right)\left(1-\dfrac{2}{3}\right)=\dfrac{5}{6}$.

12. (A)

    【解析】母题 88·万能元素问题

    分为两种情况讨论:

    ①选万能元素,共有 $C_3^1 C_4^2 C_1^1+C_3^2 C_4^1 C_1^1=30$ 种可能;

    ②不选万能元素,共有 $C_3^2 C_4^2=18$ 种可能.

    所以共有 48 种可能.

13. (C)

    【解析】母题 100·数字之和问题

    三张卡片数字之和小于 10 共有 7 种可能,即

    $(1,2,3),(1,2,4),(1,2,5),(1,2,6),(1,3,4),(1,3,5),(2,3,4)$,

    所以,翻开的 3 张卡片的数字之和小于 10 的概率为 $\dfrac{7}{C_8^3}=\dfrac{1}{8}$.

14. (D)

    【解析】母题 90·不同元素的分组与分配 + 母题 97·古典概型

    将 7 人分为 3-2-2 三组,共有 $\dfrac{C_7^3 C_4^2 C_2^2}{A_2^2}=105$.

    甲、乙分到同一组分为两种情况:

    ①分到三人组,共有 $\dfrac{C_5^1 C_4^2 C_2^2}{A_2^2}=15$ 种;

②分到两人组，共有 $C_5^2 C_3^3 = 10$ 种．

所以甲、乙在同一组的概率为 $\frac{25}{105} = \frac{5}{21}$．

15．(B)

【解析】 母题 95・成双成对问题

先从 8 双鞋子中选出一双，有 C_8^1 种选法；

从剩下的 7 双中选出不是一对的两只，有 $C_7^2 C_2^1 C_2^1 = 84$ 种选法．

所以共有 $8 \times 84 = 672$ 种选法．

二、条件充分性判断

16．(B)

【解析】 母题 90・不同元素的分组与分配

条件(1)：共有 $C_4^2 A_3^3 = 36$ 种方案，条件不充分．

条件(2)：共有 $A_4^3 = 24$ 种方案，条件充分．

17．(D)

【解析】 母题 97・古典概型

正整数末尾数字有 $0, 1, 2, \cdots 9$，共 10 种可能．

条件(1)：当正整数末尾数字为 4，6 时，$k = 6$，条件充分．

条件(2)：当正整数末尾数字为 3，7 时，$k = 9$，条件充分．

18．(A)

【解析】 母题 97・古典概型

恰好第三次打开，即前两次都失败．

条件(1)：恰好第三次才能打开的概率为 $\dfrac{C_8^1 C_7^1 C_2^1}{A_{10}^3} = \dfrac{7}{45}$；

条件(2)：恰好第三次才能打开的概率为 $\dfrac{C_7^1 C_6^1 C_3^1}{A_{10}^3} = \dfrac{7}{40}$．

19．(A)

【解析】 母题 89・简单组合问题

任何两个车站间都有两种车票，故共有 $2C_x^2$ 种车票，

所以条件(1)充分，条件(2)不充分．

20．(B)

【解析】 母题 102・独立事件概率

条件(1)：概率为 $1 - (1 - 0.3)^3 = 0.657$，条件不充分．

条件(2)：概率为 $1 - (1 - 0.2)^3 = 0.488$，条件充分．

21．(C)

【解析】 母题 101・袋中取球问题

条件(1)：由 $\dfrac{1}{4} = \dfrac{3}{12}$ 可以得出白球个数为 3，单独不充分．

条件(2)：设黑球为 N，有 $1 - \dfrac{C_{12-N}^2}{C_{12}^2} = \dfrac{5}{11}$，解得 $N = 3$，单独不充分．

联立可得黄球共有 $12 - 3 - 3 = 6$ 个，充分．

22. (E)

【解析】 母题 90 · 不同元素的分组与分配

先分组再分配

条件(1)：共有 $C_5^2 C_3^1 A_3^3 = 180$ 种分配方法，条件不充分．

条件(2)：共有 $C_5^2 A_3^3 = 60$ 种分配方法，条件不充分．

两条件明显无法联立，故选(E)．

23. (B)

【解析】 母题 103 · 伯努利概型

伯努利概型公式：$P_n(k) = C_n^k P^k (1-P)^{n-k} (k = 1, 2, \cdots, n)$．

条件(1)：投篮 4 次恰好命中 2 次的概率为 $C_4^2 P^2 (1-P)^{4-2} = \dfrac{8}{27}$，解得 $P = \dfrac{1}{3}$ 或 $P = \dfrac{2}{3}$．投篮 4 次至少命中一次的概率为 $\dfrac{65}{81}$ 或 $\dfrac{80}{81}$，条件不充分．

条件(2)：投篮 4 次恰好命中 3 次的概率为 $C_4^3 P^3 (1-P) = \dfrac{8}{81}$，解得 $P = \dfrac{1}{3}$．投篮 4 次至少命中一次的概率为 $\dfrac{65}{81}$，条件充分．

24. (B)

【解析】 母题 91 · 相同元素的分配问题

设甲盒子中原有 -1 个小球，球的总数需要增加 1；设乙盒子中原有 1 个小球，球的总数需要减少 1；此时满足挡板法的所有条件，即共有 $K + 1 - 1 = K$(个)小球，小球中间有 $K - 1$ 个空，插入 2 个板子即可，即 C_{K-1}^2．

条件(1)：$C_{K-1}^2 = C_{9-1}^2 = C_8^2 = 28$(种)，不充分．

条件(2)：$C_{K-1}^2 = C_{10-1}^2 = C_9^2 = 36$(种)，充分．

25. (D)

【解析】 母题 84 · 加法原理、乘法原理

条件(1)：每个人都报名了数学，且没有人三个科目全报，则每人有只报语文、只报英语、英语语文都不报三种选择，所以，不同的报考方案共有 $3^5 = 243$ 种，条件充分．

条件(2)：每名同学只报名一个科目，每人有三种选择，所以，不同的报考方案共有 $3^5 = 243$ 种，条件充分．

Contents 目录

第一章 算术 ··· 1
  第一节 实数 ··· 1
    母题 1 整除问题 ··· 1
    母题 2 带余除法问题 ··· 1
    母题 3 奇数与偶数问题 ··· 3
    母题 4 质数与合数问题 ··· 3
    母题 5 约数与倍数问题 ··· 4
    母题 6 整数不定方程问题 ··· 4
    母题 7 无理数的整数与小数部分 ··· 5
    母题 8 有理数与无理数的运算 ··· 6
    母题 9 实数的运算技巧问题 ··· 6
    母题 10 其他实数问题 ··· 7
  第二节 比和比例 ··· 8
    母题 11 等比定理与合比定理的应用 ··· 8
    母题 12 其他比例问题 ··· 9
  第三节 绝对值 ··· 10
    母题 13 非负性问题 ··· 10
    母题 14 自比性问题 ··· 10
    母题 15 绝对值的最值问题 ··· 11
    母题 16 求解绝对值方程和不等式 ··· 13
    母题 17 证明绝对值等式或不等式 ··· 13
    母题 18 定整问题 ··· 14
    母题 19 含绝对值的式子求值 ··· 14
  第四节 平均值和方差 ··· 15
    母题 20 平均值和方差的定义 ··· 15
    母题 21 均值不等式 ··· 16

第二章 整式与分式 ·· 17

第一节 整式 ·· 17
母题 22 因式分解问题 ·································· 17
母题 23 双十字相乘法 ·································· 17
母题 24 求展开式的系数 ······························· 18
母题 25 代数式的最值问题 ··························· 19
母题 26 三角形的形状判断问题 ···················· 19
母题 27 整式除法与余式定理 ······················· 19
母题 28 其他整式化简求值问题 ···················· 20

第二节 分式 ·· 20
母题 29 齐次分式求值 ·································· 20
母题 30 已知 $x+\dfrac{1}{x}=a$ 或者 $x^2+ax+1=0$，
求代数式的值 ······························· 21
母题 31 关于 $\dfrac{1}{a}+\dfrac{1}{b}+\dfrac{1}{c}=0$ 的问题 ············· 21
母题 32 其他分式的化简求值问题 ················ 21

第三章 函数、方程、不等式 ································· 22

第一节 简单方程与不等式 ······························· 22
母题 33 简单方程（组）和不等式（组） ······· 22
母题 34 不等式的性质 ·································· 23

第二节 一元二次函数、方程、不等式 ·············· 23
母题 35 一元二次函数、方程和不等式的
基本题型 ······································· 23
母题 36 根的判别式问题 ······························· 23
母题 37 韦达定理问题 ·································· 25
母题 38 一元二次函数的最值 ······················· 26
母题 39 根的分布问题 ·································· 27
母题 40 一元二次不等式的恒成立问题 ········· 29

第三节 特殊函数、方程、不等式 ···················· 29
母题 41 指数与对数 ····································· 29
母题 42 分式方程及其增根 ··························· 31
母题 43 穿线法解分式、高次不等式 ············· 31
母题 44 根式方程和根式不等式 ···················· 32

第四章 数列 ·· 33

第一节 等差数列 ·· 33

母题 45　等差数列基本问题 ·················· 33
　　母题 46　连续等长片段和 ···················· 33
　　母题 47　奇数项、偶数项的关系 ·············· 34
　　母题 48　两等差数列相同的奇数项和之比 ······ 34
　　母题 49　等差数列前 n 项和的最值 ············ 34
　第二节　等比数列 ································ 35
　　母题 50　等比数列基本问题 ·················· 35
　　母题 51　无穷等比数列 ······················ 35
　　母题 52　连续等长片段和 ···················· 36
　第三节　数列综合题 ······························ 36
　　母题 53　等差数列和等比数列的判定 ·········· 36
　　母题 54　等差数列与等比数列综合题 ·········· 37
　　母题 55　数列与函数、方程的综合题 ·········· 38
　　母题 56　递推公式问题 ······················ 38

第五章　应用题 ···································· 39
　　母题 57　简单算术问题 ······················ 39
　　母题 58　平均值问题 ························ 39
　　母题 59　工程问题 ·························· 39
　　母题 60　行程问题 ·························· 39
　　母题 61　简单比例问题 ······················ 40
　　母题 62　利润问题 ·························· 40
　　母题 63　增长率问题 ························ 41
　　母题 64　溶液问题 ·························· 41
　　母题 65　集合问题 ·························· 42
　　母题 66　最值应用题 ························ 42
　　母题 67　线性规划问题 ······················ 42
　　母题 68　阶梯价格问题 ······················ 43

第六章　几何 ······································ 43
　第一节　平面几何 ································ 43
　　母题 69　与三角形有关的问题 ················ 43
　　母题 70　阴影部分面积 ······················ 44
　第二节　立体几何 ································ 44
　　母题 71　立体几何基本问题 ·················· 44
　　母题 72　几何体的"接"与"切" ············· 45
　第三节　解析几何 ································ 45
　　母题 73　点与点的关系 ······················ 45

母题 74　点与直线的位置关系 ············· 46
　　母题 75　直线与直线的位置关系 ············· 47
　　母题 76　点、直线与圆的位置关系 ············· 48
　　母题 77　圆与圆的位置关系 ············· 48
　　母题 78　图像的判断 ············· 49
　　母题 79　过定点与曲线系 ············· 50
　　母题 80　面积问题 ············· 51
　　母题 81　对称问题 ············· 51
　　母题 82　最值问题 ············· 52

第七章　数据分析 ············· 53
　第一节　图表分析 ············· 53
　　母题 83　数据的图表分析 ············· 53
　第二节　排列组合 ············· 53
　　母题 84　加法原理、乘法原理 ············· 53
　　母题 85　排队问题 ············· 54
　　母题 86　看电影问题 ············· 54
　　母题 87　数字问题 ············· 54
　　母题 88　万能元素问题 ············· 55
　　母题 89　简单组合问题 ············· 55
　　母题 90　不同元素的分组与分配 ············· 55
　　母题 91　相同元素的分配问题 ············· 56
　　母题 92　相同元素的排列问题 ············· 56
　　母题 93　涂色问题 ············· 56
　　母题 94　不能对号入座问题 ············· 57
　　母题 95　成双成对问题 ············· 57
　　母题 96　求系数问题与二项式定理 ············· 57
　第三节　概率 ············· 58
　　母题 97　古典概型 ············· 58
　　母题 98　古典概型之色子问题 ············· 58
　　母题 99　古典概型之几何体涂漆问题 ············· 58
　　母题 100　数字之和问题 ············· 59
　　母题 101　袋中取球问题 ············· 59
　　母题 102　独立事件的概率 ············· 60
　　母题 103　伯努利概型 ············· 60
　　母题 104　闯关和比赛问题 ············· 60

第一章 算术

|第一节| 实数

母题 1 整除问题

1. 快速得分

整除问题，一般都可用特殊值法.

2. 常规方法

(1) 设 k 法：a 被 b 整除，可设 $\dfrac{a}{b}=k$，整理得 $a=bk$（$k\in \mathbf{Z}$）.

(2) 因式分解法：将待求的式子，通过因式分解分离出已知条件.

3. 特殊技巧——拆项法

与整除有关的问题，常用拆项法.

例如：$\dfrac{2m+3}{m+1}$ 为整数，如果我们直接设 $\dfrac{2m+3}{m+1}=k$，整理得 $m=\dfrac{k-3}{2-k}$，此式很复杂，不容易进行下一步的分析. 所以，常用拆项法，即 $\dfrac{2m+3}{m+1}=\dfrac{2m+2}{m+1}+\dfrac{1}{m+1}=2+\dfrac{1}{m+1}$，此时，只需令 $\dfrac{1}{m+1}=k$，即 $m=\dfrac{1}{k}-1$，再进行下一步分析会简单很多.

母题 2 带余除法问题

1. 快速得分

带余除法的条件充分性判断问题，首选特殊值法.

2. 常规方法——设 k 法

若 a 被 b 除余 r，可设 $a=bk+r$（$k\in \mathbf{Z}$）.

若 a 被 b 除余 r，则 $a-r$ 能被 b 整除．

3. 同余问题

所谓同余问题，是指给出一个数，分别除以几个不同的数所得的余数，反求这个数，称作同余问题．

下面以 4、5、6 为例，它们的最小公倍数是 60．

（1）余同取余．

用一个数除以几个不同的数，得到的余数相同，此时反求的这个数，可以选除数的最小公倍数，加上这个相同的余数，称为"余同取余"．

例 1. 一个数除以 4 余 1，除以 5 余 1，除以 6 余 1，则这个数为（　　）．

【解析】因为余数都是 1，所以取"$+1$"，这个数表示为 $60n+1$．

（2）和同加和．

用一个数分别除以几个不同的数，得到的余数与除数的和全都相同，此时反求的这个数，可以选除数的最小公倍数，加上这个相同的和数，称为"和同加和"．

例 2. 一个数除以 4 余 3，除以 5 余 2，除以 6 余 1，则这个数为（　　）．

【解析】因为 $4+3=5+2=6+1=7$，所以取"$+7$"，这个数表示为 $60n+7$．

（3）差同减差．

用一个数分别除以几个不同的数，得到的余数与除数的差全都相同，此时反求的这个数，可以选除数的最小公倍数，减去这个相同的差数，称为"差同减差"．

例 3. 一个数除以 4 余 1，除以 5 余 2，除以 6 余 3，则这个数为（　　）．

【解析】因为 $4-1=5-2=6-3=3$，所以取"-3"，这个数表示

为 $60n-3$.

(4) 不同余问题.

若一个数分别除以两个数所得的余数无规律,则将其中一个除数拆分成另外一个除数加上一个数的形式,再利用商和余数分别相等列方程求解.

例4. 有一个四位数,它被121除余2,被122除余109,则这个数为(　　).

【解析】设所求的4位数为 x,则
$$\begin{cases} x=121k_1+2, \\ x=122k_2+109. \end{cases}$$

由第二个式子,可得
$$x=(121+1)k_2+121-12=121(k_2+1)+k_2-12,$$

可知 $\begin{cases} k_2-12=2, \\ k_2+1=k_1, \end{cases}$ 故 $\begin{cases} k_2=14, \\ k_1=15, \end{cases}$ 则 $x=121\times15+2=1\,817$.

母题3　奇数与偶数问题

1. 奇数、偶数的表示方法

偶数 $=2n$ $(n\in\mathbf{Z})$,奇数 $=2n+1$ $(n\in\mathbf{Z})$.

2. 奇数和偶数的四则运算规律

奇数+奇数=偶数,奇数+偶数=奇数,奇数×奇数=奇数,奇数×偶数=偶数.

母题4　质数与合数问题

1. 穷举法

最常用方法,把质数从小到大依次代入,验证即可.

30以内的质数要熟练记忆:2、3、5、7、11、13、17、19、23、29.

2. 分解质因数法

遇到和质数有关的乘法、整除、带余除法等问题时,常用分解质因数法.

3. 特殊数字突破法

(1) 数字"2"突破法:所有质数中只有一个质数为偶数,即 2,故常通过分析奇偶性判断有没有数字 2.

(2) 数字"5"突破法:若几个整数的乘积的个位数字为 0 或 5,则这几个整数中必有数字 5.

母题 5 约数与倍数问题

1. 分解质因数法求公约数和公倍数(使用短除法)

例如:求 84 与 96 的最大公约数和最小公倍数.

$$
\begin{array}{r|rr}
2 & 84 & 96 \\
2 & 42 & 48 \\
3 & 21 & 24 \\
\hline
 & 7 & 8
\end{array}
$$

故有 $84=2\times2\times3\times7$;$96=2\times2\times3\times8$;则

$(a,b)=2\times2\times3$;$[a,b]=2\times2\times3\times7\times8$.

2. 未知数的设法

若已知两个数的最大公约数为 k,可设这两个数分别为 ak,bk,则最小公倍数为 abk,即这两个数的乘积为 abk^2.

3. 小定理

两个正整数的乘积等于这两个数的最大公约数与最小公倍数的积,即 $ab=(a,b)\cdot[a,b]$.

母题 6 整数不定方程问题

一个方程里面有多个未知数,若已知未知数的解为整数,则称为整数不定方程，有以下两类解法：

1. 穷举法

（1）在使用穷举法时，常用特征判断法、奇偶分析法减小讨论的范围．

（2）若 $ax+by=c$，整理得 $x=\dfrac{c-by}{a}$，然后再用穷举法讨论．

2. 分解因数法

（1）分解为两式的积等于某整数的形式．

例如： 若已知 a，b 为自然数，又有 $ab=7$．因为 $7=1\times 7$，故 $a=1$，$b=7$ 或 $a=7$，$b=1$．

（2）分解因数法常用以下公式：

① $ab\pm n(a+b)=(a\pm n)(b\pm n)-n^2$；若 $ab\pm n(a+b)=0$，则有 $(a\pm n)(b\pm n)=n^2$．

② 平方差公式：$a^2-b^2=(a+b)(a-b)$．

母题 7　无理数的整数与小数部分

1. 定义

一个数的整数部分，是不大于这个数的最大整数；小数部分是原数减去整数部分．

例如：

2.5 的整数部分是 2，小数部分是 0.5；

$\sqrt{5}$ 的整数部分是 2，小数部分是 $\sqrt{5}-2$；

-2.2 的整数部分是 -3，小数部分是 0.8；

$-\sqrt{5}$ 的整数部分是 -3，小数部分是 $-\sqrt{5}-(-3)=3-\sqrt{5}$．

2. 解法

求解无理数的整数部分与小数部分的问题，首先通过等价变换求出此无理数的整数部分，再用原数减去整数部分即得小数部分．

母题 8 有理数与无理数的运算

1. 有理部分与无理部分问题

已知 a，b 为有理数，λ 为无理数，若有 $a+b\lambda=0$，则有 $a=b=0$.

所以，形如 $a+b\lambda=0$ 的问题，将有理部分和无理部分分别合并同类项，即可求解．

2. 有理数与无理数间的运算规律

有理数经过加、减、乘、除四则运算之后得到的结果仍为有理数；

有理数＋无理数＝无理数；无理数＋无理数＝有理数或无理数；

有理数×无理数＝0 或无理数；无理数×无理数＝有理数或无理数．

3. 无理数的化简求值

（1）分母有理化．

（2）将根号下面的式子凑成完全平方式，可以去根号．

（3）$(\sqrt{n+k}+\sqrt{n})(\sqrt{n+k}-\sqrt{n})=k.$

母题 9 实数的运算技巧问题

1. 多个分数求和

如果题干为多个分数求和，使用裂项相消法，常用公式有：

（1）$\dfrac{1}{n(n+k)}=\dfrac{1}{k}\left(\dfrac{1}{n}-\dfrac{1}{n+k}\right)$；

当 $k=1$ 时，$\dfrac{1}{n(n+1)}=\dfrac{1}{n}-\dfrac{1}{n+1}$；

（2）$\dfrac{1}{(2n-1)(2n+1)}=\dfrac{1}{2}\left(\dfrac{1}{2n-1}-\dfrac{1}{2n+1}\right)$；

（3）$\dfrac{1}{n(n+1)(n+2)}=\dfrac{1}{2}\left[\dfrac{1}{n(n+1)}-\dfrac{1}{(n+1)(n+2)}\right]$；

（4）$\dfrac{n-1}{n!}=\dfrac{1}{(n-1)!}-\dfrac{1}{n!}.$

2. 多个括号乘积

如果题干是多个括号的乘积，则使用分子分母相消法或者凑平方差公式法，常用公式有：

(1) $1-\dfrac{1}{n^2}=\dfrac{n-1}{n}\cdot\dfrac{n+1}{n}$；

(2) $(a+b)(a^2+b^2)(a^4+b^4)\cdots=\dfrac{(a-b)(a+b)(a^2+b^2)(a^4+b^4)\cdots}{a-b}=\dfrac{(a^8-b^8)\cdots}{a-b}$.

3. 多个无理分数相加减

先将每个无理分数进行分母有理化，再消项即可．

$$\dfrac{1}{\sqrt{n+k}+\sqrt{n}}=\dfrac{1}{k}(\sqrt{n+k}-\sqrt{n})；$$

当 $k=1$ 时，$\dfrac{1}{\sqrt{n+1}+\sqrt{n}}=\sqrt{n+1}-\sqrt{n}$.

4. n 个相同数字的数相加

利用 $9+99+999+9\,999+\cdots=10^1-1+10^2-1+10^3-1+10^4-1+\cdots$ 这一恒等式求解．

5. 换元法

如果题干中多次出现某些相同的项，则可将这些相同的项换元，设为 t．

6. 错位相减法

例如： 求数列 $\{a_n\cdot b_n\}$ 的前 n 项和，其中 $\{a_n\}$、$\{b_n\}$ 分别是等差数列和等比数列，则使用错位相减法，在 S_n 上乘以 $\{b_n\}$ 的公比 q，得 qS_n，再与 S_n 相减得 qS_n-S_n，即可求解．

7. 公式法

转化为等差数列、等比数列，利用求和公式求解．

母题 10　其他实数问题

1. 无限循环小数化分数

（1）纯循环小数．

例 1. $0.3333\cdots = 0.\dot{3} = \dfrac{3}{9} = \dfrac{1}{3}$.

例 2. $0.1212\cdots = 0.\dot{1}\dot{2} = \dfrac{12}{99} = \dfrac{4}{33}$.

结论：将纯循环小数化为分数，分子是循环节，循环节有几位，分母就是几个 9，最后进行约分．

（2）混循环小数．

例 3. $0.2030303\cdots = 0.2\dot{0}\dot{3} = \dfrac{203-2}{990} = \dfrac{201}{990} = \dfrac{67}{330}$.

例 4. $0.238888\cdots = 0.23\dot{8} = \dfrac{238-23}{900} = \dfrac{215}{900} = \dfrac{43}{180}$.

结论：混循环小数化为分数，分子为第二个循环节以前的小数部分减去小数部分中不循环的部分，分母为循环节，循环节有几位，分母就有几个 9，循环节前有几位，分母中的 9 后面就有几个 0.

2. 比较大小

（1）比较两个数的大小常用比差法、比商法．

（2）比较两个分式的大小，若分式的分子相等，只需要比较分母就可以了．但要注意符号是否确定．

（3）比较根式的大小，常用平方法．

（4）比较代数式的大小，常用特殊值法．

第二节 比和比例

母题 11　等比定理与合比定理的应用

1. 等比定理

若有 $\dfrac{a}{b} = \dfrac{c}{d} = \dfrac{e}{f}$，则有 $\dfrac{a}{b} = \dfrac{c}{d} = \dfrac{e}{f} = \dfrac{a+c+e}{b+d+f}$（其中，分母不等于 0）．

【易错点】使用等比定理时，已知条件的"分母不等于 0"不能保证

"分母之和也不等于 0",所以要先讨论分母之和是否为 0.

2. 合比定理与分比定理

$\dfrac{a}{b}=\dfrac{c}{d} \Leftrightarrow \dfrac{a \pm b}{b}=\dfrac{c \pm d}{d}$ (等式左右同加 1 或同减 1).

合比定理与分比定理是在等式两边加减 1 得到的,但是解题时,未必一定是加减 1,也可以是加减别的数.

使用合比定理的目标,往往是将分子变成相等的项(通分子).

3. 设 k 法

能用等比定理、合比定理的题型,常常也可以用设 k 法.

4. 快速得分

等比定理、合比定理问题多出条件充分性判断题,一般都可以使用特殊值法.

母题 12 其他比例问题

1. 连比问题

常用设 k 法.

例如: 已知 $\dfrac{x}{a}=\dfrac{y}{b}$,则可设 $\dfrac{x}{a}=\dfrac{y}{b}=k$,则 $x=ak$,$y=bk$.

2. 两两之比问题

已知 3 个对象的两两之比问题,常用最小公倍数法,取中间项的最小公倍数.

例如: 甲:乙$=7:3$,乙:丙$=5:3$.

可令乙取 3 和 5 的最小公倍数 15,则甲:乙:丙$=35:15:9$.

3. 正比例与反比例

若两个数 x,y,满足 $y=kx$ ($k \neq 0$),则称 y 与 x 成正比例;

若两个数 x,y,满足 $y=\dfrac{k}{x}$ ($k \neq 0$),则称 y 与 x 成反比例.

第三节 绝对值

母题 13　非负性问题

1. 非负性

具有非负性的式子：$|a| \geq 0$，$a^2 \geq 0$，$\sqrt{a} \geq 0$.

2. 非负性问题的标准形式

若已知 $|a|+b^2+\sqrt{c}=0$ 或 $|a|+b^2+\sqrt{c} \leq 0$，可得 $a=b=c=0$.

3. 非负性问题的三种变化

（1）两式型：两式相加减即可求解．

（2）配方型：通过配方整理成 $|a|+b^2+\sqrt{c}=0$ 的形式，或者 $a^2+b^2+c^2 \leq 0$ 的形式．

（3）定义域型：根据根号下面的数大于等于 0，可以列出不等式求值．

母题 14　自比性问题

1. 绝对值的自比性

$$\frac{|a|}{a}=\frac{a}{|a|}=\begin{cases} 1, & a>0, \\ -1, & a<0. \end{cases}$$

2. 符号判断

$abc>0$，说明 a，b，c 有 3 正或 2 负 1 正；

$abc<0$，说明 a，b，c 有 3 负或 2 正 1 负；

$abc=0$，说明 a，b，c 至少有 1 个为 0；

$a+b+c>0$，说明 a，b，c 至少有 1 正，注意有可能某个字母等于 0；

$a+b+c<0$，说明 a，b，c 至少有 1 负，注意有可能某个字母等于 0；

$a+b+c=0$,说明 a,b,c 至少有 1 正 1 负,或者三者都等于 0.

3. 常用特殊值法

母题 15　绝对值的最值问题

1. 求解绝对值的最值问题的常用方法

（1）几何意义．
（2）三角不等式．
（3）图像法．
（4）分组讨论法．

2. 五类绝对值的最值问题

（1）形如 $y=|x-a|+|x-b|$．

设 $a<b$,则当 $x\in[a,b]$ 时,y 有最小值 $|a-b|$．函数的图像如图 1-1 所示（盆地形）．

（2）形如 $y=|x-a|-|x-b|$．

y 有最小值 $-|a-b|$,最大值 $|a-b|$．函数的图像如图 1-2 所示（正"Z"形或反"Z"形）．

（3）形如 $y=|x-a|+|x-b|+|x-c|$．

若 $a<b<c$,则当 $x=b$ 时,y 有最小值 $|a-c|$．函数的图像如图 1-3 所示（尖铅笔形）．

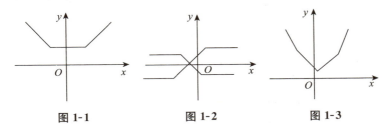

图 1-1　　　　　图 1-2　　　　　图 1-3

推广：$y=|x-a|+|x-b|+|x-c|+\cdots$（共奇数个）,则当 x 取到中间值时,y 的值最小．

(4) 形如 $y=m|x-a|+n|x-b|+p|x-c|+q|x-d|$.

通过"描点看边法"画绝对值的图像，观察图像即可得最值.

例如：求 $f(x)=|x+1|+|x+3|+|x-5|$ 的最值.

第一步：描点连线.

分别令 $x+1=0$，$x+3=0$，$x-5=0$，解得 $x=-1$，$x=-3$，$x=5$，代入函数，可知图像必过3个点：$(-3,10)$、$(-1,8)$、$(5,14)$，将这3个点描在平面直角坐标系中，并用线段连接这3个点，如图1-4所示.

第二步：画出最右边的一段图像.

令 $x>5$，$f(x)=3x-1$，是增函数. 画出最右边的图像，如图1-5所示.

第三步：画出最左边的一段图像.

最左边一段图像的斜率必与最右边的一段图像的斜率互为相反数，故右边为增函数，左边必为减函数，画出图像如图1-6所示.

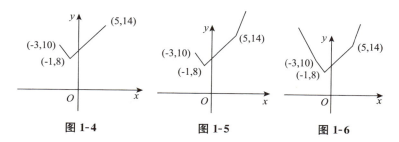

图 1-4　　　　　图 1-5　　　　　图 1-6

第四步：取最值.

根据图像可知，原函数的最小值为8.

【注意】若此题题干的问题是求函数的最小值是多少，则可以直接令 $x=-1$，$x=-3$，$x=5$，代入函数可知图像过3个点：$(-3,10)$、$(-1,8)$、$(5,14)$，可直接取这三个点的纵坐标的最小值8，即为函数的最小值，无须画图.

我们将以上方法总结成"**描点看边取拐点法**"口诀，如下：

描点看右边，最值取拐点；右减左必增，右增左必减；

右减有最大，右增有最小；题干知大小，直接取拐角．

（5）自变量有范围．

以上（1）～（4）这四种类型中，x 的定义域均为全体实数；若定义域不是全体实数时，则不能直接套用以上结论．常见以下三种解法：

①画出函数的图像，根据自变量的范围，结合图像求最值．

②若自变量的范围足够小，则可直接去绝对值符号．

③根据自变量的范围，分类讨论法．

母题 16　求解绝对值方程和不等式

1. 易错点

绝对值方程可能暗含定义域，如 $f(x)=|g(x)|$，则其暗含的定义域为 $f(x)=|g(x)|\geqslant 0$.

2. 快速得分法：选项代入法

3. 常规方法

（1）平方法去绝对值．

（2）分类讨论法去绝对值．

（3）图像法．

母题 17　证明绝对值等式或不等式

1. 常规方法

（1）不等式的基本性质．

（2）三角不等式，常考三角不等式等号成立时的条件．

$$\Big||a|-|b|\Big|\leqslant|a+b|\leqslant|a|+|b|.$$

左边等号成立的条件：$ab\leqslant 0$；右边等号成立的条件：$ab\geqslant 0$.

口诀：左异右同，可以为零．

$$\Big||a|-|b|\Big|\leqslant|a-b|\leqslant|a|+|b|;$$

左边等号成立的条件：$ab\geqslant 0$；右边等号成立的条件：$ab\leqslant 0$.

口诀：左同右异，可以为零．

（3）平方法或分类讨论法去绝对值符号．

（4）图像法．

（5）几何意义．

2．快速得分

特殊值法，特殊值一般先选 0，再选负数．

母题 18　定整问题

1．常用方法

几个整数的绝对值的和为较小的自然数（如 1，2 等），称为定整问题．

解决方法是抓住整数的绝对值均为自然数的特征，推理出整数绝对值定整可能出现的情况．常用特殊值法．

例如：

几个整数的绝对值的和为 1，则必然是其中一个绝对值为 1，其余为 0.

几个整数的绝对值的和为 2，则其中一个绝对值为 2，其余为 0；或者其中两个绝对值为 1，其余为 0.

2．易错点

若用特殊值法解定整问题，很容易漏根．所以答案中若有带"或"的选项，取特值时应该正负值都取，看看有没有多组解．

母题 19　含绝对值的式子求值

此类题型一般根据自变量的符号或范围，去绝对值符号．

（1）已知自变量的符号或范围，直接去绝对值符号．

(2) 根据已知条件,求出自变量的范围,再去绝对值符号.

第四节 平均值和方差

母题 20 平均值和方差的定义

1. 算术平均值

n 个数 x_1,x_2,x_3,…,x_n 的算术平均值为 $\dfrac{x_1+x_2+x_3+\cdots+x_n}{n}$,记为 $\bar{x}=\dfrac{1}{n}\sum\limits_{i=1}^{n}x_i$.

2. 几何平均值

n 个正数 x_1,x_2,x_3,…,x_n 的几何平均值为 $\sqrt[n]{x_1\cdot x_2\cdot x_3\cdot\cdots\cdot x_n}$,记为 $G=\sqrt[n]{\prod\limits_{i=1}^{n}x_i}$.

【易错点】注意只有正数才有几何平均值.

3. 方差

$S^2=\dfrac{1}{n}\left[(x_1-\bar{x})^2+(x_2-\bar{x})^2+\cdots+(x_n-\bar{x})^2\right]$,也可记为 $D(x)$;

方差的简化公式:$S^2=\dfrac{1}{n}\left[(x_1^2+x_2^2+\cdots+x_n^2)-n\bar{x}^2\right]$.

4. 标准差

$S=\sqrt{S^2}=\sqrt{\dfrac{1}{n}\left[(x_1-\bar{x})^2+(x_2-\bar{x})^2+\cdots+(x_n-\bar{x})^2\right]}$,

也可记为 $\sqrt{D(x)}$.

方差的性质:$D(ax+b)=a^2D(x)$($a\neq 0$,$b\neq 0$),即在一组数据中的每个数字都乘以一个非零的数字 a,方差变为原来的 a^2 倍,标准差变为原来的 a 倍;在该组数据中的每个数字都加上一个非零的数字 b,方差和标准差不变.

母题 21 均值不等式

1. 使用均值不等式求最值

（1）口诀．

> 一"正"二"定"三"相等"；"正"是使用均值
> 不等式的前提；"定"是使用均值不等式的目标；
> "相等"是最值取到时的条件．

（2）常用拆项法，拆项必拆成相等的项，拆项常拆次数较小的项．

（3）和为定值积最大，积为定值和最小．

2. 证明不等式

常考用均值不等式证明不等式，但遇到此类问题仍应该先考虑特殊值法．

3. 对勾函数

函数 $y=x+\dfrac{1}{x}$（或 $y=ax+\dfrac{b}{x}$，$a\neq 0$，$b\neq 0$）的图像形如两个"对勾"，因此，将这个函数称为对勾函数，当 $x>0$ 时，此函数有最小值 2；当 $x<0$ 时，此函数有最大值 -2．

图像如图 1-7 所示．

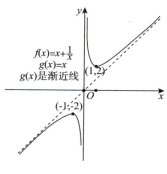

图 1-7

第二章　整式与分式

|第一节| 整式

母题 22　因式分解问题

1. 快速得分

（1）首尾项检验法．

原式的最高次项系数，一定等于各因式的最高次项系数之积；原式的常数项，一定等于各因式常数项之积．利用此规律排除选项即可．

（2）特值检验法．

原式等于各因式之积是恒成立的，故可令 x 等于 0，1，-1 等特殊值，排除各选项．

2. 常规方法

如：提公因式法、公式法、配方法、十字相乘法、双十字相乘法、待定系数法、分组分解法、换元法、整式除法等．

母题 23　双十字相乘法

1. 双十字相乘法求形如 $ax^2+bxy+cy^2+dx+ey+f$ 的因式分解问题

分解 x^2 项、y^2 项和常数项，去凑 xy 项、x 项和 y 项的系数．

例 1．将 $4x^2-4xy-3y^2-4x+10y-3$ 分解因式．

利用双十字相乘法，即

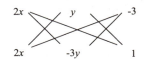

即 $2x \cdot (-3y)+2x \cdot y=-4xy$，$y \cdot 1+(-3y) \cdot (-3)=10y$，$2x \cdot 1+2x \cdot (-3)=-4x$，

故 $4x^2-4xy-3y^2-4x+10y-3=(2x+y-3)(2x-3y+1)$.

2. 双十字相乘法求 $(a_1x^2+b_1y+c_1)(a_2x^2+b_2y+c_2)$ 的展开式问题

例 2. $(x^2+x+1)(x^2+2x+1)=x^4+3x^3+4x^2+3x+1$.

利用双十字相乘法，即

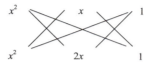

注意，左边小十字相乘为 3 次项，右边小十字相乘为 1 次项，大十字与中间两个 x 项之积的和得到 2 次项.

母题 24　求展开式的系数

1. 多项式相等

两个多项式相等，则对应项的系数均相等.

2. 待定系数法

（1）待定系数法：设某一多项式的全部或部分系数为未知数，利用"若两个多项式相等时，各同类项系数相等"的结论，即可求得待求的值.

（2）使用待定系数法时，最高次项和常数项往往能直接写出，但要注意符号问题（分析是否有正、负两种情况）.

3. 二项式定理法

二项式定理：$(a+b)^n=C_n^0a^n+C_n^1a^{n-1}b+\cdots+C_n^ka^{n-k}b^k+\cdots+C_n^{n-1}ab^{n-1}+C_n^nb^n$，其中第 $k+1$ 项为 $T_{k+1}=C_n^ka^{n-k}b^k$，称为通项.

4. 求展开式系数之和问题，用赋值法

对多项式 $f(x)=a_0x^n+a_1x^{n-1}+\cdots+a_{n-1}x+a_n$.

（1）求常数项，则 $a_n=f(0)$.

（2）求各项系数和，则 $a_0+a_1+\cdots+a_{n-1}+a_n=f(1)$.

（3）求奇次项系数和，则

$$a_1+a_3+a_5+\cdots=\frac{f(1)-f(-1)}{2}.$$

(4) 求偶次项系数和，则

$$a_0+a_2+a_4+\cdots=\frac{f(1)+f(-1)}{2}.$$

母题 25 代数式的最值问题

求代数式的最值问题，常用四种方法：

(1) 配方法，将代数式化为形如 $a\pm f^2(x)$ 的形式.

(2) 均值不等式法，见母题 21.

(3) 一元二次函数求最值法，见母题 38.

(4) 几何意义，见母题 82.

母题 26 三角形的形状判断问题

(1) 判断三角形的形状时，此三角形必为特殊三角形，即等边三角形、等腰三角形、等腰直角三角形、直角三角形.

(2) 常考公式：$a^2+b^2+c^2-ab-bc-ac=\dfrac{1}{2}[(a-b)^2+(b-c)^2+(a-c)^2]$，若此式等于 0，则 $a=b=c$.

(3) 等腰直角三角形是既是等腰又是直角（等腰并且直角）的三角形，而不是等腰或者直角三角形.

母题 27 整式除法与余式定理

1. 余式定理

若 $F(x)$ 除以 $f(x)$，得到的商式是 $g(x)$，余式是 $R(x)$，则 $F(x)=f(x)g(x)+R(x)$，其中 $R(x)$ 的次数小于 $f(x)$ 的次数.

若有 $x=a$，使 $f(a)=0$，则 $F(a)=R(a)$，即当除式等于 0 时，被除式等于余式.

2. 因式定理

对于 $F(x)$，若 $x=a$ 时，$F(a)=0$，则 $x-a$ 是 $F(x)$ 的一个因

式；若 $x-a$ 是 $F(x)$ 的一个因式，则 $f(a)=0$.

3. 余式定理问题的常用解题方法

（1）已知 $f(x)$ 除以 ax^2+bx+c 的余式，可令除式 $ax^2+bx+c=0$，解得两个根 x_1，x_2，则余式 $=f(x_1)=f(x_2)$.

（2）求 $f(x)$ 除以 ax^2+bx+c 的余式，用待定系数法，设余式为 $px+q$，再用余式定理即可．

（3）已知 $f(x)$ 除以 ax^2+bx+c 的余式为 $px+q$，又知 $f(x)$ 除以 $mx-n$ 的余式为 r，求 $f(x)$ 除以 $(ax^2+bx+c)(mx-n)$ 的余式，解法如下：

设 $f(x)=(ax^2+bx+c)(mx-n)g(x)+k(ax^2+bx+c)+px+q$，再用余式定理即可．

母题 28　其他整式化简求值问题

1. 快速得分

整式问题优先考虑特殊值法．

2. 解题思想

已知等式，求多项式的值，基本思想是将多项式等价变形，凑出已知条件．

3. 重要等式

$$a^2+b^2+c^2-ac-bc-ab=\frac{1}{2}[(a-b)^2+(b-c)^2+(c-a)^2].$$

第二节　分式

母题 29　齐次分式求值

（1）分子、分母上的每个项的次数均相同的式子，称为齐次分式．如 $\dfrac{x+y}{2x-y}$，$\dfrac{ab+a^2-b^2}{3ab+b^2}$．

（2）齐次分式求值必可用赋值法．

母题 30　已知 $x+\dfrac{1}{x}=a$ 或者 $x^2+ax+1=0$，求代数式的值

此类题目的已知条件有两种：

① $x+\dfrac{1}{x}=a$；② $x^2+ax+1=0$.

类型 1. 求整式 $f(x)$ 的值.

先将已知条件整理成②式的形式，进而

解法 1：将已知条件进一步整理成 $x^2=-ax-1$ 或 $x^2+ax=-1$ 的形式，代入所求整式，迭代、降次即可.

解法 2：利用整式的除法，用 $f(x)$ 除以 x^2+ax+1，所得余数即为 $f(x)$ 的值.

类型 2. 求形如 $x^3+\dfrac{1}{x^3}$，$x^4+\dfrac{1}{x^4}$ 等分式的值.

解法：先将已知条件整理成①式的形式，再将已知条件平方升次，或者将未知分式因式分解降次，即可求解.

母题 31　关于 $\dfrac{1}{a}+\dfrac{1}{b}+\dfrac{1}{c}=0$ 的问题

定理：若 $\dfrac{1}{a}+\dfrac{1}{b}+\dfrac{1}{c}=0$，则 $(a+b+c)^2=a^2+b^2+c^2$.

母题 32　其他分式的化简求值问题

1. 快速得分

首选特殊值法，尤其适合代数式求值以及条件充分性判断题，其中，齐次分式求值必用特殊值法.

2. 常用方法

（1）见比设 k 法.

（2）等比合比定理法.

（3）等式左右同乘除某式.

(4) 分式上下同乘除某式.
(5) 迭代降次与平方升次法.
(6) 取倒数.

第三章　函数、方程、不等式

第一节　简单方程与不等式

母题 33　简单方程（组）和不等式（组）

1. 一元一次方程

若 $ax=b$，则 $\begin{cases} a\neq 0, & x=\dfrac{b}{a}, \\ a=0,\ b\neq 0, & \text{无解}, \\ a=0,\ b=0, & x\in \mathbf{R}. \end{cases}$

2. 二元一次方程组

形如 $\begin{cases} a_1x+b_1y=c_1, \\ a_2x+b_2y=c_2 \end{cases}$ 的方程组为二元一次方程组，解法如下：

方法一：加减消元法.

$$\begin{cases} a_1x+b_1y=c_1, & \text{①} \\ a_2x+b_2y=c_2. & \text{②} \end{cases}$$

①$\times b_2-$②$\times b_1$，得 $(a_1b_2-a_2b_1)x=b_2c_1-b_1c_2$. 解出 x，再将 x 代入①式或②式，求出 y，从而得出方程组的解.

方法二：代入消元法.

由①式可得 $y=\dfrac{c_1-a_1x}{b_1}$ $(b_1\neq 0)$，将其代入②，消去 y，得出关于 x 的一元一次方程，解之可得 x；再将 x 的值代入①或②，求出 y 的值，从而得出方程组的解.

3. 不等式组的解法

分别求出组成不等式组中每个不等式的解集后，再求这些解集的交集．

母题 34　不等式的性质

1. 不等式的基本性质

(1) 若 $a>b$，$b>c$，则 $a>c$．

(2) 若 $a>b$，则 $a+c>b+c$．

(3) 若 $a>b$，$c>0$，则 $ac>bc$；若 $a>b$，$c<0$，则 $ac<bc$．

(4) 若 $a>b>0$，$c>d>0$，则 $ac>bd$．

(5) 若 $a>b>0$，则 $a^n>b^n$ ($n\in \mathbf{N}_+$)．

(6) 若 $a>b>0$，则 $\sqrt[n]{a}>\sqrt[n]{b}$ ($n\in \mathbf{N}_+$)．

2. 快速得分

解此类问题首选特殊值法；使用特殊值法时，一般优先考虑 0，再考虑 -1，再考虑 1．这是因为考生出错往往是因为忘掉 0 的存在，命题人喜欢在考生易错点上出题．

| 第二节 | 一元二次函数、方程、不等式

母题 35　一元二次函数、方程和不等式的基本题型

一元二次函数、方程和不等式的基本题型包括：

(1) 解一元二次方程．(2) 解一元二次不等式．(3) 一元二次函数的图像．

母题 36　根的判别式问题

1. 完全平方式

已知二次三项式 ax^2+bx+c ($a\neq 0$) 是一个完全平方式，则 $\Delta=b^2-$

$4ac=0$.

2. 已知方程 $ax^2+bx+c=0$ 的根的情况

（1）有两个不相等的实根，则 $\begin{cases}a\neq 0,\\ \Delta=b^2-4ac>0.\end{cases}$

（2）有两个相等的实根，则 $\begin{cases}a\neq 0,\\ \Delta=b^2-4ac=0.\end{cases}$

（3）没有实根，则 $\begin{cases}a\neq 0,\\ \Delta=b^2-4ac<0\end{cases}$ 或 $\begin{cases}a=b=0,\\ c\neq 0.\end{cases}$

3. 函数 $y=ax^2+bx+c$ 与 x 轴交点的个数

（1）与 x 轴有 2 个交点，则 $\begin{cases}a\neq 0,\\ \Delta=b^2-4ac>0.\end{cases}$

（2）与 x 轴有 1 个交点，则抛物线与 x 轴相切或图像是一条直线，即

$$\begin{cases}a\neq 0,\\ \Delta=b^2-4ac=0\end{cases} 或 \begin{cases}a=0,\\ b\neq 0.\end{cases}$$

（3）与 x 轴没有交点，则 $\begin{cases}a\neq 0,\\ \Delta=b^2-4ac<0\end{cases}$ 或 $\begin{cases}a=b=0,\\ c\neq 0.\end{cases}$

【易错点】此类题易忘掉一元二次函数（方程、不等式）的二次项系数不能为 0. 要使用 $\Delta=b^2-4ac$，必先看二次项系数是否为 0.

4. 方程 $a|x|^2+b|x|+c=0$ $(a\neq 0)$ 的根的个数

令 $t=|x|$，则原式化为 $at^2+bt+c=0$ $(a\neq 0)$.

若把相等的 x 根算作 1 个根，则

x 有 4 个不等实根 $\Leftrightarrow t$ 有 2 个不等正根；

x 有 3 个不等实根 $\Leftrightarrow t$ 有 1 个根是 0，另外 1 个根是正数；

x 有 2 个不等实根 $\Leftrightarrow t$ 有 2 个相等正根，或者有 1 正根 1 负根；

x 有 1 个实根 $\Leftrightarrow t$ 的根为 0；

x 无实根 $\Leftrightarrow t$ 无实根，或者根为负值.

5. 方程 $ax^4+bx^2+c=0$ ($a\neq 0$) 的根的个数

令 $t=x^2$，则原式化为 $at^2+bt+c=0$ ($a\neq 0$).

若把相等的 x 根算作 1 个根，则

x 有 4 个不等实根 $\Leftrightarrow t$ 有 2 个不等正根；

x 有 3 个不等实根 $\Leftrightarrow t$ 有 1 个根是 0，另外 1 个根是正数；

x 有 2 个不等实根 $\Leftrightarrow t$ 有 2 个相等正根，或者有 1 正根 1 负根；

x 有 1 个实根 $\Leftrightarrow t$ 的根为 0；

x 无实根 $\Leftrightarrow t$ 无实根，或者根均为负值.

母题 37 韦达定理问题

1. 韦达定理

若 x_1，x_2 为一元二次方程 $ax^2+bx+c=0$ 的根，则

$$x_1+x_2=-\frac{b}{a},\ x_1 x_2=\frac{c}{a},\ |x_1-x_2|=\frac{\sqrt{b^2-4ac}}{|a|}.$$

2. 韦达定理的使用前提

任何时候使用韦达定理，都应该先考虑以下两个前提：

（1）方程 $ax^2+bx+c=0$ 的二次项系数 $a\neq 0$.

（2）一元二次方程 $ax^2+bx+c=0$ 根的判别式 $\Delta=b^2-4ac\geqslant 0$.

3. 韦达定理的常见变形

（1）$\dfrac{1}{x_1}+\dfrac{1}{x_2}=\dfrac{x_1+x_2}{x_1 x_2}=-\dfrac{b}{c}$；

（2）$\dfrac{1}{x_1^2}+\dfrac{1}{x_2^2}=\dfrac{(x_1+x_2)^2-2x_1 x_2}{(x_1 x_2)^2}$；

（3）$|x_1-x_2|=\sqrt{(x_1-x_2)^2}=\sqrt{(x_1+x_2)^2-4x_1 x_2}=\dfrac{\sqrt{b^2-4ac}}{|a|}$；

（4）$x_1^2+x_2^2=(x_1+x_2)^2-2x_1 x_2$；

（5）$x_1^2-x_2^2=(x_1+x_2)(x_1-x_2)=(x_1+x_2)$

$\sqrt{(x_1+x_2)^2-4x_1x_2}$ $(x_1>x_2)$;

(6) $x_1^3+x_2^3=(x_1+x_2)(x_1^2-x_1x_2+x_2^2)=(x_1+x_2)[(x_1+x_2)^2-3x_1x_2]$;

(7) $x_1^4+x_2^4=(x_1^2+x_2^2)^2-2(x_1x_2)^2$.

4. 已知 α、β 是方程 $ax^2+bx+c=0$ 的根的处理方式

一般同学看到这样的已知条件会想到韦达定理，但是实际上，这种命题方式有以下 4 个考点：

（1）$a\neq 0$：这是方程为一元二次方程的前提，也是使用 Δ 和韦达定理的前提．

（2）$\Delta\geqslant 0$：$\Delta\geqslant 0$ 与 $a\neq 0$ 共同构成使用韦达定理的前提．

（3）韦达定理．

（4）可以将根代入方程．

母题 38　一元二次函数的最值

一元二次函数 $y=ax^2+bx+c$（$a\neq 0$）的最值问题，应该按以下步骤解题：

（1）先看定义域是否为全体实数．

（2）若定义域为全体实数，即当 $x\in \mathbf{R}$ 时，则

①若 $a>0$，函数图像开口向上，y 有最小值，$y_{\min}=\dfrac{4ac-b^2}{4a}$，无最大值；

②若 $a<0$，函数图像开口向下，y 有最大值，$y_{\max}=\dfrac{4ac-b^2}{4a}$，无最小值；

③若已知方程 $ax^2+bx+c=0$ 的两根为 x_1，x_2，那么 $y=ax^2+bx+c$（$a\neq 0$）的最值为 $f\left(\dfrac{x_1+x_2}{2}\right)$．

（3）若 x 的定义域不是全体实数，则需要画图像，根据图像的最

高点和最低点求解最大值和最小值.

母题 39　根的分布问题

一元二次方程 $ax^2+bx+c=0\ (a\neq 0)$ 的根的分布问题分为四种类型：

类型 1. 正负根

（1）方程有两不等正根 $\Leftrightarrow \begin{cases} \Delta>0, \\ x_1+x_2>0, \\ x_1x_2>0. \end{cases}$

（2）方程有两不等负根 $\Leftrightarrow \begin{cases} \Delta>0, \\ x_1+x_2<0, \\ x_1x_2>0. \end{cases}$

（3）方程有 1 正根 1 负根 $\Leftrightarrow x_1x_2<0 \Leftrightarrow ac<0.$

（4）方程有 1 正根 1 负根且正根的绝对值大 $\Leftrightarrow \begin{cases} ac<0, \\ x_1+x_2>0, \end{cases}$ 即 $ab<0.$

（5）方程有 1 正根 1 负根且负根的绝对值大 $\Leftrightarrow \begin{cases} ac<0, \\ x_1+x_2<0, \end{cases}$ 即 $ab>0.$

类型 2. 区间根

区间根问题，使用"两点式"解题法，即看顶点（横坐标相当于看对称轴，纵坐标相当于看 Δ）、看端点（根所分布区间的端点）.

为了讨论方便，我们只讨论 $a>0$ 的情况，考试时，如果 a 的符号不定，则需要先讨论开口方向.

（1）若 $a>0$，方程的一根大于 1，另外一根小于 1，则 $f(1)<0.$（看端点）

（2）若 $a>0$，方程的根 x_1 位于区间 $(1, 2)$，x_2 位于区间 $(3, 4)$，且 $x_1<x_2$，则

$$\begin{cases} f(1)>0, \\ f(2)<0, \\ f(3)<0, \\ f(4)>0. \end{cases} (看端点)$$

(3) 若 $a>0$,方程的根 x_1 和 x_2 均位于区间 (1,2),则

$$\begin{cases} f(1)>0, \\ f(2)>0, \\ 1<-\dfrac{b}{2a}<2, \\ \Delta \geqslant 0. \end{cases} (看端点、看顶点)$$

(4) 若 $a>0$,方程的两根满足 $x_2>x_1>1$,则

$$\begin{cases} f(1)>0, \\ -\dfrac{b}{2a}>1, \\ \Delta>0. \end{cases} (看端点、看顶点)$$

类型 3. 有理根

若一元二次方程 $ax^2+bx+c=0$ ($a \neq 0$) 的系数 a, b, c 均为有理数,方程的根为有理数,则 Δ 需能开方.

类型 4. 整数根

若一元二次方程 $ax^2+bx+c=0$ ($a \neq 0$) 的系数 a, b, c 均为整数,方程的根为整数,则

$$\left. \begin{cases} \Delta \text{ 为完全平方数}, \\ x_1+x_2=-\dfrac{b}{a} \in \mathbf{Z}, \\ x_1 x_2=\dfrac{c}{a} \in \mathbf{Z}, \end{cases} \right\} 即 a 是 b, c 的公约数.$$

母题 40　一元二次不等式的恒成立问题

一元二次不等式的恒成立问题，常见以下类型：

1. 定义域为全体实数

一元二次不等式 $ax^2+bx+c>0$（$a\neq 0$）恒成立，则 $\begin{cases}a>0,\\ \Delta=b^2-4ac<0.\end{cases}$

一元二次不等式 $ax^2+bx+c<0$（$a\neq 0$）恒成立，则 $\begin{cases}a<0,\\ \Delta=b^2-4ac<0.\end{cases}$

2. 定义域在某个范围求某系数的范围

一元二次不等式 $ax^2+bx+c>0$ 或 $ax^2+bx+c<0$（$a\neq 0$）在 x 属于某一区间时恒成立，求某个系数的取值范围．

解法：根据图像分类讨论法、解出参数法．

3. 系数有范围求定义域

一元二次不等式 $ax^2+bx+c>0$ 或 $ax^2+bx+c<0$（$a\neq 0$）在某个系数属于某区间时恒成立，求 x 的取值范围．

解法：解出参数法．

【易错点】在使用解出参数法时，要特别注意解集的区间是开区间还是闭区间．

| 第三节 |　特殊函数、方程、不等式

母题 41　指数与对数

1. 指数函数与对数函数

（1）形如 $y=a^x$（$a>0$ 且 $a\neq 1$）的函数叫作指数函数．其定义域为全体实数，值域为 $(0,+\infty)$，图像恒过点 $(0,1)$．当 $a>1$ 时，

是增函数，当 $0<a<1$ 时，是减函数．

（2）形如 $y=\log_a x$（$a>0$ 且 $a\neq 1$）的函数叫作对数函数．其定义域为（0，$+\infty$），值域为全体实数，图像恒过点（1，0）．当 $a>1$ 时，是增函数，当 $0<a<1$ 时，是减函数．

2. 常用对数公式

如果 $a>0$ 且 $a\neq 1$，$M>0$，$N>0$，那么：

（1）$\log_a MN = \log_a M + \log_a N$；

（2）$\log_a \dfrac{M}{N} = \log_a M - \log_a N$；

（3）$\log_a M^n = n\log_a M$；

（4）$\log_{a^k} M^n = \dfrac{n}{k} \log_a M$；

（5）换底公式：$\log_a M = \dfrac{\lg M}{\lg a} = \dfrac{\ln M}{\ln a}$．

3. 指数方程、不等式与对数方程、不等式的解法

（1）指数方程．

常规解法：化同底、换元、解方程．

特殊方法：等式两边取对数、图像法．

（2）指数不等式．

四步解题法：化同底、判断指数函数的单调性、构造新不等式、解不等式．

（3）对数方程．

四步解题法：化同底、换元、解方程、验根．

（4）对数不等式．

五步解题法：化同底、判断单调性、构造不等式、解不等式、求与定义域的交集．

4. 易错点

遇到任何对数问题，必须考虑定义域．

母题 42　分式方程及其增根

1. 解分式方程采用以下步骤

（1）通分．

移项，通分，将原分式方程转化为标准形式：$\dfrac{f(x)}{g(x)}=0$.

（2）去分母．

去分母，使 $f(x)=0$，解出 $x=x_0$.

（3）验根．

将 $x=x_0$ 代入 $g(x)$，若 $g(x_0)=0$，则 $x=x_0$ 为增根，舍去；若 $g(x_0)\neq 0$，则 $x=x_0$ 为有效根．

2. 有实根

若 $\dfrac{f(x)}{g(x)}=0$ 有实根，则 $f(x)=0$ 有根，且至少有一个根不是增根．

3. 无实根

若 $\dfrac{f(x)}{g(x)}=0$ 无实根，则 $f(x)=0$ 无实根，或者 $f(x)=0$ 有实根但均为增根．

母题 43　穿线法解分式、高次不等式

1. 解分式不等式

（1）判断分母的符号．
（2）若分母符号一定，则直接去分母．
（3）若分母符号不定，则需要分类讨论或者使用穿线法．

2. 解高次不等式

一般通过因式分解法降次，然后使用穿线法．

3. 穿线法求解的步骤

（1）移项，使等式一侧为 0.

(2)因式分解,并使每个因式的最高次项均为正数(正).

(3)如果有恒大于0的项,对不等式没有影响,直接删掉.

(4)令每个因式等于零,得到零点,并标注在数轴上.

(5)穿线:从数轴的右上方开始穿线,依次去穿每个点(穿),遇到奇次零点则穿过,遇到偶次零点则穿而不过(碰).

(6)凡是位于数轴上方的曲线所代表的区间,就是令不等式大于0;数轴下方的,则令不等式小于0;数轴上的点,令不等式等于0,但是要注意这些零点是否能够取到(零).

4. 口诀

正删穿碰零.

母题 44 根式方程和根式不等式

1. 根式方程

(1)去根号的方法:平方法、配方法、换元法.

(2)根式方程的隐含定义域

$$\sqrt{f(x)}=g(x) \Leftrightarrow \begin{cases} f(x)=g^2(x), \\ f(x) \geqslant 0, \\ g(x) \geqslant 0. \end{cases}$$

例如: 已知 $2x-4=\sqrt{x}$,因为 $\sqrt{x} \geqslant 0$,故 $2x-4=\sqrt{x} \geqslant 0$,真正的定义域是 $x \geqslant 2$ 而不仅仅是根号下面的 $x \geqslant 0$.

2. 根式不等式

(1) $\sqrt{f(x)} \geqslant g(x) \Leftrightarrow \begin{cases} f(x) \geqslant 0, \\ g(x) \geqslant 0, \\ f(x) \geqslant g^2(x), \end{cases}$ 或者 $\begin{cases} f(x) \geqslant 0, \\ g(x) < 0. \end{cases}$

(2) $\sqrt{f(x)} \leqslant g(x) \Leftrightarrow \begin{cases} f(x) \geqslant 0, \\ g(x) \geqslant 0, \\ f(x) \leqslant g^2(x). \end{cases}$

(3) $\sqrt{f(x)} > \sqrt{g(x)} \Leftrightarrow \begin{cases} f(x) \geqslant 0, \\ g(x) \geqslant 0, \\ f(x) > g(x). \end{cases}$

3. 易错点

忘记定义域.

第四章 数列

第一节 等差数列

母题 45 等差数列基本问题

(1) 等差数列通项公式：$a_n = a_1 + (n-1)d$.

(2) 等差数列前 n 项和：
$$S_n = \frac{n(a_1+a_n)}{2} = na_1 + \frac{n(n-1)}{2}d = \frac{d}{2}n^2 + \left(a_1 - \frac{d}{2}\right)n.$$

(3) 中项公式：$2a_{n+1} = a_n + a_{n+2}$.

(4) 下标和定理：若 $m+n = p+q$，则 $a_m + a_n = a_p + a_q$.

母题 46 连续等长片段和

1. 定理

等差数列 $\{a_n\}$ 中，S_m，$S_{2m} - S_m$，$S_{3m} - S_{2m}$ 仍然成等差数列，新公差为 $m^2 d$.

2. 易错点

要注意 S_m，S_{2m}，S_{3m} 不是等长片段，S_m 是前 m 项和，S_{2m} 是前 $2m$ 项和，S_{3m} 是前 $3m$ 项和，项数不相同.

3. 快速得分

此类题也可以令 $m=1$，即可简化成前三项的关系.

母题 47　奇数项、偶数项的关系

（1）若等差数列共有 $2n$ 项，则 $S_{偶}-S_{奇}=nd$，$\dfrac{S_{偶}}{S_{奇}}=\dfrac{a_{n+1}}{a_n}$.

（2）若等差数列共有 $2n+1$ 项，则 $S_{奇}-S_{偶}=a_{n+1}=a_{中}$，$\dfrac{S_{奇}}{S_{偶}}=\dfrac{n+1}{n}$.

母题 48　两等差数列相同的奇数项和之比

等差数列 $\{a_n\}$ 和 $\{b_n\}$ 的前 $2k-1$ 项和分别用 S_{2k-1} 和 T_{2k-1} 表示，则 $\dfrac{a_k}{b_k}=\dfrac{S_{2k-1}}{T_{2k-1}}$.

母题 49　等差数列前 n 项和的最值

1. 等差数列前 n 项和 S_n 有最值的条件

（1）当 $a_1<0$，$d>0$ 时，S_n 有最小值；

（2）当 $a_1>0$，$d<0$ 时，S_n 有最大值.

2. 求解等差数列 S_n 的方法

（1）一元二次函数法.

等差数列的前 n 项和可以整理成一元二次函数的形式：$S_n=\dfrac{d}{2}n^2+\left(a_1-\dfrac{d}{2}\right)n$，对称轴为 $n=-\dfrac{a_1-\dfrac{d}{2}}{2\times\dfrac{d}{2}}=\dfrac{1}{2}-\dfrac{a_1}{d}$，最值取在最靠近对称轴的整数处.

（2）$a_n=0$ 法（推荐）.

最值一定在"变号"或 $a_n=0$ 时取得，故可令 $a_n=0$，若解得 n 为整数 m，则 $S_m=S_{m-1}$ 均为最值，例如，若解得 $n=6$，则 $S_6=S_5$ 为其最值；若解得的 n 值带小数，则当 n 取其整数部分时，S_n 取到最值，例

如，若解得 $n=6.9$，则 S_6 为其最值.

第二节 等比数列

母题 50 等比数列基本问题

1. 基本公式

(1) 等比数列通项公式：$a_n=a_1q^{n-1}$（$q\neq 0$）.

(2) 等比数列前 n 项和：$S_n=\begin{cases}\dfrac{a_1(1-q^n)}{1-q}, & q\neq 1,\\ na_1, & q=1.\end{cases}$

(3) 中项公式：$a_{n+1}^2=a_na_{n+2}$（各项均不为 0）.

(4) 下标和定理：若 $m+n=p+q$，则 $a_ma_n=a_pa_q$（各项均不为 0）.

(5) 若等比数列共有 $2n$ 项，则 $\dfrac{S_{偶}}{S_{奇}}=q$.

2. 易错点

(1) 使用等比数列的前 n 项和公式时，必须先讨论公比 q 是否等于 1.

(2) 等比数列的公比不可能为 0.

(3) 在等比数列中，若 $a_1=1$，$a_3=4$，则 $a_2=\pm 2$；若 $a_1=1$，$a_5=4$，则 $a_3=2$，这是因为等比数列中所有的奇数项是同号的，所有的偶数项也是同号的.

母题 51 无穷等比数列

1. 公式

无穷递缩等比数列所有项的和：当 $n\to+\infty$，且 $0<|q|<1$ 时，$S=\lim\limits_{n\to\infty}\dfrac{a_1(1-q^n)}{1-q}=\dfrac{a_1}{1-q}$.

2. 易错点

很多同学会误认为上述公式的适用条件是 $|q|<1$，这是错误的，因

为等比数列的公比 $q\neq 0$.

母题 52　连续等长片段和

（1）在等比数列 $\{a_n\}$ 中，S_m，$S_{2m}-S_m$，$S_{3m}-S_{2m}$ 仍然成等比数列，新公比为 q^m.

（2）要注意 S_m，S_{2m}，S_{3m} 不是等长片段，S_m 是前 m 项和，S_{2m} 是前 $2m$ 项和，S_{3m} 是前 $3m$ 项和，项数不相同.

第三节　数列综合题

母题 53　等差数列和等比数列的判定

1. 判断等差数列的方法

（1）特殊值法.

令 $n=1$，2，3，如果前 3 项为等差，此数列必为等差数列（虽然不是准确的证明，但对于选择题来说一定是正确的）.

（2）特征判断法.

等差数列的通项公式的特征形如一个一元一次函数：

$$a_n=An+B\ (A,\ B\ \text{为常数}) \Leftrightarrow \{a_n\}\text{是等差数列}.$$

等差数列的前 n 项和 S_n 的特征形如一个没有常数项的一元二次函数：

$$S_n=An^2+Bn\ (A,\ B\ \text{为常数}) \Leftrightarrow \{a_n\}\text{是等差数列}.$$

（3）定义法.

$$a_{n+1}-a_n=d \Leftrightarrow \{a_n\}\text{是等差数列}.$$

（4）中项公式法.

$$2a_{n+1}=a_n+a_{n+2} \Leftrightarrow \{a_n\}\text{是等差数列}.$$

2. 判断等比数列的方法

（1）特殊值法.

令 $n=1$，2，3，检验前三项是否成等比数列.

(2) 特征判断法.

通项公式法：$a_n = Aq^n$（A，q 均是不为 0 的常数，$n \in \mathbf{N}^*$）$\Leftrightarrow$ $\{a_n\}$ 是等比数列.

前 n 项和的公式法：

$S_n = \dfrac{a_1}{q-1}q^n - \dfrac{a_1}{q-1} = kq^n - k \left(k = \dfrac{a_1}{q-1} \text{是不为零的常数，且 } q \neq 0, \right)$
($q \neq 1$) $\Rightarrow \{a_n\}$ 是等比数列.

(3) 定义法.

$\dfrac{a_{n+1}}{a_n} = q$（q 是不为 0 的常数，$n \in \mathbf{N}^*$）$\Leftrightarrow \{a_n\}$ 是等比数列.

(4) 中项公式法.

$a_{n+1}^2 = a_n \cdot a_{n+2}$（$a_n \cdot a_{n+1} \cdot a_{n+2} \neq 0$，$n \in \mathbf{N}^*$）$\Leftrightarrow \{a_n\}$ 是等比数列.

母题 54　等差数列与等比数列综合题

1. 特殊方法

(1) $n = 1$，2，3 法（最佳方法）.

(2) 特殊数列法：用于条件充分性判断猜测答案.

2. 性质定理法

(1) 中项公式.

(2) 下标和定理.

(3) 等长片段和定理.

(4) 两个等差数列前 n 项和之比.

(5) 奇数项与偶数项的关系.

需要注意的是，在等差数列和等比数列中，所有性质和定理都有一个共同之处，即下标之间有规律，所以，遇到等差数列和等比数列问题，应该首先看下标，看看有无规律，若有规律，则用性质定理，若无规律，则用万能方法.

3. 万能方法

(1) 等差数列问题,将所有项均化为 a_1,d,n,必然能求解.

(2) 等比数列问题,将所有项均化为 a_1,q,n,必然能求解.

4. 特殊情况

遇到一个数列中的某些项成等差数列又成等比数列,首先考虑常数数列.

母题 55 数列与函数、方程的综合题

常见以下命题方式:

(1) 韦达定理与数列综合题.

(2) 根的判别式与数列综合题.

(3) 指数、对数与数列综合题. 要注意对数的定义域问题.

母题 56 递推公式问题

1. 命题模型

已知递推公式求 a_n 的问题,是一类重点题型,有以下几种出题模型:

模型 1. 形如 $a_{n+1} - a_n = f(n)$,用叠加法.

模型 2. 形如 $a_{n+1} = a_n \cdot f(n)$,用叠乘法.

模型 3. 形如 $a_{n+1} = m \cdot a_n + b$,用设 t 凑等比法.

模型 4. 形如 $S_n = f(a_n)$,用 $S_n - S_{n-1}$ 法.

若已知数列 $\{a_n\}$ 的前 n 项和 S_n,求数列的通项公式 a_n,则

$$a_n = \begin{cases} S_1, & n=1, \\ S_n - S_{n-1}, & n \geqslant 2. \end{cases}$$

模型 5. 直接计算法.

2. 快速得分

几乎所有递推公式都可以用令 $n=1,2,3$ 法,排除选项得到答案.

第五章　应用题

母题 57　简单算术问题

（1）最简单的一类应用题，但考的题目并不少．一般位于试卷的前 4 题，属于必拿分！

（2）常用约数、倍数法，迅速得解．

母题 58　平均值问题

1. 基本公式

算术平均值公式：$\bar{x}=\dfrac{x_1+x_2+x_3+\cdots+x_n}{n}$．

2. 快速得分

涉及两类对象的平均指标问题，常用十字交叉法．

3. 最值问题

与平均值有关的最值问题，常用极值法．

母题 59　工程问题

1. 等量关系

（1）基本等量关系：工作效率$=\dfrac{\text{工作量}}{\text{工作时间}}$．

（2）常用等量关系：各部分的工作量之和$+$没干完的工作量$=$总工作量$=1$．

2. 给水排水问题

等量关系：原有水量$+$进水量$=$排水量$+$余水量．

母题 60　行程问题

1. 行程问题的常用等量关系

（1）基本等量关系：路程$=$速度$\times$时间．

(2) 相遇：甲的速度×时间＋乙的速度×时间＝距离之和．
(3) 追及：追及时间＝追及距离÷速度差．
(4) 迟到：实际时间－迟到时间＝计划时间．
(5) 早到：实际时间＋早到时间＝计划时间．

2. 相对速度问题

(1) 迎面而来，速度相加；同向而去，速度相减．
(2) 航行问题：顺水速度＝船速＋水速；逆水速度＝船速－水速．

3. 与火车有关的问题

火车问题一般需要考虑车身的长度，例如：
(1) 火车穿过隧道：火车通过的距离＝车长＋隧道长．
(2) 快车超过慢车：
相对速度＝快车速度－慢车速度（同向而去，速度相减）；
相对距离＝快车长度＋慢车长度．
(3) 两车相对而行：
相对速度＝快车速度＋慢车速度（迎面而来，速度相加）；
从相遇到离开的距离为两车长度之和．

母题 61　简单比例问题

1. 三个数的比的问题

若甲：乙＝$a:b$，乙：丙＝$c:d$，则甲：乙：丙＝$ac:bc:bd$．

2. 常用赋值法

母题 62　利润问题

(1) 利润＝销售额－成本．

(2) 利润率＝$\dfrac{利润}{成本}×100\%$．

母题 63 增长率问题

1. 基本公式

设基础数量为 a,平均增长率为 x,增长了 n 期(n 年、n 月、n 周等),期末值设为 b,则

$$b=a(1+x)^n.$$

2. 快速得分

常用赋值法.

母题 64 溶液问题

1. 基本公式

$$浓度=\frac{溶质}{溶液}\times 100\%.$$

2. 溶质守恒定律

无论如何倒来倒去,溶质的量保持不变;

若添加了溶质(如纯药液),水的量没变,则把水看作溶质,把溶质(纯药液)看作溶剂.

3. 溶液配比问题

将不同浓度的两种溶液,配成另外一种浓度的溶液,使用十字交叉法.

4. 特殊技巧

一桶浓度为 a 的溶液 V 升,倒出 V_1 升后用水加满,再倒出 V_2 升后用水加满,再倒出 V_3 升后用水加满,……,最后得到的溶液浓度为 b,则等量关系为:

$$a\cdot \frac{V-V_1}{V}\cdot \frac{V-V_2}{V}\cdot \frac{V-V_3}{V}\cdot \cdots =b.$$

例如:2014-1-6,2012-10-12.

母题 65　集合问题

1. 两饼图（如图 5-1 所示）

公式：$A\cup B=A+B-A\cap B$.

2. 三饼图（如图 5-2 所示）

公式：$A\cup B\cup C=A+B+C-A\cap B-A\cap C-B\cap C+A\cap B\cap C$.

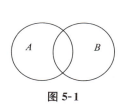

图 5-1　　　　　　　图 5-2

母题 66　最值应用题

1. 常用解法

（1）根据题意，化为一元二次函数求最值.

（2）根据题意，化为均值不等式求最值.

（3）根据题意，化为解不等式问题.

2. 快速得分

极值法.

母题 67　线性规划问题

1. 快速得分："先看边界后取整数"法

第一步：将不等式直接取等号，求得未知数的解；

第二步：若所求解为整数，则此整数解即为方程的解；若所求解为小数，则取其左右相邻的整数，验证是否符合题意即可.

2. 常规方法：图像法

已知条件写出约束条件，并作出可行域，进而通过平移直线在可行域内求线性目标函数的最优解.

母题 68　阶梯价格问题

阶梯价格问题的基本原理为分段求和.

第六章　几何

|第一节| 平面几何

母题 69　与三角形有关的问题

1. 求三角形的面积

（1）$S=\frac{1}{2}ah=\frac{1}{2}ab\sin\angle C=\sqrt{p(p-a)(p-b)(p-c)}=rp=\frac{abc}{4R}$，

其中，h 是 a 边上的高，$\angle C$ 是 a，b 边所夹的角，$p=\frac{1}{2}(a+b+c)$，r 为三角形内切圆的半径，R 为三角形外接圆的半径.

（2）等底等高的两个三角形面积相等.

2. 三角形的相似与全等

（1）相似是考试重点，常考两种用法：一是求直线的长度，二是面积比等于相似比的平方.

（2）遇到既有三角形又有平行线的图形，一般都是考查相似三角形.

（3）全等：折叠问题.

3. 勾股定理

公式为 $a^2+b^2=c^2$. 虽然简单，但是常考.

4. 三角形的心

内心：内切圆的圆心、角平分线的交点.

外心：外接圆的圆心、三条边的垂直平分线的交点.

重心：中线的交点．

垂心：高线的交点．

5. 其他平面几何问题

如角、梯形、平行四边形、菱形、扇形等问题．

母题 70　阴影部分面积

1. 常规方法

（1）常用割补法，将不规则的图形转化为规则图形．

（2）要注意图形之间的等量关系．

（3）根据对称性解题也是常见解题方法．

2. 快速得分

真题中出现的图形，一定是准确的，所以用尺子或量角器量一下，再进行估算是简单有效的办法．

3. 其他组合图形问题

组合图形问题一般是求面积，偶尔会出现求周长、线段等问题．如 2014－10－15．

第二节　立体几何

母题 71　立体几何基本问题

1. 长方体

若长方体（如图 6-1 所示）三条边长分别为 a，b，c，则

体积 $V=abc$.

全面积 $F=2(ab+ac+bc)$.

体对角线 $d=\sqrt{a^2+b^2+c^2}$.

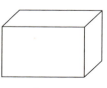

图 6-1

2. 圆柱体

设圆柱体(如图6-2所示)的高为h,底面半径为r,则

体积 $V=\pi r^2 h$.

侧面积 $S=2\pi rh$.

全面积 $F=2\pi r^2+2\pi rh$.

3. 球体

设球(如图6-3所示)的半径是R,则

体积 $V=\dfrac{4}{3}\pi R^3$.

表面积 $S=4\pi R^2$.

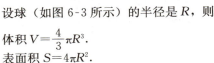

图 6-2

图 6-3

母题 72　几何体的"接"与"切"

1. 长方体、正方体、圆柱体的外接球

长方体外接球的直径＝长方体的体对角线长；

正方体外接球的直径＝正方体的体对角线长；

圆柱体外接球的直径＝圆柱体的体对角线.

2. 正方体的内切球

内切球直径＝正方体的棱长.

3. 圆柱体的内切球

内切球的直径＝圆柱体的高；

内切球的横切面＝圆柱体的底面.

| 第三节 | 解析几何

母题 73　点与点的关系

1. 点与点的常用公式

若有两点(x_1, y_1),(x_2, y_2),则

(1) 中点坐标公式：$\left(\dfrac{x_1+x_2}{2}, \dfrac{y_1+y_2}{2}\right)$.

(2) 斜率公式：$k=\dfrac{y_1-y_2}{x_1-x_2}$.

(3) 两点间的距离公式：$d=\sqrt{(x_1-x_2)^2+(y_1-y_2)^2}$.

2. 三角形的重心坐标公式

若三角形三个顶点的坐标分别为 (x_1, y_1)，(x_2, y_2)，(x_3, y_3)，则三角形的重心(中线的交点)坐标为 $\left(\dfrac{x_1+x_2+x_3}{3}\right)$，$\left(\dfrac{y_1+y_2+y_3}{3}\right)$.

3. 三点共线

任取两点，斜率相等.

母题 74　点与直线的位置关系

1. 直线方程的五种形式

(1) 点斜式：已知直线过点 (x_0, y_0)，斜率为 k，则直线的方程为
$$y-y_0=k(x-x_0).$$

(2) 斜截式：已知直线过点 $(0, b)$，斜率为 k，则直线的方程为
$$y=kx+b \text{（}b\text{ 为直线在 }y\text{ 轴上的纵截距）}.$$

(3) 两点式：已知直线过 $P_1(x_1, y_1)$，$P_2(x_2, y_2)$ 两点，$x_1\neq x_2$，$y_1\neq y_2$，则直线的方程为
$$\dfrac{y-y_1}{y_2-y_1}=\dfrac{x-x_1}{x_2-x_1}.$$

(4) 截距式：已知直线过点 $A(a, 0)$ 和 $B(0, b)$ $(a\neq 0, b\neq 0)$，则直线的方程为
$$\dfrac{x}{a}+\dfrac{y}{b}=1.$$

（5）一般式：$Ax+By+C=0$（A，B 不同时为零）.

【易错点】 使用直线的截距式方程，必须首先讨论直线是否过原点.

2. 点与直线的位置关系

（1）点在直线上，则可将点的坐标代入直线方程；

（2）点到直线的距离公式.

若直线 l 的方程为 $Ax+By+C=0$，点 $(x_0，y_0)$ 到直线 l 的距离为

$$d=\frac{|Ax_0+By_0+C|}{\sqrt{A^2+B^2}}.$$

（3）两点关于直线对称，见对称问题.

母题 75　直线与直线的位置关系

1. 平行

（1）若两条直线的斜率相等且截距不相等，则两条直线互相平行.

（2）若两条平行直线的方程分别为 l_1：$Ax+By+C_1=0$，l_2：$Ax+By+C_2=0$，那么 l_1 与 l_2 之间的距离为

$$d=\frac{|C_1-C_2|}{\sqrt{A^2+B^2}}.$$

2. 相交

（1）联立两条直线的方程可以求交点；

（2）若两条直线 l_1：$y=k_1x+b_1$ 与 l_2：$y=k_2x+b_2$，且两条直线不是互相垂直的，则两条直线的夹角 α 满足如下关系

$$\tan\alpha=\left|\frac{k_1-k_2}{1+k_1k_2}\right|.$$

3. 垂直

若两条直线互相垂直，有如下两种情况：

（1）其中一条直线的斜率为 0，另外一条直线的斜率不存在，即

一条直线平行于 x 轴,另一条直线平行于 y 轴.

(2) 两条直线的斜率都存在,则斜率的乘积等于 -1.

以上两种情况可以用下述结论代替:

若两条直线 $l_1:A_1x+B_1y+C_1=0$,$l_2:A_2x+B_2y+C_2=0$ 互相垂直,则 $A_1A_2+B_1B_2=0$.

母题 76 点、直线与圆的位置关系

1. 点与圆的位置关系

点 $P(x_0,y_0)$,圆:$(x-a)^2+(y-b)^2=r^2$,则

(1) 点在圆内:$(x_0-a)^2+(y_0-b)^2<r^2$.

(2) 点在圆上:$(x_0-a)^2+(y_0-b)^2=r^2$.

(3) 点在圆外:$(x_0-a)^2+(y_0-b)^2>r^2$.

2. 直线与圆的位置关系

设圆心到直线的距离为 d,圆的半径为 r,则

(1) 相离:$d>r$.

(2) 相切:$d=r$.

(3) 相交:$d<r$;相交时,直线被圆截得的弦长为 $l=2\sqrt{r^2-d^2}$.

3. 圆的切线

求圆的切线方程时,常设切线的方程为 $Ax+By+C=0$ 或 $y=k(x-a)+b$,再利用点到直线的距离等于半径,即可确定切线方程.

母题 77 圆与圆的位置关系

1. 圆与圆的位置关系

设两个圆的圆心距离为 d,半径分别为 r_1,r_2,则

(1) 外离:$d>r_1+r_2$.

(2) 外切:$d=r_1+r_2$.

(3) 相交：$|r_1-r_2|<d<r_1+r_2$.
(4) 内切：$d=|r_1-r_2|$.
(5) 内含：$d<r_1-r_2$.

2. 易错点

(1) 如果题干中说两个圆相切，一定要注意可能有两种情况，即内切和外切.

(2) 两圆位置关系为相交、内切、内含时，涉及两个半径之差，如果已知半径的大小，则直接用大半径减小半径，如果不知道半径的大小，则必须加绝对值符号.

母题 78　图像的判断

1. 直线的图像

(1) 直线 $Ax+By+C=0$ 过某些象限，求直线方程系数的符号.
(2) 已知直线方程系数的符号，判断直线的图像过哪些象限.

2. 两条直线

方程 $Ax^2+Bxy+Cy^2+Dx+Ey+F=0$ 的图像是两条直线，则可利用双十字相乘法化为$(A_1x+B_1y+C_1)(A_2x+B_2y+C_2)=0$的形式.

3. 正方形或菱形

若有 $|Ax-a|+|By-b|=C$，则当 $A=B$ 时，函数的图像所围成的图形是正方形；当 $A\neq B$ 时，函数的图像所围成的图形是菱形. 无论是正方形还是菱形，面积均为 $S=\dfrac{2C^2}{AB}$.

4. 圆的一般方程

方程 $x^2+y^2+Dx+Ey+F=0$ 表示圆的前提为 $D^2+E^2-4F>0$.

5. 半圆

若圆的方程为 $(x-a)^2+(y-b)^2=r^2$，则

(1) 右半圆的方程为 $(x-a)^2+(y-b)^2=r^2$ $(x\geq a)$，或者

$x = \sqrt{r^2-(y-b)^2}+a$.

(2) 左半圆的方程为 $(x-a)^2+(y-b)^2=r^2(x\leqslant a)$，或者，$x=-\sqrt{r^2-(y-b)^2}+a$.

(3) 上半圆的方程为 $(x-a)^2+(y-b)^2=r^2(y\geqslant b)$，或者，$y=\sqrt{r^2-(x-a)^2}+b$.

(4) 下半圆的方程为 $(x-a)^2+(y-b)^2=r^2(y\leqslant b)$，或者，$y=-\sqrt{r^2-(x-a)^2}+b$.

母题 79 过定点与曲线系

1. 过两条直线交点的直线系方程

若有两条直线 $A_1x+B_1y+C_1=0$ 和 $A_2x+B_2y+C_2=0$ 相交，则过这两条直线交点的直线系方程为 $(A_1x+B_1y+C_1)\lambda+(A_2x+B_2y+C_2)=0$.

反之，$(A_1x+B_1y+C_1)\lambda+(A_2x+B_2y+C_2)=0$ 的图像，必过直线 $A_1x+B_1y+C_1=0$ 和 $A_2x+B_2y+C_2=0$ 的交点．

2. 两个圆的公共弦所在的直线方程

若圆 C_1：$x^2+y^2+D_1x+E_1y+F_1=0$ 与圆 C_2：$x^2+y^2+D_2x+E_2y+F_2=0$ 相交于两点，则过这两个点的直线方程为 $(D_1-D_2)x+(E_1-E_2)y+(F_1-F_2)=0$（即两圆的方程相减）．

3. 过两个曲线交点的曲线系方程

过 $f_1(x,y)=0$ 和 $f_2(x,y)=0$ 交点的曲线系方程是 $f_1(x,y)+\lambda f_2(x,y)=0(\lambda\in\mathbf{R})$ 或者 $\alpha f_1(x,y)+\beta f_2(x,y)=0(\alpha^2+\beta^2\neq 0)$．

4. 过定点问题的解法

方法一：先整理成形如 $a\lambda+b=0$ 的形式，再令 $a=0$，$b=0$；

方法二：直接把 λ 取特殊值，如 0，1，代入组成方程组，即可求解．

母题 80　面积问题

1. 常规题型

（1）求直线构成的三角形面积，求出交点坐标即可．

（2）求正方形或菱形面积，通过交点求出边长即可．

（3）求组合图形的面积，用割补法．

2. 面积的一半

如果一条直线把一个圆或者一个矩形的面积分成了一半，则这条直线必过圆的圆心或矩形的中心．

3. 其他问题

真题的解析几何问题中，少量出现求组合图形的周长问题，如 2013－1－16.

母题 81　对称问题

1. 两点关于直线对称

已知直线 $l：Ax+By+C=0$，求点 $P_1(x_1,y_1)$ 关于直线 l 的对点称 $P_2(x_2,y_2)$．有两个关系：线段 P_1P_2 的中点在对称轴 l 上，P_1P_2 与直线 l 互相垂直，可得方程组

$$\begin{cases} A\left(\dfrac{x_1+x_2}{2}\right)+B\left(\dfrac{y_1+y_2}{2}\right)+C=0, \\ \dfrac{y_1-y_2}{x_1-x_2}=\dfrac{B}{A} \end{cases} \quad (\text{其中 } A\neq 0，x_1\neq x_2)．$$

2. 直线关于直线对称

求直线 $l_1：A_1x+B_1y+C_1=0$ 关于直线 $l：Ax+By+C=0$ 的对称直线，采用以下办法：

第一步：求直线 l_1 和 l 的交点 P；

第二步：在直线 l_1 上任取一点 Q，求 Q 关于直线 l 的对称点 Q'；

第三步：利用直线的两点式方程，求出 PQ' 的方程，即为所求直

线方程.

【注意】对于选择题来说,把图像画准确一点儿,判断斜率的大体范围,即可排除几个选项,余下的选项利用交点排除,一般可迅速得解.

3. 圆关于直线对称

求圆$(x-a)^2+(y-b)^2=r^2$关于直线$Ax+By+C=0$的对称圆,只需求出圆心(a,b)关于直线的对称点(a',b'),则对称圆的方程为$(x-a')^2+(y-b')^2=r^2$.

4. 曲线关于特殊直线对称

(1) 点(x,y)关于直线$x+y+c=0$的对称点的坐标为$(-y-c,-x-c)$.

(2) 点(x,y)关于直线$x-y+c=0$的对称点的坐标为$(y-c,x+c)$.

(3) 曲线$f(x,y)=0$关于直线$x+y+c=0$对称的曲线为$f(-y-c,-x-c)=0$,即把原式中的x替换为$-y-c$,把原式中的y替换为$-x-c$即可.

(4) 曲线$f(x,y)=0$关于直线$x-y+c=0$对称的曲线为$f(y-c,x+c)=0$,即把原式中的x替换为$y-c$,把原式中的y替换为$x+c$即可.

母题 82 最值问题

1. 求$\dfrac{y-b}{x-a}$的最值

设$k=\dfrac{y-b}{x-a}$,转化为求定点(a,b)到动点(x,y)的斜率的范围.

2. 求$ax+by$的最值

设$ax+by=c$,即$y=-\dfrac{a}{b}x+\dfrac{c}{b}$,转化为求动直线截距的最值.

3. 求$(x-a)^2+(y-b)^2$的最值

设$d^2=(x-a)^2+(y-b)^2$,即$d=\sqrt{(x-a)^2+(y-b)^2}$,转化为

求定点 (a, b) 到动点 (x, y) 的距离的范围.

4. 求圆上的点到直线距离的最值

求出圆心到直线的距离,再根据圆与直线的位置关系,求解.一般是距离加半径或距离减半径是其最值.

第七章 数据分析

第一节 图表分析

母题 83 数据的图表分析

1. 频率分布直方图

(1) 横坐标为"组距",纵坐标为"频率/组距".

(2) 矩形的面积=频率.

(3) 所有频率之和=1.

(4) 频数=数据总数×频率.

2. 数表

数表问题单独出题的可能性较小,很可能将应用题的已知条件用表格的形式展示,这是重点题型.

第二节 排列组合

母题 84 加法原理、乘法原理

1. 住店问题

n 个不同人(不能重复使用元素),住进 m 个店(可以重复使用元素),那么第 1 个,第 2 个,……,第 n 个人都有 m 种选择,则总共排列种数是 m^n.

2. 合理分类与分步

分类的特点：每一类的每一种方法，都可以达到目的．
分步的特点：缺少任何一步，都不能达到目的．

母题 85　排队问题

排队问题是最典型的排列问题，排列问题有以下常用方法，必须掌握：

(1) 特殊元素优先法．
(2) 特殊位置优先法．
(3) 剔除法．
(4) 相邻问题捆绑法．
(5) 不相邻问题插空法．
(6) 定序问题消序法．

母题 86　看电影问题

看电影问题是指引入了元素"空椅子"的排队问题．

1. 相邻问题

一排座位有 n 把椅子，m 个不同元素去坐，要求元素相邻，用"既绑元素又绑椅子法"，也可以"穷举法"数一下，共有 $C_{n-m+1}^1 A_m^m$ 种不同坐法．

2. 不相邻问题

一排座位有 n 把椅子，m 个不同元素去坐，要求元素不相邻，用"搬着椅子去插空法"，共有 A_{n-m+1}^m 种不同坐法．

母题 87　数字问题

1. 实质

此类问题一般是排队问题，与排队问题的解法是相同的．但个别时候也会考组合．

2. 整除问题

(1) 组成的数字能被 2，5 整除，一般先考虑个位，再考虑最高位．

(2) 组成的数字能被 3 整除，则按每个数字除以 3 的余数进行分组，然后按照题意求解．

3. 易错点

请注意数字是否可以重复使用．

母题 88　万能元素问题

万能元素是指一个元素同时具备多种属性，一般按照选与不选万能元素来分类．

母题 89　简单组合问题

(1) $C_n^m = C_n^{n-m}$.

若已知 $C_n^a = C_n^b$，则有两种可能：

① $a+b=n$；

② $a=b$（易遗忘此种情况）a，b 均为非负整数．

(2) 若从 n 个元素中取 m 个，需要考虑 m 个元素的顺序，则为排列问题，用 A_n^m；若从 n 个元素中取 m 个，无须考虑 m 个元素的顺序，则为组合问题，用 C_n^m．

母题 90　不同元素的分组与分配

1. 分组问题

如果出现 m 个小组没有任何区别（小组无名字、小组人数相同），则需要消序，除以 A_m^m．其他情况的分组不需要消序．

2. 分配问题

先分组，再分配（排列）．

母题 91 相同元素的分配问题

1. 挡板法

将 n 个"相同的"元素分给 m 个对象,每个对象"至少分一个"的分法如下:

把这 n 个元素排成一排,中间有 $n-1$ 个空,挑出 $m-1$ 个空放上挡板,自然就分成了 m 组,所以分法一共有 C_{n-1}^{m-1} 种,这种方法称为挡板法.

要使用挡板法需要满足以下条件:

(1) 所要分的元素必须完全相同;

(2) 所要分的元素必须完全分完;

(3) 每个对象至少分到 1 个元素.

2. 如果不满足第三个条件,则需要创造条件使用挡板法

(1) 每个对象至少分到 0 个元素(如可以有空盒子),则采用增加元素法,增加 m 个元素(m 为对象的个数,如盒子的个数),此时共有 $n+m$ 个元素,中间形成 $n+m-1$ 个空,选出 $m-1$ 个空放上挡板即可,共有 C_{n+m-1}^{m-1} 种方法.

(2) 每个对象可以分到多个元素,则用减少元素法,使题目满足条件③.

母题 92 相同元素的排列问题

相同元素的排列问题,可先看作不同的元素进行排列,再消序(若有 m 个相同元素,则除以 A_m^m)即可.

母题 93 涂色问题

1. 直线涂色

简单的乘法原理.

2. 环形涂色公式

把一个环形区域分为 k 块,用 s 种颜色去涂,要求相邻两块颜色不同,则不同的涂色方法为

$$N=(s-1)^k+(s-1)(-1)^k,$$

其中,s 为颜色数(记忆方法:se 色),k 为环形被分成的块数(记忆方法:kuai 块).

3. 面涂色

按照使用颜色的数目不同进行分类,比较复杂,考到的可能性不大.

母题 94 不能对号入座问题

出题方式为:编号为 1,2,3,$\cdots$,n 的小球,放入编号为 1,2,3,$\cdots$,n 的盒子,每个盒子放一个,要求小球与盒子不同号.

此类问题不需要自己去做,直接记住下述结论即可:

当 $n=2$ 时,有 1 种方法;

当 $n=3$ 时,有 2 种方法;

当 $n=4$ 时,有 9 种方法;

当 $n=5$ 时,有 44 种方法.

母题 95 成双成对问题

出题方式为:从鞋子、手套,夫妻中选出几个,要求成对或者不成对.

解题技巧:无论是不是要求成对,第一步都先按成对的来选.若要求不成对,再从不同的几对里面各选一个即可.

母题 96 求系数问题与二项式定理

1. 二项式定理

$$(a+b)^n=C_n^0a^n+C_n^1a^{n-1}b+\cdots+C_n^ka^{n-k}b^k+\cdots+C_n^{n-1}ab^{n-1}+C_n^nb^n,$$

其中,第 $k+1$ 项为 $T_{k+1}=C_n^ka^{n-k}b^k$,称为通项.

请参考第二章的母题 24.

2. **说明**

二项式定理在考试大纲里没有明确提出,但是在 2013 年 1 月的考试中出现了一道类似的题目,因此应该掌握.

第三节 概率

母题 97 古典概型

1. **基本公式**

古典概型公式:$P(A)=\dfrac{m}{n}$;古典概型的本质实际上是排列组合问题,所以上一节总结的排列组合的所有方法和题型,在此节均适用.

2. **正难则反**

常用正难则反的思路,用 1 减去所求事件的对立事件的概率即可.

母题 98 古典概型之色子问题

(1) 掷色子问题一般使用穷举法.

(2) 将掷两次色子落来的点数记为 (s, t),则点 (s, t) 落入圆 $(x-a)^2+(y-b)^2=r^2$ 内时,需要满足 $(s-a)^2+(t-b)^2<r^2$.

母题 99 古典概型之几何体涂漆问题

将一个正方体六个面涂成红色,然后切成 n^3 个小正方体,则

(1) 3 面红色的小正方体:8 个,位于原正方体角上.

(2) 2 面红色的小正方体:$12(n-2)$ 个,位于原正方体棱上.

(3) 1 面红色的小正方体:$6(n-2)^2$ 个,位于原正方体面上(不在棱上的部分).

(4) 没有红色的小正方体:$(n-2)^3$ 个,位于原正方体内部.

母题 100　数字之和问题

（1）求和为定值或者和满足某不等式的问题，称为数字之和问题.

（2）题目的条件一般可转化为

$$mx+ny=a;\ mx+ny\leqslant a;\ mx+ny\geqslant a.$$

母题 101　袋中取球问题

1. 无放回取球模型

设口袋中有 a 个白球，b 个黑球，逐一取出若干个球，看后不再放回袋中，则恰好取了 m（$m\leqslant a$）个白球、n（$n\leqslant b$）个黑球的概率是 $P=\dfrac{C_a^m \cdot C_b^n}{C_{a+b}^{m+n}}$.

【拓展】 抽签模型.

设口袋中有 a 个白球，b 个黑球，逐一取出若干个球，看后不再放回袋中，则第 k 次取到白球的概率为 $P=\dfrac{a}{a+b}$，与 k 无关.

2. 一次取球模型

设口袋中有 a 个白球，b 个黑球，一次取出若干个球，则恰好取了 m（$m\leqslant a$）个白球，n（$n\leqslant b$）个黑球的概率是 $P=\dfrac{C_a^m \cdot C_b^n}{C_{a+b}^{m+n}}$；可见一次取球模型的概率与无放回取球相同.

3. 有放回取球模型

设口袋中有 a 个白球，b 个黑球，逐一取出若干个球，看后放回袋中，则恰好取了 k（$k\leqslant a$）个白球，$n-k$（$n-k\leqslant b$）个黑球的概率是 $P=C_n^k\left(\dfrac{a}{a+b}\right)^k \left(\dfrac{b}{a+b}\right)^{n-k}$.

上述模型可理解为伯努利概型：口袋中有 a 个白球，b 个黑球，从中任取一个球，将这个实验做 n 次，出现了 k 次白球，$n-k$ 次黑球.

母题 102 独立事件的概率

独立事件同时发生的概率公式:
$$P(AB)=P(A)P(B).$$

母题 103 伯努利概型

(1) 伯努利概型公式: $P_n(k)=C_n^k p^k(1-p)^{n-k}(k=1, 2, \cdots, n)$.

(2) 独立地做一系列的伯努利试验,直到第 k 次试验时,事件 A 才首次发生的概率为
$$P_k=(1-p)^{k-1}p \quad (k=1, 2, \cdots, n).$$

母题 104 闯关和比赛问题

(1) 闯关问题一般符合独立事件的概率公式:
$$P(AB)=P(A)P(B).$$

(2) 闯关问题一般前几关满足题干要求后,后面的关就不用闯了,因此未必是每关都试一下成功不成功. 所以要根据题意进行合理分类.

(3) 比赛问题,比如 5 局 3 胜,不代表一定打满 5 局,也可能会 3 局或 4 局内就已经分出胜负.